Friederike Welter

# Strategien, KMU und Umfeld – Handlungsmuster und Strategiegenese in kleinen und mittleren Unternehmen

RWI : Schriften

Heft 69

Friederike Welter

# Strategien, KMU und Umfeld

## Handlungsmuster und Strategiegenese in kleinen und mittleren Unternehmen

RWI
ESSEN

Duncker & Humblot · Berlin

Diese Arbeit wurde im Juni 2002 von der wirtschafts- und sozialwissenschaftlichen Fakultät der Universität Lüneburg als Habilitationsschrift angenommen.

Bibliografische Information Der Deutschen Bibliothek

Die Deutsche Bibliothek verzeichnet diese Publikation in der Deutschen Nationalbibliografie; detaillierte bibliografische Daten sind im Internet über <http://dnb.ddb.de> abrufbar.




Fotoprint: Berliner Buchdruckerei Union GmbH, Berlin
Printed in Germany

ISSN 0720-7212
ISBN 3-428-11326-8

Gedruckt auf alterungsbeständigem (säurefreiem) Papier
entsprechend ISO 9706 ♾

## Vorwort

Die Strategiegenese in kleinen und mittleren Unternehmen (KMU) ist durch situationsbezogene Interpretationen und dynamische Verläufe gekennzeichnet. Wichtige Entscheidungen werden spontan und auf den ersten Blick „unüberlegt" gefällt, Strategien sind offensichtlich selbst auf der operativen Ebene nicht (immer) vorhanden. So haben nach jüngsten Erhebungen mehr als die Hälfte aller KMU in Deutschland keine Konzepte für die Geschäftsführung, ein Viertel verfügt über wenigstens einjährige Strategiekonzepte, nur knapp 22 vH – zumeist größere Unternehmen mit mehr als 50 Beschäftigten – über mehrjährige Überlegungen. Brauchen KMU keine Strategien? Wissenschaftliche Untersuchungen zu den Zusammenhängen zwischen strategischem Verhalten und Unternehmenserfolg, die allerdings oftmals Strategie und Planung gleichsetzen, kommen zu widersprüchlichen Ergebnissen: Einige bestätigen einen grundsätzlich positiven und auch signifikanten Zusammenhang von Planung auf den finanziellen Unternehmenserfolg, während andere Studien personengebundene Faktoren wie den Einfluss der Unternehmerperson hervorheben.

Vor diesem Hintergrund beschäftigt sich die nachfolgende Veröffentlichung mit dem Phänomen strategischen Verhaltens von KMU. Es handelt sich dabei um die Habilitationsschrift von Frau PD Dr. Friederike Welter, die vom Dekan der wirtschaftswissenschaftlichen Fakultät der Universität Lüneburg, Prof. Dr. Egbert Kahle, angeregt und betreut wurde. Der ehemalige Präsident des RWI, Prof. Dr. Paul Klemmer, bot ihr im Rahmen ihrer Tätigkeit als wissenschaftliche Mitarbeiterin die Möglichkeiten, diese Arbeit zu erstellen.

Theoretisch und empirisch, letzteres anhand eigener Erhebungen, die im Verlauf ihrer Forschungstätigkeit am RWI entstanden, untersucht die Autorin, wie sich Handlungsmuster und Strategien in kleinen und mittleren Unternehmen entwickeln und welchen Einfluss dabei das jeweilige Umfeld mit seinen verschiedenen wirtschaftlichen, politischen und kulturellen Ausprägungen hat. Dabei kommt die Autorin zu der Erkenntnis, dass die Frage nach der Notwendigkeit von Strategien für KMU weder mit einer isolierten Betrachtung einzelner Einflussfaktoren beantwortet werden kann noch Strategien in

KMU auf schriftlich niedergelegte Pläne reduziert werden können. Politische Faktoren wie der Entwicklungsstand von Marktwirtschaften spielen bei der Genese von Strategien ebenso eine Rolle wie das sozio-kulturelle Umfeld und die Wirtschaftspolitik. Die empirische Betrachtung der Strategiemuster von KMU verdeutlicht, dass Strategien erlernt oder übernommen werden, aber ebenso emergent aus der Situation heraus entstehen. Nur wenige KMU verfolgen einen überwiegend agierenden und antizipierten Strategieverlauf, in der Mehrzahl sind Mischtypen der Strategiegenese üblich, die mit den vorliegenden Querschnittserhebungen aber auch nur unzureichend erfasst werden können.

Essen, Juni 2003

Rheinisch-Westfälisches Institut
für Wirtschaftsforschung

*Christoph M. Schmidt*

## Vorwort der Autorin

Herrn Prof. Dr. Egbert Kahle, Universität Lüneburg, danke ich ganz herzlich für die Anregung, diese Arbeit zu verfassen, und seine wertvolle Begleitung. Prof. Dr. Albert Martin von der Universität Lüneburg und Prof. Dr. Karlheinz Schmidt von der Universität Paderborn gilt mein besonderer Dank für die Übernahme der Gutachten. Dank gebührt auch dem RWI, insbesondere dem ehemaligen Präsidenten Prof. Dr. Paul Klemmer sowie Dr. Bernhard Lageman, der erste Kapitelentwürfe kritisch diskutierte, und allen Kollegen der Forschungsgruppe „Handwerk und Mittelstand" für die Bereitschaft, mir die notwendigen Freiräume zu verschaffen. Ute Gibbels danke ich für die ausgezeichnete Durchsicht und Endkorrektur des Manuskripts.

Die vorliegende Arbeit bezieht sich auf Ergebnisse meiner empirischen Forschungen am RWI. Danken möchte ich deshalb auch den west- und osteuropäischen Kollegen und Kolleginnen, mit denen ich gemeinsam seit mehreren Jahren in Osteuropa forsche; das sind Dr. Elena Aculai, Dr. Nina Isakova, Dr. Anton Slonimski, Dr. habil Alexander Tschepurenko und vor allem Prof. David Smallbone, der jederzeit zu Diskussionen über das strategische Verhalten von KMU zur Verfügung stand. Immer bereit, Entwürfe zu kommentieren und die Endfassungen nochmals kritisch zu lesen, war schließlich Robert Mächtel, der mich mit seiner guten Laune und Tatkraft nicht nur privat unterstützte und dem ich diese Arbeit widme.

*Friederike Welter*

## Inhaltsverzeichnis

## Anhang

## Verzeichnis der Tabellen

## Verzeichnis der Übersichten

## Verzeichnis der Schaubilder

## Verzeichnis der Abkürzungen

| | |
|---|---|
| AAPSS | American Academy of Political and Social Science |
| AEA | American Economic Association |
| AN | Arbeitnehmer |
| ASU | Arbeitsgemeinschaft Selbständiger Unternehmer |
| BAND | Business Angels Netzwerk Deutschland |
| BDI | Bundesverband der Deutschen Industrie |
| BiOst | Bundesinstitut für ostwissenschaftliche und internationale Studien |
| BIS | Bank for International Settlement |
| BISS | Brandenburg-Berliner Institut für Sozialwissenschaftliche Studien |
| BJU | Bundesverband Junger Unternehmer |
| BMWi | Bundesministerium für Wirtschaft |
| BVK | Bundesverband deutscher Kapitalbeteiligungsgesellschaften |
| CCET | Centre for Cooperation with Economies in Transition |
| CEEDR | Centre for Economic Development and Research |
| DIW | Deutsches Institut für Wirtschaftsforschung |
| DtA | Deutsche Ausgleichsbank |
| EASDAQ | European Association of Securities Dealers Automated Quotation |
| EBRD | European Bank for Reconstruction and Development |
| ERC | Entrepreneurial Research Consortium |
| ESRC | Economic and Social Research Centre |
| FGF | Förderkreis Gründungs-Forschung |
| GO | Gründungsoffensive |
| GREPME | Research Group in the Economy and Management of Small and Medium-Sized Enterprises |
| HDE | Hauptgemeinschaft des Deutschen Einzelhandels |
| HFEP | Hungarian Foundation for Enterprise Promotion |
| HSG | Hochschule St. Gallen |
| HWK | Handwerkskammer |
| IAB | Institut für Arbeitsmarkt- und Berufsforschung |
| IFC | International Finance Corporation |
| IfM | Institut für Mittelstandsforschung, Bonn |

| | |
|---|---|
| ILO | International Labour Organisation/Internationale Arbeitsorganisation |
| IMF | International Monetary Fund |
| IntEnt | Internationalising Entrepreneurship Education and Training |
| InWIS | Institut für Wohnungswesen, Immobilienwirtschaft, Stadt- und Regionalentwicklung an der Ruhr-Universität Bochum |
| IPSSA | Institute for Private Sector Development and Strategic Analysis |
| IWG | Institut für Wirtschaft und Gesellschaft Bonn |
| JIBS | Jönköping International Business School |
| KfW | Kreditanstalt für Wiederaufbau |
| KI | Künstliche Intelligenz |
| KMU | Kleine und mittlere Unternehmen |
| LSE | London School of Economics |
| LSEOR | London School of Economics Operational Research |
| LW | Landwirtschaft |
| MOE | Mittel- und Osteuropa |
| MZES | Mannheimer Zentrum für Europäische Sozialforschung |
| OECD | Organisation for Economic Cooperation and Development |
| PFAU | Programm zur Förderung von Ausgründungen aus Universitäten |
| PGH | Produktionsgenossenschaft des Handwerks |
| PHARE | Poland and Hungary: Action for the Restructuring of the Economy |
| QEM | Qualifikation-Entwicklung-Management |
| ROA | Return on Assets |
| ROI | Return on Investment |
| SOEP | Sozio-Ökonomisches Panel |
| STRATOS | Strategic Orientation of Small and Medium Sized Enterprises |
| UNIDO | United Nations Industrial Development Organisation |
| UNU | United Nations University |
| VDU | Verband der Unternehmerinnen |
| VEB | Volkseigener Betrieb |
| WIDER | World Institute for Development Economics Research of the United Nations University |
| WZ | Wirtschaftszweigsystematik |
| WZB | Wissenschaftszentrum Berlin |
| ZDH | Zentralverband des Deutschen Handwerks |
| ZEW | Zentrum für Europäische Wirtschaftsforschung |
| ZUMA | Zentrum für Umfragen, Methoden, Analysen |

# Problemstellung und Aufbau der Untersuchung

## 1. Untersuchungsgegenstand: Strategiemuster und -genese, kleine und mittlere Unternehmen und unternehmerisches Umfeld

Das wirtschaftliche Verhalten mittelständischer Unternehmer ist – so eine weit verbreitete Auffassung in der Forschung über kleine und mittlere Unternehmen (KMU) – durch ähnliche Handlungsmuster und Bewusstseinsstrukturen der Akteure in Fragen betrieblichen Handelns geprägt. Eine tiefer gehende Betrachtung der KMU des heimischen Umfeldes lässt aber neben „KMU-typischem" Verhalten auch Differenzierungen erkennen. Das Finanzierungsverhalten der Inhaber kleiner haushaltsorientierter Dienstleistungsunternehmen beispielsweise unterscheidet sich im Detail in vieler Hinsicht von demjenigen industrieller Unternehmer. Industrielle Unternehmen wiederum folgen in Marktorientierung und Beschäftigungsverhalten anderen Maximen als traditionell geprägte Handwerksbetriebe. KMU unterscheiden sich in der Organisation und im Management wie in ihren Strategien nach der jeweiligen Branche, Größe, Rechtsform oder Stellung im betrieblichen Lebenszyklus offensichtlich voneinander. Entscheidenden Einfluss auf die Vielgestaltigkeit unternehmerischer Strategien wie auch auf ihre Entstehung haben dabei nicht nur unternehmensspezifische Variablen und – aufgrund der besonderen Stellung der Eigentümer in KMU – die Unternehmerpersonen mit ihren individuellen und spezifischen Wahrnehmungen und Erfahrungen. Auch die mannigfaltigen wirtschaftlichen, politischen und soziokulturellen Bedingungen, unter denen KMU operieren, beeinflussen den unternehmerischen Handlungsspielraum und darüber Entscheidungen und Entscheidungsfindung.

In Industrieländern bestimmen vor allem der Wandel des industriellen Produktionssystems sowie einschneidende Veränderungen in den Strukturen der Erwerbsarbeit das jeweilige Handlungsumfeld für KMU. „Schlanke Produktion" bzw. „Leanmanagement" sowie „Fraktalisierung" oder „Outsourcing" zur Beschreibung firmeninterner Reorganisationsprozesse, „flexible specialisation", „industrielle Distrikte", „Netzwerke" und „Produktionscluster" zur

Kennzeichnung unternehmensübergreifender, räumlicher Produktionsorganisation sind nur einige der Begriffe, die zur Charakterisierung des wirtschaftlichen Strukturwandels aller Industrieländer genutzt werden. Die Großunternehmen durchlaufen derzeit überall in der industrialisierten Welt einen tief gehenden Transformationsprozess, der zu neuen Unternehmensstrukturen führen und den herkömmlichen Unterschied zwischen großen, kleinen und mittleren Unternehmen wenn nicht gleich aufheben, so doch grundlegend verändern wird (Tapscott 1996: 97ff.; Naisbitt 1995).

In vielen mittel- und osteuropäischen sowie zentralasiatischen Ländern kommt dagegen selbst nach mehr als einer Dekade der Transformation zur Marktwirtschaft dem institutionellen Aufbau der marktwirtschaftlichen Ordnung große Bedeutung zu. Relativ einfach gestaltete sich in der Regel die Einführung gesetzlicher Regeln per legislativem Akt. So wurden die rechtlichen und institutionellen Voraussetzungen für die Aufnahme privater Unternehmertätigkeit in den meisten Transformationsländern – zumindest formal – zügig geschaffen. Zur faktischen Durchsetzung der neuen Gesetzeswerke ist es indessen ein weiter Weg. Auch nimmt der Aufbau der erforderlichen Organisationen (z.B. Justizorgane, Kartellbehörde) erhebliche Zeit in Anspruch. Damit zeichnen sich hinsichtlich der bisherigen Fortschritte und Ergebnisse – und dem vorherrschenden ordnungspolitischen, institutionellen und soziokulturellen Umfeld für KMU – mittlerweile deutliche Unterschiede zwischen den Vorreitern der Transformation – Ungarn, Polen, Tschechien und die baltischen Staaten – und den Ländern mit eher langsamen oder sogar rückläufigen Reformen – Weißrussland, Moldawien und die zentralasiatischen Republiken – ab (Welter 1999a: 227). Die Gründe dafür liegen nicht nur in den geringen Reformfortschritten, sondern sind bereits in den zu Beginn der Transformation vorherrschenden Ausgangsbedingungen zu suchen. Historische Entwicklungspfade prägen heutige Entwicklungsverläufe mit. Das gilt vor allem für die gesellschaftliche Transformation, beispielsweise den Aufbau einer entwickelten Zivilgesellschaft, welche die staatsbürgerliche Teilnahme des Einzelnen und gesellschaftlicher Gruppen an der „res publica“ ermöglicht.

Die Bedeutung von Umfeldfaktoren für Strategien in KMU ist differenziert zu sehen. Als gesicherte Erkenntnis kann vorläufig festgehalten werden, dass generell Handlungsmuster und Strategien der KMU dem Einfluss des jeweiligen wirtschaftlichen, politischen und kulturellen Umfeldes unterliegen. Dessen Wirkungen dürften indessen in Abhängigkeit vom jeweiligen Kontext wie auch von der Unternehmerperson sehr unterschiedlich sein. Unternehmer bewegen sich dabei in verschiedenen Kontexten: dem mikrosozialen Milieu und dem makrosozialen bzw. -ökonomischen Umfeld, in welches das individuelle Milieu wiederum eingebettet ist.

Kultur und Gesellschaft als Faktoren des Makroumfeldes formen Grundeinstellungen und Lebensweisen, Wirtschaft und Politik beeinflussen über die

Gestaltung des gesetzlichen und institutionellen Rahmens unternehmerische Handlungen. Kultur legt die grundlegenden gesellschaftlich tolerierten und geächteten Handlungsmuster sowie die Grenze zwischen beiden fest und prägt Grundeinstellungen und Lebensweisen wie lebenszugewandte versus lebensabgewandte Haltungen. So sind die Konsummuster, das Sparverhalten und die Investitionsbereitschaft in einzelnen Gesellschaften unterschiedlich entwickelt. In diesem Zusammenhang ist beispielsweise eine wesentliche kulturelle Differenz zwischen asiatischen „Produzentenökonomien", die die Werte der Sparsamkeit und Zukunftsorientierung betonen, und europäischen „Konsumentenökonomien" festzustellen, deren Bürger weitaus stärker konsumorientiert sind (Weber 1997: 53ff.). Kultur beeinflusst damit auch die Bedeutung, die dazu dem wirtschaftlichen Handeln implizit zugrunde liegenden Erwerbsmotiv zukommt.

Gesellschaft und Kultur, Politik und Wirtschaft üben auch indirekten Einfluss als Bestimmungsfaktoren des mikrosozialen Milieus aus, das die Person und Persönlichkeit des Unternehmers und darüber unternehmerische Entscheidungen prägt. Dieses erschließt sich über die soziale bzw. familiäre Herkunft im Sinne einer Tradierung unternehmerischer Werte und Handlungsmöglichkeiten mittels vorgelebter Rollenmodelle – beispielsweise wenn die Eltern Unternehmer sind – sowie über die persönlichen Beziehungsnetzwerke des Unternehmers, die seine Strategien und Handlungen mit Blick auf zur Verfügung stehende Ressourcen ebenfalls beeinflussen (können). Dazu kommt seine berufliche Herkunft (Schul- und Ausbildung, Berufserfahrung), die seine Handlungsmöglichkeiten im Allgemeinen (mit-)bestimmt.

Mit Bezug auf das Individuum – den Unternehmer – stellt sich zudem die Frage nach der Persönlichkeit und psychischen Disposition der jeweiligen Handlungsträger. Das gesamte Umfeld in seinen makro- und mikrosozialen Ausprägungen wirkt über die Psyche des Einzelnen ebenfalls auf die zu beobachtenden Handlungen und Handlungsmuster ein. Die Zusammenhänge zwischen der individuellen Disposition eines Unternehmers – beispielsweise Risikoneigung – und seiner jeweiligen Herkunft – familiär, kulturell, gesellschaftlich – sind allerdings höchst kompliziert und in empirischen Studien nur schwer erfassbar.

Während das Gesagte grundsätzlich zunächst auf Unternehmen aller Größen zutrifft, ist mittlerweile erwiesen, dass KMU von ihrer Umwelt stärker als Großunternehmen beeinflusst und geprägt werden. Empirische Studien bestätigten diese These der „liability of smallness"[1] für bestimmte, häufig anzutreffende Branchenkonstellationen, insbesondere in der Industrie: Die begrenzte interne Ressourcenbasis von KMU sowie der oft eingeschränkte Zugang zu externen Ressourcen wie Finanz- oder Humankapital beeinflussen

1 Aldrich, Auster (1986), für einen Überblick über diese Diskussion Brüderl et al. (1996: 62f.).

den langfristigen Unternehmenserfolg, gemessen am Beschäftigungswachstum oder der Umsatzentwicklung. Schließlich spielt die Unternehmensgröße eine Rolle mit Blick auf das rechtliche, wirtschaftliche und politische Umfeld. Ein Problem sind beispielsweise proportional höhere „compliance costs" („Erfüllungskosten") (Bannock, Peacock (1989: 18), bedingt durch den zeitlichen Aufwand bei der Erfüllung rechtlicher und steuerlicher Vorschriften.

Allerdings sind diese Zusammenhänge mit Blick auf die Strategiemuster und -genese in KMU bislang kaum Gegenstand wissenschaftlicher Untersuchungen. Untersuchungen zu KMU und zur Strategiegenese in verschiedenen Umfeldern wie zur Strategiegenese in KMU generell beschränken sich in der Regel auf deskriptive Analysen von strategischen Handlungsmustern der Unternehmer in Verbindung mit dem Unternehmenserfolg. Studien zu Strategien in KMU konzentrieren sich bislang weitgehend auf den Planungs- und Entscheidungsprozess, den sie zudem unter der Prämisse rationalen Handelns untersuchen. Arbeiten zu Umfeldfaktoren beschäftigen sich nur selten mit KMU, und dort, wo das Umfeld als Variable aufgenommen wird, wird es einschränkend als wirtschaftliches Umfeld – technische Gegebenheiten, Märkte u.Ä. – verstanden[2]. Indirekt betrachten beispielsweise die *Studien der STRATOS-Gruppe* über unternehmerische Werthaltungen und deren Einfluss auf strategische Orientierungen auch soziokulturelle Hintergründe unternehmerischer Strategien, wobei die länderspezifischen Unterschiede jedoch nur ansatzweise aufgearbeitet werden[3].

Der Zusammenhang zwischen Handlungsmustern bzw. Strategien und der Bedeutung bestimmter Umfeldfaktoren ist somit erst ansatzweise erforscht. Auch die Frage nach der Existenz theoretischer Strategiemodelle für KMU unter Berücksichtigung des Umfeldes bzw. nach dem Erklärungswert der verschiedenen theoretischen Ansätze für die Strategieformation in KMU ist nicht gänzlich geklärt. Generell offen ist, auf welchen Wegen Umfeldkonstellationen die unternehmerischen Handlungsmuster und Strategien im Einzelnen beeinflussen (können). Damit ist zugleich die grundsätzliche Frage nach den Konstitutionsprozessen unternehmerischer Strategien angesprochen, der in dieser Arbeit nachgegangen wird. Als Ausgangspunkt der Untersuchung wird vor diesem Hintergrund folgende Hypothese formuliert:

> In allen soziokulturellen Umfeldern führen unternehmerische Herausforderungen und Chancen zur Entstehung adäquater Strategien, die schon im

---

[2] Wiklund hat 30 Studien zum Unternehmenswachstum in KMU referiert, von denen 20 implizit auch Fragen von Umfeld und Strategie in KMU aufgreifen, das Umfeld allerdings als wirtschaftliches Umfeld verstehen. Vgl. Wiklund (1998: 296ff.).

[3] STRATOS steht für **STRAT**egic **O**rientation of **S**mall and Medium Sized Enterprises, dabei handelt es sich um eine internationale Forschergruppe aus insgesamt acht Ländern. Vgl. zur Anlage der Studie und Ergebnissen neben den in Tabelle 1 aufgeführten Artikeln Bamberger (1983) und den Sammelband von Bamberger (1994).

Umfeld als implizites Optionsfeld typischer, subjektiv effizienter Lösungsmöglichkeiten präsent sind, indessen dem einzelnen unternehmerischen Akteur bei Aufnahme seiner Aktivität in der Regel nur eingeschränkt als präformulierte Strategieoptionen verfügbar sind. Individuelle unternehmerische Strategien bilden sich im Versuch und Irrtum im praktischen unternehmerischen Handeln heraus. Dabei nimmt die „Strategieladung“ unternehmerischen Handelns in KMU – Ausformung logischer Handlungsmuster, Zeithorizont der Planungen, Fokussierung auf unternehmerische Ziele – im Zuge gesellschaftlicher und wirtschaftlicher Entwicklungs-, Transformations- und Rationalisierungsprozesse im Industrialisierungs- und Modernisierungsprozess zu. Damit verbunden ist die allmähliche Entwicklung eines unternehmerischen Bewusstseins, das dem Kleinunternehmer als langfristige unternehmerische Orientierung im Sinne eines – bewussten oder unbewussten – Leitbildes für unternehmerische Entscheidungen und der Bildung von – impliziten wie expliziten – Strategien dient.

## 2. Aufbau der Untersuchung

Die hier aufgeworfene Fragestellung wird im Weiteren in drei Kapiteln näher untersucht. Im ersten Kapitel der Arbeit stehen dabei die theoretischen Bezugspunkte der Strategiegenese in KMU im Vordergrund. Eine Theorie ist ein System von Aussagen, welche die in der Realität anzutreffenden Objekte bzw. Akteure und die zwischen ihnen bestehenden Beziehungen beschreibt und erklärt. Sie sollte präzise, plausible und möglichst erschöpfende Erklärungen für die betrachteten Sachverhalte liefern. Gleichzeitig sind jedoch einfache Aussagen komplizierteren vorzuziehen. Im Fall der Strategiegenese erfordert dies eine Auseinandersetzung „with process *and* content, statics *and* dynamics, constraints *and* inspiration, the cognitive *and* collective, the planned *and* the learned, the economic *and* the political“ (Mintzberg 1990: 208–209, zitiert bei Sydow 1995: 9) – mithin eine umfassende Betrachtung mehrerer Ebenen. Strategiegenese in KMU stellt sich als vielschichtiger und dynamischer Prozess dar, der einer Vielzahl von Einflüssen unterliegt.

Ihre Beschreibung und Erklärung erfordert somit einen theoretischen Zugang, der eine Betrachtung auf verschiedenen Ebenen erlaubt und deren Wechselwirkungen berücksichtigt. Ein einheitliches theoretisches Paradigma ist in der Strategieforschung zwar immer wieder Gegenstand der Diskussion, aber nach weit verbreiteter Auffassung nicht auszumachen: „Gerade weil die Strategietheorie eine integrative Disziplin ist, werden mehrere Paradigmen benötigt, um alle relevanten Issues erfassen zu können. Damit ist es für die Strategietheorie wichtig, eine integrative Denkhaltung zu entwickeln, um mit den verschiedenen Paradigmen umzugehen“ (Sachs 1995: 250). Das erfordert eine Pluralität von Forschungsansätzen, um den Prozesscharakter von Handlungsmustern und die jeweils prägenden Bedingungen adäquat analysieren zu können.

Diesem Grundgedanken ist auch diese Arbeit verpflichtet, welche im *ersten Kapitel* die *theoretischen Bezugspunkte der Strategieformation in KMU* aus verschiedenen Blickwinkeln skizziert. In zwei Abschnitten (1 und 2) werden zunächst wichtige theoretische Ansätze, welche die Strategiegenese aus der Sicht individuellen Verhaltens und aus der Sicht externer Strukturen betrachten, auf ihre Eignung für die theoretische Ableitung der Strategiebildung in KMU – auch anhand empirischer Studien – geprüft. Dabei wird kein vollständiger Überblick angestrebt, sondern es werden – auch ältere theoretische – Ansätze ausgewählt, welche die hauptsächlichen Merkmale berücksichtigen, die KMU von größeren Organisationen unterscheiden: personengeleitete und -bestimmte Organisationen in einer zunehmend komplexeren und unsicheren Umwelt.

Abschnitt 1 im ersten Kapitel richtet den Blick auf Ansätze, die Strategiegenese als Entscheidungsfindung bzw. über das Verhalten der beteiligten Akteure erklären. Während in Abschnitt 1.1 die Grundlinien der theoretischen und empirischen Diskussion um rationales bzw. begrenzt rationales Entscheiden in ihrer Bedeutung für die Ableitung der Strategiegenese nachgezeichnet werden, beschäftigt sich Abschnitt 1.2 mit Ansätzen, die den Einfluss individueller Wahrnehmungen auf die Strategiegenese thematisieren. Darunter fallen insbesondere die im skandinavischen Raum entstandenen Ansätze einer aktionstheoretisch orientierten Entscheidungstheorie, aber auch psychologisch und kognitiv sowie konstruktivistisch verankerte Überlegungen zur individuellen Interpretation der Umwelt als Einflussfaktor der Strategiegenese.

Abschnitt 2 im ersten Kapitel stellt theoretische Konzepte, die den Akzent auf strukturelle Bedingungen unternehmerischen Handelns und der Strategiegenese legen und den Unternehmenskontext im weiten Sinne als wichtigen Einfluss diskutieren, in den Vordergrund. Einen „engen" Blickwinkel nehmen die in 2.1. skizzierten Ansätze ein, die den ökonomischen Kontext bzw. ökonomische Strukturen als bestimmend für die Strategiegenese sehen. Dazu gehören der aus der industrieökonomischen Tradition stammende Ansatz von Porter, der ressourcenbasierte Ansatz mit seiner Betonung betriebsinterner Faktoren, Kontingenz- und Konfigurationsüberlegungen sowie die Gedankengänge der Populationsökologie. Das weitere Feld soziokultureller Überlegungen ist stark von empirischen Arbeiten geprägt, während theoretische Ideen erst in Ansätzen existieren (Abschnitt 2.2). Herausgegriffen aufgrund ihrer Bedeutung für KMU werden hier das in der Tradition der Institutionenökonomik stehende Konzept formeller und informeller Institutionen von *North*, das die Erklärung – im weitesten Sinne – kultureller Einflüsse gestattet, sowie theoretische Ansätze (Transaktionskostentheorie und die Ansätze der sozialen Einbettung wirtschaftlichen Handelns), die sich mit der Rolle von Beziehungen und Netzwerken bzw. Sozialkapital beschäftigen und auf den spezifischen Einfluss des soziokulturellen Umfeldes verweisen.

Nach einem Zwischenfazit in Abschnitt 3 im ersten Kapitel, in dem nochmals die Stärken, aber auch die Schwächen der bisher vorwiegend statisch orientierten theoretischen Ausführungen aufgezeigt werden, widmet sich Abschnitt 4 einer prozessorientierten theoretischen Betrachtung. Nicht von ungefähr wurden in jüngster Zeit auch in der mikroökonomischen Forschung aus den Naturwissenschaften stammende Konzepte aufgegriffen, mit denen neue begriffliche und analytische Perspektiven in die Behandlung von ökonomischen Entwicklungsprozessen eingeführt wurden. Diese Entwicklung steht allerdings noch weitgehend am Anfang, damit lässt sich die Fruchtbarkeit der unterschiedlichen Analyseansätze für die Weiterentwicklung des Verständnisses ökonomischer Phänomene aus heutiger Sicht nur schwer abschätzen. Das wachsende Interesse der wirtschaftswissenschaftlichen Forschung – nicht zuletzt auch der Betriebswirtschaft – an Ansätzen der Komplexitätswissenschaft als neuerer Vertreterin von systemorientierten Ansätzen ist einerseits Ausdruck eines wachsenden Unbehagens an der Beschränkung auf konventionelle Untersuchungsraster, spricht andererseits aber auch dafür, dass sich hier ein vielversprechendes neues Forschungsfeld eröffnet. Während Abschnitt 4.1 als Grundlage der angesprochenen Diskussion die Grundlinien bisheriger system- und komplexitätswissenschaftlicher Theorieüberlegungen skizziert, werden in 4.2 Elemente der Analyse nicht linearer, komplexer und adaptiver Systeme eingeführt, die eine holistische Betrachtung der Strategiegenese in KMU als dynamischen und rekursiven Prozess mit vielschichtigen Einflussfaktoren erlauben. Abschnitt 4.3 fasst die Betrachtungen in einem Zwischenfazit zusammen und verweist auf Vorteile sowie mögliche Nachteile dieser theoretischen Ansätze. Einen zusammenfassenden Überblick über die drei Stränge des theoretischen Bezugsrahmens für die Analyse von Strategien in KMU gibt Abschnitt 5 im ersten Kapitel.

Im *zweiten Kapitel* der Arbeit wird die *Strategiepraxis in KMU in verschiedenen Umfeldern* untersucht. Im Vordergrund steht die untersuchungsleitende Frage, wie sich in unterschiedlichen politischen, wirtschaftlichen und gesellschaftlichen bzw. kulturellen Milieus in KMU strategische Handlungsmuster herausbilden und verändern, wobei die im ersten Kapitel formulierten theoretischen Überlegungen zur Beschreibung und Erklärung herangezogen werden. Da die Handlungen der Unternehmer bzw. der Entscheidungsträger in der Unternehmung – neben externen Faktoren, organisationsinternen Widerständen usw. – die Entwicklung des Unternehmens wesentlich (mit-)bestimmen, wird gleichzeitig die Frage nach der Entwicklung kleinbetrieblicher Organisationen in unterschiedlichen Wirtschaftssystemen und Gesellschaften aufgeworfen. Zugrunde gelegt werden eigene empirische Untersuchungen quantitativer und qualitativer Art, die Aufschluss über Strukturen und die Entstehung von Strategien – beispielsweise Marktpositionierung, Finanzierungsverhalten, aber auch von generellem strategischen Verhalten – in verschiedenen Umfeldern erlauben. Diese werden in Abschnitt 1 im zweiten Kapitel in einem Gesamtüberblick vorgestellt.

Die in den nachfolgenden Abschnitten empirisch aufgegriffenen strategischen Verhaltensmuster der Unternehmer dienen vor allem der Darstellung des praktischen Agierens von KMU unter spezifischen Umfeldbedingungen. Die dergestalt beobachtbaren Strategiemuster und -verläufe werden unter Rückgriff auf das erste Kapitel auch theoretisch verortet, wobei in dieser Arbeit Wert darauf gelegt wird, die Komplementarität der skizzierten theoretischen Ansätze auch bei der Erklärung empirischer Strategiemuster zu zeigen.

Abschnitt 2 im zweiten Kapitel beschäftigt sich mit KMU in Transformationsländern, die durch unsichere bzw. als unsicher und risikoreich wahrgenommene Umfelder gekennzeichnet sind, in denen der ordnungspolitische und rechtliche Rahmen Defizite aufweist und das grundlegende unternehmerische Vertrauen gering ist. Verschiedene Aspekte dieses „besonderen" Umfeldes werden in ihrer Wirkung auf Strategiemuster und -genese von KMU untersucht. In Abschnitt 2.1 stehen ordnungspolitische und rechtliche Rahmensetzungen im Mittelpunkt der empirischen Betrachtung, während Abschnitt 2.2 Finanzsysteme und Finanzierungsstrategien von KMU analysiert. Abschnitt 2.3 beschäftigt sich mit makroökonomischen Entwicklungen und Abschnitt 2.4 wirft einen Blick auf gesellschaftliche Prägungen, die in einer Annäherung an empirisch schwer zu fassende kulturelle Phänomene anhand der Herkunft der Unternehmer sowie anhand unternehmerischer „Traditionen" der vorsozialistischen und sozialistischen Zeit und ihren Nachwirkungen auf heutiges unternehmerisches Verhalten diskutiert werden. Abschnitt 2.5 fasst dann die bisherigen Ergebnisse zu Strategiemustern und zur Strategiegenese zusammen.

In Abschnitt 3 im zweiten Kapitel stehen KMU in etablierten Marktwirtschaften im Vordergrund, hier dienen empirische Untersuchungen für Deutschland als Grundlage der Betrachtung. Abschnitt 3.1 analysiert die spezifischen Ausprägungen des Finanzierungsumfeldes. In 3.2 wird der Schwerpunkt der Betrachtung auf die spezifische Rolle der Intermediäre zwischen Politik und Wirtschaft gelegt, denen in Transformationsländern bisher kaum Bedeutung zukommt. Nicht analysiert wird dagegen das Rechtssystem aufgrund der Tatsache, dass sich in etablierten Marktwirtschaften die ordnungspolitischen und rechtlichen Grundlagen in einem langen Prozess herausgebildet haben, im unternehmerischen Bewusstsein verankert sind und allenfalls noch einzelne rechtliche Regelungen Strategiebildung und -muster beeinflussen. Die Abschnitte 3.3 und 3.4 beschäftigen sich mit dem Einfluss des wirtschaftlichen Umfeldes – hier unter Betonung des Strukturwandels – und der Bedeutung gesellschaftlicher Einflüsse – hier der traditionellen Erwerbskulturen – auf die Strategiemuster und -genese der KMU in etablierten Marktwirtschaften. Abschnitt 3.5 schließlich fasst die Erkenntnisse zu Strategiemustern von KMU und zur Strategiegenese in KMU in Marktwirtschaften zusammen.

Theoretische Elemente und Strategiepraxis werden im *dritten Kapitel* zusammengeführt. Abschnitt 1 fasst die empirisch beobachtbaren Strategiemuster in verschiedenen Umfeldern zusammen, während Abschnitt 2 einen abschließenden Blick auf die empirisch ableitbaren externen Einflussfaktoren dieser Strategiemuster wirft. In Abschnitt 3 werden unternehmensübergreifende Grundlinien der Strategiegenese in KMU diskutiert, die sich auf Basis der theoretischen und empirischen Betrachtung ableiten lassen. Abschnitt 4 bietet einen Überblick über die generellen Schlussfolgerungen hinsichtlich der theoretischen Fundierung der Strategiegenese in KMU. Im Anschluss daran diskutiert Abschnitt 5 die generelle Gestaltbarkeit des Strategieprozesses in KMU und stellt Möglichkeiten der Einflussnahme auf verschiedenen Handlungsebenen vor. In einem abschließenden Ausblick werden in Abschnitt 6 offene Fragen und mögliche Implikationen für die Forschung angesprochen.

## 3. Zur Methodik der empirischen Untersuchungen

Die vorliegende Arbeit vereint theoretische und auf eigenen empirischen Daten beruhende Analysen, die für die Betrachtung der Strategiepraxis im zweiten Kapitel herangezogen werden. Verknüpft werden in diesem Kapitel Erkenntnisse quantitativer Erhebungen und aus der qualitativen Forschung zuzurechnenden Fallstudien[4]. Quantitative Daten erlauben grundsätzlich eine statische bzw. beim Vorliegen von Daten für mehrere Jahre komparativ-statische Beschreibung von Handlungsstrukturen bzw. -mustern der KMU, während Fallstudien einen tieferen Einblick in Prozesse der Strategiegenese geben. Die Durchführung von in der Regel mehrstündigen Interviews – oftmals auch „explorative Interviews“ oder „offene Befragungen“ genannt – erweitert über die weitgehend freie Gesprächsgestaltung den Handlungsspielraum des Interviewers, Tiefeninterviews geben aber auch dem Befragten Raum zur Gestaltung der Interviewsituation (Friedrichs 1990: 224ff.). Tiefeninterviews ermöglichen dem Interviewer die gezielte Nachfrage bei für das jeweilige Forschungsprojekt interessanten Antworten und bei im Gesprächsverlauf auftretenden „neuen“ im Sinne von nicht vorhersehbaren Sachverhalten, die bisherige Forschungshypothesen infrage stellen mögen. Gleichzeitig gewähren Tiefeninterviews dem Befragten über die schwache Strukturierung des Ge-

[4] Für eine ausführliche Einführung in qualitative Forschungsmethoden und eine kritische Diskussion siehe Flick (1999) und Lamneck (1995).

sprächsleitfadens und die an einer Gesprächssituation orientierte Durchführung Raum für seine eigenen Schwerpunktsetzungen (Honer 1994: 635).

Kritiker qualitativer Erhebungsmethoden führen insbesondere die folgenden möglichen Nachteile dieser Erhebungsmethode an. Zum einen beeinflusst der Interviewer mit seinem Verhalten – wie allerdings auch bei standardisierten persönlichen Befragungen – die Erhebungssituation. Die gegenseitige Wahrnehmung und die Erwartungen von Interviewer und Befragtem, ihre auch kontext- und situationsgebundene Interaktion sowie die nonverbale Kommunikation sind mögliche „Fehlerquellen", eignen sich aber wiederum auch als Steuerungselemente des Tiefeninterviews (Friedrichs 1990: 233). Zum anderen seien die Ergebnisse keinen objektiven methodischen Kontrollen zugänglich und entzögen sich der wissenschaftlichen Bewertung[5]. Schließlich vermitteln Fallstudien niemals ein nach dem statistischen Verständnis repräsentatives Bild und werden deshalb von ökonometrisch orientierten Forschern oft als wenig aussagekräftig angesehen.

Insbesondere in der amerikanischen KMU-Forschung gilt qualitative Forschung als Domäne der an den Business Schools betriebenen Managementforschung. In großen Teilen der europäischen KMU-Forschung hingegen ist die Fallstudienmethode längst in das Standardrepertoire anerkannter Methoden integriert, wie beispielhaft ein kürzlich erschienener Überblick zu Forschungsmethoden der KMU-Forschung zeigt[6]. Die trotzdem weiter bestehende Skepsis mancher Forscher gegenüber dem Gebrauch von Fallstudien ist wohl auf das grundsätzliche epistemologische Missverständnis zurückzuführen, die statistische und die qualitativ-analytische Generalisierung folge den gleichen Prinzipien (Yin 1994: 9ff.). Zwar sind qualitative Methoden bereits bei der bewussten Auswahl der Forschungsobjekte, die nicht den Prinzipien einer exakten Stichprobenauswahl folgt, statistisch signifikanten Schlüssen nicht zugänglich, wohl aber Generalisierungen in Form von Typenbildungen oder der Aufdeckung von wechselseitigen Beziehungen und Zusammenhängen zwischen den Sachverhalten des Untersuchungsbereiches bzw. zwischen dem Befragten und den Sachverhalten mit Hilfe des Befragten (Heinze 1992: 126ff.). Quantitative Erhebungsmethoden setzen diese Zusammenhänge als bekannt voraus und suchen unterschiedliche Ausprägungen dieser Bezüge zu messen. Das sind in der KMU-Forschung beispielsweise betriebliche Finanzierungsprobleme, Absatzstrukturen oder soziodemographische Charakteristika des Unternehmers.

Vor diesem Hintergrund ist es das grundsätzliche Anliegen der qualitativen Forschung, den „Konstitutionsprozeß von Wirklichkeit zu dokumentieren, analytisch zu rekonstruieren und schließlich durch das verstehende Nachvoll-

---

5 Vgl. dazu die bei Voelzkow (1995) aufgeführten kritischen Artikel.

6 Vgl. Curran, Blackburn (2001), zur Fallstudienmethodik insbesondere S. 81ff.

ziehen zu erklären" (Lamneck 1995: 25). Implizit folgt die qualitative Forschung damit einem konstruktivistischen Erkenntnisinteresse[7], das sich auf mehreren Ebenen konstituiert. Zunächst wird die Realität und deren Interpretation aus Sicht der Subjekte – der Befragten – „(re-)konstruiert" bzw. entdeckt. Gleichzeitig spielt der Interviewer eine Rolle, der diesen (Re-)Konstruktionsprozess sprachlich und lenkend begleitet. In einem nächsten Schritt – der Auswertung der Interviews – kommt die Interpretation und theoretische Einordnung durch den Forscher hinzu.

Hierbei ist festzustellen, dass Handlungen und bestimmte Entscheidungen bei einer retrospektiven Betrachtung in Fallstudien nachträglich rational erklärt werden. Solche „Ex-post-Rationalisierungen" eines im Ursprung vielleicht recht spontanen Verhaltens laufen grundsätzlich Gefahr, im Nachhinein Deutungsmuster in die beschriebenen Handlungen zu tragen, die diesen nicht gerecht werden, und dadurch das „reflektive Element" rekapitulierter Entscheidungsprozesse im Vergleich zu deren spontanen, „willkürlichen" Komponenten zu überzeichnen. Das in den Interviews gewonnene Bild von den Handlungen des befragten Akteurs bedarf deshalb stets der kritischen Reflexion des Forschers, ist also interpretationsbedürftig.

Quantitative und qualitative Methoden bedürfen vor diesem Hintergrund einander und schließen sich nicht gegenseitig aus (Kelle, Erzberger 2000: 299ff.). Während quantitative Erhebungen die Analyse von Unterschieden und Gemeinsamkeiten von Individuen – in diesem Fall den Unternehmern – erlauben, eignen sich qualitative Methoden aufgrund ihrer grundsätzlichen Orientierung an Handlungen, Kontexten und den beteiligten Akteuren insbesondere für prozessorientierte Analysen wie die Erfassung und Interpretation von Prozessen unternehmerischen Handelns. Beispielsweise ist insbesondere die Gründungsphase ein offener und dynamischer Prozess mit zeitgleichen und oftmals kurzfristig ablaufenden Handlungen und Entscheidungen – ein langjähriger Gründungswunsch z.B. manifestiert sich nicht unbedingt in langfristiger Planung und Vorbereitung des Gründungsvorhabens. Zufälligkeiten spielen eine große Rolle, sowohl als Auslöser des eigentlichen Gründungsprozesses als auch bei späteren unternehmerischen Entscheidungen. Diese Prozesse sind quantitativ allenfalls im Ansatz über begleitende Paneluntersuchungen zu fassen. Qualitative Erhebungen tragen hier dazu bei, die Zahlen der quantitativen Studien weitergehend zu interpretieren, sind also als Ergänzung zur besseren Absicherung von quantitativen „Momentaufnahmen" zu sehen. Dahinter verbirgt sich derjenige Strang der qualitativen Forschung, der Fallstudien als hermeneutische Verstehensmethode begreift; herausragendes Beispiel ist *Clifford Geertz* mit seiner „dichten Beschreibung" und den daraus hervorgegangenen Arbeiten zum Verständnis kultureller Phänomene (Wolff 2000: 84ff.).

---

[7] Vgl. Flick (2000: insbesondere 161ff.) und Lamneck (1995: 24ff.).

Fallstudien dienen auch der Entwicklung von Hypothesen und Theorien. Durch eine Erfassung von Spezifika des unternehmerischen Handelns, die sich dem Zugriff quantitativer Methoden in der Regel entziehen, können qualitative Interviews in der KMU-Forschung mittels Exploration letztendlich entscheidend zur Theoriebildung beitragen[8] und zugleich der quantitativen Forschung unentbehrliche Erfahrungshintergründe liefern. Einzelfallbetrachtungen vertiefen das Verständnis für „Abweichungen" von der Norm bzw. eröffnen den Blick auf reales unternehmerisches Handeln, das auf den ersten Blick nicht betriebswirtschaftlichen und zweckrationalen Prämissen folgt, sondern objektiv ungeplant, inkonsistent und fehlerhaft erscheinen mag – bei näherer Analyse aber Elemente aufweist, die beispielsweise mit den in Abschnitt 2.4 im ersten Kapitel eingeführten komplexitätstheoretischen Bezugspunkten erklärbar sind.

## 4. Abgrenzungen und Definitionen

### 4.1 Kleine und mittlere Unternehmen: Ein Definitionsüberblick

Unabhängig davon, welche Bedeutung der Mittelstandsdefinition als Ausgangspunkt entweder analytischer Überlegungen oder wirtschaftspolitisch motivierter Abgrenzungen beigemessen wird, stellt sich die Frage nach gemeinsamen konstitutiven Merkmalen von KMU, welche diese von großen Unternehmen unterscheiden. Die – an welchen Kriterien auch immer gemessene – Größe allein kann die Zweckmäßigkeit einer dichotomischen Gegenüberstellung von mittelständischen und großen Unternehmen kaum begründen. Vielmehr ist nach qualitativen Merkmalen zu fragen, die die KMU miteinander teilen.

Dem traditionell verankerten Mittelstandsverständnis gemäß wird vor allem die enge Verbindung von Unternehmen und Inhaber ins Feld geführt, die sich idealtypisch in der Einheit von Eigentum und Haftung, d.h. der Einheit der wirtschaftlichen Existenz des Inhabers und seines Unternehmens, und in der Verantwortlichkeit des Unternehmers für die Unternehmensleitung und alle unternehmensrelevanten Entscheidungen dokumentiert. Ergänzend wird das Kriterium der völligen oder zumindest weitgehenden Konzernunabhängigkeit genannt (BMWi 1993: 2f.). Dem könnten weitere, sekundäre Merkmale hinzugefügt werden wie Besonderheiten des Finanzierungsverhaltens, der Innovationstätigkeit, der betrieblichen Organisation sowie der Produkt-, Beschaffungs- und Absatzpolitik.

Allerdings sind die genannten qualitativen Merkmale mittelständischer Unternehmen starken Veränderungen unterworfen. So sind vor allem mit Blick auf die sekundären Merkmale zum Teil stärkere – betriebsgrößen- und bran-

---

8 So Paulin, Coffee, Spaulding (1982: 359). Vgl. dazu auch Lamneck (1995: 96ff.).

chenbezogene – Unterschiede unter den KMU festzustellen als zwischen mittleren und großen Unternehmen. Anders verhält es sich mit den zuerst genannten primären qualitativen Unterscheidungsmerkmalen der KMU. Eine enge Verbindung zwischen Unternehmen und Inhaber, die sich in der engen Verbindung von wirtschaftlicher Existenz des Inhabers und des Unternehmens und der Verantwortlichkeit des Inhabers für die Unternehmensleitung niederschlägt, ist in der Tat nach wie vor typisch für die meisten KMU. Zu relativieren ist jedoch die Einheit von Eigentum und Haftung angesichts der Tatsache, dass die GmbH eine immer größere Bedeutung als mittelstandstypische Rechtsform gewinnt.

Für die Abgrenzung des Mittelstandes hat sich in der Wissenschaft im deutschen Sprachraum eine pragmatische quantitative Definition durchgesetzt. Danach sind dem Mittelstand alle Unternehmen mit weniger als 500 Beschäftigten zuzurechnen. Darüber hinaus wird diesem Beschäftigungskriterium gelegentlich noch ein – empirisch schwer fassbares – Umsatzkriterium hinzugefügt, nach welchem in deutscher Abgrenzung nur solche Unternehmen mit bis zu 50 Mill. € Umsatz als „mittelständisch" zu klassifizieren sind. Die Hinzuziehung dieses ergänzenden zweiten Kriteriums ist besonders dann hilfreich, wenn – wie im Handelsbereich – für Großunternehmen typische Transaktionen auf der Grundlage eines Kernbestandes von nur wenig Beschäftigten getätigt werden.

Die Europäische Kommission hat eine Abgrenzung der KMU eingeführt, die von der obigen, in der deutschen Praxis und Wissenschaft überwiegend angewendeten Begriffsfassung stark abweicht. Bei dieser Definition handelt es sich um eine Empfehlung der Kommission an die Mitgliedsstaaten, die einen allgemeinen Rahmen bieten will, „in den alle Maßnahmen zugunsten von KMU auf nationaler und auf gemeinschaftlicher Ebene künftig eingebettet werden können"[9], und die in EU-kofinanzierten Förderprogrammen zum Tragen kommt. Diese Definition legt die Abgrenzungskriterien Beschäftigte, Umsatz, Bilanzsumme und (fehlende) Konzernbindung zugrunde. Generell gelten Unternehmen als unabhängig, die nicht zu 25 vH oder mehr des Kapitals oder der Stimmenanteile im Besitz von einem oder mehreren Unternehmen stehen, welche die Definition der KMU nicht erfüllen. Als mittlere Unternehmen gelten solche Unternehmen, die weniger als 250 Beschäftigte haben und deren Umsatz 50 Mill. € oder deren Bilanzsumme 27 Mill. € nicht übersteigt. Als kleine Unternehmen gelten solche mit weniger als 50 Beschäftigten, einem Jahresumsatz von maximal 7 Mill. € oder einer Bilanzsumme von maximal 5 Mill. €.

---

[9] Vgl. zum Zitat und den sonstigen Ausführungen zur europäischen KMU-Definition Europäische Kommission (1996: 1). Diese Definition wird zur Zeit überarbeitet, es sollen vor allem ein vereinfachtes Unabhängigkeitskriterium eingeführt sowie die EURO-Kriterien angepasst werden.

Derartige quantitative Abgrenzungen sind natürlich mit Blick auf die sich verändernden zugrunde liegenden wirtschaftlichen Realitäten historisch relativ und bedürfen – über längere Zeitabschnitte hinweg – einer regelmäßigen Überprüfung. Auch ist nicht zu übersehen, dass der Ziehung derartiger Grenzlinien zwischen KMU und großen Unternehmen unvermeidlicherweise ein Element der Willkür innewohnt. Es ist zum Beispiel nicht einzusehen, warum ein Familienunternehmen mit 490 Beschäftigten im Sinne dieser quantitativen Abgrenzung als „mittelständisches Unternehmen" firmiert und ein anderes Familienunternehmen mit 530 Beschäftigten, das sich von dem ersteren in Bezug auf qualitative Attribute in keiner Weise unterscheidet, als „Großunternehmen". Im internationalen Vergleich sind bei solchen Abgrenzungen denn auch erhebliche Unterschiede festzustellen. So werden beispielsweise in vielen osteuropäischen Ländern für die Einstufung als KMU Beschäftigungshöchstgrenzen in Abhängigkeit vom Sektor festgelegt.

Somit läuft der Versuch, das Phänomen KMU mit Hilfe einer allgemeinverbindlichen Definition beschreiben zu wollen, immer auch Gefahr, länderspezifische größenstrukturelle Unterschiede und historische Entwicklungslinien wie auch Differenzierungen innerhalb des KMU-Bereiches selbst zu vernachlässigen. Beispielsweise ist unter größenstrukturellem Aspekt eine geographische „Trennlinie" zwischen den nordwest- und nordeuropäischen einerseits und den südeuropäischen Mitgliedsstaaten der Europäischen Union (EU) andererseits festzustellen: Die Selbständigenquoten sind in den südeuropäischen Mitgliedsländern weitaus höher als im nördlichen Teil der EU und das klein- und mittelbetriebliche Element ist im Süden – mit starkem internen Gefälle – erheblich stärker ausgeprägt als im Norden. Zugleich weisen die Wirtschaften der kleineren Mitgliedsländer der EU in der Tendenz eine stärkere mittelständische Prägung auf als diejenigen der größeren Länder.

Ungeachtet dieser Mängel ist für den mit dieser Arbeit verfolgten Zweck, Handlungsmuster und Strategiegenese in KMU in verschiedenen Umfeldern zu beschreiben und zu analysieren, die Verwendung einer pragmatischen quantitativen Definition von KMU als Unternehmen mit unter 500 Beschäftigten unbedenklich. Eine quantitative Definition erleichtert zum einen – trotz länderspezifisch differierender Obergrenzen für dieses Beschäftigungsmerkmal – den vergleichenden Blick über Ländergrenzen hinweg. Ziel der vorliegenden Arbeit ist zum anderen auch nicht der Versuch, das Phänomen der mittelständischen Wirtschaft abzugrenzen, sondern sie betrachtet mit der Strategiegenese einen spezifischen Aspekt mittelständischen Verhaltens.

### 4.2 Zum Strategiebegriff

„When I was younger I always conceived of a room where all these [strategic] concepts were worked out for the whole company. Later I didn't find any such room (...). The strategy [of the company] may not even exist in the mind of one man. I certainly don't know where it is written down" (Interviewzitat bei Quinn 1978: 7). Dieses Zitat verweist bereits auf interessante Aspekte der mit der Strategiedefinition verbundenen Debatte. Dabei gilt auch hier – analog der Diskussion um eine adäquate Abgrenzung von KMU – eine pragmatische Sichtweise. Ziel dieses Kapitels ist es nicht, die Erörterung um eine angemessene Strategiedefinition weiterzuführen, sondern anhand eines kurzen Überblickes über Grundlinien der Diskussion soll die im Folgenden verwendete Abgrenzung vorgestellt werden: In dieser Arbeit wird Strategie in einem breiten, dem heterogenen KMU-Sektor gerechten Verständnis gesehen als ein Set an emergenten und geplanten, sich wechselseitig beeinflussenden Entscheidungen und Handlungen, die sich ex post als logische Verknüpfung zum Teil nicht aufeinander abgestimmter Handlungen ergeben.

Die Diskussion um eine angemessene Definition verläuft dabei entlang einer relativ engen Sichtweise zu der skizzierten breiten Auffassung. Im militärischen Bereich, dem der Begriff entlehnt ist, beinhaltete eine Strategie ursprünglich die Aufstellung von Kriegsplänen, den Entwurf individueller Kampagnen und die Wahl der geeigneten Mittel zur Erreichung der vorgegebenen Ziele. Seit sich die Verwendung des Begriffes in der Betriebswirtschaft eingebürgert hat, hat sich eine Vielzahl verschiedener Definitionen herausgebildet, an denen sich in der Regel bereits die zugrunde liegende theoretische Ausrichtung der Strategiegenese ablesen lässt. Analog dazu existieren gleichfalls vielfältige Versuche, die verschiedenen Definitionen zu klassifizieren, beispielsweise anhand der Strategieinhalte, der Strategieebenen – Geschäftsfelder oder gesamtes Unternehmen – oder ihrer Entstehung (Chaffee 1985: 90ff.; MacCrimmon 1993: 114ff.; Mintzberg, Waters 1985: 258ff.). Folgt man in diesem Zusammenhang und ohne der theoretischen Diskussion im ersten Kapitel zu weit vorgreifen zu wollen der – allerdings nicht gänzlich schlüssigen – Klassifizierung von Mintzberg, so können die bisherigen Definitionen unter fünf inhaltliche, sich überschneidende bzw. ergänzende Kategorien gefasst werden. Demnach handelt es sich bei Strategien um einen Plan, ein Muster, eine Position, ein Manöver oder eine Perspektive (Mintzberg 1994: 23ff.; 1998: 13ff.).

Elemente einer geplanten, damit auch rationalen und linearen Strategiegenese (zu dieser Einschätzung vgl. Chaffee 1985: 90f.) finden sich in Definitionen, die Strategien als bewusst intendierte Handlungen oder Richtlinien verstehen. Diese Auffassung zeigt sich beispielsweise in einer der frühesten betriebswirtschaftlichen Strategiedefinitionen, die Chandler in seinem grundlegenden Werk über die Organisationsentwicklung vier bedeutender amerikanischer Konzerne vorstellte (Chandler 2000: 13): „*Strategy* can be defined as the determination of the basic long-term goals and objectives of an enterprise, and the adoption of courses of action and the allocation of resources necessary for carrying out these goals." Einem ähnlich rationalen Ansatz verpflichtet ist auch die Harvard Business School, die in ihrer „Business-Policy-Orientierung" Unternehmensstrategie als die Festlegung der langfristigen Ziele einer Unternehmung sieht sowie als die Richtlinien und Mittel, um diese Ziele zu erreichen (Schendel, Hofer 1979).

Pläne oder Manöver legen den Schwerpunkt allerdings auf vorausschauende Elemente und vernachlässigen den handlungsorientierten und damit unternehmerisches Verhalten betonenden Aspekt von Strategien, eben die von Mintzberg eingeführten „patterns in a stream of decision" (Mintzberg 1978: 935). In dieser Auffassung sind Strategien auch ein im zeitlichen Verlauf konsistentes Verhalten.

Porter schließlich entwickelte eine Definition, die in der Mintzberg'schen Klassifizierung unter die Positionskategorie fällt und ein weiteres Element von Strategien betrachtet: Strategie wird als Mittel verstanden, eine Organisation im externen Umfeld zu verankern bzw. zu positionieren. In dieser Hinsicht begreift Porter in Einengung auf sein Wettbewerbskonzept unter Strategie „the creation of a unique and valuable position, involving a different set of activities" (Porter 1998a: 55). Implizit enthält diese Definition auch das von Mintzberg vorgeschlagene Element der Strategie als spezifisches Manöver (ploy), um Wettbewerber zu übertreffen. Andere Autoren definieren in diesem Zusammenhang Strategien als ein Profil von umwelt-, situations- und strukturbezogenen Elementen, die eine Organisation beeinflussen, und verweisen damit implizit auf konfigurationstheoretische Elemente (Jauch, Osborn 1981: 492).

Mit der Sichtweise von Strategien als Perspektiven wird eine abstraktere Komponente in den Strategiebegriff eingeführt, die Strategie als „Kultur" oder „Weltanschauung" der Organisation versteht[10]. In dieser Sichtweise ist eine Strategie eine Perspektive, die von den Individuen in einer Organisation geteilt wird. Implizit verweist dieses Element bereits auf individuell verschiedene und damit wahrnehmungsgebundene Aspekte der Strategiegenese, wenngleich diese Abgrenzung bisher vor allem im Zusammenhang mit größeren Organisationen gesehen wurde: „It is important to remember that no one has ever seen a strategy or touched one; every strategy is an invention, a figment of someone's imagination, whether conceived of as intentions to regulate behaviour before it takes place or inferred as patterns to describe behaviour that has already occurred" (Mintzberg 1998: 18f.).

Strategien sind also nicht nur als ausformulierte und schriftlich niedergelegte Pläne zu verstehen. In einem umfassenden Verständnis, dem in dieser Arbeit

---

[10] Vgl. Mintzberg (1998: 19). Schreyögg (1984: 149) hält bereits die von Jauch und Osborn vorgestellte Definition für zu abstrakt.

gefolgt wird, sind Strategien auch ein Set an – emergenten – Entscheidungen und Handlungen, die ihrerseits wiederum Entscheidungen und Handlungen in der Unternehmung beeinflussen. Mit dieser Definition werden „rationale" Attribute wie Planung, Berechnung, Vorausschau nicht ausgeschlossen, aber nicht als notwendig vorausgesetzt, womit sich Strategien als bewusste Pläne und emergente Muster – oftmals in Reaktion auf externe Strukturen und Kontexte – darstellen. Insbesondere im Zusammenhang mit KMU ist dieses breite Verständnis von Strategie geeignet, die einem externen Beobachter vielleicht irrational erscheinenden unternehmerischen Handlungsweisen zu fassen und zu beschreiben. Auch bei der Abgrenzung des Strategiebegriffes folgt die vorliegende Arbeit somit einem pluralistischen und umfassenden Ansatz.

**Erstes Kapitel**

# Theoretische Bezugspunkte der Strategieformation in KMU

## 1. Strategiegenese und Unternehmerhandeln

KMU sind als personenzentrierte kleine Organisationen nur in ihrer Umwelt und als Reaktion auf ihre Umwelt zu verstehen. Das gesamte Umfeld beeinflusst im Sinne von – zunächst extern vorgegebenen – Determinanten die anfänglich zur Verfügung stehenden Entscheidungs- und Handlungsmöglichkeiten des Unternehmers und wirkt auf die tatsächlichen Handlungen ein. Vor diesem Hintergrund werden in den nachfolgenden Abschnitten ausgewählte Theorieansätze betrachtet, die sich mit der Strategiegenese aus individueller Sicht beschäftigen.

### 1.1 Der objektive Blick: Rationales und begrenzt rationales Entscheiden

Einen wichtigen Ausgangspunkt zur theoretischen Erklärung von Handlungsmustern und Strategien der Unternehmer von KMU bildet individuelles Entscheiden, das frühe mikroökonomische und normative entscheidungstheoretische Ansätze bei der Suche nach Mikrofundierungen zur Erklärung betrieblicher Phänomene in den Vordergrund stellen (Wiesenthal 1987: 435f.). Unter der Annahme vollständiger Information, identischer kognitiver Kompetenzen von Individuen und identischer Bedürfnisse (Oesterdiekhoff 1993: 106ff.) werden Handlungen als Ergebnis einer *rationalen Wahl bzw. als Entscheidung des Homo oeconomicus* erklärt. In den Absichten der Individuen wird das ursächliche Moment von Handlungen gesehen, weitere Entscheidungsmerkmale bei der Auswahl verschiedener Handlungen sind die beabsichtigten und antizipierten Folgen der jeweiligen Handlung.

Die Akteure – hier die Unternehmer – verfügen vor der Entscheidungsfindung über klar artikulierte Ziele, die den Nutzen verschiedener Entscheidungen und Handlungen bestimmen, und entwickeln einen Satz an Handlungsalternativen, aus dem sie die jeweils optimale Möglichkeit mit dem höchsten Grad an Zielerfüllung auswählen. Gleichzeitig wird Unternehmen aus modelltheoretischen Gründen als einheitliches Ziel Gewinnmaximierungsverhalten unterstellt (Oesterdiekhoff 1993: 106f.). Entscheidungen werden auf Basis von rationalen Opportunitätskostenkalkülen getroffen, in dem die Alternativen – im Falle von Unternehmensstrategien verschiedene strategische Möglichkeiten – und ihre erwarteten Konsequenzen in einer Kosten-Nutzen-Betrachtung gegeneinander aufgewogen und in eine Präferenzordnung gebracht werden. Handlungen sind danach Ausdruck rationaler Überlegungen und Strategien allein auf ex ante durchgeführte Planungen und Überlegungen zurückzuführen.

Die Genese von Strategien folgt aus dieser theoretischen Perspektive einem linearen und stufenweisen Ablauf, der sich in verschiedene Stadien – beispielsweise Zielfindung, Bewertung der organisationalen Stärken und Schwächen (SWOT-Analyse) sowie strategischer Alternativen, Operationalisierung und Implementierung, Evaluierung – unterteilen lässt. Strategien entstehen mithin überlegt und formal als Ergebnis individuellen Entscheidens. Zwar blendet diese Perspektive Umwelteinflüsse nicht gänzlich aus, sie betrachtet die Unternehmensumwelt aber als einfach und stabil, damit vorhersagbar und kontrollierbar. In der Strategiepraxis spiegelt sich dieser theoretische Ansatz in der „Planungsschule"[1] der sechziger und siebziger Jahre des 20. Jahrhunderts wider.

Auch empirische KMU-Studien zur Strategiefindung konzentrieren sich häufig auf die Frage nach der strategischen Planung in KMU. Einige Studien sind in Übersicht 1 zusammengestellt. Dabei wurden die Studien, die in dieser wie in den Übersichten 3, 5 und 6 aufgeführt sind, nach folgenden Gesichtspunkten ausgewählt: Es sollten wichtige und breit rezeptierte KMU-Studien erfasst werden, gleichzeitig sollte ein repräsentativer Querschnitt durch wichtige Zeitschriften der KMU- und Strategieforschung sowie ein zeitlicher Überblick über wechselnde Schwerpunkte der wissenschaftlichen Diskussion gegeben werden.

Die von Schwenk und Shrader (1993) vorgenommene Meta-Analyse entsprechender Studien fand einen grundsätzlich positiven und auch signifikanten Zusammenhang zwischen Planung und finanziellem Unternehmenserfolg (Übersicht 1). Die Meta-Analysen von Robinson und Pearce (1984) oder d'Amboise und Bakanibona (1990) kamen zu vergleichbaren Ergebnissen. Eine Reihe der in Übersicht 1 aufgeführten Untersuchungen wies ebenfalls einen positiven – wenngleich oft nur schwachen – Einfluss von formalisierter Planung auf den Unternehmenserfolg bzw. die langfristige Überlebensfähigkeit kleiner Unternehmen nach und bestätigte damit implizit Modelle rationaler Wahl und Strategiefindung auch für KMU. Einige andere Studien fan-

1 So Mintzberg, Ahlstrand, Lampel (1998: 48ff.). Eine Aufarbeitung der Geschichte der strategischen Planung findet sich bei Mintzberg (1994).

Übersicht 1

**Synopse ausgewählter empirischer Studien zur Planung in KMU**

| Autoren | Methode | Gegenstand |
|---|---|---|
| d'Amboise, Bakanibona (1990) | Literaturstudie | Sekundärauswertung von 12 Studien: eher operationelle Planung in KMU vorhanden, aber kaum strategische Planung; positiver Zusammenhang zwischen Art, Umfang der Planung und Erfolg |
| Bracker, Keats, Pearson (1988) | Befragung, USA, Elektronik, 217 KMU, >5 Jahre, <100 AN | Positiver Zusammenhang zwischen Art der Planung und finanziellem Erfolg in dynamischen Branchen |
| Carland, Carland, Aby (1989) | Befragung, USA, 368 Unternehmer, <250 AN | Positiver Zusammenhang zwischen Persönlichkeit (Leistungsorientierung, Risikoneigung, Innovation) und Art der Planung (formal, informell, keine), Planungsdisposition |
| Gibb, Scott (1985) | Längsschnittfallstudien, UK, 16 KMU, <50 AN | Strategische Planung projektgebunden, nicht formalisiert, großer Einfluss strategischen Bewusstseins und persönlichen Engagements |
| Küpper, Bronner (1995) | Befragung, Bayern/ Hessen, 240 KMU, <500 AN | Kaum langfristige Planungstechniken, qualitative Produktdifferenzierung häufigste Vermarktungsstrategie, Erfolg auch von Personen (Erfahrung des Unternehmers, Mitarbeitermotivation) abhängig |
| Lyles et al. (1993) | Befragung, USA, 188 KMU, <500 AN | Signifikante Unterschiede formale vs. informelle Planer bezüglich strategischer Entscheidungsfindung und Wahlmöglichkeiten, formale Planer höheres Umsatzwachstum |
| Matthews, Scott (1995) | Befragung, USA, 130 KMU, <1 Jahr | Umfang und Art der Planung abhängig vom Status des Unternehmens („entrepreneurial" vs. traditionell), weniger Planung, je unsicherer das Umfeld wahrgenommen wird |
| Olson, Bokor (1995) | Befragung, USA, 500 schnellwachsende KMU | Hälfte ohne formalen Businessplan gestartet |
| Orpen (1985) | Befragung, 58 KMU | Zeitlicher Aufwand langfristiger Planung ohne Einfluss auf Erfolg, erfolgsbeeinflussend: persönliche Planungseinstellung, Planungsumfang, Implementierung |
| Piest (1994) | Befragung, Niederlande, Maschinenbau, 154 KMU, <200 AN | Vollständigkeit und Art der Planung nur teilweise abhängig von Strategietypen: positiver Zusammenhang zwischen strategischer Variabilität und vollständigen Prognosen |
| Pleitner (1986) | STRATOS[1]-Befragung, Schweiz | Kaum schriftliche und längerfristige (= strategische) Planung, Erfolgsfaktoren (Firmeneinschätzung): Produktqualität, Lieferzuverlässigkeit, Flexibilität/Image |
| Robinson, Pearce (1983) | Befragung, USA, 85 kleine Banken | Kein Zusammenhang zwischen Art der Planung (formal vs. informell) und Gewinn, ROA[2], Wachstum des Kreditportfolios |
| Robinson, Pearce (1984) | Literaturstudie | Sekundärauswertung von 50 Studien: wenig formale Planung, eher kurzfristig orientierte Planung, positiver Zusammenhang zwischen strategischer Planung und Erfolg, zwischen externer Unterstützung bei Planung und Erfolg |
| Rue, Ibrahim (1998) | Befragung, USA, 253 KMU, <15 AN | Positiver Zusammenhang zwischen Art der Planung (schriftlich) und Absatzwachstum, kein Zusammenhang zu ROI[3] |
| Schwenk, Shrader (1993) | Meta-Analyse, 26 Studien | Positiver, signifikanter Zusammenhang zwischen Planung und finanziellem Erfolg |
| Sexton, Auken (1982) | Befragung, USA, 357 KMU | Weniger als 1/4 mit strategischer Planung, 1/5 völlig ohne strategisches Verhalten |
| Shuman, Seeger (1986) | Befragung, USA, 220 schnellwachsende KMU | Planungspraxis abhängig vom Erfolg früherer Planungsanstrengungen, aktuellen Erfolg, von der persönlicher Einstellung |
| Van Gelderen, Frese, Thurik (2000) | Längsschnittbefragung, Niederlande, 80/49 KMU, <50 AN, 1–5 Jahre | Erfolgszyklus: Start = Kritischer Punkt, Erfolg = komplette Planung, Strategieeinsatz abhängig von Umweltkomplexität und -unsicherheit |

Eigene Zusammenstellung. – AN: Arbeitnehmer. – [1]STRATOS: STRATegic Orientation of Small and Medium Sized Enterprises. – [2]ROA: return on assets. – [3]ROI: return on investment.

RWI ESSEN

den keinen expliziten Zusammenhang zwischen Planung jedweder Art und Unternehmenserfolg – so z.B. Robinson und Pearce (1983) in einer eigenen Untersuchung –, sondern verwiesen auch auf andere Einflussfaktoren, wie z.B. der Einfluss der Unternehmerperson, so Küpper und Bronner (1995).

Dabei spielt offensichtlich aber nicht nur die Tatsache der Planung an sich, sondern vor allem auch die Planungsqualität, die ebenso bei eher informelleren Planverfahren existent sein kann, eine entscheidende Rolle. Der Großteil der in Übersicht 1 aufgeführten Untersuchungen zur Planung und zu KMU bestätigt nämlich auch, dass strategische Planung in KMU – so sie denn vorhanden ist – eher unstrukturiert, sporadisch und inkremental ist. Damit deutet sich empirisch bereits an, dass eine Rationalität, die sich nach Auffassung der normativen Theorie rationaler Wahl in einer – klar gegliederten Phasen folgenden – formalen Planung widerspiegelt, in der „reinen" Form offensichtlich nicht gegeben ist. Trotzdem wurden formale Planungsmethoden für KMU im Rahmen dieser Studien immer wieder mit geeignetem strategischen Verhalten gleichgesetzt und als notwendige Bedingung für den Unternehmenserfolg propagiert, wie folgendes Zitat demonstrieren mag: „(...) as small business owners adopt more formal planning processes, there is a significant increase in the thoroughness of their decision process, the breadth of strategic options emphasized in their business activity, and their overall performance as measured by growth in sales. Thus, small business owners may realize a competitive advantage through the use of formal planning procedures to enhance their strategic management process" (Lyles et al. 1993: 48).

Grundsätzlich weicht der tatsächlich zu beobachtende Entscheidungsprozess jedoch erheblich vom Bild der rationalen Entscheidungsfindung ab und stellt die Prämisse einer rational geplanten Strategiefindung nicht nur für KMU in Frage: „(...) is characterised by novelty, complexity, and open-endedness, by the fact that the organization usually begins with little understanding of the decision situation it faces or the route to its solution, and only a vague idea of what that solution might be or how it will be evaluated when it is developed. Only by groping through a recursive, discontinuous process involving many difficult steps and a host of dynamic factors over a considerable period of time is a final choice made" (Mintzberg, Raisinghani, Théoret 1976: 250f.).

Vereinfachende und damit unrealistische Annahmen sind die Hauptargumente der Kritiker am Rationalmodell, die unvollständiges Wissen um die zukünftigen Konsequenzen von Entscheidungen sowie die Schwierigkeit, diese angemessen zu bewerten und zu gewichten, als Begründungen für eine nur begrenzt gültige Rationalität anführen[2]. Rationalität in Entscheidungen lässt

[2] Vgl. u.a. Conlisk (1996: 669f.), Simon (1993: 134); für eine Kritik aus sozialwissenschaftlicher Sicht Esser (1990). Ein Überblick auf Basis der Ergebnisse empirischer Studien findet sich bei Eisenhardt, Zbaracki (1992).

sich deshalb eher als „formales Prinzip der Entscheidungslogik“ (Wiswede 1995: 28) mit logischen und normativen Konsequenzen denn als Erklärung tatsächlichen Verhaltens beschreiben. Auch wurde in empirischen KMU-Studien eine Vielzahl unternehmerischer Zielsetzungen – abhängig von Faktoren wie dem familiären Umfeld des Unternehmers oder der Persönlichkeit des Unternehmers – nachgewiesen (Cromie et al. 1999; Reid et al. 1999; Kuratko et al. 1998; Routamaa, Vesalainen 1987). Diese sind nicht ausschließlich monetärer Art, sondern beispielsweise familienbezogen (Zukunftssicherung, Weiterführung eines Familienbetriebes) und/oder personengebunden (Einkommenssicherung, persönliches Wachstum, Autonomie) und lassen sich deshalb mit der Annahme des Gewinnmaximierungsverhaltens der rationalen Theorie nur schwer in Einklang bringen.

Bereits seit den fünfziger Jahren des 20. Jahrhunderts rücken deshalb Ansätze einer *verhaltenswissenschaftlich geprägten Entscheidungstheorie* von der Annahme vollkommener Information wie auch der Illusion identischer Unternehmensziele ab und distanzieren sich darüber von der Praxis der Neoklassik, Wirtschaftssubjekte als einheitlich handelnde Entscheidungsträger zu behandeln. Sie unternehmen den Versuch, über eine Modifizierung des Rationalitätsbegriffes die in der Realität zu beobachtende Entscheidungsfindung theoretisch zu erklären. Die objektive Rationalität der älteren Ansätze wird nicht vollständig negiert, sondern durch ein breiteres Verständnis im Sinne einer begrenzten, aber immer noch beabsichtigten Rationalität ersetzt (Kahle 1997a: 11f.; Kasper et al. 1998: 611; Oesterdiekhoff 1993: 117ff., 132.).

Simon entwickelte in diesem Zusammenhang das grundlegende Modell begrenzter Rationalität, nach dem zum Entscheidungszeitpunkt statt optimaler lediglich befriedigende Ziele verfolgt werden. Individuen handeln nach der Maxime des „satisficing“ (Simon 1959: 262; 1955). Nicht mehr die absolute Gewinnmaximierung steht im Vordergrund, sondern Unternehmer entscheiden sich beispielsweise dafür, einen sie zufrieden stellenden Marktanteil oder Umsatz bzw. Gewinn anzustreben (Simon 1959: 263). Grund für dieses Entscheidungsverhalten ist die begrenzte Rationalität von Individuen, die auf der Annahme eines unvollkommenen Informationsstandes beruht: „Broadly stated, the task is to replace the global rationality of economic man with a kind of rational behavior that is compatible with the access to information and the computational capacities that are actually possessed by organisms, including man, in the kinds of environments in which such organisms exist“ (Simon 1955: 99). Der Entscheidungsprozess reflektiert dann den Wunsch, die unter den gegebenen Umständen bestmögliche Entscheidung zu fällen, sodass Dean und Sharfman in Anlehnung an spätere Arbeiten von Simon auch von „prozeduraler Rationalität“ sprechen (Dean, Sharfman 1993: 589).

Fällen Individuen Entscheidungen eher unsystematisch und nur in seltenen Fällen auf der Basis einer ausführlichen Suche nach Alternativen und ergeben sich die Ziele ihres (unternehmerischen) Handelns erst im Verlauf der Suche nach Informationen, lassen sich inkrementale Prozesse der Strategieformation ableiten (Schwenk 1995: 475; Hart 1992: 328f.; Eisenhardt, Zbaracki 1992: 22). Mit Blick auf die Strategiegenese sind Individuen dann zwar in der Lage, die Ausrichtung der Strategie vorzugeben, die Feinabstimmung erfolgt jedoch erst im Verlauf von Entscheidungsprozessen. Fredrickson und Iaquinto identifizieren in diesem Zusammenhang Trägheitsmomente und eine damit einhergehende „schleichende Rationalität" in strategischen Entscheidungsprozessen (Fredrickson, Iaquinto 1989: 533ff.). Der Entscheidungsprozess verliert somit nicht nur durch die Annahme einer begrenzten Rationalität, sondern zudem noch in zeitlicher Betrachtung an Tiefe und Vollständigkeit. So kann es zu unvollständigen und damit – auch in Abhängigkeit vom jeweiligen (Unternehmens-)Umfeld, obschon empirische Studien hier zu widersprüchlichen Ergebnissen kommen[3] – minderwertigen Entscheidungen kommen (Martin 2001: 11).

Dafür verantwortlich sind begrenzte kognitive Kapazitäten der Informationsaufnahme, -verarbeitung und -speicherung sowie auch eine individuell unterschiedliche Bereitschaft, ausführlich Informationen zu sammeln. All dies führt letztlich zur Anwendung vereinfachter Such- und Auswertungsverfahren in der Entscheidungsfindung. Die empirische Entscheidungsforschung hat sich in diesem Zusammenhang mit den unterliegenden heuristischen Prinzipien von Entscheidungen und Strategieformation – den intuitiven Faustregeln menschlichen Handelns, die bei Simon mit dem Begriff des „satisficing" anklingen – ausführlich und kritisch auseinandergesetzt (Barnes 1984; Das, Teng 1999; Lyles, Thomas 1988; McFadden 1998; Radetzki 1999: 56ff.; Schwenk 1984, 1988, 1995: 476ff.; Stubbart 1989; Tetlock 2000). Dieser Ansatz erklärt die begrenzt rationalen Aspekte der Strategiegenese als Ergebnis kognitiver, dem menschlichen Handeln und Entscheiden inhärenter Vereinfachungsprozesse. Allerdings kann dieses regelgebundene Verhalten in systematischen Entscheidungs- und Handlungsfehlern resultieren.

In Übersicht 2 werden ausgewählte heuristische Regeln präsentiert, die in verschiedenen Phasen der Strategiegenese greifen (können), und die ihnen innewohnenden Fehler(quellen). Zu beachten ist allerdings, dass die hier vorgenommene Zuordnung dieser Regeln bzw. Defekte zu zwei grundlegenden Phasen des strategischen Entscheidungsprozesses, die auf einer von Schwenk eingeführten Einteilung basiert (Schwenk 1984: 115), aufgrund von Überschneidungen und Wechselwirkungen nicht trennscharf erfolgen kann und hier nur aus Gründen der Übersichtlichkeit vorgenommen wurde. So ließen sich die aufgeführten Regeln auch anders gruppieren, beispielsweise wäre eine Klassifizierung hinsichtlich ihrer Defektmöglichkeiten denkbar nach

[3] Vgl. den älteren Überblick über entsprechende Studien bei Rajagopalan, Rasheed, Datta (1993: 358f.) sowie Papadakis, Lioukas, Chanbers (1998: 134).

Übersicht 2

**Ausgewählte Heuristiken der Strategiegenese und Fehlermöglichkeiten**

| Regel | Beschreibung | Fehlermöglichkeit |
|---|---|---|
| | Identifizierung strategischer Probleme | |
| Verfügbarkeit | Entscheidungsfindung auf der Basis von leicht erinnerbaren Ereignissen, leicht zugänglicher Informationen | Aktuelle und neue Informationen werden vernachlässigt |
| Konservatismus | Einmal getroffene Entscheidungen werden ungeprüft Grundlage für neue Handlungen | Beharrungstendenzen führen zu eskalierendem strategischen Verhalten |
| Selektive Wahrnehmung | Erwartungen beeinflussen Beobachtungen der für Strategiegenese wichtigen Variablen | Bei der Bewertung strategischer Probleme treten Verzerrungen und Lücken auf |
| Analogie | Verhalten wird von ähnlichen Fällen und Beispielen geleitet | Strategische Probleme und Möglichkeiten werden zu sehr vereinfacht |
| Status quo | Jetziger Stand wird bislang unbekannten Situationen vorgezogen | Strategien werden aktuellen Situationen nicht angepasst |
| | Suche und Auswahl strategischer Alternativen | |
| Aberglaube | Kausale Zusammenhänge werden dem Zufall zugeschrieben | Strategische Einflussmöglichkeiten werden unterschätzt |
| Wunsch- und Sicherheitsdenken | Gewünschte Resultate werden in ihrer Realisierungswahrscheinlichkeit zu hoch eingeschätzt | Strategische Alternativen werden zu früh verworfen und nicht abschließend durchdacht |
| Repräsentativität | Verallgemeinerbarkeit der jetzigen bzw. früherer Entscheidungen wird überschätzt | Konsequenzen strategischer Alternativen werden nicht richtig erkannt |
| Kontrollillusion | Überschätzung der persönlichen Kontrolle von Entscheidungsresultaten | Risiko verschiedener strategischer Alternativen wird falsch bewertet |
| Sunk cost | Angefallene Kosten führen zu beharrendem Verhalten | Bisherige Strategien werden ungeprüft fortgesetzt |
| Retrospektive Rechtfertigung | Resultate werden in rückschauender Bewertung einem kausalen Faktor zugeschrieben | Realisierung strategischer Alternativen wird unzureichend bzw. zu günstig eingeschätzt |

Eigene Übersetzung und Zusammenstellung nach McFadden (1998), Schwenk (1984, 1988), Weick (1995). RWI ESSEN

kausaler Zuordnung, strategisch persistentem Verhalten und Bewertungsfehlern, die ihrerseits Lernmöglichkeiten des Strategieprozesses beeinflussen (Schwenk 1995: 477).

Die Strategiegenese verläuft aus Sicht der Entscheidungsforschung fehlerhaft, wenn beispielsweise „veraltete" Einschätzungen aufgrund ihrer schnellen Verfügbarkeit erneut zum Tragen kommen und aktuelle Trends bereits in der Phase der Problemidentifikation nicht berücksichtigt werden. Darauf deuten implizit ebenso die von Mintzberg empirisch abgeleiteten Handlungsmuster von beabsichtigten, aber nicht realisierten Strategien und nicht intendierten, aber realisierten (emergenten) Strategien (Mintzberg 1978: 945) hin, die in diesem Zusammenhang als indirekte Reaktion auf den Verfügbarkeitsdefekt interpretiert werden können. Gleichzeitig sind Individuen in ihrem Verhalten konservativ und beharren – abhängig von den jeweiligen Anfangsinvestitionen bzw. sunk costs (Wiswede 1995: 32) – auf einmal eingeschlagenen Pfaden, so dass mit Whyte von einer eskalierenden Verpflichtung für bestimmte Handlungen (Whyte 1986: 311) gesprochen werden kann. Bei strategischen Entscheidungen ist dabei in der Regel nicht nur von einzelnen Fehlermöglichkeiten auszugehen, sondern von einer Interaktion und auch gegenseitigen Verstärkung der skizzierten Entscheidungsdefekte (Schwenk 1988: 44).

Viele der Entscheidungsdefekte lassen sich durch psychologische Konzepte erklären, wobei allerdings bislang nur wenige umfassende Theorien zu diesem Komplex vorliegen (Wiswede 1995: 34). So sind Einschätzungsfehler durch psychologische Kognitionsansätze begründbar, z.B. die Attributionsforschung, welche die Ursachen für bestimmte Ereignisse und eigenes Verhalten untersucht. Ursachenattribution im Sinne der Zuordnung von – auch vermeintlichen oder vorgeschobenen – Begründungen erfolgt häufig als Sekundärereignis nach der Entscheidung bzw. dem Handeln und ist damit in der Entscheidungsforschung insbesondere für das zukünftige Handeln interessant, das dann nicht auf einer rationalen Wahl möglicher Alternativen beruht, sondern auf der – verzerrten – Bewertung der Erfolge bisherigen strategischen Verhaltens (Wiswede 1995: 85ff.). Verfügbarkeitsdefekte in der Entscheidungsfindung können auf bestimmte Auswahlprinzipien bei der Verarbeitung von Informationen zurückgeführt werden. So setzen Entscheidungsträger immer die Informationen ein, die ihnen leicht zugänglich sind, weil sie beispielsweise bereits für zurückliegende Strategien verwandt wurden. Zudem spielt das Repräsentativitätsprinzip bei der Auswahl von Informationen eine wichtige Rolle. Allerdings handelt es sich bei den Ansätzen zur Informationsverarbeitung eher um Methoden zur Beschreibung kognitiver Prozesse als dass sie diese tatsächlich erklären könnten (Wiswede 1995: 93; ähnlich argumentieren Martin, Bartscher 1995: 117).

Diesen Erklärungswert können dagegen Konsistenztheorien für sich beanspruchen, die Wiswede auch als Theorien des kognitiven Gleichgewichts bezeichnet (Wiswede 1995: 83ff.). Eine Reihe von eng miteinander verbundenen Entscheidungsdefekten wie selektive Wahrnehmung, Konservatismus, Status quo, retrospektive Rechtfertigung und der „Sunk-cost"-Effekt, denen allen die Bevorzugung bisheriger Strategien gemein ist, lässt sich aus diesen Theorien herleiten (Wiswede 1995: 34, 83.). Ein häufig verwendeter Erklärungsansatz ist die Theorie kognitiver Dissonanz, nach der nicht gewählte Alternativen abgewertet werden, um einen geringeren Aufwand bei der Entscheidungsfindung zu rechtfertigen und anderenfalls auftretende kognitive Spannungen nach der gefällten Entscheidung zu umgehen (Kirsch 1998: 34ff.; Radetzki 1999: 90ff.; Wiswede 1995: 83ff.).

Ähnliche Argumentationsstränge verwendet die Konflikttheorie der Entscheidungsfindung, die vermeidendes Handeln begründet, Lyles und Thomas sprechen in diesem Zusammenhang vom „avoidance model" (Lyles, Thomas 1988: 136). Diese Theorie erklärt Beharrungstendenzen im Anschluss an einmal gefällte Entscheidungen – in diesem Fall eine unzureichende Suche nach strategischen Alternativen sowie den Rückgriff auf existierende Strategien – als Folge eines geringen Risikos negativer Ergebnisse, falls die bisherigen Verhaltensweisen beibehalten werden (Lyles, Thomas 1988: 136; Martin, Bartscher 1995: 119ff.). Entscheidungsträger handeln somit risikoscheu und vermeiden die mit unbekannten Entscheidungen oder einem Strategiewechsel verbundene Unsicherheit hinsichtlich der längerfristigen Entscheidungsfolgen. Sie ändern ihr Verhalten nur, sobald sie – beispielsweise aufgrund geänderter Umweltbedingungen – erhebliche zukünftige Nachteile feststellen und falls ohne großes Risiko eine geeignetere Lösung gefunden werden kann. Anderenfalls werden trotz erwarteter negativer Handlungsfolgen keine Verhaltensänderungen vorgenommen, in der Hoffnung, dass sich das Problem von selbst erledigt (Lyles, Thomas 1988: 136). Mit diesem Hinweis auf „defensives Vermeiden“ (Martin, Bartscher 1995: 119) erklärt die Konflikttheorie sowohl das von Lindblom so beschriebene „durchwurstelnde“ (Lindblom 1959) Verhalten wie auch die sich verstärkende Verpflichtung, einmal gewählte Entscheidungen beizubehalten. Letzteres kann auch über lerntheoretische Ansätze als Ergebnis von Belohnungen für bisheriges Verhalten oder Bestrafungen bei Verhaltensänderungen abgeleitet werden, ohne jedoch damit das anfängliche Verhalten erklären zu können (Wiswede 1995: 68.).

Grundsätzlich erlaubt die Anwendung dieser verhaltenswissenschaftlichen und implizit psychologisch fundierten Ansätze der Entscheidungsfindung auf Handlungen und Strategien von KMU ein realitätsgetreueres Abbild des Verhaltens von Unternehmern. Sie bietet einen brauchbaren Rahmen zur Erklärung offensichtlicher Inkonsistenzen und objektiv fehlerhafter Handlungen, wie sie mit den ökonomischen Modellen rationaler Entscheidungsfindung nicht ausreichend erklärt werden können. In KMU sind begrenzt rationale Handlungen dabei nicht nur durch die generell eingeschränkten kognitiven und innerbetrieblichen Möglichkeiten bei der Informationsverarbeitung erklärbar, sondern auch auf Größennachteile zurückzuführen. Empirisch nachgewiesen wurden Nachteile von KMU beispielsweise hinsichtlich der Kosten der Informationsbeschaffung, mit Blick auf einen eingeschränkten Zugang zu externen Ressourcen – Kapital, Informationen –, dazu kommt ein genereller Mangel an personellen und zeitlichen Ressourcen[4]. All das behindert im Sinne der verhaltenswissenschaftlichen Ansätze eine systematische und umfassende Informationssammlung und -verarbeitung und erklärt begrenzt rationale Entscheidungen.

Hinsichtlich der Strategiegenese rücken die verhaltenswissenschaftlichen Theorien allerdings nicht grundsätzlich von der Annahme vorausgeplanter Handlungen ab. Beispielsweise identifiziert Quinn in seinen Ausführungen den logischen Inkrementalismus als proaktives strategisches Verhalten (Quinn 1978: 8). Ebenso wird unter der Annahme begrenzter Rationalität die Strategiegenese implizit immer noch als Ergebnis verschiedener Phasen der Identifikation, Suche und Auswahl von Alternativen verstanden. Ähnlich modellieren Cyert und March den organisationalen Entscheidungsfindungspro-

4 Vgl. Nooteboom (1993: 287ff.), sowie die Zusammenstellung verschiedener Studien bei Bartels (1990).

zess (Cyert, March 1995: 155ff.). Sie gehen davon aus, dass Organisationen lokal rational handeln. Ziele sind als unabhängige Restriktionen vorgegeben und werden in sequenzieller Reihenfolge beachtet, wobei Entscheidungsregeln ein Akzeptanzniveau vorgeben. Entscheidungen werden grundsätzlich auf Basis von Feedback-Reaktionen gefällt, die möglicherweise erforderliche Suche nach neuen Alternativen zur Zielerreichung wird zunächst lokal begrenzt und erst allmählich erweitert. Neu ist neben der Berücksichtigung begrenzter bzw. lokaler Rationalität die ständige Rückkoppelung zwischen Entscheidungen in verschiedenen Phasen, den Phasen selbst und den Entscheidungsresultaten, die fortlaufend evaluiert werden (Cyert, March 1995: 168).

Mit der Erkenntnis, dass Entscheidungsfindung, und damit auch die Strategiegenese, ein rückgekoppelter Prozess sein kann, berücksichtigen verhaltenswissenschaftliche Theorien Lerneffekte und zeigen erste Ansätze einer dynamischen Betrachtungsweise. Entscheidungsphasen folgen demnach – wie empirische Studien bestätigen – keinem strikten zeitlichen Ablauf. Phasen können sich wiederholen oder auch zeitgleich ablaufen, auch Routineelemente lassen sich identifizieren, wie Mintzberg et al. in ihrer Untersuchung von auf den ersten Blick „unstrukturierten" strategischen Entscheidungsprozessen in 25 Unternehmen verschiedener Branchen demonstrierten[5].

Gerade die Entscheidungsfindung in KMU ist durch situationsbezogene Interpretationen und dynamische Verläufe gekennzeichnet. Empirische Untersuchungen zeigen beispielsweise, dass Unternehmensgründungen zwar in der Regel intendiert sind – damit durchaus subjektiv rationalen Überlegungen folgen (Bhide 2000; Gibb, Ritchie 1982: 30ff.; Frank, Korunka 1996; Welter 2000c). In der Ausführung erscheinen Gründungen aber häufig objektiv irrational und stellen sich nur selten als geradlinige Umsetzung eines einmal gefassten Beschlusses dar. Sie weisen in vielen Fällen eine überaus verzweigte Vorgeschichte im Sinne eines intensiven und oftmals langjährigen Such- und Orientierungsprozesses auf. Gründungen sind aber auch von Zufälligkeiten und situationalen Faktoren bestimmt und kommen deshalb genauso häufig „überraschend" – ohne lange Vorbereitung – zustande. Wichtige Entscheidungen werden offensichtlich spontan und auf den ersten Blick „unüberlegt" gefällt. Eine amerikanische Untersuchung fand in diesem Zusammenhang heraus, dass nur wenige Gründer – auch von wachstumsorientierten und sich im Nachhinein als erfolgreich erweisenden Unternehmen – vor der Gründung über Geschäftspläne verfügen (Bhide 2000: 53ff.).

Die den Modellen einer rationalen Strategiegenese innewohnende „Planungsillusion" (Schreyögg 1999: 390), die auf der Annahme vorausdenkender und linear umsetzbarer Planbarkeit von Strategien beruht, erweist sich damit

---

[5] Vgl. Mintzberg, Raisinghani, Théoret (1976: 267ff.), so auch Schreyögg (1984: 157). Eine Kurzcharakterisierung ähnlicher Studien findet sich bei Eisenhardt, Zbaracki (1992: 20f.).

aus Sicht der empirischen Strategieforschung aufgrund einer komplexen Umwelt wie auch aufgrund eigendynamischer Prozesse in Organisationen als nicht haltbar (Schreyögg 1999: 390f.). Auch die verhaltenswissenschaftlich geprägten Ansätze lehnen weder das Wirtschaftlichkeitsprinzip generell ab noch lösen sie sich von der im Rationalmodell explizit angelegten „Rationalität der Entscheidungsfassung" (Johannisson 1991: 195; Oesterdiekhoff 1993: 133f.). Zudem gehen sie von linearen Zusammenhängen zwischen Entscheidungen und Handlungen aus in dem Sinne, dass einer Entscheidung eine Handlung folgt (Hendry 2000: 959; Luhmann 1999: 115). Sie führen mit der begrenzten Rationalität und der Maxime des „satisficing" lediglich modifizierende Faktoren ein, obwohl ihre Vertreter mit dem Verweis auf die selektive Wahrnehmung von Individuen sowie der prinzipiellen Anerkennung heuristischer Regeln zur vereinfachten Entscheidungsfindung bereits auf subjektive und irrationale Elemente der Entscheidungsfindung hindeuten (Simon 1978: 8).

### 1.2 Der subjektive Blick: Handlungsrationalität, individuelle Wahrnehmung und Interpretation

Handlungsrationalität wie auch die Komplexität der Umwelt werden in theoretischen Ansätzen berücksichtigt, die Entscheidungsfindung und Strategiegenese als aus ökonomisch-objektiver Sicht irrationales Phänomen verstehen und damit einer hier als subjektiv bezeichneten Sichtweise von Strategien verhaftet sind. Eine dieser für Strategiegenese in KMU interessante Richtung sind die im skandinavischen Raum entstandenen *Ansätze einer aktionstheoretisch orientierten Theorie*, die den Entscheidungsmechanismus auf der Basis objektiv „irrationalen", aber subjektiv rationalen Verhaltens unter Berücksichtigung der unternehmerischen Lebens- und Erfahrungswelt modellieren (Brunsson 1985; Huuskonen 1993; Kettunen, Palojärvi 1996). Aktionsorientierte Konzepte sehen Handlungen als ausschlaggebend für die Strategiegenese, während Intentionen und damit Vorüberlegungen keine Rolle spielen. Sie gehen damit von der Entscheidungstheorie zu eher handlungstheoretischen Betrachtungen über (Luhmann 1984: 598; Hendry 2000: 958ff.).

Brunsson beispielsweise unterscheidet explizit zwischen Entscheidungen und Handlungen bzw. (in seiner Terminologie) Aktionen, wobei sowohl Entscheidungen ohne Aktionen als auch Aktionen ohne Entscheidungen auftreten können (Brunsson 1982: 32). Diese Aktionsrationalität erklärt einen großen Teil irrationaler Entscheidungen (Brunsson 1982: 36): Unternehmer handeln zuerst, ohne dass diesen Handlungen zwingend Prozesse der Zielbestimmung, Informationssuche und die Wahl von Alternativen vorausgehen. Erst nachträglich treffen Individuen ihre Handlungen rechtfertigende Überlegungen, die sie dann als die den bereits vollzogenen Handlungen zugrunde liegenden Entscheidungen benennen. Ex ante getroffene und intendierte Entscheidungen sind demgegenüber durch Erwartungen, Motivationen und Verpflichtungen hinsichtlich der präferierten Aktion charakterisiert. Dabei gilt, dass der Einfluss der Entscheidung auf nachfolgende Handlungen von den jeweiligen Ausprägungen dieser Entscheidungsmerkmale abhängt (Brunsson 1985: 22).

In der empirischen Strategieforschung ist das Phänomen der Handlungsrationalität von Mintzberg beschrieben worden, der aus den Beispielen des Volkswagenkonzerns und der unter McNamaras Federführung ausgearbeiteten US-Strategie im Vietnamkrieg eine Unterscheidung trifft zwischen intendierten Strategien, die nicht realisiert werden, überlegten Strategien als intendierte und realisierte Strategien sowie realisierten Strategien als nicht beabsichtigtes Entscheidungsresultat (Mintzberg 1978: 945). Mintzberg bezeichnet letztere als „emergent strategies" (Mintzberg 1978: 935) und umschreibt sie als ex post beobachtbare Konsistenzen der tatsächlich ausgeführten Entscheidungssequenzen über einen Zeitraum hinweg, wobei Entscheidungen nach seinem Verständnis bereits eine Verpflichtung (Commitment) zur Handlung sind. Strategien sind damit nicht nur geplante Maßnahmenbündel, sondern „patterns in a stream of decisions" (Mintzberg 1978: 935) bzw. in einer späteren Modifikation, die eine handlungsorientierte Perspektive unmissverständlich einbringt, Handlungsmuster (Mintzberg, Waters 1990: 1f.).

Strategien sind aber im Rahmen der an subjektiver Wahrnehmung orientierten Theorieansätze nicht nur als Ergebnis von Handlungsrationalität zu verstehen; Handlungsrationalität selbst ist beobachtungsgebunden. Strategien und Handlungen beruhen damit auf einem individuell verschiedenen „Verständnis" der Wirklichkeit, bei dem alle Gegebenheiten, beispielsweise entscheidungsrelevante Informationen, einen personengebundenen Wahrnehmungsfilter im Sinne von individuellen Interpretationen durchlaufen (Huuskonen 1993: 51). Wahrnehmungen wiederum sind erfahrungs- und persönlichkeitsgeleitet. Beides spiegelt sich nach Kettunen und Palojärvi in der Weltanschauung des Unternehmers, die durch Erziehung, Bildung, Lebenserfahrung sowie durch seine Tiefenpersönlichkeit – als Ausfluss ererbter und unbewusster Wesenszüge – geformt wird (Kettunen, Palojärvi 1996: 188; Lyles, Thomas 1988: 133). Damit erschließt sich die Strategiegenese von KMU als gesamtheitlicher Prozess, dessen Handlungen aus Sicht der Unternehmer immer rational begründbar sind: „Eine unternehmerische Entscheidung wird nicht im luftleeren Raum getroffen, sondern ist immer in der Gesamtheit des Lebens des Unternehmers eingebettet oder eingebaut" (Kettunen, Palojärvi 1996: 187f.).

Einem vergleichbaren Argumentationsstrang, der ebenfalls Aktionsrationalität wie wahrnehmungsgeleitete und interpretative Elemente von Entscheidungen bzw. Handlungen betont, folgt Weick mit seinem psychologisch orientierten Konzept des „Sensemaking" bzw. der Sinngebung, wonach Handeln sich oft erst im Nachhinein erschließt. Das von Brunsson definierte Handeln ohne Entscheiden mit nachträglicher Rechtfertigung lässt sich dann als retrospektive Sinngebung bezeichnen (Weick 1995: 24ff.). Aufgegeben wird in dieser Betrachtung allerdings die intentionale und ex ante geplante Strategiegenese, so versteht Weick Entscheidungsfindung als „locating, articulating, and ratifying that earlier choice, bringing it forward to the present, and claiming it as the decision that has just been made.“[6] Interessant für die Strategiegenese im Licht objektiv „irrationaler“ theoretischer Betrachtungen sind die Ausführungen von Weick auch, weil er den vermeintlichen Widerspruch zwischen subjektiver individueller Wahrnehmung und objektiver Umwelt auflöst; gleichzeitig führt er über Rückkoppelungsschleifen dynamische Elemente ein. Handeln vollzieht sich auf Basis der vom Handelnden wahrgenommenen Umwelt, die sich keinesfalls mit der von einem externen Beobachter definierten objektiven Umwelt decken muss, wobei sich der Handelnde über seine Aktionen wiederum seine eigene Umwelt gestaltet (Weick 1998: 191f.; Smart, Vertinsky 1984: 200f.; Wilms 1995: 202ff.).

Damit finden sich bei Weick bereits *Elemente einer konstruktivistischen Sichtweise* – im Vorgriff auf die in Abschnitt 4.1 angesprochenen system- und komplexitätswissenschaftlichen Ansätze, denen auch der Konstruktivismus zuzurechnen ist. Die Übertragung konstruktivistischen Gedankenguts auf die Strategiegenese gestaltet sich allerdings nicht ganz einfach[7]. Indirekte Anhaltspunkte bieten z.B. Berger und Luckmann mit ihren Hinweisen auf die Konstruktion gesellschaftlicher Regeln und Vorschriften über Sozialisationsprozesse (Berger, Luckmann 1999: 139ff.). Nicht nur wird die Strategiegenese als Ausfluss eines mentalen, individuell differierenden Wahrnehmungsprozesses einer objektiv vorhandenen Umwelt begriffen, sondern diese Umwelt selbst wird bereits als „konstruiert“ verstanden[8]. Realität ist damit nicht mehr objektiv erfahrbar, sondern wird vom Individuum nur noch über seine Wahrnehmung definiert und erlebt (Glasersfeld 2000: 20). Der Konstruktivismus gibt darüber die Unterscheidung zwischen unternehmensintern und -extern auf und rückt implizit das Individuum bzw. seine kognitiven Fähigkeiten in den Mittelpunkt der theoretischen Erklärung von Strategien.

Wahrnehmungen und individuelle Interpretationen spiegeln sich in den so genannten mentalen Landkarten (cognitive maps) (Kettunen, Palojärvi 1996: 188ff.; Kahle o.J.: 2; Schwenk 1988: 45f.). Brunsson nennt sie Ideologien und beschreibt sie als ein Set von Ideen über bestimmte Themen oder Situationen,

---

[6] Weick (1995: 185), vgl. zu dieser Einschätzung auch Hendry (2000: 958, 961f.).

[7] Für Managerhandeln z.B. Kasper, Mayrhofer, Meyer (1998), für konstruktivistische Forschungsmethoden im strategischen Management Mir, Watson (2000).

[8] Vgl. Chaffee (1985: 93), auch Mintzberg, Ahlstrom, Lampel (1998: 164ff.), die den Konstruktivismus in der Strategiegenese als eine Richtung der Kognitiven Schule verstehen.

die erst Aktionsrationalität ermöglichen (Brunsson 1985 : 28ff.). Sie sind als mentale Repräsentationen der Wirklichkeit begreifbar, die ihrerseits wiederum Handlungen steuern und – im Sinne der in 1.1. angesprochenen Heuristiken der Entscheidungsfindung – auch vereinfachen (Stubbart 1989: 330). In diesem Zusammenhang definiert sich Wahrnehmung als ein „Phänomen der internen Informationsverarbeitung, durch das ein Erkenntnissubjekt unter Vermeidung einer Informationsüberlastung oberhalb der Reizschwelle und unterhalb der Schmerzgrenze unter Einfluss externer Reize eine individuelle Deutung des jeweiligen Erkenntnisobjekts vollzieht" (Wilms 1995: 131). Diskutiert werden diese mentalen Modelle in der Strategieforschung ebenfalls unter dem Begriff der dominanten Logik, die als gemeinsames „Mindset" von Organisationen und Managern definiert ist[9]. Ihnen gemein ist die Betonung kognitiver und wahrnehmungsgebundener Prozesse in der Strategiegenese. Änderungen im Verhalten – z.B. der Wechsel zu neuen Strategien – erfolgen dabei über eine Anpassung der mentalen Modelle, sodass sich auch hier erste Hinweise auf dynamische Elemente der Strategiegenese – z.B. Lernen – finden. So verweist Schwenk in diesem Zusammenhang darauf, dass der Begriff der kognitiven Landkarte 1948 von Tolman in Diskussionen über das Lernverhalten geprägt wurde (Schwenk 1988: 45).

Vor dem Hintergrund einer subjektiv geleiteten Wahrnehmung und individueller Weltbilder bzw. kognitiver Landkarten haben verschiedene Studien für Kleinunternehmer generell eine strategische Orientierung festgestellt – so die Studie von Haahti (1994) – bzw. ein strategisches Bewusstsein – so die in Übersicht 3 aufgeführten Studien von Gibb und Scott (1985), Atherton und Hannon (1997). Beide Konzepte beinhalten die dynamische Fähigkeit der Unternehmer zum Verständnis der Umwelt und lassen sich als ein System individuell verschiedener Fähigkeiten und Erfahrungen verstehen, die situationsgerecht kombiniert werden können und ständig fortentwickelt werden. Mit Hilfe des strategischen Bewusstseins nehmen KMU ihre oftmals turbulente und unberechenbare Umwelt wahr, filtern Umwelteinflüsse und reagieren auf diese. Trotz grundlegend gleicher mentaler Prozesse können Kleinunternehmer aufgrund ihrer bisherigen Erfahrungen und Erkenntnisse sowie der subjektiven Einschätzung der spezifischen Umweltbedingungen – wird das Umweltereignis als Bedrohung oder Chance wahrgenommen? – zu unterschiedlichen Entscheidungen kommen und somit unterschiedliche Strategien generieren.

So lässt sich erklären, warum bei prinzipiell gleichen Möglichkeiten Unternehmer differierende strategische Entscheidungen fällen. Erklären lassen sich auch scheinbar zufällige bzw. spontane Handlungen als subjektive, handlungsrationale Reaktionen auf eine unterschiedlich wahrgenommene Situation.

---

[9] Vgl. Prahalad, Bettis (1986) und für eine neuere Einschätzung Bettis, Prahalad (1995).

Damit wäre das empirisch beobachtbare objektiv irrationale Verhalten bei Unternehmensgründern und bei KMU-Unternehmern, die oftmals in kritischen Situationen aus betriebswirtschaftlicher Sicht irrational, nämlich reaktiv und nicht vorausschauend handeln (Fallbeispiele bei Welter, Havnes 2000), auch aus theoretischer Sicht durchaus als rational – subjektiv rational – zu begründen.

Handlungen sind dabei auch Ausfluss habituellen Verhaltens, in dem sich zurückliegende Erfahrungen und einmal vorgenommene Interpretationen der unternehmerischen Umwelt spiegeln (Dutton 1993: 340). Derartiges Verhalten erklärt sich weitgehend über automatisierte und routinemäßig ablaufende Entscheidungen, die den in 1.1 angesprochenen Vereinfachungsregeln folgen. Damit löst sich auch der auf den ersten Blick vermeintliche Widerspruch zwischen Strategien als Aktion bzw. Reaktion auf komplexe oder sich ändernde Situationen und dem habituellen Handeln als gemeinhin so verstandenem Verhalten in Routinesituationen auf, da heuristische Regeln generell der Reduzierung der Umweltkomplexität dienen und erst darüber Routinehandeln erlauben. Nur am Rande sei in diesem Zusammenhang darauf verwiesen, dass Routinehandeln auch als „körperlich" gesteuertes Handeln verstanden wird (Franck 1992: 641).

Faustregeln, bei denen die strategische Entscheidungsfindung auf Erfahrung, Intuition oder einfachem Raten beruhte, spielen in KMU eine wichtige Rolle, ebenso aber subjektive Interpretationen. So beschreibt der Inhaber eines Möbelgeschäftes seine Entscheidungsfindung mit den Worten: „I interpret all the discussions from the three previous individuals [bankers, C.P.A. (Steuerberater, F.W.), and father] and fit [them] into my way of thinking and throw out the parts that I feel that I could not live with; incorporating those parts that are beneficial and coming up with a decision that include all four parties involved" (Rice, Hamilton 1979: 7). Diese personale Abhängigkeit der Strategiegenese wird von den an subjektiver Wahrnehmung und Interpretation orientierten Ansätzen berücksichtigt. Grundsätzlich sprechen diese Theoriekonzepte mit den Kriterien der Beobachtungs- und Erfahrungsgebundenheit den in Entscheidungen involvierten Personen einen großen Einfluss auf Entscheidungen zu, wie bereits einige der in Übersicht 3 zusammengestellten Studien erkennen lassen – so z.B. die Untersuchung von Brytting (1990) zur Rolle des „enactment" bzw. Interagierens in der Strategieformation.

Personengebundene Einflüsse sind im Rahmen empirischer Arbeiten der KMU-Forschung eines der am häufigsten untersuchten Themen[10], da sie im

[10] Aus der Fülle an Untersuchungen seien hier nur einige für Deutschland herausgegriffen: Zu Gründerpersonen Brüderl et al. (1996: 90). Als genereller Überblick zum mikrosozialen Umfeld und der Person Klandt (1984). Speziell zu Gründern und Unternehmern im ostdeutschen Transformationsprozess der Sammelband von Thomas (Hrsg.) (1997).

Gegensatz zu umfeldbezogenen Faktoren einer empirischen Operationalisierung leichter zugänglich sind. Unbestritten scheint, dass beispielsweise demographische Variablen wie das Alter (und damit verbundene Berufs- und Lebenserfahrung) oder das Geschlecht – als Indikator für den allgemeinen Zugang zu Ressourcen, der bei Unternehmerinnen nachgewiesenermaßen eingeschränkt sein kann[11] – generell unternehmerisches Verhalten in KMU prägen, während der Einfluss von Rollenmodellen und Vorbildern bislang nicht eindeutig nachgewiesen werden konnte[12].

Eine Reihe von Arbeiten versuchte mit Blick auf unternehmerisches Handeln idealtypische Unternehmerkonfigurationen herzuleiten. So unterscheiden sich beispielsweise die von Cooper und Dunkelberg (1986) vorgestellten „Craftsman“- und „Manager“-Unternehmer, die über ihre unternehmerische Motivation klassifiziert werden, hinsichtlich ihrer Ziele – Selbstverwirklichung steht beim Craftsman im Vordergrund, monetäre und Wachstumsziele beim Manager – und darüber auch in ihrem unternehmerischen Handeln (Cooper 1982: 204f.; Lafuente, Salas 1989). Zu ähnlichen Ergebnissen kam auch eine Studie von Cromie et al. (1999) über Familienbetriebe, die Unternehmen mit einer expliziten Familienorientierung eine geringere Neigung zu strategischem Verhalten als geschäftsorientierten Firmen nachweisen konnte, während emotionale Aspekte im unternehmerischen Verhalten – beispielsweise bei der Nachfolgefrage – eine wichtige Rolle spielen.

Die Bedeutung persönlicher Werte von KMU-Unternehmern steht im Vordergrund empirischer Arbeiten, die unternehmerische Werthaltungen ebenfalls Unternehmertypen mit bestimmten Verhaltensmerkmalen zuordnen (Übersicht 3). Beispielsweise untersuchte die STRATOS-Gruppe (z.B. Bamberger, Pleitner 1988) Mitte der achtziger Jahre des 20. Jahrhunderts bei 1 132 Unternehmen in acht Ländern 85 Merkmale in den Wertebereichen unternehmerisches Selbstverständnis, Verhältnis von Unternehmer und Mitarbeiter, Organisationsgrundsätze, Innovationsverhalten, strategisches Bewusstsein und gesellschaftliche Orientierung der Unternehmer. Über alle Länder hinweg ließen sich für vier Unternehmertypen – den Allrounder, den Pionier, den Organisator und den Routinier – Präferenzen für bestimmte Unternehmensstrategien feststellen. So waren, wie u.a. Fröhlich/Pichler (1988) herausarbeiteten, Allrounder auf Marktentfaltung, Pioniere eher auf Diversifikation ausgerichtet, während Organisatoren eine schwache Vorliebe für Produktentwicklung zeigten, Routiniers – nicht überraschend – für Marktdurchdringung.

Andere Studien haben immer wieder versucht, einen Satz von für Unternehmer typischen Merkmalen bzw. psychologischer Persönlichkeitsfaktoren wie

---

11 Vgl. den Überblick über entsprechende Studien bei Rudolph, Welter (2000).

12 Für eine Zusammenschau vgl. z.B. Klandt (1984: 236ff.), auch Brüderl et al. (1996: 33ff.), zu Rollenmodellen z.B. Biermann (1971).

Übersicht 3

**Synopse ausgewählter Studien zur Person, zur Persönlichkeit, zu Einstellungen und zum strategischen Verhalten in KMU**

| Autoren | Methode | Gegenstand |
|---|---|---|
| Atherthon, Hannon (1997) | Konzeptionell | Wechselseitige Beziehung zwischen strategischem Bewusstsein und Innovationsprozess |
| Bamberger, Pleitner (Hrsg.) (1988) Fröhlich, Pichler (1988) | STRATOS[1]-Befragung, 8 europäische Länder (Belgien, Deutschland, Finnland, Frankreich, UK, Niederlande, Österreich, Schweiz), 3 Branchen, 1 132 KMU, <500 AN | Positiver Zusammenhang zwischen Werten, Zielen, strategischem Verhalten und Erfolg Unternehmertypen nach überwiegendem strategischen Verhalten identifizierbar |
| Brytting (1990) | Längsschnittfallstudie, Schweden | Strategieformation über „enactment", Strategieformation komplexer, nur teilweise rationaler Prozess |
| Carland, Carland, Aby (1989) | Befragung, USA, 368 Unternehmer, <250 AN | Positiver Zusammenhang zwischen Persönlichkeit (Leistungsorientierung, Risikoneigung, Innovation) und Art der Planung (formal, informell, keine), Planungsdisposition |
| Chicha, Julien, Marchesnay (1990) | Befragungen, Fallstudien, Kanada, Frankreich | Strategien abhängig von KMU-Typen (Märkte, Größe), oft intuitive Strategiefindung, implizite Strategien |
| Cooper, Dunkelberg (1986) | Befragung, USA, 1 756 Unternehmer | Zusammenhang zwischen unternehmerischen Zielsetzungen und strategischem Verhalten, Unternehmertypologie |
| Cromie et al. (1999) | Befragung, Schottland und Nordirland, 1 065 Familienunternehmen | Zusammenhang zwischen unternehmerischer Orientierung (Familie versus Geschäft) und strategischem Verhalten |
| Frese, van Gelderen, Ombach (2000) | Befragung, Niederlande, 80 KMU-Gründer | Psychologische Strategietypen und Erfolg: positiv kritische Punkt- Strategie, negativ reaktive Strategie; beste Kombination kritischer Punkt und opportunistische Strategie |
| Gibb, Scott (1985) | Längsschnittfallstudien, UK, 16 KMU, <50 AN | Strategische Planung projektgebunden, nicht formalisiert, großer Einfluss strategischen Bewusstseins und persönlichen Engagements |
| Haahti, Bagozzi (1994) | STRATOS[1]-Befragung, Belgien, Finnland, Schweiz | Starker Einfluss von Werten, aber auch von externen Faktoren (Industrie) auf Strategie und Leistung, nationale Unterschiede |
| Haahti (1994) | STRATOS[1]-Befragung | Positiver Einfluss von Größe, Werten, Zielorientierung, Markt- und Produktumfang auf strategisches Verhalten |
| Julien et al. (1997) | 20 Fallstudien, Kanada, 5–250 AN | Exportverhalten abhängig von strategischer Orientierung (proaktiv vs. reaktiv), Marketingstrategien (komplex vs. einfach), Reichweite strategischer Manöver (weit vs. eng) |
| Kotey, Meredith (1997) | Befragung, Australien, Möbelindustrie, 224 KMU | Zusammenhang zwischen personengebundenen Werteprofile (Kontinuum unternehmerisch-konservativ), strategischen Orientierungen (Kontinuum proaktiv-reaktiv) und Unternehmenserfolg |
| Miller, Toulouse (1986) | Befragung, Kanada (Montreal, Quebec), 97 KMU | Zusammenhang zwischen Persönlichkeitsvariablen (Flexibilität, Leistungsorientierung, Handlungskontrolle) und Typen der Organisationsstruktur, Arten der Entscheidungsfindung und Erfolg |
| Pitt, Szarka, Bull (1991) | Befragung, UK, Frankreich, Italien, Textil, 150 KMU | Interaktion zwischen Umfeld/Branchenstruktur, Unternehmerperson und Strategien, länder- und regionalspezifische Einflüsse |
| Rice, Hamilton (1979) | Befragung und Fallstudien, USA, 35 KMU, 1–190 AN | Entscheidungsfindung in KMU multi-faktoriell, simultan, intuitiv |
| Roper (1998) | Befragung, Irland, Nordirland, 703 KMU | Strategiewahl abhängig von Marktposition, Person/Persönlichkeit, strategischen Zielen, Marktsituation |

Eigene Zusammenstellung. – AN = Arbeitnehmer. – [1]STRATOS = STRATegic Orientation of Small and Medium Sized Enterprises.

RWI ESSEN

Leistungsorientierung (n-Ach), Machbarkeitsdenken und Risikoneigung zu bestimmen (Übersicht 3)[13]. Formalen Planern in KMU wiesen Carland et al. (1989) beispielsweise – im Unterschied zu informelleren und Nichtplanern – höhere Risikopräferenzen und eine stärkere Leistungsorientierung nach. Für KMU-Unternehmer bzw. Manager mit flexibler Grundhaltung stellten Miller und Toulouse (1986) eine intuitive, reaktive und nischenorientierte Strategiegenese fest – im Gegensatz zu leistungsorientierten Managern, die eine eher analytische, proaktive und marktorientierte strategische Ausrichtung zeigten.

Als Verdienst ist den hier skizzierten empirischen Arbeiten zur Person und Persönlichkeit grundsätzlich anzurechnen, dass sie – trotz aller methodischen Unzulänglichkeiten – dem Einfluss der Person und implizit auch des individuellen Umfeldes nachgegangen sind und einen Zusammenhang zwischen Person und unternehmerischem Handeln etabliert haben und damit die an subjektiver Wahrnehmung orientierten Theorieansätze in dieser Hinsicht bestätigen. Unscharf bleiben allerdings die Ergebnisse der Persönlichkeitsforschung. Ohne den generellen Einfluss der Persönlichkeit auf unternehmerisches Verhalten bestreiten zu wollen, sind die Generalisierungsmöglichkeiten nicht eindeutig[14]: „A startling number of traits and characteristics have been attributed to the entrepreneur, and a 'psychological profile' of the entrepreneur assembled from these studies would portray someone larger than life, full of contradictions and conversely, someone so full of traits that (s)he would have to be a sort of generic 'Everyman'" (Gartner 1988: 21).

Grundsätzlich vollzieht sich Strategiegenese aus der theoretischen Perspektive der individuellen Wahrnehmung und Interpretation in einem mehrdeutigen und interpretationsbedürftigen Unternehmensumfeld, Strategien resultieren mithin aus einem Prozess ökonomischen Handelns auf verschiedenen Ebenen, ohne dass sie sich unbedingt als rationales Ergebnis von Entscheidungen darstellen. Unternehmerische Handlungen und Entscheidungen in KMU haben somit auf Basis der hier skizzierten Theorieansätze nur teilweise genuin strategischen Charakter im Sinne von umfassend vorbereiteten rationalen Entscheidungen und Handlungen. Zum Teil stellen sie sich aber auch – wie bereits von Mintzberg erkannt – als ex post zu strukturierende Abfolge mehr oder weniger spontaner, dem Einfluss situationaler Faktoren unterliegender Handlungen dar. Damit entwickelt sich ein Geflecht von Handlungen

---

13 Eine detaillierte Analyse der psychologisch orientierten Forschungen zu Persönlichkeitseigenschaften findet sich in Korunka et al. (1993). Für eine Zusammenstellung relevanter Arbeiten, die mit Theoremen des Machbarkeitsdenken bzw. „Locus of Control" arbeiten, siehe Pfeiffer (1994: 64f.), für einen kursorischen Überblick zu unternehmerischen Wertestudien Brockhaus (1982: 49f.). Eine ausführliche konzeptionelle und empirische Studie ist die Untersuchung von Chell et al. (1991).

14 Vgl. dazu exemplarisch die Diskussion zwischen Gartner und Carland u.a., im Einzelnen Gartner (1988, 1989), Carland et al. (1988) sowie den ergänzenden Überblick bei Oesterdiekhoff (1993: 143ff.).

und Entscheidungen, das nicht notwendigerweise strategisch im Sinne von „strategisch-operativen" Sequenzen gegliedert ist, sondern als Summe operativer und Ad-hoc-Entscheidungen bzw. -Handlungen erst retrospektiv betrachtet strategische Relevanz aufweisen kann.

Im Gegensatz zu theoretischen Modellen der Entscheidungsrationalität berücksichtigen diese Ansätze über die Erarbeitung bestimmter situationsgebundener Handlungslogiken nicht nur, dass strategische Entscheidungen und Handlungen in KMU durch die Person und Persönlichkeit des Unternehmers, wie sie sich in seinen Erfahrungen und Werten spiegelt, geprägt werden. Sondern sie erkennen implizit auch an, dass Strategiegenese nicht losgelöst von der Umwelt des Unternehmers betrachtet werden kann, wenngleich diese auf indirekte Zusammenhänge zwischen Umfeld und Person bzw. Persönlichkeit des Unternehmers eingeschränkt wird und Wechselwirkungen zwischen diesen Faktoren noch eine untergeordnete Rolle spielen.

Die Tatsache, dass das Individuum seine Umwelt nicht nur konstruieren bzw. wahrnehmen, sondern auch – zumindest ansatzweise – prägen kann, klingt zwar z.B. bei Weick und im Rahmen konstruktivistischer Überlegungen implizit an, wird aber nicht weiter ausgeführt. Gleichzeitig wird der Schwerpunkt dieser theoretischen Überlegungen noch zu einseitig auf das Individuum gelegt. Gerade für Unternehmen kleiner Größe stellt sich aber das Umfeld oft weniger als beeinflussbarer Faktor denn eher als wichtige Determinante des unternehmerischen Geschehens dar.

## 2. Strategiegenese und Unternehmenskontext

Während die bisher skizzierten Ansätze das Umfeld als extern gesetzten Faktor betrachten, verstehen diejenigen Konzepte, die den Akzent vor allem auf strukturelle Bedingungen unternehmerischen Handelns legen, den Unternehmenskontext als wichtige Determinante in der Strategiegenese. In dieser Thematisierung einer externen „Kontrolle" strategischen Verhaltens liegt auch die Bedeutung dieser Ansätze für die theoretische Erklärung der Strategiegenese in KMU.

### 2.1 Der enge Blick: Der ökonomische Kontext

Vor allem wirtschaftliche Bestimmungsgründe von Strategien und unternehmerischem Handeln werden in *theoretischen Überlegungen zur Industriestruktur* thematisiert, die weitläufig in der Tradition der Industrieökonomie stehen und sich – wenngleich in erweiterter Form – auf das Struktur-Verhalten-Ergebnis-Paradigma (Structure-Conduct-Performance) (Bain 1968: 251) der älteren Industrieökonomie beziehen. Explizit wurden Strategien in der älteren Industrieökonomie nicht angesprochen, sondern sie tauchen nur als strukturdeterminiertes Marktverhalten auf (Schreyögg 1984: 50ff.). Danach bestimmen Industrie- bzw. Marktstrukturen das Verhalten von Unternehmen – in dieser Sichtweise die Unternehmensstrategien – und darüber das unternehmerische Ergebnis. Marktstrukturen werden ihrerseits durch die Anbieterzahl, den Grad der Produktdifferenzierung und der vertikalen Integration, die Kostenstruktur und das Ausmaß von Skaleneffekten gemessen, während das Marktverhalten Preispolitik, Forschungs- und Entwicklungsaktivitäten, Investitionen und Werbung beinhaltet und das Marktergebnis vorwiegend allokative und technische Effizienz, Gewinnrate, Wohlfahrtsniveau u.a. umfasst (zum Überblick Bain 1968 und Scherer, Ross 1990).

Mintzberg et al. reden im Zusammenhang mit der Übertragung dieser Ideen auf die Strategiegenese von der „Positionierungsschule", deren Verdienst sie in der Konzentration auf einige wenige branchenspezifische Strategieinhalte sehen (Mintzberg, Ahlstrand, Lampel 1998: 82ff.). Hauptvertreter ist Porter, der Markt und Industriestruktur gleichsetzt und letztere als bestimmende Variable des Verhaltens von Unternehmen nimmt (Porter 1998a, 1998b, 1985). Als Struktur wird das jeweilige Wettbewerbsumfeld einer Branche definiert, als Verhalten drei generische Wettbewerbsstrategien und als Ergebnis daraus resultierende Wettbewerbsvorteile.

Das wettbewerbliche Umfeld bestimmt sich über vier Faktoren, deren wichtigste Komponenten in Übersicht 4 aufgeführt sind; im Einzelnen sind das die Gefahr von Markteintritten in Form von neuen Konkurrenten, die Verhandlungsmacht der Lieferanten und der Käufer sowie die Bedrohung durch substitutive Produkte (Porter 1985: 4ff.). Das Wettbewerbsumfeld wiederum ist für die Ausbildung der Strategietypen entscheidend. Porter vereinfacht die strategischen Möglichkeiten dabei zu drei strategischen Grundoptionen (Porter 1998b: 34ff.), die auch als Normstrategien bezeichnet werden können. Sie umfassen die Kostenführerschaft, die sich für die Bedienung von Massenmärkten eignet, die Differenzierung, die den Gesamtmarkt mit guter Qualität, aber auch höheren Kosten bedient, sowie die fokussierte Strategie, die insbesondere auf Nischenmärkten zum Einsatz kommt.

Dabei greift der in der industrieökonomischen Tradition stehende Ansatz von Porter auch prozesshafte Elemente und Wechselwirkungen auf. Das wirtschaftliche Umfeld wird nicht statisch interpretiert, Umweltänderungen erfolgen aufgrund von Interaktionen zwischen Wettbewerbern, über technologische Entwicklungen – Innovationen – oder über exogene politische Rahmensetzungen – neue Gesetze (Lenz, Engledow 1986: 331f.). Die Evolution der Industrieumwelt vollzieht sich in Anlehnung an den Produktlebenszyklus in fünf stilisierten Stadien – fragmentiert, emergent, reif, schrumpfend und global (Porter 1998b: 191ff.).

Übersicht 4

**Elemente der Branchenstruktur nach Porter**

| Markteintritt: Bedrohung durch neue Wettbewerber | |
|---|---|
| *Eintrittsbarrieren* | *Determinanten der Konkurrenz* |
| Größenvorteile | Branchenwachstum |
| Unternehmensinterne Produktunterschiede | Fixkosten/Wertschöpfung |
| Markenidentität | Phasenweise Überkapazitäten |
| Umstellungskosten | Produktunterschiede |
| Kapitalbedarf | Markenidentität |
| Distributionswege und -zugang | Umstellungskosten |
| Absolute Kostenvorteile | Konzentration und Gleichgewicht |
| unternehmensinterne Lernkurve | Informationskomplexität |
| Zugang zu erforderlichen Inputs | Heterogene Konkurrenten |
| unternehmensinterne kostengünstige Produktgestaltung | Strategische Unternehmensinteressen |
| Staatliche Politik | |
| Erwartete Vergeltungsmaßnahmen | |

| Lieferanten: Verhandlungsmacht |
|---|
| Differenzierung der Inputs |
| Umstellungskosten von Lieferanten und Unternehmen der Branche |
| Existenz von Substitutionsinputs |
| Konzentration der Lieferanten |
| Bedeutung des Auftragsvolumens für die Lieferanten |
| Verhältnis Kosten/Gesamtumsätze in der Branche |
| Einfluss der Inputs auf Kosten oder Differenzierung |
| Gefahr der Vorwärtsintegration im Vergleich zur Gefahr einer Rückwärtsintegration durch Unternehmen der Branche |

| Käufer: Verhandlungsmacht | |
|---|---|
| *Verhandlungsvorteile* | *Preiselastizität* |
| Käuferkonzentration versus Produzentenkonzentration | Verhältnis Preis/Gesamtkäufe |
| Käufervolumen | Produktdifferenzierung |
| Umstellungskosten der Käufer im Vergleich zu denjenigen der Produzenten | Markenidentität |
| Informationsstand der Abnehmer | Einfluss auf Qualität/Leistung |
| Fähigkeit der Rückwärtsintegration | Gewinne der Käufer |
| Substitutionsprodukte | Anreize für Entscheidungsträger |
| Durchhaltevermögen | |

| Substitutionsprodukte: Bedrohung |
|---|
| Relative Preise der Substitutionsprodukte |
| Umstellungskosten |
| Neigung der Käufer, Produkte zu substituieren |

Zusammengestellt nach Porter (1985). – Eigene Übersetzung.

Hier versteht Sydow die Umsetzung industrieökonomischen Gedankenguts bei Porter als Aufweichung des stark deterministischen Struktur-Verhalten-Ergebnis-Paradigmas, weil nach Porter das Verhalten – die Unternehmerstrategien – entscheidenderen Einfluss als die Struktur auf das Ergebnis ausübe (Sydow 1995: 174). Diese Einschätzung ist jedoch zu differenzieren. Porter gesteht zwar bereits gegenseitige Wechselwirkungen zwischen Struktur und Verhalten zu und erweitert in dieser Hinsicht das klassische und linearen Zusammenhängen folgende Paradigma der Industrieökonomie: „Industry structure is partly exogenous, and partly subject to influence by firm actions.

Hence, structure and firm position ultimately interrelate (...)" (Porter 1994: 433). Allerdings folgt auch Porter – trotz der grundsätzlichen Anerkennung wechselseitiger Kausalitäten – noch den gleichen Ursache-Wirkungsketten wie die klassische Industrieökonomie, indem er Verhalten – mithin die Strategien – entscheidend durch die Struktur beeinflusst sieht, wobei diese Struktur gemäß seinen späteren Ausführungen nicht nur den Markt und die Industrie, sondern generell das regionale wie lokale Umfeld umfasst: „It [the environment, F.W.] influences the ability of firms to carry out particular types of strategies, hence limiting choices" (Porter 1994: 459; vgl. auch Schreyögg 1999: 401).

Eine ähnliche Sichtweise hinsichtlich der strategischen Möglichkeiten und des Einflusses des wirtschaftlichen Umfeldes als externe Kontrolle unternehmerischen Handelns vertreten *Kontingenz- und Konfigurationsansätze*, die sich mit der Identifizierung typischer Konstellationen von externen Variablen und den dazu passenden Sets von Strategien beschäftigen. Schreyögg sieht in diesen Ansätzen eine Abschwächung der von Porter eingeführten drei Normstrategien, da Unternehmensstrategien jeweils auf die herrschenden Umweltbedingungen abzustimmen sind (Schreyögg 1992: 205).

Hofer als einer der ersten Vertreter der Kontingenztheorie klassifiziert optimale Strategien dabei – ähnlich wie später Porter – auf Basis der industriellen Lebenszyklusphasen (Hofer 1975: 792ff.). Diese spiegeln ihrerseits differierende wirtschaftliche Gegebenheiten hinsichtlich der Faktoren Markt, Branche, Wettbewerber, Lieferanten, Konsumenten und allgemeine makroökonomische Situation wider. Auf Basis anderer Untersuchungen identifiziert er sechs Variablenblöcke: Markt und Konsumentenverhalten, Industriestruktur, Wettbewerber, Lieferanten, makroökonomische Bedingungen sowie Organisationscharakteristika und -ressourcen (Hofer 1975: 801). Deren Einfluss variiert je nach Lebenszyklusphase und bedingt darauf abgestimmte Strategien. Um nur ein Beispiel zu nennen: Wichtige Faktoren für die Strategiegenese sind in der Einführungsphase unter den Markt- und Konsumentenvariablen die Konsumentenbedürfnisse und die Kaufhäufigkeit, bei den Industrievariablen die Neuheit des Produkts und der technologische Wandel im Produktdesign, bei den makroökonomischen Bedingungen Zinsraten und Geldmenge sowie schließlich bei den Organisationsvariablen die Produktqualität. Ähnliche Konstellationen leitet Hofer für die Wachstums-, Reife- und Niedergangsphasen ab. Deutlich wird hier bereits ein grundsätzliches Problem der Kontingenztheorie, nämlich die Vielfalt möglicher Konstellationen und die damit einhergehende Gefahr, statt weniger Sets von Normstrategien „wirklichkeitsferne Einzelfälle" (Schreyögg 1992: 206) zu konstru ieren.

Mit Blick auf die Relevanz dieses Ansatzes für die Strategiegenese in KMU ist auch die Beschränkung auf strukturelle Faktoren zu hinterfragen. Explizit ausgeschlossen werden verhaltensbezogene Faktoren wie z.B. das Management eines Unternehmens oder die Einstellungen der Unternehmer, die nach Hofer auf die ökonomische Durchsetzbarkeit einer Strategie kaum bzw. keinen Einfluss ausüben (Hofer 1975: 793). Während diese Aussage in ihrem Kern zwar stimmt, ignoriert der Kontingenzansatz damit allerdings die insbesondere in KMU wichtigen verhaltens- bzw. personenbezogenen Variablen, die ihrerseits die Strategieformation beeinflussen.

Auch die Ansätze der Konfigurationsschule leiten ideale Strategiekonfigurationen für bestimmte Umfelder ab. Miller et al. beispielsweise verdichten strukturelle und situationale Faktoren und daraus resultierende Strategien zu sechs erfolgreichen und vier nicht erfolgreichen Archetypen strategischen Verhaltens[15]. Zu den ersteren zählen die adaptiven Unternehmen, die im normalen Umfeld eine zwar proaktive, aber nur schwach ausgearbeitete Strategie verfolgen, im turbulenten Umfeld dagegen eine detailliert geplante und strukturierte Strategie. Das dominante Unternehmen setzt aufgrund seiner Marktstellung weitgehend reaktive Strategien ein, der „giant under fire" (Miller, Friesen 1977: 263) bewegt sich einem heterogenen und turbulenten Umfeld, dem er nur mit rational geplanten und detaillierten Strategien begegnen kann. Im „entrepreneurial" Unternehmen, das über Unternehmenskäufe wächst, konzentriert sich die Strategiegenese aufgrund des heterogenen Umfeldes beim Unternehmer, während dem Innovatortyp zugehörende Unternehmen, die sich durch Stärken in bestimmten Unternehmensbereichen, z.B. Produktdesign, auszeichnen, trotz eines anspruchsvollen Umfeldes ein als Improvisation erkennbares Strategieverhalten an den Tag legen.

Die nicht erfolgreichen Unternehmenstypen von Miller und Friesen zeichnen sich generell durch unstrukturierte, zu spät erfolgende oder fehlende strategische Anpassungen aus (Miller, Friesen 1977: 267ff.). Das impulsive Unternehmen verfügt zwar über einen risikofreudigen Unternehmer, der breit expandiert, ohne dass es ihm jedoch gelingt, eine dem turbulenten Umfeld angemessene Organisationsstruktur zu schaffen. Demgegenüber zeigt das stagnierende Unternehmen trotz eines sich radikal ändernden Umfeldes keine strategischen Reaktionen. Das Problem des kopflosen Giganten liegt in der Autonomie der verschiedenen Abteilungen, die auf Umweltveränderungen lediglich reagieren und sich „durchwursteln", und dem damit einhergehenden Fehlen einer abgestimmten Unternehmensstrategie. Beim Archetyp des „swimming upstream" (Miller, Friesen 1977: 268) führen strategische Veränderungen aufgrund organisatorischer Fehler der Vergangenheit und des heutigen feindlichen und komplexen Umfeldes nicht mehr zum Erfolg.

---

15 Vgl. Miller, Friesen (1977: 261ff.), auch Miller, Friesen (1978). Eine Synthese vergleichbarer Studien findet sich bei Miller (1986).

Übersicht 5

**Synopse ausgewählter empirischer Studien zum Zusammenhang des wirtschaftlichen Umfeldes und der Strategiegenese in KMU**

| Autoren | Methode | Gegenstand |
|---|---|---|
| Acs, Audretsch (1989) | Branchenmodell, verarbeitendes Gewerbe, USA | KMU-Variation in Branchen bedingt durch Eintrittsbarrieren, innovative Strategien |
| Bamberger, Wrona (1994) | STRATOS[1]-Befragung | Strategisches Verhalten (breit) abhängig vom Umfeld (unsicher), Effektivität bestimmter Strategien abhängig von Branchenumfeld |
| Beaver, Ross (2000) | Befragung, UK, 87 KMU und 30 Fallstudien | Positiver Zusammenhang zwischen strategischem Management und Erfolg, vor allem in schwierigem Umfeld (Rezession) |
| Chaganti, Chaganti, Mahajan (1989) | Befragung, Kanada, 192 KMU, <100 AN | Zusammenhang zwischen Wettbewerbsumfeld (Preis, Vermarktung) und Strategietypen |
| Chaganti, Chaganti, Malone (1991) | Befragung, USA, Kanada, 532 KMU | Identifizierung profitabler Strategien (Kostenführerschaft, Produktpalette, Qualität, regionaler Fokus) in Abhängigkeit vom Umfeld (Branchenlebenszyklus, Konjunktur, Organisationslebensphase) |
| Chen, Hambrick (1995) | Inhaltsanalyse, USA, 28 Fluglinien (12 kleine) | KMU aktiveres, aber „Low-key"-Wettbewerbsverhalten in bestimmter Branche |
| Covin, Slevin (1989) | Befragung, USA, 161 KMU, 5–500 AN, <5 Jahre | Erfolg im günstigen (feindlichen) wirtschaftlichen Umfeld abhängig von mechanistischer (organischer) Organisationsstruktur, konservativem (proaktiven, unternehmerischen) strategischen Verhalten |
| Haahti, Bagozzi (1994) | STRATOS[1]-Befragung, Belgien, Finnland, Schweiz | Starker Einfluss von Werten, aber auch von externen Faktoren (Industrie) auf Strategie und Leistung, nationale Unterschiede |
| Haahti (1994) | STRATOS[1]-Befragung | Positiver Einfluss von Größe, Werten, Zielorientierung, Markt- und Produktumfang auf strategisches Verhalten |
| Roper (1998) | Befragung, Irland, Nordirland, 703 KMU | Strategiewahl abhängig von Marktposition, Person/Persönlichkeit, strategischen Zielen, Marktsituation |

Eigene Zusammenstellung. – AN = Arbeitnehmer. – [1]STRATOS = STRATegic Orientation of Small and Medium Sized Enterprises. RWI ESSEN

Mit dem Ergebnis, dass Organisationen in einer gegebenen Situation nicht nur eine, sondern mehrere erfolgversprechende Konfigurationen aufweisen können, weichen Konfigurationstheorien die streng deterministische Sichtweise der älteren Kontingenztheorie grundlegend auf. Daneben beziehen sie sich nicht nur auf Struktureinflüsse – innerbetriebliche und umweltgebundene Faktoren – sondern erweitern die Palette möglicher Einflüsse zumindest implizit um verhaltensgebundene Elemente. Schließlich gehen sie mit der Erkenntnis, dass Umfeld und Strategie sich wechselseitig beeinflussen, bereits einen Schritt in Richtung einer gesamtheitlichen Betrachtung (Scherer, Beyer 1998: 336).

Zwar weisen einzelne Studien diese im Rahmen der Kontingenz- und Konfigurationsansätze diskutierten Beziehungen zwischen Strukturen bzw. Kontext und Strategie auch für KMU nach (Übersicht 5). So verweisen Chaganti et al. (1989, 1991) darauf, dass KMU-Strategien mit dem und aufgrund des wettbewerblichen Umfeldes variieren und sich verschiedene Ausprägungen profitabler Strategien in Abhängigkeit vom Umfeld identifizieren lassen. Die Untersuchung von Chen und Hambrick (1995) ergab für kleine US-Fluglinien ein aktiveres, wenngleich auch versteckteres Wettbewerbsverhalten, während die Studie von Covin und Slevin (1989) einen Zusammenhang zwischen Erfolg, Turbulenz des Umfeldes sowie bestimmten Ausprägungen der Organisationsstruktur und des strategischen Verhaltens von KMU fand.

Jedoch lassen empirische Untersuchungen zum strategischen Verhalten von KMU in verschiedenen Umfeldern auch erkennen, dass sich Strategien selbst in „gleichen" technischen Umfeldern und Märkten voneinander unterscheiden und nicht unbedingt vorgegebenen optimalen Konfigurationen folgen, wie z.B. Roper (1998) mit seinem zusätzlichen Hinweis auf die Bedeutung der Person und Persönlichkeit[16]. Grundsätzlich sind Kontingenz- und Konfigurationsansätze mit ihrer Zuordnung von strategischen Möglichkeiten zu bestimmten Umweltsituationen einer weitgehend statischen und noch relativ deterministischen Sichtweise verhaftet (Schreyögg 1984: 231) und damit nur eingeschränkt nutzbar für das strategische Verhalten von KMU. In dieser Sichtweise bestimmt das jeweilige Umfeld die individuellen Wahlmöglichkeiten der Unternehmen, die sich über ihre strategische Wahl innerhalb dieses wirtschaftlichen Umfeldes positionieren und anpassen.

Die Frage „Why are firms different?" (Knyphausen 1993 : 771) kann im Zusammenhang mit der Strategiegenese nicht nur als Ergebnis des wirtschaftlichen Umfeldes, sondern auch als Ergebnis unternehmensspezifischer Strukturen verstanden werden. Mit diesen Fragestellungen beschäftigt sich die *ressourcenbasierte Theorie bzw. die ressourcenbasierten Theorien*, da Uneinigkeit darüber besteht, ob hier eine geschlossene Theorie oder eine Reihe ähnlicher Ansätze vorliegt[17]. Dieser Ansatz liegt implizit auch den in Abschnitt 1 angesprochenen Arbeiten zugrunde, die den Einfluss des Individuums – damit auch seiner/ihrer Erfahrung (Ressource Humankapital) und des Zuganges zu externen Ressourcen – bei der Strategiegenese berücksichtigen.

Eine frühe Grundlage für diesen Ansatz bzw. diese Ansätze legte Edith Penrose mit ihrer Arbeit zum Unternehmenswachstum vor, in der sie ein Unternehmen als „a collection of productive resources" (Penrose 1995: 24, Erstauflage 1959) definierte. Dabei verwendete sie einen Begriff, der physische Ressourcen des Unternehmens – z.B. Ausrüstung, Grundstück, Rohstoffe – und Humanressourcen einschließt. Spätere Arbeiten ergänzen und differenzieren diese Definition (Barney 1991; Bamberger, Wrona 1996: 137; Rangone 1999):

---

[16] So neben den Studien in Übersicht 6 auch Wiklund (1998: 296) aufgrund einer Synopse verschiedener Studien.

[17] Vgl. Casson (1999: 72). Kontrovers diskutiert wird auch die Anwendbarkeit dieser Theorie in der Strategieforschung, so z.B. die jüngste wissenschaftliche Auseinandersetzung in der Academy of Management Review: Priem, Butler (2001a, 2001b) und Barney (2001).

Ressourcen lassen sich z.B. nach Bamberger und Wrona unterteilen in physische, intangible wie Vermögen und Fähigkeiten, interne und externe finanzielle sowie organisationale wie Managementsysteme und Unternehmenskultur. Wernerfelt, dessen Artikel aus dem Jahr 1984 der Theorie ihren Namen gab (Mintzberg, Ahlstrand, Lampel 1998: 276), setzte Penroses Ideen erstmalig für eine Betrachtung von Unternehmensstrategien ein und wies auf die generelle Möglichkeit hin, gewinnbringende Ressourcentypen zu identifizieren (Wernerfelt 1984: 172; 1995).

Wettbewerbsvorteile ergeben sich aufgrund der Heterogenität von Ressourcen, ihrer – allerdings nach Art der Ressource differierenden – Dauerhaftigkeit und ihrer Immobilität, da Ressourcen nicht kostenneutral transferierbar sind (Knyphausen 1993: 776; Bamberger, Wrona 1996: 137). Grundsätzlich verschafft die Heterogenität von Ressourcen dem Unternehmen durch nur schwer zu imitierende Produkte einen Wettbewerbsvorteil. Der Begriff der Heterogenität bezieht sich dabei auf zweierlei Tatbestände. So versteht Penrose Heterogenität in einer engen Abgrenzung als die unternehmensspezifischen Leistungen, die mit der vorhandenen Ressourcenausstattung erbracht werden können: „The fact that most resources can provide a variety of different services is of great importance for the productive opportunity of a firm. It is the heterogeneity, and not the homogeneity, of the productive services available or potentially available from its resources that gives each firm its unique character“ (Penrose 1995: 75). Spätere Autoren beziehen den Begriff in einem weiteren Verständnis auch auf die grundsätzlich unterschiedliche Verteilung von Ressourcen zwischen Unternehmen (Bamberger 1989: 80).

Für die Strategiegenese in KMU bringt dieser Ansatz den Hinweis auf die Bedeutung strategischer betriebsinterner Strukturen ein. Grundsätzlich werden diese internen Ressourcen des Unternehmens als Erfolgsfaktoren gesehen, sodass unterschiedliche Ressourcenausstattungen die jeweils verfolgten Unternehmensstrategien erklären würden. Diese Theorie konzentriert sich aber zu einseitig auf unternehmensinterne und zunächst auch noch – trotz des Verweises auf die Ressource Humankapital – auf strukturelle Faktoren. Verhaltensgebundene Faktoren berücksichtigen erst Konzepte, die sich ausdrücklich mit den Kernkompetenzen eines Unternehmens auseinandersetzen (Amit, Shoemaker 1993; Eisenhardt, Martin 2000; Hamel, Prahalad 1996). Gleichzeitig ist die ressourcenbasierte Theorie vor allem einer statischen Betrachtungsweise der Strategieentstehung verpflichtet, wenngleich erste Bestrebungen zu erkennen sind, dynamische Elemente mit zu berücksichtigen (Priem, Butler 2001a: 33).

Einer auf den ersten Blick dynamischeren Perspektive der Strategiegenese scheint die auf der Evolutionstheorie basierende *Populationsökologie* zu folgen, deren prominente Vertreter Hannan und Freeman die Entstehung ganzer Populationen – Industrien – über eine kontinuierliche Abfolge von bestimmten Schritten – Variation, Selektion und Beharrung – erklären[18]. Variationen innerhalb einer Population sind Abweichungen von bisherigen Strukturen und Routinen, die beabsichtigt oder blind erfolgen können (Aldrich 2000: 22f.). Zu den Variationen zählen beispielsweise Innovationen, die zur Entstehung neuer Organisationen beitragen. Deren Überleben hängt wiederum von ihren Möglichkeiten ab, eine adäquate Ressourcenausstattung zu erwerben. Allerdings verfügt jedes Umfeld nur über eine begrenzte Menge an Ressourcen, sodass in letzter Konsequenz auch nur eine begrenzte Anzahl von Organisationen überlebensfähig ist und sich reproduzieren kann. Dieser Selektionsmechanismus bezieht sich zunächst auf organisationsexterne Einflüsse; innerhalb von Organisationen können aber auch etablierte Routinen und Abläufe die erforderliche Anpassung an externe Umweltveränderungen beeinträchtigen (Aldrich 2000: 22).

Mit der Annahme, dass evolutorische Prozesse Organisationen in bestimmte Nischen zwingen und Organisationen träge bei der Anpassung an die Umwelt handeln, verlagern auch die Populationsökologen die strategische Wahl weitgehend in das Umfeld und sehen kaum gestalterische Einflussmöglichkeiten des Unternehmens, die aus der Sichtweise der einem bestimmten Phasenablauf folgenden Evolution sogar schädlich für das Überleben der Organisation sein können (Lovas, Ghoshal 2000: 876). Das Umfeld selektiert die Organisationen, diese reagieren überwiegend reaktiv und nicht vorausschauend. Die Möglichkeiten einer aktiven Strategiegenese durch das Unternehmen sind allenfalls implizit in der Anfangsphase der Organisation – der Variationsphase – gegeben. Dabei werden Organisationen zwei generellen Strategietypen zugeordnet: den Generalisierern, die Anpassungsvorteile vor allem in einem sich schnell ändernden Umfeld haben, und den Spezialisten, die nur über begrenzte Ressourcen verfügen, deshalb eher in Nischen zu finden sind (Baum 1996: 77ff.).

Zwar mag dieser Theorieansatz auf den ersten Blick für die Erklärung der Strategiegenese in KMU geeignet erscheinen. Die bereits erwähnten Studien zur strategischen Planung (Übersicht 1) wie auch Fallstudien zum Verhalten in KMU (z.B. bei Welter 2000c; Welter, Havnes 2000) zeigen oftmals ein eher reaktives denn proaktives Handeln. Zudem sind viele KMU auf eng begrenzten Märkten tätig und verfügen über eine eingeschränkte Ressourcenbasis, wären also als Spezialisten klassifizierbar. Allerdings hat vor dem Hintergrund empirischer Befunde zum unternehmerischen Verhalten von KMU, die auch Kreativität und Lernfähigkeit erkennen lassen, der biologistische Determinismus der Populationsökologie eben doch nur eingeschränkten Erklärungswert. Eine Schwäche liegt schon darin, dass beispielsweise der Marktein-

18 U.a. Hannan, Freeman (1989, 1977), auch Aldrich (1979, 2000) sowie für einen ausführlichen Überblick Baum (1996).

tritt eines bislang nicht unternehmerisch tätigen Individuums mit diesem Ansatz nur begrenzt fassbar ist, da Gründer aufgrund ihres individuell verschiedenen Verhaltens keiner homogenen Population zuzurechnen sind.

Abgesehen von der vereinfachenden Gleichsetzung zwischen Variation und Gründung sowie Selektion und Unternehmensuntergang werden dynamische Aspekte wie Wechselwirkungen zwischen Umwelt und dem Handeln von KMU nur ansatzweise berücksichtigt. So versteht Aldrich zwar Lernen als den Variationsmechanismus, der mithin vor allem in der Phase der Entstehung neuer Unternehmen bzw. Populationen zum Tragen kommt, auch er weicht jedoch nicht grundlegend von dem der Populationsökologie inhärenten einfachen biologisch orientierten Modell organisationaler Evolution ab (Aldrich 2000: 89ff., 224ff.). Zu hinterfragen ist auch das diesen Theorien unterliegende Phasenmodell. So suggeriert die Unterscheidung zwischen Variation, Selektion und Beharrung einen zeitlichen Ablauf von Unternehmensentwicklungen[19], der allenfalls aus analytischen Gründen sinnvoll ist, aber die zu beobachtenden Wechselwirkungen zwischen den einzelnen Phasen vernachlässigt.

Zugleich legt diese Theorie den Schwerpunkt der Analyse auf das Verhalten von Populationen und nicht einzelner Unternehmen. Diese Populationen werden zudem in technologischer, struktureller und kultureller Hinsicht als relativ homogene Gruppe aufgefasst, die in einer gemeinsamen Nische – Branche, Markt – agiert[20]. KMU stellen sich jedoch keinesfalls als homogene Gruppe, sondern als äußerst heterogenes Segment in verschiedenen Branchen und auf verschiedenen Märkten dar, sodass ihr Verhalten insgesamt einfachen theoretischen populationsorientierten Erklärungen nicht zugänglich ist, allenfalls in einer branchen- oder marktorientierten Abgrenzung. So können mit populationsökologischen Ansätzen nationale Unterschiede theoretisch abgeleitet werden. Zu diesem Ergebnis kommt jedenfalls die in Übersicht 6 aufgeführte Studie von Shane und Kolvereid (1995). Sie fanden heraus, dass Gründer in einem – von ihnen so wahrgenommenen – unvorteilhaften und feindlichen Umfeld am erfolgreichsten waren, offensichtlich aufgrund ihres kontinuierlichen Kampfes um Ressourcen und der daraus resultierenden Weiterentwicklung unternehmerischer Fähigkeiten, während die von der Kontingenzperspektive präferierte Abstimmung der Strategie auf das Umfeld keinen Einfluss auf Erfolg hatte.

Geht es darum, auf Basis der hier skizzierten Ansätze die Strategiegenese in KMU theoretisch abzuleiten, ist ein erster Kritikpunkt, der allerdings nicht auf die ressourcenbasierte Theorie zutrifft, deren Konzentration auf homoge-

---

19 Vgl. Luhmann (1998: 455), der auf die zirkulären Bezüge der einzelnen Phasen hinweist.

20 Vgl. Bygrave, Hofer (1991: 18), Sydow (1995: 200), zu einer ausführlichen Kritik der Populationsökologie Kieser (1995: 247ff.).

ne Gruppen von Unternehmen bzw. Organisationen und die Annahme gleichen Verhaltens in gleichen Umfeldern. Zwar hat die individuelle Unternehmensperspektive beispielsweise Eingang in neuere Arbeiten der Industrieökonomie – der Spieltheorie – gefunden, jedoch sind diese Arbeiten wiederum dem rationalistischen Ansatz strategischen Handelns verpflichtet (Knyphausen-Aufsess 1996: 67f.).

Auch die erfolgte Festlegung auf wenige Strategietypen bzw. -konfigurationen, die KMU in ihren generellen strategischen Wahlmöglichkeiten stark einschränkt, ist kritisch zu hinterfragen. Porter beispielsweise verneint mit seinem Diktum „stuck in the middle" (Porter 1998b: 41), sobald sich ein Unternehmen auf keine seiner drei generischen Strategien festlegt, implizit die in der Realität zu beobachtende Vielfalt an strategischen Varianten. So beruht beispielsweise die Strategie der Kostenführerschaft auf der Ausnutzung von Größenvorteilen in der Produktion; sie erfordert standardisierte und arbeitsteilige Abläufe, große Stückzahlen zur Bedienung eines Massenmarktes und erscheint damit per se unrealistisch für KMU, wenngleich der rapide technologische Wandel, insbesondere die neuen Informationstechnologien eine Senkung der mindestoptimalen Betriebsgröße in vielen Branchen bedingten. Allerdings begegnet Porter dieser Kritik später selbst und zwar über die Erkenntnis, dass seine generischen Strategietypen im Rahmen einer Hierarchie und Ausdifferenzierung von Strategien auf verschiedenen Ebenen zu verstehen seien (Porter 1998a: 55).

Für die Strategiegenese in KMU sind die hier skizzierten Ansätze in der Hinsicht wertvoll, indem sie wirtschaftliche Umwelteinflüsse – wie die Branchenstruktur – und strukturelle Faktoren – wie die Ressourcenausstattung des Unternehmens – explizit thematisieren und damit ein weiteres Element der Strategiegenese betrachten (Seth, Thomas 1994: 170). Ansatzweise sind auch dynamische Elemente der Strategiegenese zu erkennen, wenn beispielsweise der Einfluss von externen Änderungen wie dem technologischen Wandel und erforderliche strategische Antworten oder Wechselwirkungen zwischen Umfeldfaktoren und Strategie diskutiert werden. Jedoch sind insbesondere die einer industrieökonomischen Tradition entstammenden Ansätze mit ihren Anwendungen im strategischen Management explizit einem analytischen, systematischen, überlegten Herangehen – beispielsweise über Porters Analyse von Wettbewerbern – verpflichtet. Ähnliches gilt für die optimalen Strategiekonfigurationen. Sie vernachlässigen damit emergentes wie nicht rationales Strategieverhalten, während demgegenüber die Ansätze der Populationsökologie vor allem von reaktivem – aber eben keinem kreativen – Strategieverhalten ausgehen.

Kritisch zu bewerten ist zudem die allen in 2.1 angesprochenen Ansätzen unterliegende kausale Wirkungskette, die strategisches Verhalten – nicht nur von KMU – zu einseitig begreift und trotz aller aufscheinenden dynamischen Elemente weitgehend einer statisch-strukturellen bzw. deterministischen Sichtweise der Anpassungsprozesse verpflichtet ist. Die implizite Argumentation, Strategiegenese bestimmt sich allein unter Rückgriff auf den wirtschaftlichen Kontext, der in weiter Abgrenzung das wirtschaftliche Umfeld und betriebsinterne Ressourcen umfasst, ist aus der Perspektive der Strategiegenese in KMU zu restriktiv. Beispielsweise wird der insbesondere in KMU starke Einfluss der Unternehmerperson vernachlässigt. Das gilt auch für die Kontingenztheorien, die zwar multikausale Verknüpfungen berücksichtigen, aber soziale und personengebundene Umwelteinflüsse ausschließen (Hofer 1975: 793), wie auch für die Konfigurationsansätze, die den entscheidenden Schritt über eine deterministische Betrachtung im Sinne einer vorherbestimmten Strategie – in diesem Falle mehrerer Strategiekonfigurationen – ebenfalls nicht leisten (Bourgeois 1984: 588f.). Grundsätzlich zeichnen sich die hier dargestellten Theorieansätze durch eine restriktive Auswahl der zu berücksichtigenden Determinanten der Strategiegenese in KMU aus und haben folglich nur einen begrenzten Erklärungs- bzw. Erkenntniswert.

### 2.2 Der erweiterte Blick: Kulturelle Faktoren

Generell ist die Umwelt als Akteur der Strategiegenese differenzierter zu sehen, als die in Abschnitt 2.1 skizzierten Ansätze es suggerieren. Strukturelle Einflüsse beinhalten für KMU nicht nur das Branchen- bzw. wirtschaftliche Umfeld oder das Vorhandensein betriebsinterner Ressourcen, sondern auch das kulturelle Umfeld, wobei Kultur als Sammelbegriff für die sehr unterschiedlichen Einflüsse des politischen, wirtschaftlichen und gesellschaftlichen Umfeldes steht. Ein Versuch, die Gesamtheit gesellschaftlicher, politischer und wirtschaftlicher Einflussfaktoren in ihrem Zusammenspiel theoretisch abzuleiten, wird von den Arbeiten der Institutionenökonomik geleistet. Sie umfasst eine Reihe von theoretischen Überlegungen wie z.B. den von North eingeführten institutionalistischen Ansatz zur Analyse von Gesellschaften, den von Williamson geprägten Transaktionskostenansatz oder die Principal-Agent-Theorie[21]. Eine einheitliche Theorie kultureller Einflüsse existiert allerdings (noch) nicht. Selbst Institutionenökonomen gestehen zu, dass es sich bei diesen Ansätzen noch um keine geschlossene Theorie, sondern – wie

---

21 Eine dogmengeschichtliche Einordnung der neuen Institutionenökonomik im Vergleich zur Historischen Schule und älteren institutionalistischen Ansätzen findet sich im einführenden Artikel von Seifert und Priddat (1995: 26f.). Einen guten Überblick über die verschiedenen Ansätze der Neuen Institutionenökonomik geben Richter, Furubotn (1996). Institutionen werden auch analysiert im Rahmen der institutionalistischen Schule in der Soziologie, deren entsprechende Überlegungen vor allem im Rahmen der Organisationstheorie Anwendung fanden, hier aber nicht weiter berücksichtigt werden. Einen aktuellen Einblick in die wissenschaftliche Diskussion in den Sozialwissenschaften geben die Artikel in Richter (ed.) (1998); grundlegende Einführungen enthalten Walgenbach (1995) und Tolbert, Zucker (1996).

Williamson es formuliert – um einen „brodelnden Kessel von Ideen“[22] handelt.

Von Interesse im Zusammenhang mit der Strategiegenese in KMU und externen Faktoren sind insbesondere die auf wirtschaftsgeschichtlich vergleichenden Studien aufbauenden theoretischen Überlegungen von North, die allgemein den Einfluss von so genannten *formellen und informellen Institutionen* auf wirtschaftliches Verhalten thematisieren[23]. Generell reduzieren Institutionen die Unsicherheit menschlicher Interaktionen und erleichtern über eine Senkung der Transaktionskosten Austauschbeziehungen: „Institutions are the rules of the game in a society or, more formally, are the humanly devised constraints that shape human interaction“ (North 1990: 3). Sie bestimmen Handlungsspielräume und -muster: „In sum, institutions and structures define what actors can do, what is expected from them, or they must do, and what is advantageous for them. In this way, they give stability and predictability to economic interaction“ (Dallago 2000: 305). Institutionen definieren sich damit als ein gemeinsames System von Regeln bzw. Verhaltensrestriktionen, die wechselseitig respektiert werden und sanktioniert werden können, darüber dem Individuum die Bildung verlässlicher Erwartungen erlauben (Leipold 1999: 137). Neben legalen Sanktionsmechanismen spielt in diesem Zusammenhang auch Vertrauen als implizite Sanktionskomponente eine wichtige Rolle für ein konsistentes Institutionengefüge, in dem formelle und informelle Institutionen aufeinander abgestimmt sind und individuelles (wirtschaftliches) Handeln nicht nur begrenzen, sondern im Grunde erst ermöglichen (Casson 1993: 425ff.; Dallago 2000: 305). Damit Institutionen funktionieren und den individuellen Handlungsspielraum bestimmen können, muss neben persönlichem auch institutionelles Vertrauen existieren (Kahle 1998: 539).

Formelle Institutionen beinhalten nach North politische, rechtliche und wirtschaftliche Regeln und Verträge, informelle Institutionen umfassen gesellschaftlich internalisierte und sozial sanktionierte Verhaltensregeln und -normen. Letztere sind dabei zum einen das Ergebnis formeller Institutionen, die sie wiederum modifizieren und deren Anwendung bzw. Umsetzung sie über ungeschriebene Regeln – mithin Auslegungs- und Interpretationsmöglichkeiten – mitgestalten (North 1990: 95). Informelle Institutionen entstehen aber zum anderen auch durch gesellschaftliche Entwicklungsprozesse: „They come from socially transmitted information and are a part of the heritage that we call culture“ (North 1990: 37). Problematisch mit Blick auf individuelle Handlungsspielräume gestalten sich Konflikte zwischen formellen und informellen Institutionen, wie sie beispielsweise entstehen, wenn die von formellen Insti-

---

22 „... a boiling cauldron of ideas“, Williamson (2000: 610).

23 Dazu North (1990), auch North (1981). Zur Rolle historisch angelegter institutioneller Analysen innerhalb der Institutionenökonomik vgl. Greif (1998).

tutionen festgelegten Mittel zur Durchsetzung bestimmter Vorschriften nicht gängigen gesellschaftlichen Gepflogenheiten entsprechen[24]. North verweist in diesem Zusammenhang auf die grundsätzliche Persistenz informeller Institutionen und deren zeitverzögerten Wandel (North 1990: 89ff.).

Politik und Wirtschaft bilden nach der Terminologie von North mit der Festlegung von kodifizierten Regeln die formellen Institutionen, die Kultur dagegen bildet die informellen Institutionen des Wirtschafts- und Gesellschaftssystems. Allerdings ist hier keine scharfe Trennung möglich, da der individuelle Handlungsspielraum eben auch in Politik und Wirtschaft von informellen Regeln mitgeformt wird. Im Wirtschaftsrecht beispielsweise unterscheiden sich geschriebenes Recht und Rechtspraxis stets mehr oder weniger; erst die gängigen Rechtsauslegungen füllen diejenigen Lücken der Gesetzgebung, die sich im tagtäglichen Umgang mit dem geschriebenen Recht erkennen lassen. Picot et al. sprechen hier von fundamentalen Institutionen, die evolutionär als Ergebnis menschlichen Handelns entstanden sind und durch bewusste Eingriffe kaum beeinflusst werden können, und von sekundären bzw. abgeleiteten Institutionen verschiedener Stufen; zu ersteren zählen dann – in sicherlich hinterfragbarer Abgrenzung – beispielsweise Sprache und Geld, die Menschenrechte sowie gesellschaftliche Grundregeln und -normen (Picot et al. 1999: 13f.).

Kultur kann in diesem Zusammenhang verstanden werden als „kollektive Subjektivität" (Casson 1995: 89): als Gesamtheit der von den Individuen geteilten Werte, Haltungen, gemeinschaftlichen Handlungsmuster und Normen, die der Einzelne im Sozialisationsprozess verinnerlicht und die von Generation zu Generation überliefert werden. Kultur entscheidet in der Betrachtungsweise der Institutionenökonomik zunächst, wie Informationen verarbeitet und genutzt werden, und beeinflusst darüber die Ausdifferenzierung informeller Institutionen (North 1990: 42; Boyd, Richerson 1994: 74). Sie bestimmt damit wesentlich, welche Handlungsmuster sich bei Individuen – in diesem Falle bei Unternehmern – gehäuft finden. In dieser Hinsicht bedingen kulturelle Normen beispielsweise die Einstellung einer Gesellschaft zum Sparen als Zukunftsvorsorge oder zum „living and spending to enjoy the moment" (Morrison 1998: 9). Beide Verhaltensmuster wirken auf die für unternehmerische Betätigung zur Verfügung stehenden finanziellen Ressourcen ein und können so strategisches Verhalten (mit-)bestimmen. Mit Blick auf wirtschaftliche Handlungen und Handlungsmuster kommt auch Umverteilungsmechanismen, die wiederum in einer Kultur selbst angelegt sind, ein hoher Stellenwert zu (Polanyi 1957: 47ff.). Kultur legt also in Form von allgemein gültigen gesellschaftlichen Regeln individuelle Handlungsmuster eines Individuums fest und beeinflusst so die generell zur Verfügung stehenden Handlungsmöglichkeiten.

---

[24] Vgl. für eine tiefer gehende Diskussion Mummert (1999a: 5ff.).

Während die Kultur demnach den „weichen“ Rahmen für unternehmerisches Handeln vorgibt, bilden Politik und Wirtschaft den eher formellen Rahmen des unternehmerischen Handlungsspielraums. Mit politischen Regeln werden die gesamte politische Struktur mit ihren Organisations-, Entscheidungs- und Kontrollmechanismen und darüber die wirtschaftlichen Regeln definiert, die wiederum Eigentums- und Verfügungsrechte bestimmen (North 1990: 47f.). Über system- und ordnungspolitische Entscheidungen wie beispielsweise die Festschreibung von privaten Eigentumsrechten wird die rechtliche und institutionelle Basis für jegliche unternehmerische Tätigkeit gelegt. Aktuelle wirtschaftspolitische und politische Maßnahmen, aber auch die aktuelle wirtschaftliche Situation – beispielsweise die Kaufkraft und die Nachfragepräferenzen der Verbraucher – bestimmen dann den jeweils gültigen formellen Handlungsspielraum der Unternehmer und darüber ihre Strategien. Hier haben empirische Untersuchungen bestätigen können, dass der Handlungsspielraum von KMU im Vergleich zu größeren Unternehmen aufgrund formeller wirtschaftlicher Institutionen – beispielsweise steuerrechtlicher Regelungen, der Ausgestaltung der Finanzmärkte, rechtlicher Bestimmungen im Arbeitsrecht oder bei der Arbeitssicherheit – stark eingeschränkt wird (Henrekson, Johanson 1999).

Empirische Arbeiten konnten grundsätzlich verschiedene kulturelle Umfelder und damit verbundene Optionsfelder für Strategien identifizieren und auch den Einfluss kultureller Faktoren auf unternehmerisches Verhalten nachweisen. Als richtungsweisende Arbeit zum letzteren Thema ist der Beitrag Max Webers über den Einfluss der protestantischen Ethik auf die Entwicklung des Kapitalismus zu nennen, der explizit die Bedeutung kultureller Werte – wie der Religion – auf unternehmerisches Verhalten untersucht (Weber 1984). Viele spätere Arbeiten griffen diesen Zusammenhang auf, so beispielsweise eine Studie, die den Einfluss der protestantischen Religion auf die wirtschaftliche Entwicklung, gemessen an Wachstumsraten des Bruttoinlandsprodukts und dem realen Pro-Kopf-Einkommen, mit Daten für mehr als 60 ehemalige britische, französische und spanische Kolonien ökonometrisch testet (Grier 1997). Stark von Weber inspiriert sind auch die Arbeiten McClellands zu kulturellen Prägungen der Leistungsmotivation (McClelland 1961), an denen sich weite Teile der in Abschnitt 1.2 erwähnten psychologischen Unternehmerforschung orientieren[25]. Danach geht eine höhere Leistungsmotivation einher mit einem ausgeprägten Arbeitsethos und mit materialistisch ausgerichteten Erwerbsorientierungen, sodass generell ein günstiges kulturelles Umfeld für unternehmerische Betätigungen entsteht, ohne damit allerdings grundlegende Aussagen über unternehmerisches Verhalten zu erlauben.

---

25 Vgl. auch Fußnote 13, S. 51.

Letzteres ist grundsätzlich möglich aufgrund von Studien, die nationale Umfelder bestimmten kulturellen Typen zuordnen[26]. Allerdings dürfen in diesem Zusammenhang methodisch kritische Punkte kulturvergleichender empirischer Studien, die deren Ergebnisse verfälschen können, nicht unterschätzt werden. So ist jegliche Klassifizierung von nationalen Kulturen über die Reduktion komplexer Gegebenheiten und auch historischer Entwicklungen auf einige wenige Erklärungsstränge notgedrungen eine Vereinfachung, die aus analytischen Gründen wohl unumgänglich sein dürfte. Sie läuft damit jedoch auch Gefahr, der Vielfalt differenzierter Entwicklungen und Situationen nicht gerecht zu werden und in stereotype Erklärungen zu münden.

Zu diesen typologisierenden Studien zählen beispielsweise die Untersuchungen von Hofstede, der das Wertesystem von IBM-Mitarbeitern in mehr als 50 Ländern untersuchte und nationale Unterschiede im Problemlösungsverhalten in vier Bereichen erkannte, und zwar in den Dimensionen Machtdistanz, Kollektivismus versus Individualismus, Feminität versus Maskulinität und Unsicherheitsvermeidung[27]. In sehr vereinfachter Übertragung wäre danach beispielsweise in Kulturen mit starker (geringer) Unsicherheitsvermeidung Planung ein wichtiges (unwichtiges) Moment bei der Strategiegenese von KMU. Kritisch zu sehen ist in den Hofstede-Studien jedoch die Beschränkung auf Mitarbeiter eines weltweit operierenden Konzerns. Sie wirft die – auch vom Autor selbst thematisierte – Frage auf, inwieweit diese Gruppe tatsächlich den kulturellen Hintergrund eines Landes repräsentieren kann und darüber die Erarbeitung nationaler kultureller Typologien erlaubt, da der Einfluss der unternehmensinternen IBM-Kultur nur schwer von demjenigen der nationalen Kultur zu trennen sein dürfte (Hofstede 1994: 251ff.).

Auf ähnliche Ergebnisse wie die Hofstede-Studien verweisen auch die Befunde von Rauch et al. (2000), die in ihrer Studie kulturellen Unterschieden hinsichtlich des Zusammenhanges von Planung und unternehmerischem Erfolg bei KMU in Irland und Deutschland nachgegangen sind (Übersicht 6). In Deutschland, das in der Klassifikation von Hofstede ein Land mit hoher Unsicherheitsvermeidung ist, hatte Planung einen positiven Einfluss auf den Unternehmenserfolg, in Irland – nach Hofstede ein Land mit niedriger Unsicherheitsvermeidung – einen negativen.

Demgegenüber könnten Strategien von KMU in kollektivistisch geprägten Kulturen, die sich beispielsweise als „Wir-Kultur" über Strukturen der sozialen Einbettung von Individuen in Großfamilien und soziale Netzwerke defi-

---

26 Vgl. z.B. Hampden-Turner, Trompenaars (1993), Trompenaars (1994), die Wertewandelstudie von Inglehart (1998) sowie die auf dem Faktor Vertrauen beruhende Typologie bei Fukuyama (1996).

27 Die wichtigsten Arbeiten sind die von Hofstede (1994, 1996, 1997). Dimension definiert Hofstede als einen messbaren Kulturaspekt, vgl. Hofstede (1997: 17).

Übersicht 6

**Synopse ausgewählter empirischer Studien zum Zusammenhang des soziokulturellen und regionalen Umfeldes und der Strategiegenese in KMU**

| Autoren | Methode | Gegenstand |
|---|---|---|
| Atkins, Lowe (1994) | Befragung, UK, 3 000 KMU, <100 AN | Beteiligung Externer abhängig vom Grad der Strategieplanung |
| Fiedler (1998) | 7 Fallstudien, Ost- und Westbetriebe, Sachsen | Keine West-Ost-Unterschiede in Strategieinhalten, transformationsbedingte Strategieprozessmuster |
| Frese, Blies (1997) | Konzeptionell, Deutschland, KMU | Regionales Umfeld und Internationalisierung abhängig von Wettbewerbsstrategie und Organisationsstruktur |
| Haahti, Bagozzi (1994) | STRATOS[1]-Befragung, Belgien, Finnland, Schweiz | Starker Einfluss von Werten, aber auch von externen Faktoren (Industrie) auf Strategie und Leistung, nationale Unterschiede |
| Lynn (1998) | Konzeptionell, MOE[2], KMU, <10 AN | Archetypen von Diversifizierungsverhalten in Transformationsländern |
| Matthews, Scott (1995) | Befragung, USA, 130 KMU, <1 Jahr | Umfang und Art der Planung abhängig vom Status des Unternehmens („entrepreneurial" vs. traditionell), weniger Planung, je unsicherer das Umfeld wahrgenommen wird |
| Pitt, Szarka, Bull (1991) | Befragung, UK, Frankreich, Italien, Textil, <150 KMU | Interaktion zwischen Umfeld/Branchenstruktur, Unternehmerperson und Strategien; länder- und regionalspezifische Einflüsse |
| Rauch, Frese, Sonnentag (2000) | Befragung, Deutschland, Irland | Einfluss von Planung auf Erfolg größer in nationalen Umfeldern mit hoher Unsicherheitsvermeidung (Deutschland) |
| Shane, Kolvereid (1995) | Befragung, UK (209), Norwegen (250), Neuseeland (138), Gründer <4 Jahre | Erfolg abhängig vom nationalen Umfeld, Abstimmung von Strategien auf Umfeld (Konfigurationssets) ohne Einfluss auf Erfolg |
| Steensma, Marino, Weaver (2000) | Befragung, 7 Länder, 1 846 KMU, 6–500 AN | Einfluss nationaler Kulturen auf unternehmerische Einstellungen zu kooperativen Strategien |
| Van Gelderen, Frese, Thurik (2000) | Längsschnittbefragung, Niederlande, 80/49 KMU, <50 AN, 1–5 Jahre | Erfolgszyklus: Start = Kritischer Punkt, Erfolg = komplette Planung, Strategieeinsatz abhängig von Umweltkomplexität und -unsicherheit |

Eigene Zusammenstellung. – AN: Arbeitnehmer. – [1]STRATOS: STRATegic Orientation of Small and Medium Sized Enterprises. – [2]MOE: Mittel- und Osteuropa. RWI ESSEN

nieren, eher kooperativ ausgerichtet sein. Hier wäre offensichtlich das soziale Umfeld ein wichtiger Faktor für die Strategiegenese. Eine neuere Studie von Steensma et al. (2000), die in sieben Ländern diese Fragestellung untersuchte (Übersicht 6), bestätigt in dieser Hinsicht eine entsprechende strategische Orientierung für diejenigen Kulturen, die nach Hofstede als feminin, kollektiv und durch Unsicherheitsvermeidung zu charakterisieren sind.

Eine wichtige Rolle in der Strategiegenese von KMU spielt somit die Einbettung wirtschaftlichen Handelns (Granovetter 1985: 491) in soziale Beziehungen bzw. in Beziehungsnetzwerke persönlicher Art – Familie, Freunde und Bekannte – aber auch beruflicher Art. Auch informelle Institutionen – Normen – entstehen durch menschliche Interaktionen, gleichzeitig beeinflussen soziale Kontakte das Verhalten jedes Einzelnen (Eger, Weise 1985: 196). Angesprochen sind hier mit Blick auf die Strategiegenese Bezugspunkte einer *theoreti-*

*schen Netzwerkperspektive*, die sich die Analyse von Netzwerken und kooperativen Beziehungen zum Ziel gesetzt hat. Sie kann in der Sozialwissenschaft vor allem auf Granovetter und Aldrich zurückgeführt werden, während sich in der Ökonomie der zur Institutionenökonomik gehörende Transaktionskostenansatz als fruchtbar zur Untersuchung von Kooperationsbeziehungen zwischen Unternehmen erwiesen hat. Letzterer fußt auf den von Coase bereits 1937 entwickelten Ideen zur Frage danach, warum Unternehmen bestehen, und wurde in den siebziger Jahren von Williamson aufgegriffen[28].

Allerdings verengt dieser Ansatz Kooperationsbeziehungen auf ökonomische Entscheidungen des „make or buy" – im Gegensatz zu dem diesem Abschnitt zugrunde liegenden weitergefassten „kulturellen" Blickwinkel. Der Transaktionskostenansatz versteht die Entwicklung von Netzwerken bzw. Kooperationen als logische Konsequenz einer Minimierung von Transaktionskosten. Diese setzen sich zusammen aus Kosten der Anbahnung (Suche und Beschaffung von Informationen), der Kommunikation (Verhandlungen) sowie der Kontrolle und Anpassung (zur Abgrenzung vgl. Richter, Furubotn 1996: 49ff.). Ihre Höhe ist in erster Linie abhängig von verhaltensgebundenen Einflüssen – der begrenzten individuellen Rationalität und individuell opportunistischem Verhalten – sowie den situativen Bedingungen der jeweiligen Transaktion wie Umweltkomplexität, Unsicherheiten und der Anzahl der möglichen Transaktionspartner; allerdings können auch asymmetrische Informationslagen sowie die Transaktionsatmosphäre und -häufigkeit zusätzlichen Einfluss ausüben (Williamson 1993: 10ff.; 1975: 31ff.).

Kooperationen kommen in dieser Betrachtung in Situationen zustande, in denen es sich aus ökonomischer Sicht weder lohnt, bestimmte Leistungen über den Markt zu beziehen, noch, diese im Unternehmen selbst zu erstellen. Kosten der Externalisierung werden dabei gegen Kosten der Internalisierung abgewogen. Sydow nennt als Transaktionskostenvorteile einer Kooperation gegenüber dem Markt beispielsweise geringere Anbahnungs- und Kommunikationskosten, während gegenüber der Hierarchie – dem Unternehmen – Vorteile durch reduziertes opportunistisches Verhalten bestehen (Sydow 1995: 143). Jedoch konzentriert sich dieser Erklärungsstrang mit der Betonung des kostenminimierenden Verhaltens vor allem auf eine ökonomisch rationale Begründung derartiger Beziehungen und vernachlässigt deren soziale Verflechtungen (Barney, Hesterley 1996: 117). Letztere werden zwar mit dem Hinweis auf die Transaktionsatmosphäre implizit angesprochen, aber nicht im Detail analysiert und in die Theorie eingeführt.

Soziologische netzwerktheoretische Ansätze betonen demgegenüber die Bedeutung kultureller Faktoren. Insbesondere Granovetter bricht den von der

[28] Vgl. zum Transaktionskostenansatz z.B. Williamson (1975, 1985, 1993), zur ökonomischen Analyse von Netzwerken Fritsch (1992). Zur Verortung von Coases Ideen innerhalb der Transaktionskostentheorie siehe die Artikel in Williamson, Winter (1993).

Transaktionskostentheorie eingeführten explizit ökonomischen Blickwinkel wieder auf und betont die Bedeutung sozialer Beziehungen als wichtigen kulturellen Einflussfaktor auf ökonomische Aktivitäten[29]. Aus individueller Sicht erfolgt Handeln nicht mehr unabhängig von anderen Akteuren, sondern unter Rückgriff auf vielfältige wechselseitige Beziehungen und Strukturen, sodass sich augenscheinlich irrationale Handlungen erst über den Blick auf das soziale Umfeld erschließen: „Managers who evade audits and fight over transfer pricing are acting nonrationally in some strict economic sense, in terms of a firm's profit maximization; but when their position and ambitions in intrafirm networks and political coalitions are analyzed, the behavior is easily interpreted" (Granovetter 1985: 506).

Netzwerke bezeichnen in dieser Sichtweise die Verknüpfung sozialer Beziehungen von autonomen Akteuren, z.B. von Individuen, und/oder von korporativen Akteuren, z.B. Gruppen oder Organisationen (Weyer 2000: 11). Die Position des Individuums in diesen Beziehungsnetzwerken und die Art der Beziehungen – schwach oder stark – bestimmen den individuellen Zugang zu Ressourcen und darüber den individuellen Handlungsspielraum: „The strength of a tie is a combination of the amount of time, the emotional intensity, the intimacy, and the reciprocal services which characterize the tie" (Granovetter 1973: 1361). Wichtig sind nicht nur starke – und gleichzeitig zeitaufwändig zu pflegende – Beziehungen zur Familie und engen Freunden, sondern auch deren Gegenpol – die schwachen Beziehungen zu flüchtigen Bekannten oder Kollegen, die dem Individuum Zugang zu bislang unbekannten sozioökonomischen Milieus oder Netzwerken verschaffen.

Soziale Interaktionen und Netzwerkbeziehungen können informelle Institutionen verstärken, aber auch zu deren Wandel beitragen. Gleichzeitig sind diese Beziehungen – im Sinne der in 2.1. angesprochenen ressourcenbasierten Theorieansätze – eine mögliche Ressource, auf die Unternehmen im Rahmen ihrer wirtschaftlichen Aktivität zurückgreifen, von der sie aber auch ausgeschlossen werden können (Narayan o.J.; 1999: 8). Sie werden deshalb auch – analog zum Humankapital – unter dem Begriff „Sozialkapital"[30] betrachtet, wobei sich hier in der jüngeren wissenschaftlichen Diskussion der Blickwinkel vom Sozialkapital als individueller Ressource hin zu einer eher makrosoziologischen Betrachtung der differierenden Ausstattung verschiedener Gesellschaften bzw. Kulturen mit Sozialkapital verschoben hat[31].

---

[29] Vgl. Granovetter (1973, 1985) sowie auch den späteren – im Original 1992 veröffentlichten – Artikel zur sozialen Konstruktion ökonomischer Institutionen, in dem er eine konstruktivistische Sichtweise einnimmt. Dazu Granovetter (2000a: 206ff.).

[30] Zur Geschichte und Instrumentalisierung des Begriffes siehe Haug (1997).

[31] Einen eher individuell geprägten Standpunkt vertritt Coleman (1988: S98); Burt (1995: 9) verweist auf den kollektiven Charakter von Sozialkapital. Vgl. für einen Überblick auch Haug (1997).

Ähnlich der Unternehmerperson sind auch die Akteure des sozialen Umfeldes ausführlich empirisch erforscht worden. Ein umfangreicher Teil empirischer Untersuchungen, jedoch ohne explizite größenspezifische Differenzierungen, beschäftigt sich neben der Unternehmerfamilie mit sozialen Netzwerken[32]. Dabei wird allerdings der Zusammenhang zwischen unternehmerischem Verhalten und Netzwerken nicht direkt untersucht, sondern indirekt über eine implizit ressourcenbasierte Perspektive, indem soziale Beziehungen beispielsweise als Ressource bei der Unternehmensgründung verstanden werden. Etliche Studien gehen hier der speziellen Frage nach, inwieweit sich Netzwerke verschiedener Bevölkerungsgruppen – Frauen, Angehörige ethnischer Minoritäten – in ihrem Einfluss auf den Gründungsprozess unterscheiden (Bögenhold, Staber 1994: 125ff.; Davis, Aldrich 2000; Renzulli et al. 1999). Seltener thematisiert wurde bislang der Einfluss „wirtschaftlicher" Akteure, wie beispielsweise in der Studie von Atkins und Lowe (1994) der Einfluss von Finanzierungsgebern oder Unternehmensberatern auf strategische Handlungen von KMU (Übersicht 6).

Auch wirtschaftliche Produktionscluster sind im soziokulturellen Umfeld einer Region verankert, sodass die engen Kooperationsbeziehungen auf einem kulturell geprägten außergewöhnlichen Maß an gegenseitigem Vertrauen und der Glaubwürdigkeit getroffener geschäftlicher Vereinbarungen basieren. Dies gilt beispielsweise für die industriellen Distrikte in Norditalien, die den Handlungsspielraum von KMU über eng miteinander verflochtene Beziehungen und kooperative Produktionsarrangements beträchtlich erweitern können (Brusco 1996). In dieser Hinsicht zeigt die in Übersicht 6 aufgeführte Studie von Pitt et al. (1991) zur Textilbranche in England, Frankreich und Italien aber auch, dass diese Vereinfachungen kooperativen Verhaltens im Ländervergleich empirisch nicht unbedingt nachweisbar sind: KMU-Unternehmer in Norditalien, dem gemeinhin eine stärkere Einbettung von KMU nachgesagt wird, waren nicht kooperationsbereiter als ihre französischen oder englischen Kollegen. Nicht überraschend bestätigen grundsätzlich alle Studien den Einfluss, den externe Akteure und kulturelle Strukturen auf Unternehmer in KMU ausüben (können), sie variieren nur in der Art der diskutierten Variablen.

Das Verdienst der in diesem Kapitel angesprochenen institutionenökonomischen und netzwerktheoretischen Überlegungen liegt vor dem skizzierten empirischen Hintergrund darin, die Vielzahl externer Einflüsse auf das individuelle Handeln – und damit auch die Strategien – über die Einbettungs- und Institutionenperspektive strukturiert und sichtbar gemacht zu haben. Darüber wird prinzipiell auch eine theoretische Ableitung der Strategiegenese in

32 U.a. Ben-Porath (1986), Bühler (1999), Davis, Aldrich (2000), Renzulli et al. (1999). Für einen kritischen Überblick der Netzwerkliteratur in der Unternehmerforschung vgl. Hoang, Antoncic (2000).

verschiedenen politischen, wirtschaftlichen und gesellschaftlichen bzw. kulturellen Umfeldern ermöglicht. Gleichzeitig werden externe Einflüsse nicht auf wirtschaftliche Gegebenheiten beschränkt, sondern der Blick wird um politische Rahmensetzungen und gesellschaftliche bzw. kulturelle Wirkungen erweitert. Der letztendliche Brückenschlag zwischen Struktur- bzw. Kontext- und Verhaltensperspektive gelingt jedoch auch hier (noch) nicht, bzw. ist erst in Ansätzen sichtbar, sodass genau genommen wiederum nur ein unvollständiger Blick auf die Erklärung unterschiedlichen strategischen Verhaltens geworfen wird. Die soziologischen Netzwerkansätze analysieren zwar auch verhaltens- und personengebundene Phänomene, ihr hauptsächliches Interesse liegt jedoch in einer Detailanalyse struktureller Faktoren des sozialen Umfeldes, nämlich der Beziehungen und Netzwerke, die Einfluss auf wirtschaftliches Verhalten ausüben, und nicht darin, die Entstehung dieses Verhaltens abzuleiten.

Auf den ersten Blick weisen demgegenüber die informellen Institutionen der Institutionenökonomik eine starke Affinität zu den mentalen Konzepten auf, die nach den wahrnehmungsorientierten Ansätzen der Entscheidungsfindung als Grundlage individuellen Handelns angesehen werden. In dieser Hinsicht diskutieren Denzau und North (1994) in jüngeren Schriften auch die bereits in Abschnitt 1.2 angesprochenen kognitionswissenschaftlichen Grundlagen der Entwicklung informeller Institutionen, nachdem North in seinem grundlegenden Werk bereits feststellte, „we need to know much more about culturally derived norms of behavior and how they interact with formal rules to get better answers to such issues“ (North 1990: 140). Allerdings richten sich die kognitionswissenschaftlich orientierten Ausführungen von Denzau und North (1994) zunächst darauf, die Grundlage der informellen Institutionen – die von ihm bereits 1981 so benannten Ideologien (North 1981: 6, 57) – als gemeinsame mentale Modelle von menschlichen Gruppen zu verstehen, die sowohl eine Interpretation der Umwelt wie auch Vorschriften über die Strukturierung dieser Umwelt enthalten (Denzau, North 1994: 4; North 1998). Die von Mummert kritisierte Paradoxie bei der Definition von Ideologien sowohl als kognitive Interpretation als auch gleichzeitig als Bestimmungsfaktor dieser Interpretation wird auch hier aufgrund der grundlegenden Ausrichtung der Ideologie auf kollektive Prozesse nicht aufgelöst (Mummert 1995: 56ff.).

Angesprochen werden lediglich erste wichtige Überlegungen hinsichtlich der Wirkung individueller mentaler Modelle auf informelle Institutionen, ohne abschließende Antworten auf die von North formulierten Fragen geben zu können und das Individuum als weiteren Faktor gleichberechtigt in die institutionenökonomische Theorie zu integrieren. So wird die Bedeutung des impliziten Wissens, die bereits von Polanyi (1962: 49) thematisiert wurde, und des Lernens für die Pfadabhängigkeit von Ideen diskutiert, diese wiederum ist ausschlaggebend für das Beharren informeller Institutionen und ihren im

Zeitablauf langsamen Wandel. Institutionenökonomen sind jedoch weniger an der Ableitung individuellen Handelns interessiert als daran, die Evolution informeller Institutionen als Ergebnis kollektiver Prozesse erklären zu können.

Trotz dieser Öffnung in Richtung Kognitionswissenschaft weichen deshalb auch die theoretischen Erwägungen der Institutionenökonomik zu den Mikrofundierungen der institutionellen Analyse – wie bereits der Name dieser Schule anzudeuten scheint – nicht grundlegend von den Mechanismen und Annahmen hinsichtlich des individuellen Handelns ab, die der neoklassischen Theorie zugrunde liegen. Sie gehen von einer kontextgebundenen Rationalität der Individuen aus, deren individuelle Wahl auf Basis von im institutionellen Umfeld eingebetteten Kosten- und Nutzenbetrachtungen erfolgt (Nee, Strang 1998: 707). Mit der Berücksichtigung der an Simon orientierten kontextgebundenen Rationalität werden zwar durchaus subjektive Wahrnehmungen in ihrem Einfluss auf Entscheidungen eingeschlossen. Der Weg der Entscheidungsfindung ist jedoch in der Institutionenökonomik wie auch in der Netzwerkperspektive, so er denn angesprochen wird, weitgehend neoklassischen Theorien der rationalen Wahl bzw. einem begrenzt rationalen Handeln verpflichtet und damit – wie in Abschnitt 1 diskutiert – als Erklärungsansatz für die Strategiegenese in KMU von begrenztem Wert. Vertreter der Institutionenökonomik erkennen zwar an, dass auch nicht intendierte Ergebnisse von Handlungen – in dieser Sichtweise aufgrund der institutionellen Beschränkungen im Umfeld – auftreten können (Nee, Strang 1998: 708); sie sprechen emergentes Verhalten somit implizit als Möglichkeit an. Allerdings gelingt es der Institutionenökonomik bislang nicht, diesen Gedanken konsequent fortzuführen und eine Sichtweise der individuellen Entscheidungsfindung zu formulieren, die intendiertes und emergentes Verhalten einschließt.

Kritisch zu betrachten ist schließlich auch die Prozessperspektive der hier skizzierten Ansätze. Die netzwerktheoretischen Überlegungen sind rein statisch ausgerichtet, die Prozessanalyse der Institutionenökonomik beschränkt sich im Wesentlichen auf die Untersuchung pfadabhängiger, damit historisch bedingter Entwicklungen. Der dieser Argumentation unterliegende Hinweis auf die Pfadabhängigkeit wirtschaftlicher und gesellschaftlicher Entwicklungsprozesse ist ein wichtiger (indirekter) Erklärungsfaktor für die Strategiegenese in verschiedenen Umfeldern. Implizit werden mit der Erwähnung von Lock-in-Effekten auch bereits Ideen aufgegriffen, die den im nächsten Kapitel skizzierten prozessorientierten Theorieansätzen zugrunde liegen[33]. Mit Lock-in-Effekten ist hier die Neigung von Systemen gemeint, sich in einmal eingeschlagenen Bahnen fortzuentwickeln, selbst wenn beispielsweise technische Neuerungen bisherigen Lösungen eindeutig überlegen sind. Die

---

[33] North selbst bezieht sich in seinen Ausführungen ausdrücklich auf die entsprechenden Arbeiten von Brian Arthur, vgl. North (1990: 93ff.).

durch Pfadabhängigkeit bedingten institutionellen Gegebenheiten können hinderlich oder fördernd wirken, bestimmen aber immer – eben nur in verschiedenen Kombinationen – den individuellen Handlungsspielraum und individuelle Wahlmöglichkeiten.

Allerdings ist der Institutionenökonomik damit noch keine tatsächliche Prozessbetrachtung der Strategiegenese im Sinne eines dynamischen, rekursiven und nicht notwendigerweise linearen Abläufen folgenden Weges möglich, obwohl North bereits die Möglichkeit, dass Individuen bzw. Unternehmen auf institutionelle Hemmnisse einwirken (können), zugesteht (North 1990: 78f.). Der letztendliche Impuls für einen Wandel geht jedoch immer vom institutionellen Umfeld aus, das individuelle Adaptionsprozesse als „learning by doing" (North 1990: 81) versteht und durch Anreize belohnt. Wandel reduziert sich in der institutionenökonomischen Sichtweise damit weitgehend auf ein reaktives Phänomen.

## 3. Zwischenfazit I: Ein (zu) einseitiger theoretischer Blick auf die Strategiegenese in KMU?

„Many of the shortcomings of traditional theory stems from their rationalistic bias, and from their tendency to separate organisational phenomena in small firms from the thoughts, feelings and lives of the individual human beings involved" (Brytting 1990: 47). Mit diesen Worten deutet Brytting den hauptsächlichen Mangel der skizzierten Theorieansätze an: eine eindimensionale, auf eine Erklärungsebene – Verhalten oder Umwelt bzw. Strukturen – ausgerichtete und gleichzeitig insbesondere bei den an Unternehmensumwelt und -strukturen orientierten Theorien oftmals noch statisch orientierte Betrachtungsweise.

Je nach Sichtweise und Ausrichtung des theoretischen Ansatzes werden bestimmte Variablen als exogen und gegeben – durch das Unternehmen nicht bzw. kaum beeinflussbar – gesetzt. Liefern die am Verhalten orientierten Theorien wichtige Aussagen über das individuelle Entscheidungsverhalten und indirekt damit auch über den in KMU wichtigen Einfluss der Unternehmerperson, so vernachlässigen sie jedoch sowohl in der objektiven Sichtweise der „rationalen" Theorien als auch in der subjektiven Perspektive der wahrnehmungsorientierten Ansätze das für KMU ebenfalls wichtige Umfeld bzw. schränken dieses zu restriktiv auf diejenigen Umwelterfahrungen ein, die sich in der Unternehmerperson, ihrem Wissen und ihrer Wahrnehmung widerspiegeln. Wenngleich die Einwirkungsmöglichkeiten kleiner Unternehmen auf situative externe Gegebenheiten und Strukturen wie beispielsweise politische Rahmenbedingungen oder das Wirtschaftssystem zwar gegeben, aber sicherlich gering sein mögen, spielen diese Faktoren ihrerseits eine wichtige und differenziert zu sehende Rolle in der Strategiegenese.

Am Unternehmenskontext orientierte Theorien können die Vielfalt dieser strukturellen Einflüsse auf die Strategiegenese verdeutlichen, da die ansonsten als einheitliches Konglomerat betrachtete Umwelt in ihre Bestandteile zerlegt wird. Allerdings wirft jeder dieser theoretischen Ansätze einen spezifischen und wiederum eingeschränkten Blick auf Einflussfaktoren und interpretiert diese entweder als Ressource, Branche, Markt oder im weiteren Sinne als Kultur. Auch ihnen gelingt kein abschließender Brückenschlag zwischen den beiden Perspektiven der Strategiegenese. So werden Individuen und ihr Verhalten beispielsweise in den Konzepten, die sich mit dem wirtschaftlichen Umfeld auseinandersetzen, mit dem (begrenzt) rational denkenden und handelnden Homo oeconomicus gleichgesetzt. Zudem sind diese Ansätze einer relativ deterministischen Sichtweise der Strategiegenese verpflichtet, die sich vor allem als Anpassung an strukturelle Möglichkeiten und Bedrohungen erschließt (Papadakis et al. 1998: 118).

In der Strategieforschung wird immer wieder zwischen Inhalts- und Prozessforschung unterschieden, wobei sich Inhaltsanalysen auf die Ableitung optimaler Strategien konzentrieren, Prozessanalysen hingegen auf die Entstehung bzw. Formulierung und Umsetzung von Strategien. In dieser Hinsicht betrachten z.B. Konfigurationsanalysen als auch die Überlegungen von Porter eher Strategieinhalte, während die in Abschnitt 1 skizzierten Ansätze unabhängig von ihrer Ausrichtung am rationalen Akteur oder an der Anerkennung objektiv irrationalen Handelns grundsätzlich als theoretische Grundlage einer Strategieprozessforschung einzuordnen wären[34]. Bereits diese Zweiteilung, die sich aus Sicht der Unternehmer und der Strategiepraxis nicht halten lässt, ist hinterfragt worden[35]. Im Zusammenhang mit der Strategiegenese in KMU interessiert hier der Prozessbegriff, der nach Van de Ven nicht einheitlich ausgelegt, sondern verstanden wird als

- eine Logik, die kausale Zusammenhänge zwischen unabhängigen und abhängigen Variablen erklärt,
- eine Kategorie von Konzepten oder Variablen, die sich auf individuelle oder organisationale Handlungen beziehen, oder
- eine Abfolge von Ereignissen, die zeitliche Veränderungen beschreiben (Van de Ven 1992 : 169).

Die in Abschnitt 1 diskutierten Ansätze wie vor allem auch die entsprechenden empirischen Arbeiten folgen weitgehend der zeitlichen Prozessperspekti-

---

[34] So auch Schreyögg (1984: 151ff.), der an der rationalen bzw. begrenzt rationalen Entscheidungsfindung orientierte Konzepte als Grundmuster einer deskriptiv orientierten Strategieanalyse versteht.

[35] Vgl. dazu den Überblick bei Kirsch (1997a: 60ff.), Rühli, Schmidt (1999) sowie Pettigrew (1992: 7). Eine Zusammenstellung und Klassifizierung älterer Forschungen findet sich bei Huff, Reger (1987), eine integrierende Betrachtung für jüngere Arbeiten bei Rajagopalan et al. (1993).

ve. Sie würden damit auf den ersten Blick eine dynamische Betrachtung der Strategiegenese erlauben. Um es noch einmal zusammenzufassen: Sie beschreiben die Strategiegenese entweder als (eingeschränkt) rationalen Entscheidungsfindungs- und Planungsprozess mit empirisch beobachtbaren und psychologisch erklärbaren Entscheidungsdefekten, die aus der Verwendung von Heuristiken resultieren (können), oder als wahrnehmungsgeleiteten und interpretativen, personengebundenen kognitiven Prozess. Für eine theoretische Betrachtung der Strategiegenese in KMU genügt diese zeitliche Prozessorientierung der verhaltensorientierten Theorien jedoch nicht. In Einklang mit den Ausführungen in Abschnitt 1 weist auch Van de Ven darauf hin, dass Überlegungen zum strategischen Planungs- oder Entscheidungsprozess und zu entsprechenden empirischen Studien den Prozess selbst in der Regel als lineare Folge verschiedener Stadien oder Entwicklungsphasen verstehen (Van de Ven 1992: 172). Wechselwirkungen werden allenfalls im Ansatz berücksichtigt, wenn beispielsweise die verhaltenswissenschaftliche Theorie von Cyert und March Rückkoppelungen zwischen verschiedenen Stadien der Entscheidungsfindung zulässt.

Dagegen betrachten Theorieansätze, die strukturelle – betriebsinterne oder externe – Faktoren in den Vordergrund ihrer Analyse stellen, nicht den zeitlichen Prozess der Strategiegenese, sondern sind einer kausalen Prozesslogik verhaftet, indem sie sich auf die Erklärung von Zusammenhängen verschiedener Variablen konzentrieren. Das Umfeld bzw. die Strukturen des Umfeldes werden dabei als unabhängige Variable gesetzt, die Strategiegenese bzw. die Strategien als abhängige. Hier ist eine dynamische Perspektive bereits aufgrund der eher impliziten Prozessbetrachtung schwer erkennbar, zudem spielen Wechselwirkungen und rekursive Einflüsse nur eine untergeordnete Rolle.

Dieses Problem der noch unzureichenden dynamischen Perspektive und Vernetzung ist somit allen bisher diskutierten Ansätzen gemein, dazu kommt die Tatsache, dass Strategiegenese zu deterministisch – im Sinne von ableitbar – interpretiert wird als Ergebnis der aus der Sicht verschiedener Theorien jeweils wichtigen Variable(n) – Individuum, mentale Programme, Ressourcen, politisches, wirtschaftliches oder kulturelles Umfeld. Im statischen Sinne lassen sich Strategien so als Funktion personengebundener Einflüsse und sozioökonomischer Beziehungen auf individueller Ebene sowie politisch-ökonomischer Strukturen auf übergeordneten Ebenen erklären (Berndt 1997: 2). Gerade mit Blick auf Handlungen, Handlungsmuster und Strategien von KMU finden sich hier jedoch auch ausgesprochen dynamische Prozesse mit unterschiedlich gelagerten Konstellationen und Einflussfaktoren, die nur in einer dynamischen und gesamtheitlichen Prozessperspektive adäquat aufgefasst und interpretiert werden können. Die mikro- und makrosoziale sowie mikro- und makroökonomische Umwelt sind nicht nur Determinanten des

Handelns in Unternehmen, sondern werden durch dieses Handeln wiederum bestimmt. Strategien und Umwelt hängen mithin zusammen, die jeweiligen spezifischen Strukturen der unternehmerischen Umwelt sind sowohl Ausgangspunkt als auch Ergebnis von Strategien. Dabei handelt es sich aber nicht um einfache kausale, sondern um rekursive, auf Rückkoppelung beruhende Zusammenhänge: „(...) das eine ist ohne das andere nicht möglich und setzt zugleich dem anderen – wenn auch kontingente – Bedingungen" (Ortmann et al. 1997: 347).

Strategiegenese in KMU ist also als vielschichtiges Phänomen zu verstehen. Damit sind wichtige theoretische Bezugspunkte der Strategiegenese in KMU bereits angedeutet: Gesucht werden theoretische Ansätze, welche die Betrachtung der Strategiegenese auf verschiedenen Ebenen erlauben und Wechselwirkungen dieser Ebenen berücksichtigen. Dies gesteht auch die prozessorientierte Strategieforschung zu, wie sich an folgendem Zitat ablesen lässt: „Thus one needs to be much more aware (...) of the enabling and constraining influences of various features of the inner and outer contexts of the firm upon the content and process of strategy development. Much clearer that there may be different processes underway at different levels of analysis (firm, sector, and economy). (...) Clear also that context and action are always interwoven whenever human beings make their own history" (Pettigrew 1992: 7, ähnlich bereits Bourgeois 1984: 587ff.).

Reduktionistische theoretische Ansätze können – ohne ihre Erkenntnisse generell zurückweisen zu wollen – deshalb immer nur einen Aspekt der Strategiebildung in KMU erklären. Einige der in den Übersichten 1, 3, 5 und 6 angeführten Untersuchungen haben dies bereits früh erkannt und den Versuch unternommen, empirisch die Vielfalt der personen- und umfeldgebundenen Einflussfaktoren zu berücksichtigen. Das zeigt sich beispielsweise bereits bei den in den achtziger Jahren durchgeführten STRATOS-Studien (z.B. Bamberger, Pleitner 1988), die ihren Schwerpunkt auf die Werthaltungen von Unternehmern legten und damit schon das kulturelle und soziale Umfeld mit bedachten. Ein weiteres Beispiel ist die in den Übersichten 3 und 5 erwähnte Studie von Roper (1998). Roper entwickelt ein detailliertes Modell, um die Zusammenhänge zwischen Unternehmenserfolg in KMU und Persönlichkeitsmerkmalen, dem wirtschaftlichen Umfeld sowie den strategischen und organisatorischen Entscheidungen zu erklären, und beschränkt sich dabei nicht auf eine Erklärungsvariable. Empirische und modellgeleitete Untersuchungen sind damit den in den Abschnitten 1 und 2 angesprochenen theoretischen Überlegungen bereits einen Schritt voraus.

Ein idealer Theorieansatz hat die Entstehung von Strategien im Sinne eines dynamischen und holistischen Prozesses aus Sicht des kleinen Unternehmens und seines Umfeldes und aus Sicht des Individuums – des Unternehmers und seines Bewusstseins – zu betrachten und zudem die Wechselwirkungen der verschiedenen Ebenen zu berücksichtigen: „Strategy formation is a complex space. (...) Strategy formation is judgmental designing, intuitive visioning, and emergent learning; it is about transformation as well as perpetuation; it must involve individual cognition and social interaction, cooperation as well as conflict; it has to include analyzing before and programming after as well as negotiating during; and all of this must be in response to what can be a demanding environment" (Mintzberg, Ahlstrand, Lampel 1998: 372f.). Damit stellt sich die Frage nach theoretischen Ansätzen, welche die bislang diskutierten theoretischen Elemente der Strategiegenese einbeziehen und eine gesamtheitliche Betrachtung der Strategiegenese in KMU erlauben, indem sie nicht nur die Vielzahl an Einflüssen berücksichtigen, sondern Strategiegenese gleichzeitig als dynamischen Prozess verstehen.

## 4. Strategiegenese als Prozess: Elemente system- und komplexitätswissenschaftlicher Theorieansätze

Elemente system- und komplexitätswissenschaftlicher Konzepte, die als theoretische Ausgangspunkte für die Betrachtung der Strategiegenese in KMU dienen können und über ihre gesamtheitliche Prozessperspektive eine verbindende Sichtweise zwischen den Erkenntnissen der bisher skizzierten Theorien, die sich auf Unternehmerhandeln und strukturelle Einflüsse der Strategiegenese beziehen, eröffnen, stehen im Vordergrund der Diskussion in diesem Kapitel. Vorangestellt sei eine kurze – keinesfalls den Anspruch auf Vollständigkeit erhebende – Einordnung und Charakterisierung der theoretischen Arbeiten und Ideen, auf die sich dieses Kapitel bezieht.

### 4.1 Von statischen zu komplexen Systemen

Neuere systemtheoretische und interdisziplinäre, systemorientierte Konzepte, die auch unter dem Sammelbegriff „Komplexitätswissenschaften" zusammengefasst werden, entwickelten sich seit den sechziger und siebziger Jahren des 20. Jahrhunderts. Sie haben ihre Wurzeln in den älteren „klassischen" Systemtheorien, zu denen die von Wiener begründete Kybernetik und die allgemeine Systemtheorie mit den Hauptvertretern Bertalanffy oder Forrester gehören[36]. Während den älteren Konzepten der Systemtheorie das Verdienst zukommt, auf Regulierungs- und Koordinationsmechanismen wie positive und negative Rückkoppelungen hingewiesen zu haben und sie damit den späteren Übergang zur nichtlinearen Dynamik erlauben, unterscheiden sich die neue-

[36] Vgl. Goldstein (1999: 53f.). Einen umfassenden Überblick über die Entwicklung von mechanistischen Ansätzen zur nichtlinearen Dynamik vor allem in den Naturwissenschaften gibt Mussmann (1995), eine Einführung in die Entwicklung der Systemtheorie Wilms (2001: 43ff.).

ren Ansätze und die älteren Konzepte vor allem hinsichtlich ihres Systemverständnisses.

Klassische Systemtheorien sind in der Regel gleichgewichtsorientiert und auch eher statisch ausgerichtet. Das System wird im komparativ statischen Gleichgewicht analysiert, wobei die Umwelt als externer Faktor die Systeme von außen strukturiert (Mussmann 1995: 214). Diese Theorien betonen außerdem Vorhersage und Kontrolle, die über Regelkreise ermöglicht wird, die analysierten Systeme haben eindeutige Anfangs- und Endzustände. Müller spricht vor diesem Hintergrund von zustandsdeterminierten Systemen, die sich durch eine vollständige Auflistung relevanter Variablen und ihrer Beziehungen charakterisieren lassen, und bezeichnet diese als das Paradigma der klassischen Systemtheorie (Müller 1992: 345ff.).

Die neueren Ansätze der Systemtheorie und Komplexitätswissenschaften entwickelten sich vor allem aus den Erkenntnissen, dass weder die Umwelt als externer Einfluss zu verstehen ist noch Strukturbildung nur in Gleichgewichtszuständen und geschlossenen Systemen erfolgen kann. Ursache und Wirkungen folgen mithin nicht unbedingt den einfachen und linearen Input-Output-Zusammenhängen der klassischen Kybernetik, sondern nichtlinearen Abläufen und können rekursiv und zirkulär verbunden sein, zudem können sich auch diese Rückkoppelungen wiederum verändern[37]. In Übersicht 7 sind wichtige theoretische Arbeiten und ihre hauptsächlichen Ideen zusammengestellt. Generell bringen diese Arbeiten konsequent eine dynamische und komplexe Entwicklungsperspektive in die Analyse von Systemen ein. Das System-Umwelt-Denken der klassischen Systemtheorie wird durch das Konzept der internen Selbstorganisation und die Einführung der Wahrnehmungsperspektive ergänzt; die generelle Geschlossenheit wird ergänzt durch eine operative Systemgeschlossenheit, aber materielle und informationelle Offenheit, und zu den einfachen Rückkoppelungsmechanismen der Kybernetik kommen rekursive und zirkuläre Mechanismen hinzu (Luhmann 1998: 93f.; Kratky 1990: 14).

Eine Richtung der Komplexitätswissenschaften – dazu gehören beispielsweise die im Santa Fe Institute entstandenen interdisziplinären Arbeiten von Kauffman, Holland, Arthur und Bak sowie die Studien zu dissipativen Systemen der Brüsseler Schule um Prigogine – beschäftigt sich insbesondere mit den Mechanismen, die in Ungleichgewichtszuständen zur Herausbildung von komplexen, globaleren Mustern und Prinzipien führen. Sie bringen über die Betrachtung pfadabhängiger Entwicklungen eine zeitlich irreversible Perspektive in die Diskussion ein, die von Luhmann mit seiner „radikalen Ver-

---

37 Vgl. Kratky (1990: 12ff.). Zur Einordnung und Abgrenzung vgl. z.B. Mussmann (1995), Paslack (1991), Rüegg-Stürm (1998), Wolf (1997), speziell für die Komplexitätswissenschaften Anderson (1999), Cilliers (2000).

Übersicht 7

**Theoretische Ideen der neueren System- und Komplexitätswissenschaften**

| Ansatz | Disziplin | Vertreter | Gegenstand |
|---|---|---|---|
| Autopoiese | Biologie | Maturana, Varela | Kontinuierliche Selbsterzeugung von Lebewesen, zirkuläres Verhalten, geschlossene Systeme, Selbstreferenz |
| Komplexe Systeme | Biologie, KI[1], Physik, Ökonomie | Arthur, Bak, Holland, Kauffman, Langton | Ordnung auf höherer Ebene emergente Eigenschaft von Interaktionen auf niedrigerer Aggregationsebene, Ordnung durch Selbstorganisation, Pfadabhängigkeit, positive Rückkoppelung |
| Dissipative Strukturen | Chemie | Prigogine, Nicolis | Neue Ordnungszustände durch energetische Fluktuation in thermodynamisch offenen Nichtgleichgewichtssystemen |
| Autokatalytische Hyperzyklen | Chemie, Biologie | Eigen | Molekulare spontane Ausbildung autokatalytischer Prozessstrukturen, auf der nächsten Ebene Zusammenschluss zu Hyperzyklus mit Fähigkeit zur Korrektur von Replikationsfehlern und zur Erhaltung, Weitergabe komplexer Information |
| Wahrnehmung | Kybernetik, Kognitionswissenschaft, Konstruktivismus | v. Foerster Watzlawick Glasersfeld | Nicht-triviale Maschinen bedingen nicht vorhersagbares Verhalten, selbstorganisierende Systeme in Kognition und Kommunikation, Rekursion<br>Umwelt ist nicht objektiv erfahrbar, sondern konstruiert |
| Chaostheorie | Meteorologie Mathematik | Lorenz, Mandelbrot | Deterministisches Chaos durch sensitive Abhängigkeit von Anfangsbedingungen, positive Rückkoppelungen (Lorenz), Prinzip der Selbstähnlichkeit (Mandelbrot) |
| Synergetik | Physik | Haken | Kohärentes, nichtlineares Verhalten durch Zusammenwirken vieler unabhängiger Teile am Beispiel von Laser, Zustandekommen eines geordneten Zustandes durch Selbstorganisation |
| Soziale Systeme | Sozialwissenschaft | Luhmann | Soziales System als emergente Ordnung, Bildung über Kommunikation, Selbstorganisation, Selbstreferenz, autopoietisches System |

Eigene Zusammenstellung nach Arthur (1994), Bak (1999), Eigen, Winkler (1996), Haken (1995), Holland (2000), Kauffman (1998), Luhmann (1998, 19997), Mitleton-Kelly (1998), Mussmann (1995), Nicolis, Prigogine (1998), Paslack, Knost (1990), Paslack (1991), Waldrop (1994), Watzlawick (2000b, 2000a). – [1]KI: Künstliche Intelligenz.

zeitlichung des Elementsbegriffs“ (Luhmann 1999b: 24) – Ereignisse vergehen bereits im Entstehen – für die Sozialwissenschaften nutzbar gemacht wurden. Zudem spielen Innovation, Lernen und Adaption eine wichtige Rolle als Anpassungs- und Veränderungsmechanismen im Entwicklungsprozess.

Die neuere Systemtheorie, der beispielsweise – im weiten Sinn als „Wegbereiter“ – das Autopoiesekonzept von Maturana und Varela, die daran anschließenden Arbeiten von Luhmann sowie auch die Studien der Kognitionsforscher und Konstruktivisten (von Foerster, Watzlawick et al.) zugerechnet werden, lenkt die theoretische Diskussion zusätzlich auf die Problematik von Beobachtung und auf die Problematik der bereits in 1.2. angesprochenen individuellen Wahrnehmung (Rüegg-Sturm 1998: 5, 14). Insbesondere in sozialen Systemen ist jede Entwicklung kontextgebunden und individuellen Interpretationen zugänglich. So verweist Luhmann darauf, dass Umwelt ein systemrelativer Sachverhalt ist und sich damit die Umwelt eines jeden Systems unterscheide (Luhmann 1999b: 249): Wahrnehmungen beeinflussen individuelle wie kollektive Verhaltensweisen und werden wiederum von diesen beeinflusst; gleichzeitig können sich Beobachtungen über zwischenmenschliche Interaktionen – Kommunikation jeglicher Art – verändern bzw. diese verändern. Es kommt mithin zu Wechselwirkungen und zirkulären Ursache-Wirkungsketten; eine passive – im Sinne externer – Beobachtung ist prinzipiell nicht möglich.

Im Mittelpunkt sowohl der Arbeiten, die zur neueren Systemtheorie gehören, wie auch derjenigen, die gemeinhin unter dem Begriff „Komplexitätswissenschaft" zusammengefasst werden, stehen grundsätzlich komplexe Systeme, die sich aus einer Vielzahl von aufeinander einwirkenden Elementen zusammensetzen und mit den älteren mechanistischen und linear orientierten Theorien nicht mehr zu verstehen und beschreiben sind. „A complex system is a system (whole) comprised of numerous interacting entities (parts), each of which is behaving in its local context according to some rule(s), law(s) or force(s). In responding to their own particular local context, these individual parts can, despite acting in parallel without explicit inter-part coordination or communication, cause the system as a whole to display emergent patterns – orderly phenomena and properties – at the global or collective level" (Maguire, McKelvey 1999: 12).

Der Begriff „Komplexität" ist einer einfachen Definition nur schwer zugänglich; er bezeichnet ein vielschichtiges und in sich vernetztes Phänomen, wird zudem häufig mit „kompliziert" verwechselt bzw. gleichgesetzt. Schon aus diesem Grund müssen zumindest Grundlinien einer Definition aufgezeigt werden. Luhmann versteht Komplexität vor dem Hintergrund eines vielschichtigen Phänomens einmal als komplexe „zusammenhängende Menge von Elementen (...), wenn auf Grund immanenter Beschränkungen der Verknüpfungskapazität der Elemente nicht mehr jedes Element mit jedem anderen verknüpft sein kann" (Luhmann 1999b: 46) und zusätzlich als Maß für einen Mangel an Information auf Seiten des Systems, um seine Umwelt vollständig erfassen und beschreiben zu können (Luhmann 1999b: 50f.).

Naturwissenschaftler argumentieren ähnlich, wenn sie den Komplexitätsgrad eines Systems in Abhängigkeit von dessen Beschreibbarkeit sehen. In diesem Zusammenhang schlägt beispielsweise Cramer vor, den Komplexitätsbegriff durch eine Unterscheidung verschiedener Komplexitätsgrade für die Analyse komplexer Systeme nutzbar zu machen (Cramer 1993: 275ff., sowie bereits Hayek 1972). Er unterscheidet zwischen drei Arten von Komplexität: subkritische Komplexität in Systemen, die eine gewisse Vielfalt aufweisen, aber deterministisch sind, kritische Komplexität, bei der Systeme Strukturen auszubilden beginnen, und fundamental- komplexe Systeme, die trotz deterministischer Ausgangsbedingungen indeterministische oder chaotische Lösungen haben. Aufschluss über das Phänomen Komplexität erlaubt somit ein Blick auf die generellen Merkmale komplexer Systeme, die bereits auf einen

Übersicht 8

**Merkmale komplexer Systeme**

| Merkmal | Beschreibung |
|---|---|
| Anpassungsfähigkeit | Adaptives Verhalten bei Systemteilnehmern |
| Emergenz | Auftreten neuer Eigenschaften |
| Geschichtlichkeit | Pfadabhängigkeit jetzigen Verhaltens |
| Irreversibilität | Prozesse sind nicht umkehrbar, zeitliche Symmetriebrechung |
| Nichtlinearität | Wirkungen sind nicht proportional zu Ursachen (Schmetterlingseffekt) |
| Offenheit | Interaktionen mit Umwelt, schwierige Grenzziehung |
| Rekursivität | Rückbezüglichkeit, System wirkt auf sich selbst zurück |
| Rückkoppelungen | Interaktiver, zirkulärer, selbstverstärkender kausaler Mechanismus |
| Selbstorganisation | Spontaner Prozess der Ordnungs- und Musterbildung, Übergang zu höheren Emergenzebenen, erzeugt Komplexität |
| Selbstreferenz | Systemeigenschaft der rekursiven oder zirkulären Interaktion mit eigenen Zuständen |

Eigene Zusammenstellung nach Anderson (1999), Cilliers (2000), Luhmann (verschiedene Jahre), Stacey (1997) und den in Übersicht 7 angegebenen Quellen. RWI ESSEN

wesentlichen Gesichtspunkt komplexer Systeme – deren rekursive und zirkuläre Vernetztheit – hinweisen, da sich auch diese Charakteristika gegenseitig bedingen und nicht trennscharf abgrenzen lassen (Übersicht 8).

Danach bestimmt sich Komplexität über dynamische Veränderungsprozesse des Systems (Selbstorganisation, Anpassungsfähigkeit), über deren Voraussetzungen (Anpassungsfähigkeit, Selbstreferenz, Geschichtlichkeit, Nichtlinearität und Irreversibilität) und Ergebnis (Emergenz) sowie über die Beziehungen der Systemelemente zueinander (Rekursivität, Rückkoppelungen). Dazu kommen die Gesamtzahl der Systemelemente, die Varietät des Systems im Sinne der Anzahl unterschiedlicher Elemente sowie der Grad dieser Unterschiedlichkeit (Kirsch 1998: 140). Schließlich ist Komplexität subjektiv und kontextgebunden. Damit schließt sich die im Sinne der oben aufgeworfenen Beobachterproblematik erkenntnistheoretisch interessante Frage an, inwieweit Komplexität tatsächlich noch ein Systemmerkmal sein kann oder nur in der Beobachtung des Systems existiert (Goldstein 1999: 62f.; Maguire, McKelvey 1999: 30f.) – eine Diskussion, die im Rahmen der einer konstruktivistischen Sichtweise verpflichteten Ansätze explizit aufgegriffen wird (Jensen 1999).

Methoden und Gedankengut der neueren Systemtheorie, von komplexen Systemen und nichtlinearer Dynamik sind bereits in einer ganzen Reihe von Forschungsarbeiten aufgegriffen worden – Übersicht 9 stellt aus der Fülle von Arbeiten einige wenige zusammen –, wobei die Trennung zwischen theoretischem Ansatz und konzeptionell bzw. empirisch ausgerichteter Forschungsarbeit beliebig erscheinen mag. Das verdeutlicht allerdings nur, dass diese Theorieansätze im Werden begriffen sind und weniger als geschlossene Theorie

Übersicht 9

**Forschungsarbeiten auf Basis system- und komplexitätswissenschaftlicher Ideen**

| Disziplin | Wichtige Arbeiten |
|---|---|
| Volkswirtschaft | Arthur (1994), Krugman (1996), Weise (1996) |
| Betriebswirtschaft | Führung und Management: FOKUS-Gruppe, z.B. Kahle (1995, 1997b), Wilms (1995, 1998, 2001), Münchner Theoretiker, z.B. Kirsch (1997b), Kirsch, Knyphausen (1991), Knyphausen (1988), (1991); St. Gallener Schule, z.B. Malik (1993), Probst (1987); Stacey (1992), (1997), Stacey et al. (2000); Wolf (1997) |
| | Gründungen, Entrepreneurship: z.B. Aldrich (2000), Bygrave (1989), Gartner (1993), Gartner, Bird, Starr (1992), Lichtenstein (2000) |
| | KMU: Fuller, Moran (2001) |
| | Organisationsforschung: z.B. McKelvey (1999a), Anderson et al. (1999) |
| Philosophie | Cilliers (2000), Stephan (1999) |
| Sozialwissenschaften | Marion (1999), Müller-Benedict (2000), generell Luhmann |
| Interdisziplinärer Überblick | z.B. Cramer (1993), Krohn, Küppers (1990), Küppers (1996), Mainzer (1997), Maguire, McKelvey (1999) |

Eigene Zusammenstellung.

RWI ESSEN

denn als eine Sammlung theoretischer Ideen verstanden werden sollten, die sich mit dynamischen Mustern befassen und die nach deren grundlegenden Regeln suchen. „As of 1999, it is less an organized rigorous theory than a collection of ideas that have in common the notion that within dynamic patterns there may be underlying simplicity (...). It is also the discipline that has self-organized to examine the question of how coherent and purposive wholes emerge from the interactions of simple and sometimes non-purposive components." (Lissack 1999: 112).

Generell haben sich diese Gedanken sowohl bei der Erklärung von Naturphänomenen als auch für die Analyse sozialer und wirtschaftlicher Systeme als höchst fruchtbar erwiesen[38]. So wurden beispielsweise die Verteilung der wirtschaftlichen Aktivitäten im Raum (z.B. Krugman 1996), die Entwicklung moderner Städtesysteme, konjunkturelle Prozesse oder das Verhalten der Finanzmärkte (z.B. Arthur 1994) und die Entwicklung der Organisationsformen großer Unternehmen, aber auch die Einwirkungen kultureller Unterschiede auf individuelles Handeln (verschiedene Artikel in Anderson et al. 1999) mit Hilfe von Elementen system- und komplexitätswissenschaftlicher Ansätze untersucht.

---

38 Siehe auch die in Maguire, McKelvey (1999) zusammengestellten Besprechungen von wissenschaftlichen und populärwissenschaftlichen Schriften, die komplexitätswissenschaftliche Konzepte vor allem auf die Managementpraxis übertragen. Kritisch hierzu äußert sich McKelvey (1999b).

Die Arbeiten der St. Gallener Schule und der Münchner Betriebswirtschaftler um Kirsch konzentrieren sich auf die Entwicklung von evolutionären Führungsmodellen, die selbstorganisierende Elemente enthalten, während sich die FOKUS-Gruppe aus Lüneburg mit der Analyse und Entwicklung kybernetisch basierter Unternehmensstrategien beschäftigt. Vor allem amerikanische Entrepreneurshipforscher (z.B. Gartner 1993, Aldrich 2000) haben die Gedanken der neueren Systemtheorie von emergentem Verhalten auf Unternehmensgründungen und generelle unternehmerische („entrepreneurial") Handlungen im Gegensatz zu routiniertem Handeln übertragen. Auch Philosophen haben sich mit diesen Ansätzen auseinandergesetzt, so arbeitet Stephan (1999) den Begriff der Emergenz historisch auf und fragt nach seiner heutigen Bedeutung, während Cilliers (2000) den Komplexitätsbegriff in die postmoderne Theoriediskussion zu integrieren versucht.

Sicherlich kann die Anwendung dieser Theorien auf KMU generell hinterfragt werden. Ein Einwand drängt sich unmittelbar auf, nämlich die Frage danach, inwieweit KMU aufgrund ihrer kleinen Unternehmensgröße überhaupt als komplexe Systeme im Sinne der in Übersicht 8 aufgeführten Merkmale zu verstehen seien. Die Antwort ist grundsätzlich bejahend und verweist zugleich auf die vielschichtigen Ebenen, die mit Hilfe dieser theoretischen Ideen analysiert werden können. Komplexität in der oben abgeleiteten Definition als eine Vielzahl an interagierenden Elementen und KMU als kleine Organisationen erscheint zwar auf den ersten Blick immer noch als Widerspruch, hier ist jedoch vom KMU als Organisation zu abstrahieren und das Individuum zu betrachten. Zum einen erfüllen Unternehmer und Angestellte in Organisationen typischerweise vielfältige Rollen, über die bereits Komplexität in ihre Handlungen mit anderen Personen einfließt (Morel, Ramanujam 1999: 288). Zum anderen ist das Individuum – der Unternehmer – selbst ein komplexes System. So ist das gesamte zentrale Nervensystem eines Individuums als komplexes System modellierbar und besteht seinerseits wieder aus verschiedenen komplexen Systemen ausgehend von Molekülen über Synapsen als chemische Verbindungsträger, Neuronen, neuronale Netzwerke und kognitive Landkarten (Huber 2000: 157ff.; Mainzer 1997: 123ff.; Kahle 1995: 5ff.). Auch Kognition und Bewusstseinsbildung sind komplexe Vorgänge. Kognition bildet sich dabei weder vollständig unabhängig und verschieden von den Aktivitäten des Gehirns noch ist sie identisch mit der Gehirntätigkeit: Die individuelle Wahrnehmung entsteht durch neuronale Prozesse und bedingt diese, greift aber immer auch auf bereits Erlebtes und Erfahrungswissen zurück[39].

Mithin ist nicht nur das Individuum, sondern auch individuelles menschliches Verhalten komplex, sodass KMU als kleine Organisationen, die ihrerseits aus

---

39 Vgl. Kahle (1995: 9), und Mainzer (1997: 156). Ein ausführlicher Überblick über die Entwicklung von Wahrnehmung und Verstand im Spiegel der Komplexitätswissenschaften findet sich bei Stewart, Cohen (1999).

Individuen „bestehen", als komplexe Einheiten verstanden werden können. Außerdem operieren KMU ihrerseits wieder im Austausch mit anderen komplexen Systemen – Individuen, Organisationen, Unternehmen und in einem aus Beobachtersicht komplexen System – dem jeweiligen politisch-ökonomischen und kulturellen Umfeld. Allerdings spielen auch in diesem Zusammenhang subjektive Gesichtspunkte für die Strategiegenese eine Rolle, nämlich die bereits angesprochenen individuell durchaus unterschiedlichen Wahrnehmungen, in diesem Fall von Umfeldkomplexität. So verweist Weick darauf, dass individuelle Wahrnehmung und Umweltbewertung nicht voneinander getrennt werden dürfen, sondern dass Unternehmer ihr Umfeld in Einklang mit ihrer Persönlichkeit bringen (Weick 1998: 191f.; auch Weick 1995; Maguire, McKelvey 1999: 29f.). Ein Umfeld, das ein Unternehmen als bekannt und statisch interpretiert, mag ein anderes Unternehmen als komplex und unsicher wahrnehmen und nach neuen Strategien suchen, um diese Komplexität zu bewältigen.

Da es sich bei der Entwicklung unternehmerischer Handlungsmuster und Strategien von KMU ebenfalls um komplexe wirtschaftliche Phänomene handelt, bei denen Milieufaktoren, Entscheidungen, Werthaltungen und Einstellungen der maßgeblichen Akteure sowie organisationsinterne Prozesse zusammenwirken, KMU zudem in einer komplexen Umwelt operieren, bieten sich diese theoretischen Konzepte auch für eine prozessorientierte Analyse von Strategien und Strategiegenese in KMU an.

Fuller und Moran, im bislang einzigen Artikel, der die theoretischen Ideen der Komplexitätswissenschaften explizit auf die Analyse von KMU überträgt, verweisen mit Blick auf den Wert dieser Ideen für die KMU-Forschung darauf, dass sich dergestalt verschiedene ontologische Ebenen analysieren lassen: von den makroökonomischen Gegebenheiten über Cluster, Netzwerke, Beziehungen zwischen Unternehmen hin zu Unternehmensvisionen, Unternehmenskonzepten bzw. -strategien, unternehmensinternen Aktivitäten und Beziehungen sowie dem Individuum, seinen Fähigkeiten und seiner Kognition (Fuller, Moran 2001: 54ff.). Komplexitätswissenschaften bieten ihrer Ansicht nach einen geeigneten Rahmen für eine interdisziplinäre und pluralistische Analyse. Individuen und KMU sind jeweils als komplexe adaptive Systeme zu verstehen, die selbst wiederum in einem komplexen adaptiven System handeln; es entwickelt sich eine „Hierarchie" von verschiedenen, aufeinander aufbauenden Ebenen: „In effect each enterprise is itself a complex adaptive system influenced, for example, by the character and intentions of the key human agent in the system (the owner-manager), but it can also be construed as an agent in a larger complex adaptive system (i.e. the wider network of business ecosystem)" (Fuller, Moran 2001: 50). Vor diesem Hintergrund greift der nächste Abschnitt wichtige Elemente komplexer Systeme auf und diskutiert sie im Zusammenhang mit ihrer Eignung für die theoretische Beschreibung und Erklärung der Strategiegenese in KMU.

### 4.2 Strategien und Strategiegenese in komplexen Systemen

#### 4.2.1 Strategien als emergentes Phänomen

Ex-ante-Planung und beabsichtigte Handlungen sind nur ein Teilaspekt der Strategiegenese. Eine ebenso wichtige – oder auch wichtigere – Rolle spielen weitere, sich im Laufe des Planungs- und Entscheidungsprozesses entwickelnde und nicht ex ante formulierte Handlungen als eher „zufälliges" Ergebnis bestimmter Entscheidungen. So führt bereits Mintzberg mit seiner Charakterisierung emergenter Strategien als ex post zu beobachtende Handlungsmuster eine implizit system- bzw. komplexitätstheoretische Perspektive in den Strategiefindungsprozess ein. Mintzberg selbst formulierte es so: „One of the things I discovered here [während der zweiten internationalen Konferenz zu komplexen Systemen, F.W.] is I guess I've been a complexity theorist for a long time, probably before anybody even used the word 'complexity theory'" (Mintzberg in: o.V. 1999: 86).

Emergenz tritt dabei „immer dann auf (...), wenn man die viel gestellte Frage formuliert, wie denn Mikro- und Makroebene miteinander zusammenhängen (Individuum und Gesellschaft, Handlung und Struktur, Bewußtsein und Realabstraktion, Organisation und Gesellschaft, Organisation und Psyche usw.)" (Türk 1997: 157). Emergenz ist ein ursprünglich naturphilosophischer Begriff zur Beschreibung der Entstehung von Neuem, der bereits im 19. Jahrhundert durch den englischen Philosophen Lewes geprägt wurde. Er bezeichnet die nicht vorhersehbare Entstehung höherer Seinsstufen durch neu auftauchende Qualitäten aus niederen Seinsstufen (Goldstein 1999: 53). Dieser Emergenzbegriff unterscheidet sich von älteren deterministischen Entwicklungsmodellen biologischer Organismen, wonach sich höhere Seinsstufen zwangsläufig in einem dialektischen Prozess aus niederen Qualitäten entwickeln.

Das Phänomen „Emergenz" lässt sich dabei über eine Reihe von Merkmalen näher fassen: Emergente Ereignisse sind nicht nur neuartig, sondern auch irreduzibel, unvorhersehbar und akausal (Übersicht 10). Mit Blick auf die Strategiegenese in KMU ist in diesem Zusammenhang zu prüfen, inwieweit Strategien im theoretischen Sinne tatsächlich emergent sein können. Schwierigkeiten bereitet auf den ersten Blick der Begriff der Neuartigkeit, der im Alltagsverständnis auf Strategien als Ergebnis von Entscheidungen, Handlungen und unternehmerischen Reaktionen nur schwer anwendbar scheint. Die Frage drängt sich geradezu auf, wo denn hier das Neuartige liege.

Übersicht 10

**Charakteristika von Emergenz**

| Merkmal | Beschreibung |
|---|---|
| Neuartigkeit | Neue Eigenschaft (Größe, Qualität, Verhaltensweise, Ebene, System u.a.) |
| Nichtreduzierbarkeit | Emergente Eigenschaft ist nicht reduzierbar auf frühere Bestandteile |
| Unvorhersagbarkeit | Konkrete Endzustände sind nicht vorhersehbar |
| Akausalität | Keine bestimmende Ursache von Entwicklungen bzw. Endzuständen |

RWI ESSEN

Eigene Zusammenstellung nach Flämig (1998), Stephan (1999).

Um darauf antworten zu können, ist eine nähere Eingrenzung des Begriffes „Neuartigkeit" notwendig, der sich im philosophischen wie im komplexitätswissenschaftlichen Verständnis wie folgt definieren lässt[40]: Als genuin neu wird das erstmalige Auftreten eines Systems oder einer Eigenschaft verstanden. Eigenschaften wiederum umfassen Größen, Qualitäten, Verhaltensweisen, Strukturen und Ebenen. Nicht neuartig sind lediglich numerisch neue Gegenstände (beispielsweise das neue Auto), Strukturen oder Eigenschaften. Mit dieser Ausdifferenzierung von neuartigen Eigenschaften lassen sich Strategien ebenfalls als genuin neu begreifen. Strategien können – im Rückgriff auf die in Abschnitt 4.2 in der Einleitung vorgestellte Definition – als ein Set von Handlungen verstanden werden. Neuartig wären sie sodann in ihrer Qualität, indem erst das Zusammenwirken verschiedener Handlungen zur Ausbildung einer Strategie beiträgt. Neuartig wären sie auch in ihren Strukturen, wenn sich ex post neue Muster in einer Abfolge verschiedener Handlungen ergeben würden.

Nur schwer auf Strategien übertragbar erscheint auch der im Begriff „Emergenz" enthaltene Punkt, dass dieses Neue auf höheren Ebenen entsteht, d.h., Handeln auf der Mikroebene führt zu emergenten Eigenschaften auf der Makroebene. In den Naturwissenschaften beinhaltet dieser Phasenübergang beispielsweise die Ausbildung von regelmäßig geformten Kristallen oder die Entstehung von verschiedensten Lebewesen aus Zellen (Cramer 1993: 224ff.). Unter Bezugnahme auf soziale und wirtschaftliche Systeme sind in erster Linie kollektive Muster oder Strukturen – beispielsweise die regionale Verteilung von Siedlungen im Raum – angesprochen, die sich über individuelle Handlungen bilden. Strategien von KMU sind demgegenüber jedoch zunächst individuelle und keine kollektiven Phänomene; die Übertragung des Emergenzbegriffes auf Strategien scheint hier aufgrund fehlender Übergänge und Ebenen nicht mehr möglich.

40 Vgl. dazu die Aufarbeitung der philosophischen Diskussion bei Stephan (1999: 14ff.), für die Naturwissenschaften Holland (2000: 115ff.).

Allerdings muss hier berücksichtigt werden, dass emergente Übergänge wesentlich differenzierter zu sehen sind und nicht nur die einfach zu beobachtenden Ebenen und Übergänge vom Individuum zum sozialen System enthalten. Darunter fallen auch historische gesellschaftliche Übergänge, z.B. von der Jäger- zur komplexeren Sammlergesellschaft, Phasenübergänge von Handlungen zu Handlungsstrukturen – z.B. Strategien – wie auch innerhalb des Individuums – z.B. neuronale Vorgänge und Bewusstseinsbildung[41]. Damit weist bereits die Ebene des individuellen Verhaltens – sei es nun geplant oder spontan – emergente Züge auf, sodass sich der vermeintliche Widerspruch eines fehlenden Phasenüberganges von Mikro- zu Makroebenen auflöst.

Einfacher gelingt die Übertragung der Begriffe der Nichtreduzierbarkeit, der Unvorhersagbarkeit und der Akausalität auf Strategien und Strategiegenese. Hier geht es nicht darum, jegliches Handeln als zufällig und damit nicht analysierbar zu charakterisieren, in diesem Fall würde sich eine theoretische Beschreibung erübrigen, sondern es geht darum, die Vielfalt der einwirkenden Faktoren zu verdeutlichen. Irreduzibilität ist ein komplexen Systemen inhärentes Merkmal und bedeutet, dass das Verhalten eines komplexen Systems nicht über die genaue Kenntnis der einzelnen Komponenten und ihrer Eigenschaften abgeleitet werden kann (Übersicht 8 und 10). Strategien und strategisches Verhalten sind mithin nicht nur als lineares Ergebnis menschlicher Interaktionen und Entscheidungen zu verstehen und lassen sich nicht auf einzelne bestimmende Faktoren zurückführen.

Die Begriffe der Unvorhersagbarkeit und der Akausalität bringen keine neuen Aspekte ein, sondern verstärken das Element der Nichtreduzierbarkeit. Nicht vorhersehbare, akausale Ergebnisse wurden durch von Foerster mit seiner nichttrivialen Maschine thematisiert, in der sich das Ergebnis bzw. der Output nicht linear über den Input und die vorgeschriebenen Verarbeitungsregeln bestimmen lässt (von Foerster 1990: 85f.). Menschliches Verhalten ist immer nicht trivial, mithin nicht vorhersagbar, wobei die Wahrnehmungs- und Erfahrungsgebundenheit individuellen Handelns und Entscheidens diese Nichttrivialität bedingen (Kahle 1995: 7f.). Nicht vorhersehbar ist Emergenz schließlich auch aufgrund der dem Begriff innewohnenden Paradoxie mit Blick auf Neues (Knyphausen 1988: 14ff.): Neuartige Eigenschaften sind aufgrund ihrer Neuartigkeit nicht zu antizipieren, sondern – wenn sie vom Individuum überhaupt als neu erkannt werden können – erst ex post zu beobachten und zu identifizieren.

Damit stellt sich aber die grundsätzliche Frage nach der Bedeutung des Emergenzbegriffes für die Strategiegenese von KMU. Emergenz ist offensichtlich

---

41 Zu geschichtlichen Übergängen vgl. Friesinger (2000: 235ff.). Phasenübergänge im Verhalten untersucht Tembrock (2000), bei Organismen Riedl (2000) und im Gehirn Huber (2000). Für die Wissenschaften analysiert Oeser (2000) dieses Phänomen.

kein erklärender, sondern vor allem ein beschreibender Begriff (Goldstein 1999: 58), der auf eben diese neuen Eigenschaften im Sinne neuartiger Qualitäten, Muster oder Strukturen auf höheren Ebenen aufmerksam macht und sich per Analogieschluss auf die Entwicklung wirtschaftlicher Organisationen, insbesondere Unternehmen, aber auch auf die Entwicklung der Handlungsmodelle der Akteure – Unternehmer oder Intrapreneure – übertragen lässt. Seinen vor allem heuristischen Wert für Strategien und für die Strategiegenese von KMU gewinnt dieser Begriff dadurch, dass er mit der Beschreibung des Neuen und von Phasenübergängen die Entwicklung individuellen Handelns sowie des einzelnen Unternehmens von relativ einfachen Strukturen hin zu komplexeren Strukturen anspricht bzw. – auf kollektiver Ebene – die Ausfächerung der Unternehmenslandschaft in eine Vielzahl von immer komplexeren Organisationsmodellen. So wird zugleich der theoretische Blick dafür geschärft, dass die Strategiegenese kein linearer und strikten Abläufen folgender Prozess zu sein hat.

### 4.2.2 Strategiegenese als selbstorganisierender Prozess

Mit der Einführung der Emergenzperspektive taucht als Nächstes die Frage nach der Entstehung emergenter Phänomene in komplexen Systemen auf, die sich als eine der schwierigsten erweist und weit von einer befriedigenden Lösung entfernt scheint. Bekannt sind bislang einzelne Entwicklungsverläufe, ohne dass sich daraus schon eine vollständige theoretische Erklärung der Entstehung emergenter Phänomene ableiten ließe. Angesprochen ist hier das Merkmal der *Selbstorganisation.*

Auf den ersten Blick mag diese Unterscheidung zwischen Emergenz und Selbstorganisation als unnötige „Wortklauberei" erscheinen. Sie ist bzw. war in den gängigen sozial- und wirtschaftswissenschaftlichen Veröffentlichungen zum Thema Selbstorganisation auch nicht üblich. Beide Begriffe – so denn auf Emergenz hingewiesen wird – werden synonym gebraucht, während viele Arbeiten der neueren komplexitätsorientierten Naturwissenschaften ihr Augenmerk vor allem auf Emergenz als Oberbegriff richten. Allein Luhmann verwendet diesen Begriff in einer der Naturwissenschaften ähnlichen Sichtweise auch für seine Theorie sozialer Systeme, wenn er beispielsweise davon spricht, dass es „(...) um die Wiederherstellung von Transparenz trotz intransparenter Komplexität [geht], und dies kann nur durch Emergenz neuer Ebenen der Systembildung erreicht werden" (Luhmann 1999b: 159).

Die hier getroffene Unterscheidung zwischen Emergenz und Selbstorganisation bietet einen zusätzlichen Erkenntniswert für Strategien und für die Strategiegenese. Beide Begriffe beschreiben wichtige Aspekte der Strategiegenese in KMU. Emergenz weist auf die Entstehung von *Neuem* hin, wobei der Akzent auf dem Wort „das Neue" als Ergebnis liegt. Selbstorganisation dagegen gibt einen möglichen Weg wieder, wie dieses Neue entstehen kann. Während Selbstorganisation in älteren Systemtheorien als Synonym für selbstregulierende Prozesse benutzt wird, bezeichnet es in den neueren Ansätzen das kreative, selbst Anpassungen suchende Verhalten komplexer Systeme (Lissack 1997). Der Akzent liegt hier auf der *Dynamik*, mithin dem Prozess.

Selbstorganisierende Prozesse sind dabei nach naturwissenschaftlichen Erkenntnissen immer emergent (Huber 2000: 158). Sie führen in Biologie, Physik oder Chemie zum Auftreten von neuen Eigenschaften und zwar in Zuständen fern jedes Gleichgewichtes, in denen spontane Selbstorganisation auf mikroskopischer Ebene – beispielsweise von Atomen oder Molekülen – die Entstehung einer neuen Ordnung auf makroskopischer Ebene – im Sinne von Strukturbildung – bedingt[42]. Emergenz beinhaltet also in diesem Falle Ordnungsbildung. Damit sind als Merkmale von Selbstorganisation angesprochen: das Vorhandensein von Ungleichgewichten, die eine Voraussetzung für das Auftreten von Selbstorganisation bilden, und die Ordnungsbildung als Ergebnis der Selbstorganisation. Im Zusammenhang mit der Strategiegenese impliziert die Einführung der Selbstorganisationsperspektive somit einen anderen als den geplanten Weg für die Herausbildung neuer Muster bzw. Strategien.

Zunächst ist ein geeignetes sozioökonomisches Äquivalent zum naturwissenschaftlichen Ungleichgewicht zu finden. Mit Blick auf Unternehmen kann eine Quelle von Instabilität die plötzliche Veränderung der externen (bzw. als extern wahrgenommenen) Rahmenbedingungen sein, sei es über Markteinbrüche, Unternehmensübernahmen (Wolf 1997: 627) oder in einem extremen Fall wie dem Systemwechsel in Osteuropa über den abrupten Übergang zur Marktwirtschaft. „Gewohntes" Handeln ruft dann nicht mehr die gewünschten Ergebnisse hervor, die Individuen – die Unternehmer – haben ihre Verhaltensweisen zu ändern, sodass sich im Zusammenspiel mit der Umwelt neue Handlungsmuster und neue Spielregeln – im Rückgriff auf die in Abschnitt 2.2 diskutierte Institutionenökonomik neue informelle Institutionen – herausbilden. Die Übertragung der Prämisse, dass Selbstorganisation eine ungleichgewichtige Situation voraussetzt, auf die Genese von Strategien bereitet somit keine größeren Schwierigkeiten, versteht man darunter eben auch Situationen, in denen die Unsicherheit die „treibende Kraft einer sozialen Dynamik" (Küppers 1996: 136) ist. Gerade die Offenheit der Entscheidungssituationen in KMU erfordert dann spontane Entscheidungen bzw. Aktionen, während sich eine konsistente Handlungsstrategie – im Sinne einer neuen Ordnung – oftmals erst im Prozess ausbildet.

Ordnungsbildung als emergentes Resultat von Selbstorganisation ist kein „neues" Phänomen. Bereits Adam Smith mit seiner unsichtbaren Hand,

---

42 Ausprägungen von Selbstorganisation in verschiedenen Naturwissenschaften beschreiben Nicolis, Prigogine (1998: 8ff.), und Cramer (1993: 125ff., 224ff.).

Immanuel Kant mit der Selbsthilfe lebender Systeme und vor allem auch Friedrich von Hayek wiesen auf die Möglichkeit hin, dass makroskopische Strukturen – im Fall von Smith der Markt, bei Kant die Natur und bei Hayek Regeln menschlichen Zusammenlebens, also Normen – selbstorganisierend entstehen. Smith unterstellte mit seinen Überlegungen zum „automatischen" Gleichgewichtszustand von Angebot und Nachfrage, ausgelöst über den Marktpreis, aufgrund der Gleichgewichtsbetrachtung eine eher konservative Selbstorganisation (Mainzer 2000: 157). Hayek charakterisierte Selbstorganisationsprozesse als spontane Ordnungen, die nicht entworfen sind, sondern „aus der Tätigkeit der Individuen ohne ihre Absicht resultieren."[43] Kritisch zu hinterfragen ist allerdings die Hayek'sche Annahme, dass Individuen ohne Absicht handeln. Spontanität im Handeln impliziert nicht absichtloses Handeln, da Individuen generell zielorientiert vorgehen. Allerdings braucht sich diese Zielorientierung nicht bewusst zu äußern – beispielsweise im Sinne von expliziter Kommunikation oder formal geplanten Entscheidungen.

Gleichzeitig ist auch spontanes Handeln durchaus regelgeleitet, wenngleich oftmals unbewusst, wie Hayek formuliert: „Der Mensch befolgt die meisten Regeln, nach denen er handelt, ohne sie zu kennen" (Hayek 1969: 38). Auf den ersten Blick mag regelgeleitetes Handeln jeglicher Selbstorganisation widersprechen. Grund dafür ist die manchmal vorschnell erfolgte Gleichsetzung, nach der bereits der Begriff der Selbstorganisation regelloses Handeln implizieren würde (Göbel 1998: 59). Dieser Zusammenhang wird von den neueren Systemansätzen und den Komplexitätswissenschaften so nicht vorgebracht. Im Gegenteil, sie weisen explizit darauf hin, dass die Agenten in komplexen Systemen einfachen Regeln folgen (können), aus denen im Zusammenwirken selbstorganisierend komplexere Muster entstehen (Holland 2000: 3, 123f.; Kauffman 1998).

Im Falle von Unternehmen können sich – wie bereits Mintzberg erkannte – aus einfachen Handlungen komplexere Handlungsmuster als Strategien ergeben, wobei dieses Ergebnis nicht (bewusst) intendiert bzw. vorbereitet war. Selbstorganisation im individuellen Verhalten ist ein dynamischer, nicht von außen koordinierter Prozess, nämlich „the way, in which individuals coordinate their behavior without referring to an exogenous authoritative coordinator" (Weise 1986: 717). Die Entwicklung der Unternehmen folgt hier keinem „Masterplan" verantwortlicher Akteure – der Unternehmer bzw. der angestellten Intrapreneure –, aber sehr wohl einem „naturwüchsigen" bzw. kybernetischen Prinzip. Hinter der Selbstorganisation verbergen sich damit die impliziten Antriebskräfte von Individuen, Systemen bzw. Unternehmen, die in spezifischen Verhaltensweisen und Handlungsmustern resultieren, ohne dass ihnen in jedem Fall explizit formulierte Pläne als Reaktion auf Umweltvaria-

---

43 Hayek (1969: 34). Zu „Unsichtbare Hand"-Erklärungen für Unternehmen generell vgl. Schneider (1993).

blen zugrunde liegen würden. Selbstorganisation stellt sich als quasinatürliches Ergebnis nichtlinearer Interaktionen dar (Anderson 1999: 222). Mit Blick auf die Strategiegenese erlaubt Selbstorganisation dann wesentliche Aufschlüsse über den Verlauf des Entwicklungsprozesses von niederen zu höheren Strategieformen (Stacey 1995: 489) und auch von einfacheren zu komplexeren Formen der Unternehmensorganisation.

### 4.2.3 Strategiegenese als adaptiver und selbstreferentieller Prozess

Zur Vervollständigung der komplexitätswissenschaftlich orientierten theoretischen Bezugspunkte der Strategiegenese in KMU fehlen schließlich noch die Elemente Adaption und Selbstreferenz als wichtige Merkmale komplexer Prozesse (Übersicht 8). Die bisherigen Elemente der Emergenz und Selbstorganisation erlauben es, Strategiegenese in KMU als eigendynamischen Prozess zu verstehen, der etwas Neues – komplexere und ausdifferenziertere Strategien – hervorbringt. Es wäre nun verfehlt, mit der Annahme von Selbstorganisation jegliche Gestaltbarkeit der Strategiegenese verwerfen zu wollen. Angemessener für die Strategiegenese in KMU ist eine Betrachtungsweise, die Selbstorganisation zwar als Möglichkeit, aber nicht als einzigen Weg sieht (MacIntosh, MacLean 1999: 303). Strategien sind in der Realität auch Ergebnis von ex ante vorbereiteten Handlungen und Entscheidungen, obschon die in Abschnitt 1 im ersten Kapitel referierten Ergebnisse empirischer Studien es zunächst nahe zu legen scheinen, eine geplante Strategiegestaltung durch KMU eher zu negieren.

Grundsätzlich drängt sich in diesem Zusammenhang die Frage auf, wie der Beobachter das System, seine Handlungen und seine Strategien durch Beobachtung sowie erneute Handlungen verändern kann. Das betrifft die systeminterne *Anpassungsfähigkeit* im Sinne von Lernfähigkeit und innovativem Verhalten, die eine „bewusstere" Perspektive in die Strategiegestaltung einbringt (Fuller, Moran 2001: 52; Mitleton-Kelly 1998). Der Begriff der Anpassungsfähigkeit löst sich in dieser Betrachtungsweise vom ursprünglichen „statischen" Inhalt. Er bezeichnet keine reaktiven Mechanismen im Sinne einer passiven Anpassung, sondern meint einen aktiven Mechanismus, der sich im ständigen Austausch mit anderen Systemen und mit internen Systemzuständen vollzieht. Die Komplexitätswissenschaften reden in diesem Zusammenhang auch von ko-evolvierendem Verhalten[44].

Im Grunde genommen ist Selbstorganisation ebenfalls adaptives Verhalten, womit sich erneut das aufgrund der rekursiven Wechselwirkungen generell in komplexen Systemen auftretende Problem zeigt, Ursache und Wirkung präzise zu trennen. Adaptives Verhalten ist durch sich positiv oder negativ verstär-

---

44 So Anderson (1999: 220). Für einen detaillierten Überblick Lewin, Volberda (1999).

kende Rückwirkungen bedingt[45]. Rückkoppelungen in der Strategiegenese treten auf, wenn eine bestimmte, oftmals spontane unternehmerische Handlung – beispielsweise die Änderung einer Produktverpackung als Reaktion auf den Erfolg eines neuen Wettbewerbers – sich als positiv, z.B. durch den Zulauf neuer Kunden, erweist und beibehalten bzw. auch in anderen Situationen – Änderungen aller Verpackungen – angewandt wird. Ebenso ist auch der umgekehrte Verlauf im Sinne einer negativen Rückkoppelung denkbar.

Möglich sind auch sich gegenseitig verstärkende, aufschaukelnde Prozesse, wenn beispielsweise offensichtlich fehlerhafte Entscheidungen, die auf Basis bisheriger Handlungen getroffen wurden, nicht korrigiert, sondern in der Hoffnung beibehalten werden, dass sich das ursprünglich angestrebte Ergebnis doch noch einstellt (Whyte 1986; Anderson 1999: 222), oder wenn sich in der Volkswirtschaft objektiv bessere technische Lösungen gegen die bislang genutzte – und damit vertraute – Technik nicht durchsetzen können. In diesem Zusammenhang nennt Arthur als Beispiel die Entwicklung des Videosystems VHS zum Marktführer und die konsequente Verdrängung des (angeblich) technisch optimaleren Beta-Systems und spricht von Lock-in-Effekten (Arthur 1994: 2; Arthur 1996).

Rückkoppelungen bewirken mithin auch pfadabhängiges, d.h. kontextgebundenes Verhalten, das auf bereits „Erlebtes" – die im System gespeicherten Erfahrungen – zurückgreift. Systeme haben eine Geschichte, die bei der Beschreibung systeminterner Abläufe nicht vernachlässigt werden darf[46]. Gleichzeitig decken sich hier system- und komplexitätswissenschaftliche Argumente mit den Argumentationssträngen der am individuellen Verhalten ausgerichteten Entscheidungstheorie. Angesprochen sind mit dem Verweis auf sich verstärkende Prozesse nämlich auch die in Abschnitt 1.1 skizzierten Erkenntnisse der empirischen Entscheidungsforschung, die Trägheitsmomente in der Strategiegenese auf die Neigung von Individuen, erprobte Pfade weiter zu verfolgen, zurückführen. Jedoch geht die Entscheidungstheorie einen „entscheidenden" Schritt weiter und zeigt Erklärungen für dieses Verhalten auf, während der Begriff der Pfadabhängigkeit zunächst einmal lediglich der Beschreibung dient.

Allerdings darf dieser Hinweis auf Pfadabhängigkeit nicht dahingehend verstanden werden, dass Geschichtlichkeit der grundlegend bestimmende Faktor von Entscheidungen und Handlungen ist. Eine derartige Sichtweise wäre dem

---

[45] Vgl. Holland (2000: 81ff.) für neuronale Netze und Rückkoppelungen sowie Cramer (1993: 185ff.), speziell für chaotisches und rückkoppelndes Verhalten in der Mathematik.

[46] Dieses Phänomen wird in den Naturwissenschaften, insbesondere der Quantenphysik, kontrovers diskutiert mit Blick auf die „Zeitlichkeit" von Entwicklungen, vgl. dazu den Überblick über den Stand der neueren wissenschaftlichen Diskussion bei Barbour (2000: insbesondere 26ff.). Eine soziologische Abhandlung des Themas findet sich bei Elias (1997).

nichtlinearen Denken der neueren Systemtheorie und Komplexitätswissenschaften nicht angemessen. Auch hier müssen wiederum Wechselwirkungen berücksichtigt werden in dem Sinne, dass die Geschichte eines Systems das System und sein Verhalten mitbestimmt, aber auch vom System selbst mitbestimmt wird (Cilliers 2000 : 107f.). Informationen über Ergebnisse und Wirkungen bestimmter Handlungen oder Entscheidungen werden laufend an das System – im Fall der Strategiegenese an das Individuum bzw. den Unternehmer – zurückgemeldet, und das System vermag prinzipiell eventuelle Veränderungen in der Umwelt über entsprechende Verhaltensänderungen zu kompensieren.

Die Anpassung von Systemen erfolgt über Verhalten, das sich – oftmals durch Versuch und Irrtum – zwar als Reaktion auf Wirkungen und Ergebnisse früheren Verhaltens entwickelt, aber ebenso in der Lage ist, neues, generiertes Wissen mit zu berücksichtigen und zu verwerten. In diesem Verständnis findet sich der von Schön vorgeschlagene Lernbegriff wieder. Lernen generiert sich aus simultanen Interdependenzen von Reflektion mit Aktion („reflection-with-action") und wird verstanden als erfahrungsbasierter Wechsel der bisher genutzten Interpretationsmuster, der „theory-in-use", mit deren Hilfe die Umwelt gedeutet wird (Schön 1975: 7). Die „theory-in-use" erklärt individuelle Handlungen als komplexe Intentionen, die sich ihrerseits aus Werten, Handlungsmustern und diese verbindenden Annahmen zusammensetzen (Schön 1975: 6). Generiertes Wissen basiert auf ständigen reflexiven Rückkoppelungen zwischen individuellem oder organisationalem Verhalten, das „ausprobiert" wird – den Handlungstheorien als „espoused theory of action" –, und den internen Systemzuständen (Lichtenstein 2000: 51).

Lernen „entsteht", sobald sich – beispielsweise aufgrund neuer System- oder Umweltzustände – Missverhältnisse zwischen den internen Interpretationsmustern und den nach außen sichtbaren Handlungsmustern abzeichnen, die vom Individuum oder der Organisation reflektiert und schließlich in neue Handlungstheorien und Interpretationsmuster überführt werden. Diese Einführung neuer „theories-in-use", welche allerdings die den Individuen und Systemen eigene „Kurzsichtigkeit"[47] und Trägheit – die Neigung, Vertrautes beizubehalten – zu überwinden hat, bedingt somit die Fortentwicklung komplexer Systeme. Lernen selbst ist dabei ebenfalls eine Form der Selbstorganisation komplexer neuronaler Systeme[48], wobei Holland die Auffassung äußert, dass ein besseres Verständnis von Lernprozessen zu einem besseren Verständnis von Emergenz beitragen wird (Holland 2000: 52ff.; Mainzer 2000: 154ff.).

---

47 „The Myopia of Learning" lautet der Titel eines Artikels von Levinthal, March (1993: 95ff.).

48 Vgl. zu den damit verbundenen neuronalen Vorgängen, deren Analyse auf Hebb zurückgeht, die Ausführungen bei Mainzer (1997: 131ff.).

Das adaptive Verhalten komplexer Systeme wirkt also auf das System selbst zurück und wird zum Ausgangspunkt weiteren Verhaltens. Mit Blick auf die Strategiegenese in KMU bedeutet dies, dass jegliches Unternehmerhandeln, welches Strategien generiert, Voraussetzung weiterer Handlungen und damit möglicherweise weiterer Strategien ist. Angesprochen ist hier die *Selbstreferenz* eines Systems als Eigenschaft, mit den eigenen Zuständen rekursiv oder zirkulär zu interagieren und dabei vorhandenes Wissen zu berücksichtigen, die bereits in Übersicht 9 unter den Merkmalen eines komplexen Systems aufgeführt ist. Luhmann bringt in diesem Zusammenhang den Begriff der doppelten Kontingenz ein, der nochmals deutlich auf diese zirkuläre Verknüpfung hinweist: „Das, was sie [psychische Systeme als Personen oder soziale Systeme, F.W.] beobachten, können sie durch ihr eigenes Handeln zu beeinflussen versuchen, und am feedback können sie wiederum lernen" (Luhmann 1999b: 157). Systeme beziehen sich auf sich selbst, produzieren sich durch sich selbst – über Adaption, darunter auch Selbstorganisation – und werden nicht extern vorgegeben. Sie sind mithin auch im Verständnis der neueren Systemtheorie operativ geschlossen, während die skizzierten Anpassungsmechanismen – Pfadabhängigkeit und Lernen – zugleich informationelle Offenheit zulassen.

Diese auf Rückkoppelungen und Wechselwirkungen beruhende Eigenschaft der Selbstreferenz wurde bereits bei der Diskussion um selbstorganisierende Prozesse mitgedacht. Sie spielt in komplexen Systemen nicht nur als Mechanismus bei der Selbstorganisation, sondern generell bei der Adaption eine wichtige Rolle und erleichtert den Umgang mit Komplexität (Luhmann 1999a: 157ff.). Hinsichtlich der Strategiegenese in KMU bedeutet das, dass einmal getroffene Entscheidungen oder durchgeführte Handlungen zwar nicht mehr zurückgenommen, jedoch korrigiert werden können und dass Erfahrungen des Unternehmers und des Unternehmens eine wichtige Rolle spielen. So kann Verhalten als Funktion von Anreizen, Sanktionen, Kräften und Zwängen der Umwelt verstanden werden, wobei eben diese Faktoren wiederum ein Resultat des jeweiligen Verhaltens sind. Erst mit der Berücksichtigung dieses Beziehungsgeflechtes eines Individuums, eines Unternehmens oder einer Organisation mit dem jeweiligen Umfeld kann letztlich von adaptiven – und auch selbstorganisierenden – Prozessen gesprochen werden, ohne dass jedoch aufgrund der vielschichtigen Wirkungen und Rückwirkungen einfache und eindeutige Ursache-Wirkungs-Zuweisungen zwischen Umwelt und Strategien in KMU ableitbar wären.

### 4.3 Zwischenfazit II: Ein geeigneter theoretischer Zugang?

Interessant für die Analyse von Strategien in KMU sind die skizzierten Elemente systemtheoretischer und komplexitätswissenschaftlicher Konzepte, weil sie die Untersuchung von Strategien in KMU aus gesamtheitlicher und dynamischer Perspektive unter Beachtung komplexer Interdependenzen innerhalb der KMU sowie zwischen KMU und Umwelt erlauben. Mit diesen theoretischen Bezugspunkten kann die „Kluft" zwischen den in Abschnitt 1 und 2 skizzierten verhaltens- und strukturorientierten Theorien geschlossen werden, und deren Erkenntnisse können in ein gesamtheitliches Prozessmodell der Strategiegenese in KMU integriert werden, ohne dass damit einer der Standpunkte grundsätzlich aufgegeben werden müsste.

Übertragen auf Strategien und Strategiegenese in KMU wären in vereinfachter Betrachtung Strategien gleichzeitig sowohl Ergebnis der Umwelt als auch Bestimmungsfaktor dieser Umwelt; die Strategieformation würde mithin als Reaktion auf Umwelteinflüsse wie auch unabhängig davon stattfinden:

- Das Merkmal der Emergenz betont das Auftauchen neuartiger Strukturen und Muster bzw. den Übergang zu komplexeren Ebenen – von einfachen zu komplexeren Strategien. Zudem weist der Begriff bereits darauf hin, dass eine Strategiegenese nicht linear zu erfolgen hat.
- Das Merkmal der Selbstorganisation gestattet die Analyse unbewusster und „wildwüchsiger" (Schreyögg 1999: 399) Prozesse bei der Genese von Strategien im Sinne von Mintzbergs emergenten Strategien, der bei seiner Beschreibung Emergenz nicht im Sinne der obigen Definition als etwas Neuartiges verstand, sondern eben diesen dynamischen und selbstorganisierenden Prozess charakterisierte (Mintzberg 1978).
- Das Element der Selbstreferenz erlaubt es, Strategiegenese als Lernprozess zu interpretieren, in den einmal gemachte Erfahrungen einfließen und der auch durch ständige Interaktionen und Austauschprozesse beeinflusst wird. Gleichzeitig verweist dieses Merkmal auf die Geschichtlichkeit – die Pfadabhängigkeit – von Handlungen und Strategien.
- Das Merkmal der Anpassungsfähigkeit gestattet es, Strategiegenese generell auch als bewussten und aktiven Prozess zu verstehen und zwar im Sinne eines geplanten bzw. – über den Planungsbegriff hinausgehend – eines ex ante vorstrukturierten Prozesses. Durch dieses Merkmal wird ein Gestaltungselement in den Strategieprozess eingebracht.

Strategien und ihre Genese können somit als bewusster (ex ante vorstrukturierter) und als unbewusster (selbstorganisierender) Prozess analysiert werden. Gleichzeitig können so die vielfältigen – gegenseitigen und rekursiven – Beziehungen zwischen dem Unternehmer als Individuum mit spezifischen Bewusstseinsstrukturen in einem speziellen sozioökonomischen Umfeld auf der Mikroebene sowie der politischen, wirtschaftlichen, gesellschaftlichen und kulturellen Umwelt auf der Makroebene verdeutlicht werden.

Jedoch sei auch die kritische Diskussion angesprochen, die sich generell um die Frage nach der Übertragung naturwissenschaftlicher Erkenntnisse auf soziale und individuelle Phänomene, insbesondere mit Blick auf die Zulässigkeit dieses Vorgehens, entsponnen hat. Die Kritik bezieht sich vor allem auf zwei Punkte: die fehlende Geschlossenheit der theoretischen Ansätze und die Art der Übertragung. Mit Blick auf den ersten Kritikpunkt werfen Kritiker der neueren Systemtheorie vor, dass sie „bislang eher als ein populärwissenschaftliches Artefakt, denn als eine Methodenlehre, die kritischen Maßstäben standhalten könnte“ (Müller 1992: 344), zu sehen sei. Letzteres wird allerdings auch von den Verfechtern selbst zugestanden, die komplexitätswissenschaftliche Ansätze noch 1999 als nicht geschlossene Disziplin mit trotzdem wichtigen Erkenntnissen bezeichnen: „What we do have is a rapidly growing collection of results, models and methods. They are producing insights into the nonlinear dynamics of systems found in a wide variety of substantive domains (...)“ (Cohen 1999: 375; Maguire, McKelvey 1999: 10). Zudem sind die fehlende Rigorosität und die zu beobachtende theoretische Vielfalt Merkmale jeder neuen im Werden begriffenen Theorie und damit als solche zunächst nicht negativ zu bewerten. Überzogen erscheint allerdings der von einer Minderheit geäußerte Anspruch, mit der Konzentration auf komplexe Phänomene und Systeme eine allgemein gültige und alles umfassende Metatheorie komplexer Systeme entwickeln zu können (Horgan 1995).

Gravierender scheint der Einwand, dass soziale Systeme und Unternehmen nicht mit Organismen oder physikalischen Phänomenen verglichen werden können und dass die neueren Systemtheorien und Komplexitätswissenschaften mit einer Übertragung Gefahr liefen, zu einer der unzähligen Managementmoden zu verkommen (McKelvey 1999b; Phelan 2001; ähnlich Schneider 1996). Das kann vor allem dann eintreten, wenn aufgrund von oberflächlichen Ähnlichkeiten zwischen Phänomenen in der Natur, in sozialen Systemen und in Organisationen beliebige Metaphern für eine bildliche Übertragung verwendet werden. Unbestritten ist, dass die Verwendung von Metaphern den Blick für andere Zusammenhänge schärfen kann oder neue Forschungsfragen aufwerfen kann, Metaphern mithin eine wertvolle heuristische Funktion – eine „Brückenfunktion“ (Huber 2001: 134) – haben (können). „Die Metapher wirkt für unser Bewußtsein wie eine Linse: Im metaphorischen Denken wird ein unzugänglicher, neuer oder wenig bekannter Bereich mit den Strukturen eines bekannteren gesehen, verstanden, beschrieben oder gestaltet“ (Huber 2001: 57f.).

Die Verwendung von komplexitätswissenschaftlichen Metaphern in Studien, die diese Ergebnisse in der Betriebswirtschaft verwerten, endet(e) bislang jedoch oftmals in einer wahllosen Übertragung naturwissenschaftlichen Gedankenguts, die letzten Endes den Wert komplexitätswissenschaftlicher Erkenntnisse und die Ableitung präskriptiver Empfehlungen infrage stellen. Als Beispiel seien hier nur die älteren Arbeiten von Stacey zum Management sowie generell die Arbeiten von Lissack genannt. Beide Autoren nutz(t)en einen reinen Metaphernansatz und postulierten, dass Unternehmen zu gleichgewichtsfernen Organisationen umfunktioniert werden müssen, damit sie sich verändern können (Stacey 1992), oder empfahlen Managern die Suche nach kontrolliertem Lärm, der Kreativität erzeugen kann, wobei sich der eigentliche Sinn der Empfehlung erst durch die zusätzliche, von der Autorin dieser Arbeit kursiv markierte, Deutung des Originalzitats erschließt: „Seek out controlled elements of noise, *new voices, and outside perspectives*" (Lissack 1999: insbesondere 118).

In dieser Arbeit geht es nicht darum, naturwissenschaftliche Metaphern in die ökonomische Forschung einzuführen, sondern darum, einen geeigneten gedanklichen Zugang zum Verständnis der Genese und Modifikation unternehmerischer Strategien – ausgehend von einfacheren hin zu komplexeren Strategiemodellen – zu entwickeln. Dazu eignen sich die skizzierten theoretischen Elemente, die sich – wie oben dargelegt – sinngemäß auch als Analysekategorien für entsprechende Prozesse der Strategieformation anbieten. Damit wird eher einer Übertragung der Ideen neuerer Systemtheorien und Komplexitätswissenschaften mit Hilfe von Analogien gefolgt. Eine Analogie umfasst die sinngemäße und abstrahierte Übertragung von ausgewählten Gesichtspunkten. Dabei ist allerdings darauf zu achten, dass zunächst diese Ähnlichkeiten festgestellt sowie in einem weiteren Schritt einer empirischen Überprüfung unterzogen werden (Rosenhead 1998: 13ff.; Scheurer 1997: 246ff.).

Allerdings sei auch auf mögliche Beschränkungen dieser theoretischen Konzepte hingewiesen. Problematisch gestalten sich aufgrund der Annahme nichtlinearer Prozesse wertende Aussagen über das Gewicht einzelner Einflüsse auf die Strategiegenese. Gleichzeitig erschwert die Annahme vielfältiger Wechselwirkungen und Rückkoppelungsprozesse notwendigerweise eine einfache Ableitung von Ursache-Wirkungsketten. Letztlich steht aber zunächst im Vordergrund, dass die in diesem Kapitel skizzierten theoretischen Elemente in Verbindung mit Elementen wahrnehmungsorientierten Verhaltens sowie unter Beachtung struktureller Einflüsse eine realitätsnahe Abbildung der Strategiegenese von KMU in verschiedenen Umfeldern und darüber Aussagen über die strategischen Muster in KMU und deren Entstehungsprozesse erlauben.

## 5. Der theoretische Rahmen: Eine Zusammenfassung

Die betriebs- und volkswirtschaftliche Forschung hat sich der Strategiegenese auf unterschiedlichen Wegen genähert und dabei jeweils spezifische Aspekte der Strategiegenese und spezifische Bestimmungsfaktoren in den Mittelpunkt der Betrachtung gerückt (Übersicht 11):

- Verhaltensbezogene Theorieansätze stellen mit ihrer Erklärung individueller Verhaltensweisen bzw. der individuellen Entscheidungsfindung den Unternehmer in den Mittelpunkt der Strategiegenese.

Übersicht 11

**Synopse: Theoretischer Rahmen der Strategiegenese in KMU**

| Theoretischer Ansatz | Kernaussagen für Strategien in KMU |
|---|---|
| *Strategien und Unternehmerhandeln (Abschnitt 1)* | |
| Theorien rationaler Wahl | Eine rationale Entscheidungsfindung bedingt geplanten und linearen Ablauf. |
| Verhaltenswissenschaftliche Entscheidungstheorie | Verschiedene Entscheidungsdefekte in der Entscheidungsfindung bedingen begrenzt rationale Entscheidungen und erklären objektiv fehlerhaft erscheinende Strategien z.B. über die Konflikttheorie als beharrendes und „durchwurstelndes" Handeln. |
| Aktionstheoretische Konzepte | Handlungsrationalität und individuell verschiedene Wahrnehmungen bedingen objektiv irrational erscheinende, aber subjektiv rationale Strategien, wobei Unternehmer auf ein strategisches Bewusstsein zurückgreifen können. |
| *Strategien und Unternehmenskontext (Abschnitt 2)* | |
| Industrieökonomie (Porter) | Markt- und Branchenstrukturen bestimmen strategisches Verhalten. |
| Kontingenz- und Konfigurationsansätze | Spezifische Umfeldkonstellationen geben unterschiedliche Strategiekonfigurationen vor. |
| Ressourcenbasierte Theorien | Spezifische Ressourcenausstattungen sowie der Zugang zu Ressourcen bedingen strategisches Verhalten. |
| Populationsökologie | Umwelt selektiert Organisationen und bedingt reaktives strategisches Verhalten als Generalisierer oder Spezialist. |
| Institutionenökonomik | Formelle und informelle Institutionen (d.h. wirtschaftliche, politische und gesellschaftliche Strukturen) und intrainstitutionelle Konflikte bedingen Unternehmerverhalten. |
| Netzwerktheorien | Sinkende Transaktionskosten und soziale Einbettung wirtschaftlicher Handlungen bedingen bzw. begünstigen kooperatives Verhalten von Unternehmern. |
| *Strategien und Prozess (Abschnitt 4)* | |
| Systemtheorie und Komplexitätswissenschaft | Emergenz beschreibt die Entstehung komplexerer aus einfachen Strategien. Selbstorganisation betont die unbewussten Prozesse der Strategiegenese. Selbstreferenz verweist auf Lernprozesse bei der Strategiegenese. Adaption versteht Strategiegenese als vorstrukturierten Prozess. |

Eigene Zusammenstellung.

RWI ESSEN

- Kontextbezogene Theorieansätze heben strukturelle Faktoren und das externe Umfeld in unterschiedlich weiter Betrachtung als wichtigen Einfluss der Strategiegenese in KMU hervor.
- System- und komplexitätswissenschaftliche Ansätze erlauben eine Beschreibung der Strategiegenese mit besonderer Betonung des eigentlichen Geneseprozesses.

Aufgrund der Komplexität des zu erklärenden Prozesses liefert letztlich keiner der theoretischen Ansätze eine „erschöpfende" Gesamtansicht, sondern die einzelnen Erklärungsansätze verhalten sich vielmehr in erheblichem Maße komplementär zueinander. Die Entscheidung für den einen oder anderen der skizzierten Ansätze impliziert daher nicht zwangsläufig, dass die nicht berücksichtigten Konzepte als „falsch" verworfen werden.

Nicht zu übersehen ist allerdings, dass aus der Sicht des in der vorliegenden Arbeit verfolgten Untersuchungsanliegens – die empirische und theoretische Analyse von Strategiemustern und -genese in KMU – neben den prozessorientierten Ansätzen diejenigen verhaltensbezogenen Theorien von besonderem Wert sind, die ihren Blick auf Unvollkommenheiten des menschlichen Handelns richten. Dies sind die verhaltenswissenschaftliche Entscheidungstheorie oder aktionstheoretische Ansätze sowie auch kontextgebundene Konzepte, wie vor allem die Institutionenökonomik und soziologische Netzwerktheorien, die nicht nur ökonomische Einflussfaktoren betrachten, sondern eine breite Palette politischer, wirtschaftlicher und gesellschaftlicher Faktoren.

Zweites Kapitel

# Strategien und Strategiebildung unter dem Einfluss verschiedener Umfelder: Zur Strategiepraxis in KMU

In diesem Kapitel steht die Frage im Vordergrund, wie sich in unterschiedlichen politischen, wirtschaftlichen und gesellschaftlichen bzw. kulturellen Milieus strategische Handlungsmuster in KMU herausbilden und verändern. Da die Handlungen der Unternehmer bzw. der Entscheidungsträger in der Unternehmung die Entwicklung des Unternehmens wesentlich (mit-)bestimmen, wird gleichzeitig die Frage nach der Entwicklung kleinbetrieblicher Organisationen in unterschiedlichen Wirtschaftssystemen und Gesellschaften aufgeworfen.

## 1. Empirische Grundlagen

Zur empirischen Untersuchung der Strategiemuster und -genese von KMU wird in erster Linie auf statistische und empirische Daten[1] aus eigenen Erhebungen im Rahmen von abgeschlossenen und laufenden Forschungsprojekten des RWI zurückgegriffen. Dabei muss darauf hingewiesen werden, dass auch die eigene empirische Betrachtung bestimmten Einschränkungen unterliegt und keinesfalls eine umfassende, für alle Umfelder gültige Analyse erlaubt. Die Beschränkungen ergeben sich bereits aufgrund der Tatsache, dass empirische Daten nur für ausgewählte Länder vorliegen. Zudem wurden die empirischen Untersuchungen in anderen Zusammenhängen und mit anderen Zielsetzungen und nicht ausschließlich mit Blick auf die hier interessierende Fragestellung erhoben.

Aufgrund der Tatsache, dass die in den KMU verfolgten Strategien und damit die Strategiegenese in allen Arbeiten zumindest implizit mitgedacht wurden, können sie trotzdem im Rahmen dieser Untersuchung genutzt werden, wie der nachfolgende Überblick über ausgewählte relevante Themenkomplexe

---

[1] Dort, wo in den nachfolgenden Abschnitten Zahlen im Text nicht belegt werden, sind sie den offiziellen statistischen Jahrbüchern bzw. Quellen entnommen oder es handelt sich um eigene Berechnungen auf Basis der quantitativen Unternehmensbefragungen.

Tabelle 1

**Zusammenstellung der eigenen empirischen Erhebungen**
1993 bis 2000

| Land und Projektlaufzeit | Stichproben | Fallstudien | Gegenstand | Wichtige Fragestellungen hinsichtlich der Strategien |
|---|---|---|---|---|
| | Umfang, Jahr | | | |
| Polen, Slowakei, Ungarn, Tschechien 1993 (MOE) | 576 1993 | 8 1993 | Verarbeitendes Gewerbe, Handel, Dienstleistungen | Finanzierungsverhalten, betriebliche Problembereiche, Nutzung externer Unterstützung |
| Handwerkskammern Düsseldorf, Leipzig1994 (Handwerk) | 1 862 1994 | – | Handwerk | Finanzierungsverhalten, Sozialisation und berufliche Herkunft |
| Moldawien, Ukraine, Weißrussland 1996–1999 (Politik) | 619 1997 | – | Verarbeitendes Gewerbe, Bau, Dienstleistungen | Unterstützungsbedarf, Problembereiche, Lösungsstrategien, Nutzung externer Ressourcen, berufliche Herkunft |
| Moldawien, Ukraine, Weißrussland 1997–2000 (Regional) | 643 1998 | 94 1999 | Verarbeitendes Gewerbe, Bau, Handel, Dienstleistungen | Finanzierungsverhalten, Innovationsverhalten, Kooperationen, betriebliche Problembereiche |
| Moldawien, Russland 1998–2000 (Beschäftigung) | 1 260 1999 | 80 2000 | Verarbeitendes Gewerbe, Bau, Handel, Dienstleistungen | Beschäftigungsverhalten und Beschäftigungsstrategien |
| Deutschland 1996–1997 (Selbständige) | 1 654 1997 | – | Selbständige: alle Sektoren und freie Berufe | Handlungsumfelder und Merkmale von Selbständigen und potenziellen Gründern, Unterstützungsangebote von Kammern/Verbänden |
| Deutschland 1999–2000 (Unternehmer) | – | 12 2000 | Verarbeitendes Gewerbe, Handel, Dienstleistungen | Unternehmerisches Verhalten bei Gründung, Wachstum, betrieblichen Problemen |
| Deutschland 1998–2000 (Arbeitslose Gründer) | – | 6 2000 | Handel, Dienstleistungen | Unternehmerisches Verhalten ehemals arbeitsloser Gründer/-innen bei betrieblichen Problemen |
| Deutschland 1998–2000 (Potenzielle Gründer) | 1 945 1 909 1999 | – | Bevölkerungsumfrage | Handlungsumfelder und Merkmale potenzieller und werdender Gründer |

Eigene Zusammenstellung. – In Klammern angegeben sind die Kurzbezeichnungen der Studien. RWI ESSEN

eigener Erhebungen verdeutlicht (Tabelle 1). Nähere Informationen zur Struktur der Stichproben und Fallstudien sowie zu den Forschungszielen der hier aufgeführten Erhebungen sind dem Anhang zu entnehmen. Prinzipiell geben die eigenen Erhebungen über die Identifizierung von z.B. Finanzierungsstrategien, Wettbewerbsstrategien oder kooperativen Handlungsmustern Einblick in die Reaktionen der Unternehmer auf ihr jeweiliges Umfeld und erlauben darüber die Ableitung von Einflussfaktoren auf unternehmerisches Handeln.

Aufschluss über bestimmte Handlungsweisen, Handlungsmuster und Strategien von KMU-Unternehmern während des Transformationsprozesses zur Marktwirtschaft erlauben vier der in Tabelle 1 aufgeführten größeren Studien zu Mittel- und Osteuropa. Das Finanzierungsverhalten und betriebliche Probleme von KMU in Produktion, Handel und Dienstleistungen in den Ländern

Polen, Ungarn, der Slowakei und Tschechien standen im Vordergrund der MOE-Studie (Anhang, Abschnitt 1). Die Politikstudie und die Regionalstudie, in deren Rahmen KMU in der Ukraine, Weißrussland und Moldawien befragt wurden (Anhang, Abschnitt 3 und 4), erhoben neben Daten zu betrieblichen Schwierigkeiten solche zur unternehmerischen Zielsetzung, zur Produktentwicklung, zum Beschäftigungsverhalten sowie zur Finanzierung. Die Regionalstudie legte einen Schwerpunkt auf Innovationsverhalten, regionale Einbindung der KMU und kooperative Beziehungen. Im Rahmen dieses Projektes wurden ergänzend zur quantitativen Umfrage Fallstudien mit ausgewählten KMU durchgeführt, einige wurden von der Autorin gemeinsam mit dem Projektkoordinator Prof. Smallbone (CEEDR, London) erhoben. Schließlich widmete sich die im Jahr 2000 abgeschlossene Beschäftigungsstudie (Anhang, Abschnitt 5) dem Thema Beschäftigung in KMU in Russland und Moldawien. Neben einer quantitativen Unternehmensbefragung wurden in Fallstudien mit KMU-Unternehmern und in KMU Beschäftigten nähere Informationen zum Beschäftigungsverhalten erfragt. Auch hier wurden einige Fallstudien von der Autorin gemeinsam mit Prof. Smallbone erhoben.

Unternehmerische Handlungsmuster und Verhalten in Marktwirtschaften bzw. etablierten Industriegesellschaften erschließen sich über Forschungen zu (potenziellen) Unternehmern in Deutschland. Ein Fragenkomplex der Handwerksstudie von 1994 beschäftigte sich mit dem Finanzierungsverhalten von Handwerkern in den Kammerbezirken Düsseldorf und Leipzig und gestattet darüber den direkten Vergleich zweier Gesellschaften mit gleichen historischen Entwicklungspfaden und temporär differierenden politischen Umfeldern (Anhang, Abschnitt 2). Erhoben wurden auch Daten zum mikrosozialen Umfeld und zur Sozialisation der Handwerker, sodass eine Betrachtung erwerbsspezifischer Berufswege möglich ist.

Zwei quantitative Forschungsprojekte zu Selbständigen und potenziellen Unternehmern, in deren Rahmen 1997 und 1999 repräsentative Bevölkerungsstichproben zur Selbständigkeit und zu beruflichen Zielen erhoben wurden, erlauben eine indirekte Betrachtung der Handlungsspielräume und Charakteristika (potenzieller) Unternehmer (Studien zu Selbständigen und potenziellen Gründern, Anhang, Abschnitt 6 und 7). In der Selbständigenstudie wurde zudem das Unterstützungsangebot von Intermediären – Kammern und Verbänden – untersucht. Gründungswege – dieses Mal von arbeitslosen Gründern – standen auch im Vordergrund der entsprechenden kleinen Untersuchung, die mittels Intensivinterviews durchgeführt wurde. Gefragt wurde außerdem nach der Nutzung externer Unterstützung und dem Zugang zu externen Ressourcen sowie nach der Einschätzung der momentanen beruflichen und persönlichen Situation (Anhang, Abschnitt 8). Intensivinterviews mit (jungen) Unternehmern/-innen standen gleichfalls im Mittelpunkt der 1999 durchgeführten Unternehmerstudie (Anhang, Abschnitt 9). Interessant für eine Betrachtung der Strategiegenese und von Strategiemustern in KMU sind diese Fallstudien, da sie neben den persönlichen Umständen, Qualifikationen und der jeweiligen Unternehmensgeschichte Informationen zu betrieblichen Probleme bei Gründung und Wachstum sowie den jeweiligen Problemlösungsstrategien enthalten.

Die aufgeführten quantitativen Studien liefern in der Regel grundlegende Strukturdaten zum einzelnen Betrieb und Unternehmer, dazu kommen jeweils themenspezifische Informationen über beispielsweise Beschäftigungsverhalten, Markterschließung, Finanzierung, Innovationen, Gründung und Wachstum. Damit lassen sich die grundlegenden Handlungsstrukturen bzw. -muster ansatzweise aus einer Reihe von Fragen zum unternehmerischen Verhalten in bestimmten Situationen ableiten, während sich der Prozess der Strategiegenese allenfalls indirekt erschließt. Aus diesem Grund werden die quantitativen Daten im Sinne einer punktuellen Zustandsbeschreibung genutzt. Die Beispiele aus Fallstudien eignen sich für eine tiefergehende Betrachtung von individuellen Handlungsstrukturen, unternehmerischem Verhalten und ansatzweise auch von strategischen Prozessen.

Zur Einordnung der Ergebnisse werden ergänzend Studien aus vergleichbaren kulturellen und wirtschaftlichen Zusammenhängen sowie der empirischen Strategieforschung herangezogen. Mit Hilfe der skizzierten empirischen Untersuchungen soll die Strategiegenese und -praxis in KMU exemplarisch beleuchtet werden, um damit den umfeldbezogenen Einflussfaktoren der Strategiebildung stärker nachgehen zu können. Nur so ist es möglich, wesentliche Grundlinien der Strategiegenese in KMU auch empirisch zu beschreiben und theoretisch zu erklären. Damit will dieses Kapitel firmenübergreifend archetypisch gültige Handlungsmuster und -konstellationen sowie Strategiebildungsmuster identifizieren und den jeweiligen Einflussfaktoren nachgehen. Die nachfolgende Unterscheidung zwischen politischen, wirtschaftlichen und kulturellen Einflüssen, die aufgrund der im ersten Kapitel dargestellten komplexen Zusammenhänge schwierig zu trennen sind, ist vor diesem Hintergrund aus rein analytischen Gründen erfolgt.

## 2. Strategien von KMU in Ländern im Übergang zur Marktwirtschaft

In den mittel- und osteuropäischen Länder ist der Handlungsspielraum von KMU bestimmt durch den – unterschiedlich sanft verlaufenden – Übergang zu marktwirtschaftlichen und demokratischen Strukturen sowie durch die damit verbundenen Umbrüche und Aufbauprozesse seit Beginn der neunziger Jahre. Eine wichtige Rolle spielen dabei grundlegende ordnungs- und wirtschaftspolitische sowie institutionelle Strukturen, während den Intermediären zwischen Politik und Markt – Kammern, Wirtschaftsverbänden – (noch) kaum Bedeutung zukommt. Starken Einfluss auf den einzelbetrieblichen Handlungsspielraum haben auch die mit dem institutionellen Umbau einhergehenden makroökonomischen Verläufe. Schließlich beschränkt sich die Transformation nicht allein auf politische und wirtschaftliche Bereiche, sondern betrifft auch die sozialistische Gesellschaft, in der heutige Unternehmer sozialisiert wurden. Diese Faktoren werden in den folgenden Abschnitten untersucht.

### 2.1 Handlungsrechte, Wirtschaftspolitik und Strategien

In den ehemaligen Planwirtschaften Mittel- und Osteuropas stellte sich mit dem Übergang zur Marktwirtschaft Anfang der neunziger Jahre das grundlegende Problem der ordnungspolitischen Umgestaltung und der Einführung eines Rechtssystems, das private unternehmerische Betätigungen erlaubt. Zwar wurden in allen osteuropäischen Ländern relativ bald nach Beginn der Transformation erste Schritte zur Umgestaltung des Wirtschaftssystems unternommen. Allerdings klaffen Ausmaß und Schlüssigkeit der entsprechenden Reformen in den verschiedenen Transformationsländern weit auseinander[2], mit entsprechenden Auswirkungen auf unternehmerische Handlungsspielräume und Strategien. Eine erste Einordnung der generellen Transformationsfortschritte in den verschiedenen Ländern geben die jährlich fortgeschriebenen Einstufungen der Europäischen Bank für Wiederaufbau und Entwicklung (EBRD) hinsichtlich der rechtlichen und finanziellen Systeme, des Standes der Privatisierung und Umstrukturierung ehemals staatlicher Unternehmen sowie der Wirtschaftspolitik (Tabelle 2). Diese Klassifizierung beruht auf Experteneinschätzungen; gemessen werden keine jährlichen Veränderungsraten, sondern der kumulative Fortschritt mit Blick auf die Einrichtung einer Marktwirtschaft. Obgleich die EBRD-Klassifikation vor dem Hintergrund differierender gesellschaftlicher und kultureller Umfelder sowie Ausgangssituationen stark vereinfacht[3] und auch nicht der Frage nachgeht, welche der in westlichen Industrieländern zu findenden Ausprägungen von Marktwirtschaft für die jeweiligen Transformationsländer angemessen sind, erlaubt sie mit Blick auf differierende politisch-ökonomische Umfelder eine zumindest kursorische Betrachtung der Transformationsfortschritte. Unterschieden werden kann auf dieser Grundlage grob zwischen fortgeschrittenen Ländern und Ländern in frühen Phasen der Transformation (Welter 1999a: 227; Mugler 2000: 151).

---

2 Ein detaillierter Überblick über ordnungspolitische Fortschritte in Polen, der Slowakei, Tschechien und Ungarn findet sich bei Schrader (1999), für osteuropäische Transformationsländer vgl. z.B. World Bank (1996).

3 Sozio-kulturelle Bestimmungsgründe verschiedener Transformationsphasen diskutieren u.a. Panther (1998), Raiser (1997, 1999), Rosenbaum (1999).

Tabelle 2

**Transformationsfortschritte in Mittel- und Osteuropa**
1999

| | | Rechtssystem | | Finanzsystem | | Unternehmenssektor | | | Märkte und Handel | | |
|---|---|---|---|---|---|---|---|---|---|---|---|
| | Durchschnitt | Ausmaß | Effektivität | Bankenreform, Zinsfreigabe | Andere Finanzinstitutionen | Große Privatisierung | Kleine Privatisierung | Umstrukturierung | Preisliberalisierung | Handel, Wechselkurse | Wettbewerbspolitik |
| | Reformländer in der frühen Phase der Transformation[a] | | | | | | | | | | |
| Osteuropa | | | | | | | | | | | |
| Weißrussland | 1.6 | 2 | 2 | 1 | 2 | 1 | 2 | 1 | 2 | 1 | 2 |
| Ukraine | 2.3 | 2 | 2 | 2 | 2 | 2+ | 3+ | 2 | 3 | 3– | 2 |
| Russland | 2.6 | 4 | 2 | 2 | 2– | 3+ | 4 | 2 | 3– | 2+ | 2+ |
| Südosteuropa | | | | | | | | | | | |
| Moldawien | 2.9 | 4 | 3 | 2+ | 2 | 3 | 3+ | 2 | 3 | 4 | 2 |
| Rumänien | 2.9 | 4 | 4 | 2+ | 2 | 3– | 3+ | 2 | 3 | 4 | 2 |
| | Fortgeschrittene Reformländer[a] | | | | | | | | | | |
| Baltikum | | | | | | | | | | | |
| Estland | 3.4 | 3 | 4 | 3+ | 3 | 4 | 4+ | 3 | 3 | 4 | 3– |
| Lettland | 3.0 | 3+ | 2 | 3– | 2+ | 3 | 4 | 3– | 3 | 4 | 3– |
| Litauen | 3.1 | 4 | 3 | 3 | 2+ | 3 | 4 | 3– | 3 | 4 | 2+ |
| Südosteuropa | | | | | | | | | | | |
| Bulgarien | 3.0 | 4 | 4 | 3– | 2 | 3 | 3 | 2+ | 3 | 4 | 2 |
| Mitteleuropa | | | | | | | | | | | |
| Tschechien | 3.6 | 4 | 4 | 3 | 3 | 4 | 4+ | 3 | 3 | 4+ | 3 |
| Ungarn | 3.6 | 4 | 4 | 4 | 3+ | 4 | 4+ | 3+ | 3+ | 4+ | 3 |
| Polen | 3.6 | 4 | 4 | 3+ | 3+ | 3+ | 4+ | 3 | 3+ | 4+ | 3 |
| Slowakei | 3.1 | 3 | 2 | 3– | 2+ | 4 | 4+ | 3– | 3 | 4+ | 3 |

Eigene Zusammenstellung nach EBRD (1999). – 1: Kaum Fortschritte, 4+: Vorschriften und Durchführung entsprechen Standard von Industrieländern, +/–: +0,33; –0,33. – [a]Frühe Phase: Durchschnitt <3, fortgeschrittene Phase: Durchschnitt > = 3.

RWI ESSEN

In den fortgeschritteneren Transformationsländern, zu denen vor allem die mitteleuropäischen Länder, das Baltikum und als südosteuropäisches Land Bulgarien gehören, ist die Einführung eines ordnungspolitischen und rechtlichen Systems weitgehend abgeschlossen, sodass hier mittlerweile die praktische Umsetzung des Wirtschaftsrechts im Vordergrund steht. Polen griff weitgehend, Ungarn in Teilen auf „historische Referenzsysteme“ (Heitger et al. 1992: 127) aus der Vorkriegszeit zurück, während die Tschechoslowakei einen Großteil der Wirtschaftsgesetzgebung neu erarbeitete und verabschiedete (Lageman et al. 1994: 116ff.). Allein die Einführung der Gewerbefreiheit und die Aufhebung planwirtschaftlicher Reglementierungen führten dabei zu einem „Gründungsboom“. Von 1989 bis 1994 entstanden in Polen gut eine Million neuer nichtlandwirtschaftlicher Betriebe – legt man die Gewerbemeldungen zugrunde[4]. Ihre Zahl verdoppelte sich damit innerhalb weniger Jahre. In Tschechien wurden im gleichen Zeitraum rund eine Million Gewerbescheine ausgegeben, in Ungarn registrierten sich rund 300 000 neue Unternehmen. Die Zahl der amtlich registrierten Kleingewerbetreibenden stieg damit in Ungarn um rund 140 vH, etwas niedriger lag die Steigerungsrate mit 115 vH in Tschechien.

Vorteilhaft wirkte sich in diesem Zusammenhang allerdings auch aus, dass in einigen der fortgeschritteneren Ländern bereits während der planwirtschaftlichen Periode wirtschaftspolitische Reformen initiiert wurden, die in Grenzen privatwirtschaftliche Betätigungen erlaubten, wenngleich diese Tätigkeiten im Zuge politischer Strömungen häufig wechselnden Restriktionen hinsichtlich beispielsweise der Steuern oder der erlaubten Zahl der Arbeitnehmer unterlagen (Aslund 1985; Dallago 1990). Hier sei nur auf die Entwicklung in Ungarn und Polen verwiesen, die eine gewisse Vorreiterrolle einnahmen. In diesen Ländern führten relativ geringe Liberalisierungsschritte bereits während der Planwirtschaft zu einem rapiden Anstieg der privatwirtschaftlichen Aktivitäten; in Polen etwa verdoppelte sich die Zahl der Kleinbetriebe von 1981 bis 1988. Dabei wurden folgende Reformen durchgeführt:

- Ungarn ließ seit 1973 Jointventures zu und liberalisierte Ende der siebziger Jahre den Einzelhandel durch Vermietung kleiner Läden an Privatunternehmer; 1982 wurden per Gesetz verschiedene neue Unternehmensformen im staatlichen und auch im privaten Sektor eingeführt (Dallago 1991; Naor, Brod 1986; Laky 1984). Das waren beispielsweise die so genannten innerbetrieblichen Arbeitspartnerschaften, die es Beschäftigten in staatlichen Unternehmen erlaubten, Maschinen oder Räume ihres Arbeitgebers anzumieten und gemeinsam außerhalb der Arbeitszeit eigene Produkte herzustellen oder Dienstleistungen anzubieten (vgl. zu dieser Unternehmensform Laky (1985). Darunter fielen auch die privaten Wirtschaftsgemeinschaften, denen bis 1988 zehn, danach höchstens 30 Mitarbeiter angehören durften (Laky (1991: 249f., ergänzend 1989).
- Polen erleichterte die Gründung privater Unternehmen mit der Handwerksordnung von 1972 sowie mit dem Gesetz über private Handels- und Dienstleistungsgewerbe von 1974. Ab 1976 wurden außerdem Firmengründungen polnischer Emigranten – so genannte Polonia-Firmen – erlaubt. Anfang der Achtzigerjahre wurde dann die Existenz des Privatsektors gesetzlich garantiert (Aslund 1985; Dallago 1991).

---

[4] Dabei ist zu beachten, dass die Statistik der Gewerbemeldungen Mehrfach- ebenso wie Scheinmeldungen enthält und keine Hinweise auf nebenberufliche Aktivitäten und die tatsächliche Aufnahme einer gewerblichen Tätigkeit gibt. Aus diesen Gründen erscheint eine Korrektur der Gewerbemeldungen nach unten angemessen, wobei nach Berechnungen des RWI in Polen rund 70 vH, in Ungarn rund 60 vH sowie in Tschechien und der Slowakei jeweils rund 35 vH der angemeldeten Gewerbe als „richtige“ Unternehmen im Sinne einer Hauptbeschäftigung eingestuft werden könne. Vgl. Lageman u.a. (1994: 204ff.).

Problematisch für die Handlungsmuster von KMU sind in diesen Ländern nach einer Dekade der Transformation allenfalls noch häufige Novellen und wechselnde Durchführungsverordnungen, die bei den Unternehmern – und auch bei den Verwaltungen – einen kontinuierlichen Lernprozess voraussetzen. Gleichzeitig dokumentieren diese Veränderungen die beständigen Bemühungen der Regierungen, Gesetze zu verbessern und anzupassen und nicht umsetzbare Vorschriften zu entfernen. In Ungarn beispielsweise gipfelte das 1993 neu verabschiedete Konkursrecht in einer regelrechten Konkurswelle vor allem kleinerer Betriebe (Welter 1994: 341; Gray et al. 1998). Der Grund war die Koppelung von Zwangskonkurs und Zahlungsunfähigkeit des Betriebes: Ungarische Unternehmen hatten bei Zahlungsrückständen von mehr als 90 Tagen zwangsweise Konkurs anzumelden, selbst wenn der Betrieb nicht überschuldet war. Die damit einsetzende Antragsflut führte zur Überlastung der ungarischen Gerichte und bedingte eine rasche Gesetzesnovelle. Auch der hier skizzierte Prozess der Feinabstimmung des Rechtsrahmens über Versuch und Irrtum charakterisiert eine in Marktwirtschaften gängige Praxis.

Von diesem Stand hinsichtlich der Gestaltung eines marktwirtschaftlich konformen Rechtssystems sind allerdings die in der Transformation weniger fortgeschrittenen Länder – wie Weißrussland, die Ukraine, Moldawien und Russland – auch nach mehr als zehn Jahren der Transformation noch weit entfernt, wie bereits ein Blick auf die Bewertung ihrer Reformfortschritte zeigt (Tabelle 2). Die Spielräume für privatwirtschaftliche Aktivitäten waren in der planwirtschaftlichen Periode äußerst eng gezogen und beschränkten sich vor allem auf die – in Abschnitt 2.4 näher erläuterte – so genannte zweite Wirtschaft, die zwar illegal war, aber in ihren verschiedenen Ausprägungen toleriert wurde (Dallago 1990; Welfens 1992). Unternehmensreformen wurden in dieser Ländergruppe erst in der Periode der Perestroika unter Gorbachev in den späten achtziger Jahren begonnen[5]. Eingeschränkte unternehmerische Handlungsspielräume spiegeln sich bereits in den Zahlen für Privatunternehmen bzw. der Unternehmensdichte wider. Diese liegt in (osteuropäischen) Ländern mit geringen Reformfortschritten sowohl im Vergleich zu einzelnen mitteleuropäischen Ländern wie z.B. Ungarn oder Tschechien als auch zur EU teilweise erheblich niedriger (Tabelle 3). So hatte beispielsweise die Ukraine, die bevölkerungsreicher ist als Polen, im Jahr 2000 rund 1,3 Mill. registrierte Privatunternehmen, das entspricht einem Besatz von 28 Unternehmen je 1 000 Einwohner. Im Vergleich dazu liegen die Besatzziffern für private Unternehmen im gesamten Mitteleuropa bei 31 Unternehmen, in der EU bei 43. In Weißrussland waren Ende der neunziger Jahre nach offiziellen Angaben insgesamt 30 000, in Moldawien 16 000 Privatunternehmen in der Rechtsform der Personen- oder Kapitalgesellschaft registriert.

[5] Einen Überblick über die sowjetischen Reformen der Perestroika-Periode geben Aslund (1991), zu den unternehmerischen Reformen und ihrer Annahme in der Bevölkerung insbesondere S. 154ff., und Nuti (1992).

Tabelle 3

**Unternehmensdichte in Mittel- und Osteuropa**
1997 und 1999

| | Einzelunternehmen | Personen-/ Kapitalgesellschaften | Alle privaten Unternehmen |
|---|---|---|---|
| | Aktive[1] Unternehmen auf 1 000 Einwohner, 1997 | | |
| Tschechien | 38 | 11 | 49 |
| Polen | . | . | 41 |
| Ungarn | 22 | 26 | 48 |
| Slowakei | 17 | 7 | 24 |
| Mitteleuropa | . | . | 31 |
| | Registrierte Unternehmen auf 1 000 Einwohner, 1999 | | |
| Moldawien | . | 4 | . |
| Ukraine | 19 | 3 | 28 |
| Weißrussland | . | 3 | . |

Eigene Berechnungen, EUROSTAT/PHARE (1996). – [1]Aktiv: Vollzeit und Geschäftsbetrieb aufgenommen. – Der Korrekturfaktor in der Kategorie „Einzelunternehmen" beträgt 0,35 für Tschechien und die Slowakei, 0,3 für Ungarn und generell 0,85 für Gesellschaften. RWI ESSEN

Der Handlungsspielraum von KMU wird in diesen Ländern zum einen durch den unzureichenden rechtlichen Rahmen in Verbindung mit einer schleppenden Umsetzung der neuen Wirtschaftsgesetzgebung bestimmt (zu Russland vgl. z.B. Fincke 1999). In der Terminologie der North'schen Institutionenökonomik bedeutet das für eine Marktwirtschaft unzureichende formelle und informelle Institutionen, die damit bestimmte Strategiemuster und -verläufe bedingen. So sind juristische Fachkräfte – auf Wirtschaftsrecht spezialisierte Richter – im öffentlichen Sektor rar, da die geringe Bezahlung eine Tätigkeit in der Privatwirtschaft attraktiver erscheinen lässt sowie entsprechende Aus- bzw. Fortbildungsmöglichkeiten erst in Ansätzen vorhanden sind. Auch die Reform bzw. der Aufbau einer rechtlichen Infrastruktur mit Gerichten und der notwendigen freien Berufe – Rechtsanwälte und Notare – ist keineswegs abgeschlossen (Blankennagel 2000: 108; World Bank 1996: 13, 93). Zum anderen kommen zeitliche Verzögerungen bei der Umsetzung der neuen Rechtsprechung – aufgrund fehlender Durchführungsverordnungen und fehlender Sanktionsmechanismen – und eine in der neuen Gesetzgebung „ungeübte" öffentliche Verwaltung, die oftmals informellen Absprachen zugänglich ist, verschärfend hinzu[6], sodass sich hier bestimmte Strategiemuster auch als Reaktion auf Konflikte zwischen formellen und informellen Institutionen ergeben können.

[6] Vgl. z.B. für Russland Charap, Webster (1993: 308ff.), Radaev (1994). Einen generellen Überblick über die Einschätzung des institutionellen und legalen Umfeld durch Unternehmer in 20 Transformationsländern geben Hellmann u.a. (2000a, 2000b).

Politische Überlegungen bei der Durchsetzung rechtlicher Vorschriften beeinflussen den Handlungsspielraum von KMU auch dort, wo „alte" Beziehungen zwischen ehemaligen Staatsunternehmen und der Regierung negativ zum Tragen kommen. Auch mittlerweile fortgeschrittene Transformationsländer hatten anfänglich mit diesem Problem umzugehen. Ungarn beispielsweise befand sich in den ersten Jahren der Transformation in dieser Lage, als die Regierung aufgrund sozialer Überlegungen mit der Vergabe von Vorzugskrediten zu weichen Budgetgrenzen für ehemalige staatliche Firmen zurückkehrte, um massive Konkurse und damit verbundene Arbeitsplatzverluste zu vermeiden (Voszka 1994: 68). Derartige Beziehungen, die von den ehemaligen staatlichen Unternehmen auch außerhalb des gesetzlichen Rahmens zu ihren Gunsten – bei der Sicherung von Absatzmärkten – ausgenutzt werden, scheinen sich in den weniger fortgeschrittenen Transformationsländern als ein grundlegendes Hindernis beim Aufbau unabhängiger Institutionen – nicht nur – im Rechtsbereich und für eine konsequente Umsetzung marktadäquater Gesetze zu entwickeln[7].

Dazu kommen in den meisten Transformationsländern mit bisher geringen Reformfortschritten negative Einstellungen von Seiten der Bevölkerung und des Staates gegenüber privatem Unternehmertum. Dies begünstigt einmal gewählte Fluchtstrategien der Unternehmer im Sinne eines „escalating commitment" (Whyte 1986: 311), wenn die gesetzlichen Rahmenbedingungen privates Unternehmertum negativ sanktionieren. Private Unternehmen sind in der Bevölkerung nicht gut angesehen und werden von öffentlichen Stellen vorwiegend als „Einnahmequelle" und nicht als eine Grundlage für die Transformation der Wirtschaft wahrgenommen: Waren 1992 54 vH der weißrussischen und 48 vH der ukrainischen Bevölkerung privaten Unternehmen gegenüber positiv eingestellt, sank dieser Anteil 1998 auf 42 vH bzw. 40 vH[8]. Wirtschaftspolitische Maßnahmen des Staates sind in diesem Zusammenhang darauf ausgerichtet, private Unternehmen zu „melken", das beinhaltet hohe Steuersätze und Sozialabgaben. Verschärfend tritt hinzu, dass die unzureichenden ordnungspolitischen Systeme und fehlenden Durchführungsverordnungen wie auch die fehlende Rechtsprechungspraxis beliebige Auslegungen der gesetzlichen Vorschriften zulassen und damit Missbrauch und Korruption Vorschub leisten. Beispiele aus Fallstudien zeigen diese Mechanismen, aber auch die Bereitschaft vieler KMU-Unternehmer, sich darauf einzulassen und derartige Missstände als gegebenen Teil ihrer Umwelt zu akzeptieren:

> Ein weißrussisches KMU, das Reinigungsmittel produziert, wurde bei der technischen Registrierung von der Behörde „gebeten", das neue Auto des

---

[7] Dazu generell Ledeneva (1998) und Leitzel (1997: 126ff.); speziell für Russland z.B. Pleines (1999b).

[8] New Democracies Barometer, Survey responses (http://www.cspp.strath.ac.uk), Internetabfrage am 27. April 2001.

Abteilungsleiters für 1 000 $ aus dem Zoll auszulösen, um die notwendigen und aufwändigen Prüfungen für die technischen Voraussetzungen der Betriebsaufnahme zu beschleunigen und Zwischenüberprüfungen für zwei weitere Jahre abzuwenden[9].

Der Besitzer einer kleinen Unternehmensberatungsfirma in Kiew berichtete über regelmäßige unangekündigte Besuche der Steuerbehörden – einmal sogar maskiert, da sie ein Recht auf Anonymität hätten –, die von ihm Einzahlungen in einen nicht näher spezifizierten speziellen Fonds forderten[10]. Obwohl er darauf verwies, dass diese Zahlungen nicht zwingend waren, erklärte er gleichzeitig, dass Unternehmen, die nicht einzahlten, von den Steuerbehörden mit noch häufigeren Besuchen und kleinlichen Anfragen „belästigt" sowie mit überhöhten Steuerforderungen konfrontiert wurden. Angestellte der ukrainischen Finanzbehörden verfügen über das Recht, unabhängig von einer vorgelegten Steuererklärung die Steuerzahlungen eines Unternehmens anhand ihrer eigenen Einschätzungen festzulegen (Frydman et al. 1998: 360).

In diesem Zusammenhang bestätigen Ergebnisse der Politikstudie, in deren Rahmen KMU-Unternehmer 1997 in der Ukraine, Moldawien und Weißrussland unter anderem nach ihren Prioritäten zur Verbesserung des wirtschaftspolitischen Umfeldes befragt wurden, die generelle Bedeutung wirtschafts- und ordnungspolitischer Einflüsse auf die Entwicklung von Handlungsmustern in KMU. Schaubild 1 lässt erkennen, dass die damaligen Prioritäten hauptsächlich im wirtschaftspolitischen und rechtlichen Bereich lagen[11]. So nannten die befragten Unternehmer an erster Stelle die Notwendigkeit einer Steuerreform, gefolgt von Verbesserungen in der Wirtschaftsgesetzgebung; beides reflektiert eine restriktive – bzw. als restriktiv wahrgenommene Wirtschaftspolitik – und den skizzierten defizitären Rechtsrahmen. Mit Blick auf unternehmerische Handlungsmuster begünstigen auch wirtschaftspolitische Maßnahmen volkswirtschaftlich ineffiziente Vermeidungs- bzw. Fluchtstrategien, die sich jedoch aus individueller Sicht als rational und sinnvoll für die unternehmerische Tätigkeit darstellen.

Diese unzureichenden ordnungspolitischen Umfelder begünstigen Strategieoptionen, die sich als Verweigerungshandlungen charakterisieren lassen (Feige 1997; Leitzel 1997). Unzureichende Handlungsrechte haben einen enormen Einfluss auf das strategische Verhalten von KMU-Unternehmern, die das rechtliche Umfeld als zu komplex, mit teilweise unsinnigen und rasch wechselnden Vorschriften und ihren unternehmerischen Handlungsspiel-

[9] Die Daten wurdem im Juni 1999 in Minsk (Regionalstudie) erhoben.

[10] Die Daten wurden im April 1999 in Kiew (Regionalstudie) erhoben.

[11] Vergleichbare empirische Ergebnisse zu Russland referieren Tschepurenko (1994: 262ff.), Kenter (1996: 94ff.).

Schaubild 1

**Prioritäten von KMU-Unternehmern in der Ukraine, Moldawien und Weißrussland zur Verbesserung des wirtschafts- und ordnungspolitischen Umfelds**

1997; in vH

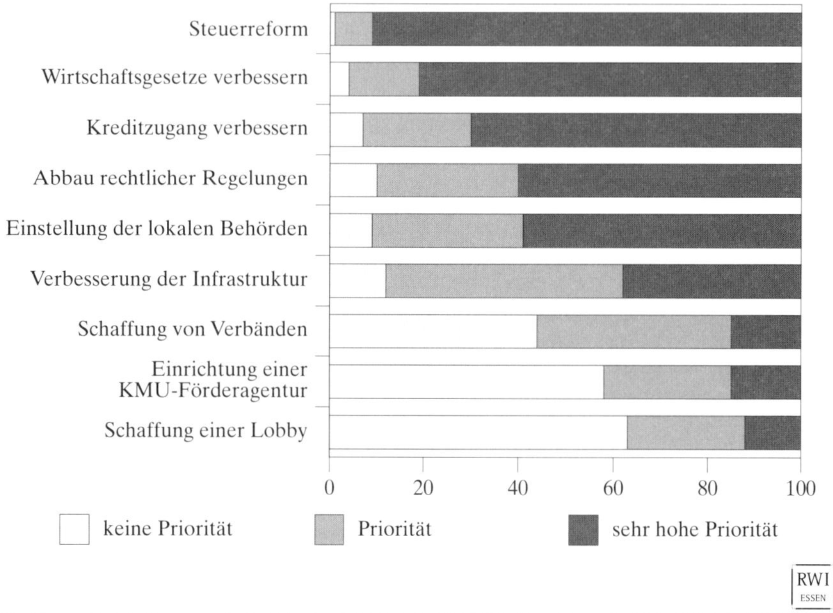


raum darüber negativ beeinflusst wahrnehmen. Die als Reaktion bzw. oftmals auch im Vorgriff auf antizipierte Verhaltensweisen des Staates sich entwickelnden Handlungsmuster sind generell als Vermeidungs- bzw. Fluchtstrategien beschreibbar[12]. Feige spricht in dieser Hinsicht vom sowjetischen Erbe des Nichtbefolgens („legacy of noncompliance") (Feige 1997: 28), das zu sämtlichen erlaubten und tolerierten unternehmerischen Aktivitäten in der Planwirtschaft die Grundlage bildete und sich mit diesen Handlungsmustern in der Transformationsphase fortsetzt.

Ordnungs- und wirtschaftspolitische wie kulturelle Einflüsse und rekursive wie verstärkende Wirkungen des Verhaltens von KMU auf staatliche Stellen und umgekehrt sind dabei in ihren Effekten nur schwer zu trennen. Mit Blick auf die Strategiegenese von KMU können sich bereits bei unzureichenden ordnungspolitischen Systemen – formellen und informellen Institutionen –

12 Vgl. Leitzel (1997: 122ff.). Diese Handlungsmuster bestätigen sich in vergleichbaren Studien, z.B. Frye, Shleifer (1997), Gustafson (1999), Smallbone u.a. (1996).

und einer restriktiv wirkenden bzw. von den Unternehmern als restriktiv wahrgenommenen Wirtschaftspolitik zirkuläre und sich gegenseitig negativ verstärkende und das Verhalten beeinflussende Ursache-Wirkungsketten bilden. Vermeidungsstrategien erklären sich dann im Rückgriff auf die im ersten Kapitel angesprochenen theoretischen Bezugspunkte aus institutionenökonomischer Sicht als individuelles Reagieren auf die skizzierten unzureichenden formellen (ordnungs- und wirtschaftspolitischer Rahmen) und damit konfligierenden informellen Rechtsinstitutionen (fehlende Rechtspraxis). Eine wichtige Rolle bei der Ausbildung konkreter Handlungsmuster spielt auf Unternehmerseite der Faktor „Vertrauen", der unternehmerische Wahrnehmungen prägt, beispielsweise die individuellen Bewertungen hinsichtlich der Glaubwürdigkeit der Reformen beeinflusst. Vertrauensdefizite sind vor allem in den Ländern mit geringen Reformfortschritten festzustellen[13]. Damit angesprochen ist die individuelle und situationsgebundene Wahrnehmung der KMU-Unternehmer, die sich über die dargelegten empirischen Daten und Beispiele aus Fallstudien allenfalls in Ansätzen erschließt, jedoch als – in diesem Fall negativer – Verstärkungseffekt bestimmte Ausprägungen der unternehmerischen Handlungsmuster (mit-)erklärt.

Allerdings ist mit diesen Ansätzen das beobachtbare individuelle Handeln noch nicht erklärt. Es wurde lediglich auf wichtige kontextgebundene Einflüsse für die Entstehung von Vermeidungsstrategien verwiesen. Die unten angesprochenen Fallstudien wie auch weitere hier nicht dargestellte Fälle erlauben an dieser Stelle – unter Beachtung der Tatsache, dass sie aufgrund ihres Entstehungshintergrundes Entscheidungsprozesse nur unzureichend abbilden – den vorsichtigen Schluss, dass der breite Einsatz von Vermeidungsstrategien vor allem auf die bereits mehrfach angesprochene selektive Wahrnehmung der Unternehmer zurückzuführen ist. Aktuelle Erwartungen der Unternehmer, die sich vor allem in ihren negativen Einstellungen zum Staat widerspiegeln, beeinflussen ihr Verhalten. Sie resultieren im Sinne der Konflikttheorie der Entscheidung in risikominimierenden Strategien und lassen keine Strategieänderungen zu, solange volkswirtschaftlich wünschenswerte Strategien – z.B. legale Produktion – mit prohibitiven Sanktionen – z.B. hohen Steuersätzen – belegt werden. Eine weitere Rolle spielt offensichtlich auch der Gedanke, den jetzigen Status quo beizubehalten, da eine Strategieänderung wie der Wechsel in die Legalität vom institutionellen Umfeld zunächst nicht belohnt, sondern bestraft wird, jegliche Änderung somit mit unwägbaren Risiken behaftet erscheint. Unsichere und turbulente Umfelder wirken dabei verstärkend (Lyles, Thomas 1988: 136). Erst ein Blick auf die Erklärungsstränge der verhaltenswissenschaftlichen Entscheidungstheorie mit ihren Hinweisen auf die den heuristischen Regeln möglicherweise unterliegenden Entscheidungs-

---

13 Vgl. Rose-Ackerman (1991: 416), sowie prinzipiell zur Bedeutung von Vertrauen in Transformationsländern Raiser (1997, 1999).

defekten vervollständigt somit die theoretische Ableitung von Vermeidungsstrategien.

Typische Beispiele für Vermeidungsstrategien beinhalten vor dem Hintergrund hoher Steuern und Sozialabgaben oder der beispielsweise in der Ukraine Mitte der neunziger Jahre eingeführten Steuervergünstigungen für Betriebe mit weniger als sechs Beschäftigten die – teilweise vorzufindende – „Flucht" in die Schattenwirtschaft. Eine Unternehmerbefragung eines russischen Forschungsinstitutes ergab beispielsweise, dass im Oktober 1998 die Hälfte der befragten KMU keine Steuern entrichtete, ansonsten nur rund 30 vH des tatsächlichen Umsatzes versteuert und nur auf 10 vH des Reallohnes Sozialabgaben entrichtet wurden sowie dass die tatsächliche Beschäftigtenzahl die gemeldete um durchschnittlich 70 vH übertraf (Tschepurenko 2000: 151). Beispiele aus Fallstudien zeigen in diesem Zusammenhang verschiedene Ausprägungen von Vermeidungsstrategien.

In Weißrussland beinhaltet derartiges unternehmerisches Verhalten nach Angaben dortiger KMU-Unternehmer eine tatsächliche halblegale Verlagerung von Teilen der Produktion in das benachbarte Ausland – vor allem nach Polen, Russland, Litauen und in die Ukraine. Dazu beigetragen haben die Steuersätze, die zeitweise bei bis zu 70 vH des Gewinns lagen, aber auch eine zunehmend restriktive Regulierung privatwirtschaftlicher Tätigkeiten nach den anfänglichen gesetzlichen Erleichterungen. So wurden seit 1997 aufgrund der geforderten Neuregistrierung aller Privatunternehmen mehr als die Hälfte aller bislang registrierten Unternehmen in die Illegalität gedrängt, aufgrund der schleppenden Umsetzung waren bis August 2000 weniger als 30 vH der privaten Unternehmen re-registriert (Zhuk, Cherevach 2000: 26). Zudem berichteten weißrussische KMU, dass sie ihren Gewinn entweder „verstecken" oder sich bemühen, keine hohen Gewinne zu erzielen. Einer der Punkte, die dieses unternehmerische Verhalten bedingen, ist neben den steuerlichen Regelungen das fehlende Recht auf Grundbesitz. Weder Individuen noch Gesellschaften dürfen Grundbesitz erwerben, sodass sich sämtliche privaten Produktionsstätten auf – angemietetem – staatlichem Boden befinden. Erfolgreiche Unternehmer wurden nach Auskunft der weißrussischen KMU in der Vergangenheit bereits mehrfach vom weißrussischen Staat von ihren Produktionsstätten vertrieben, die Unternehmen enteignet. Derartige Vorkommnisse bestärken KMU in ihrer zögerlichen Haltung gegenüber der Regierung bezüglich der Glaubwürdigkeit ihrer Reformabsichten. Während diese Einstellung zu Beginn der Transformation verständlich ist, bedingt wird durch neue und ungewohnte Spielregeln im Wirtschaftsleben und verstärkt wird durch mangelndes Vertrauen der Individuen in die staatliche Verwaltung, hat sie sich jedoch in den Ländern mit geringen Reformfortschritten, in denen kein institutionelles Vertrauen aufgebaut werden konnte, im Laufe der Transformation verstärkt und verursacht darüber negative Rückkoppelungen auf Seiten des

Staates. So hatten beispielsweise 1998 (1993) 45 vH (23 vH) der Bevölkerung in der Ukraine, 27 vH (16 vH) in Weißrussland kein Vertrauen in staatliche Beamte[14].

Zu den „üblichen" Vermeidungsstrategien in allen Transformationsländern mit geringen Reformfortschritten gehören auch eine Kombination von legaler bzw. versteuerter und teilweise nicht versteuerter Produktion bzw. Verkauf, um die Besteuerung des Gewinns zu senken oder zu umgehen, oder die Abwicklung bestimmter Geschäfte über ein zweites Unternehmen[15].

> Letzteres berichtete ein KMU, das in Minsk Software produziert: Die laufenden Betriebskosten sind nach Angaben des Unternehmers sehr gering, sodass er 1995 zur Verringerung der Steuerschuld einen zweiten Betrieb registrierte, über den er fingierte Aufträge an sich selbst vergibt und darüber einen Teil seiner Gewinne laufen lässt[16]. Ähnliche Gründe gibt auch der Besitzer eines Unternehmens in Kiew zur Produktion von Scheck- und Kreditkarten an, der einen weiteren Betrieb registrieren möchte, um „for convenience" über ein zusätzliches Bankkonto und einen offiziellen Stempel verfügen zu können[17].

Zudem lassen die im Jahr 2000 durchgeführten Fallstudien in Russland und Moldawien erkennen, dass – zusätzlich zur „Schwarzarbeit", die in fast allen Unternehmen eine Rolle spielt (Kuznetsov 1997: 158; generell Tschepurenko 2000) – auch bei der Entlohnung Vermeidungsstrategien zur Senkung der vom Unternehmen zu zahlenden Sozialabgaben eine große Rolle spielen. Für die Berechnung der Sozialabgaben werden in der Regel die Mindestlöhne zugrunde gelegt, während die Unternehmer zusätzlich nicht versteuerte Aufschläge, Fahrten zur Arbeit oder einen Zuschuss zum Essen zahlen. Diese Handlungsweise wird aber auch – wie sich im Laufe der Gespräche mit Beschäftigten herausstellte – von vielen Arbeitnehmern geschätzt, die auf diese Weise ihr Einkommen aufbessern können.

> Der Eigentümer eines kleinen Verlages erklärte in diesem Zusammenhang: „Im Handel ist der Lohn, der tatsächlich gezahlt wird, sehr viel höher als das, was wir offiziell angeben."[18] Ein anderes Unternehmen, das elektronische Haushaltswaren repariert, schließt mit einem Teil seiner Arbeitnehmer so genannte Franchise-Verträge ab. Die Beschäftigten sind als

---

14 New Democracies Barometer, Survey responses. http://www.cspp.strath.ac.uk, Internetabfrage am 27. April 2001.

15 Vgl. dazu auch die in Abschnitt 2.2 dieses Kapitels diskutierten Ergebnisse zu Portfoliounternehmertum in Transformationsländern.

16 Die Daten wurden im Juli 1999 in Minsk (Regionalstudie) erhoben.

17 Die Daten wurden im April 1999 in Kiew (Regionalstudie) erhoben.

18 Die Daten wurden im Sommer 2000 in Moskau (Beschäftigungsstudie) erhoben. Das Zitat wurde aus dem Englischen übersetzt.

selbständige Unternehmer für den Reparaturbetrieb tätig und mieten von diesem lediglich Maschinen und den Produktionsraum, sodass die Sozialabgaben in der Verantwortung der Arbeitnehmer liegen[19].

In dieser Hinsicht zeigt die Beschäftigungsstudie für Russland und Moldawien, dass mit Blick auf die Arbeitsgesetzgebung Rechtsverstöße eine alltägliche Handlungsstrategie der KMU sind. Während beispielsweise der Großteil der befragten KMU in Russland nach eigenen Angaben die gesetzlichen Vorschriften erfüllt, also mit neuen Beschäftigten einen schriftlichen Arbeitsvertrag abschließt, stellt jedes fünfte KMU auf „Anweisung des Managements“[20] – dabei handelt es sich um eine in der Sowjetzeit übliche Form der Rekrutierung – oder über mündliche Vereinbarungen ein. Diese Formen wurde jedoch mit der Überarbeitung und Einführung des neuen Arbeitsgesetzbuches 1992 verboten. Clarke und Borisov erklären vergleichbare Ergebnisse ihrer früheren Studie für russische Privatunternehmen mit dem Hinweis auf größentypische Strategien: Dieses Verhalten sei kein bewusster Rechtsbruch, sondern ein der Unternehmensgröße angemessener Weg, Beschäftigungsverhältnisse in KMU zu regulieren (Clarke, Borisov 1999). Zugleich kommen sie zu dem Ergebnis, dass illegale Arbeitsverträge selbst im neuen privatwirtschaftlichen Sektor nicht weit verbreitet seien (Clarke, Borisov 1999: 612).

Die letztgenannte Interpretation wird jedoch durch die Ergebnisse der eigenen Befragung infrage gestellt. Zwar nimmt die Hälfte der 1999 befragten Unternehmer in Russland – für Moldawien sind die Ergebnisse vergleichbar – die gesetzlich vorgeschriebenen Mindestanforderungen, wie Gehaltsbedingungen, Arbeitsbeschreibung, Beginn des Beschäftigungsverhältnisses und vieles mehr, in den Arbeitsvertrag auf, nur ein Drittel jedoch auch die verlangten Hinweise auf Arbeitsschutzmaßnahmen. Bei insgesamt zwei Drittel der 1999 befragten KMU sind die abgeschlossenen Arbeitsverträge demzufolge nicht gültig. Offensichtlich verfolgen KMU aufgrund der komplizierten und umfangreichen gesetzlichen Regelungen und hohen Opportunitätskosten bewusste Vermeidungsstrategien.

Das bestätigen zumindest auch Beispiele aus Fallstudien im Rahmen der Beschäftigungsstudie[21], wenn beispielsweise der Eigentümer eines Unternehmens, das in Moskau Fenster und Türen produziert, konstatiert: „Um

---

19 Das hier auftauchende Phänomen der Quasi-Unternehmer wird in Deutschland unter dem Begriff der Scheinselbständigkeit diskutiert; vgl. z.B. Dietrich (1998).

20 Hierbei handelt es sich um eine Form des Kollektivarbeitsvertrages, die für frühere Staatsbetriebe typisch war. Es wurden keine Einzelverträge ausgehandelt, sondern von der Personalabteilung wurde eine Anordnung über die entsprechende Einstellung ausgegeben, die vom Betriebsleiter unterschrieben werden musste. Mit seiner Unterschrift erklärte sich der Angestellte mit allen im Betrieb geltenden Bestimmungen einverstanden.

21 Die Daten wurden im Sommer 2000 in Moskau erhoben. Das Zitat wurde aus dem Englischen übersetzt.

die Wahrheit zu sagen, ich befolge es [das Arbeitsgesetz, F.W.] nicht, es ist total unrealistisch. Aber wenigstens versuche ich, schlimme Verstöße zu vermeiden." Oder wenn ein weiterer Unternehmer angibt, dass er nur auf Nachfrage seiner Beschäftigten schriftliche Arbeitsverträge abschließt.

Allerdings trägt das skizzierte Unternehmerhandeln über negative Rückkopplungseffekte beim Staat zur Entwicklung zirkulärer Wirkungsketten bei, die Handlungsmuster und Strategien von KMU ihrerseits gravierend beeinflussen. Es entwickeln sich die aus der Entscheidungsforschung für soziales und individuelles Verhalten bekannten sich selbst verstärkenden Verhaltenssequenzen (Martin, Drees 1999: 53ff.; Whyte 1986). Negative Einstellungen des Staates zum Privatunternehmertum können zu wirtschaftspolitischen Maßnahmen führen, die wiederum das strategische Verhalten von KMU negativ – im Sinne der beschriebenen volkswirtschaftlich schädlichen Vermeidungsstrategien – beeinflussen, während dieses strategische Verhalten der KMU beispielsweise im Steuerbereich aufgrund unzureichender Steuereinnahmen negative Haltungen des Staates verstärkt. Unzureichende Rechtssysteme und eine unzureichende Rechtspraxis – in der Terminologie der Institutionenökonomik mithin unzureichende formelle und informelle Institutionen sowie Konflikte zwischen dem formellen und informellen Institutionengefüge – begünstigen auf Seiten des Staates alte Netzwerke und Korruption, auf Seiten des Unternehmers das beschriebene Vermeidungsverhalten und kommen so als verstärkender Einfluss aus dem Umfeld hinzu. Eine weitere Rolle spielen auch unzureichende Finanzsysteme, die im nächsten Abschnitt beleuchtet werden.

### 2.2 Bankensysteme und Finanzierungsstrategien

Einen wesentlichen Einfluss auf Handlungsmuster von KMU in Transformationsländern übt als weiterer Bestandteil des institutionellen Rahmens die finanzielle Infrastruktur aus, die insbesondere in den rückständigeren Transformationsländern noch erhebliche Defizite aufweist und externe Finanzierungsmöglichkeiten der KMU, damit auch ihre langfristigen Entwicklungsmöglichkeiten, erheblich einschränkt (Zecchini 1997: 26). Zwar wurde in der Regel bereits zu Beginn der Transformation auch das Bankensystem umgestaltet, jedoch ohne dass bislang in allen Ländern zufrieden stellende Ergebnisse erzielt werden konnten[22]. Die formale Einführung eines mehrstufigen Finanzsystems mit der Trennung zwischen Zentral- und Geschäftsbanken verlief eher unproblematisch. Jedoch sind offensichtlich nur wenige Banken – vor allem in

22 Vgl. Frydman, Murphy, Rapaczynski (1998: 153ff.). Umfassende Analyse zur generellen Umgestaltung des Finanzsystems in Transformationsländern und den damit verbundenen Problemen finden sich in den Publikationen von Buch (1993, 1994, 1996a, 1996b) sowie Schröder, Pieper (1996).

Tabelle 4

**Betriebliche Probleme in der Ukraine, Weißrussland, Moldawien und Russland**
1997, 1999; in vH

| 1997 | Nicht aktive KMU | | | | Aktive KMU | | | | Alle KMU | | | |
|---|---|---|---|---|---|---|---|---|---|---|---|---|
| | U | W | M | A | U | W | M | A | U | W | M | A |
| | Probleme 6 Monate nach Gründung/Kauf | | | | | | | | | | | |
| Finanzierung | 94 | 60 | 79 | 80 | 74 | 74 | 73 | 74 | 76 | 72 | 74 | 75 |
| Nachfrage | 34 | 35 | 37 | 35 | 49 | 46 | 56 | 49 | 47 | 44 | 53 | 47 |
| Grundstück | 47 | 60 | 53 | 52 | 44 | 56 | 32 | 45 | 45 | 57 | 36 | 46 |
| Ausrüstung | 41 | 55 | 32 | 42 | 43 | 46 | 40 | 43 | 43 | 47 | 38 | 43 |
| Arbeitskräfte | 25 | 35 | 11 | 24 | 27 | 33 | 30 | 29 | 26 | 33 | 26 | 28 |
| Information | 13 | 20 | 5 | 13 | 19 | 24 | 21 | 21 | 18 | 23 | 18 | 20 |
| Andere | 3 | 20 | 11 | 10 | 10 | 1 | 3 | 7 | 9 | 4 | 4 | 7 |
| N | 32 | 20 | 19 | 71 | 279 | 121 | 78 | 478 | 311 | 141 | 97 | 549 |
| | Probleme zum Zeitpunkt der Befragung/vor Aufgabe | | | | | | | | | | | |
| Finanzierung | 94 | 95 | 75 | 89 | 83 | 75 | 68 | 78 | 84 | 77 | 69 | 80 |
| Nachfrage | 71 | 65 | 80 | 72 | 61 | 67 | 73 | 64 | 62 | 67 | 74 | 65 |
| Grundstück | 16 | 25 | 10 | 17 | 34 | 30 | 25 | 32 | 32 | 30 | 22 | 30 |
| Ausrüstung | 29 | 35 | 20 | 28 | 26 | 38 | 12 | 27 | 27 | 38 | 14 | 27 |
| Arbeitskräfte | 16 | 25 | 0 | 14 | 18 | 32 | 33 | 24 | 18 | 32 | 27 | 23 |
| Information | 19 | 25 | 0 | 16 | 18 | 13 | 25 | 18 | 18 | 14 | 20 | 17 |
| Andere | 7 | 10 | 25 | 13 | 10 | 10 | 9 | 10 | 10 | 10 | 12 | 10 |
| N | 31 | 20 | 20 | 71 | 316 | 148 | 81 | 545 | 347 | 168 | 101 | 616 |

| 1999 | 6 Monate nach Gründung | | Erstes Halbjahr 1999 | |
|---|---|---|---|---|
| | Russland | Moldawien | Russland | Moldawien |
| Finanzierung | 77 | 81 | 73 | 78 |
| Grundstück | 19 | 32 | 15 | 24 |
| Ausrüstung | 36 | 41 | 22 | 30 |
| Arbeitskräfte | 25 | 12 | 19 | 11 |
| Information | 30 | 39 | 29 | 35 |
| Absatz | 59 | 55 | 62 | 68 |
| Andere | 1 | 3 | 7 | 8 |
| N | 1 140 | 100 | 1 140 | 100 |

Eigene Berechnungen. – Drei Antworten möglich. – U: Ukraine, W: Weißrussland, M: Moldawien, A: Alle Unternehmen. RWI ESSEN

Transformationsländern mit geringen Reformfortschritten bzw. prinzipiell in frühen Phasen der Transformation – in der Lage bzw. auch willens, die Einlagen privater Kunden produktiven Verwendungszwecken und damit im günstigsten Fall Investitionen in Form von Unternehmenskrediten zuzuführen.

Das lassen eigene Befragungsergebnisse im Rahmen der Politikstudie erkennen, empirische Studien für andere Transformationsländer kommen zu vergleichbaren Ergebnissen[23]. Unternehmensfinanzierung und Zugang zu Kapital sind die von KMU mit Abstand am häufigsten genannten Problembereiche, die nicht nur bei der Gründung der Unternehmen, sondern auch bei der späteren Unternehmensentwicklung den betrieblichen Handlungsspielraum entscheidend mitbestimmen. Die in Tabelle 4 aufgeführten Ergebnisse zeigen, dass drei Viertel der 1997 befragten KMU in der Ukraine, Weißrussland und Moldawien Finanzierungsschwierigkeiten als wichtigstes Problem nannten. Auch zwei Jahre später hatte sich in Moldawien, für das vergleichbare Daten aus der Beschäftigungsstudie vorliegen, dieses Problem nicht entschärft. Gleichermaßen verwiesen 1999 jeweils ca. zwei Drittel der russischen KMU auf Schwierigkeiten bei der Gründungsfinanzierung bzw. der Finanzierung des laufenden Geschäftsbetriebes als ihr wichtigstes betriebliches Problem.

Problematisch gestaltet sich damit auch die Finanzierung von Investitionen. Zwar hatten beispielsweise in der Politikstudie 54 vH der KMU in der Ukraine, Weißrussland und Moldawien im Jahr vor der Befragung (1996) Investitionen getätigt – mit erheblichen länderspezifischen Unterschieden von 33 vH in der Ukraine, 54 vH in Moldawien bis hin zu 64 vH in Weißrussland. Ein näherer Blick auf die Investitionsfinanzierung zeigt aber auch, dass 77 vH der investierenden KMU diese Investitionen aus den Einkünften des Hauptbetriebes bzw. zusätzlicher unternehmerischer Aktivitäten finanzierte[24]. Eine Selbstfinanzierung über thesaurierte Gewinne ist zwar ebenfalls typisch für KMU in Marktwirtschaften; dieses Verhalten verstärkt sich jedoch in Transformationsländern durch den eingeschränkten Zugang zu Möglichkeiten der Fremdfinanzierung.

Banken bzw. die als Monostruktur existierende Zentralbank spielten während der Zentralverwaltungswirtschaft keine aktive Rolle. Der schwierige Transformationsprozess beim Bankensystem, das in vielen Transformationsländern auf personellen und finanziellen „Ausgründungen" aus den Strukturen der Zentralbank beruht, ist somit Ergebnis eines langwierigen und komplexen Umstrukturierungsprozesses auf mikroökonomischer und mentaler Ebene (Suzuki 1996: 21ff.). Die Kreditvergabe an KMU wird im Transformationsprozess so zum einen durch Liquiditätsengpässe bei neuen oder privatisierten Banken erschwert, die auf unzureichende Eigenkapitalreserven, auf „geerbte" Kredite von ehemals staatlichen Betrieben und auf massive Rückzahlungsprobleme privatisierter und staatlicher Unternehmen zurückzuführen sind[25]. Allein in der tschechischen Republik beispielsweise wurde fast ein

23 Vgl. u.a. für Russland IPSSA (1998), für Russland und Bulgarien Pissarides, Singer, Svejnar (2000), für Albanien Muent, Pissarides, Sanfey (2000), für Polen und die baltischen Länder Smallbone u.a. (1996), für Ungarn in einer frühen Phase der Transformation Czakó, Vajda (1993).

24 Vergleichbare Ergebnisse für Russland finden sich in IPSSA (1998).

25 Vgl. OECD (1996: 49ff.). Die entstandenen Schuldenketten zwischen Unternehmen und Banken beschreibt Stark (1996) am Beispiel Ungarns.

Viertel aller an privatisierte Unternehmen ausgereichten Kredite im Jahr 1993 nicht fristgerecht bedient (Lageman et al. 1994: 138). Eigentumsverflechtungen mit Altschuldnern – Beteiligungen beispielsweise im Austausch gegen Schulden – engen den Kreditspielraum für neue Kunden – z.B. KMU – zum anderen ebenfalls ein[26]. In Weißrussland beispielsweise entstanden die meisten der „neuen" Geschäftsbanken durch die Übertragung von Vermögenswerten staatlicher Unternehmen. Diese Verflechtungen führten dazu, dass Banken zur Aufstockung ihrer Kapitalbasis „ihren" Unternehmen liquide Mittel entzogen (Zaiko 1995: 246f.). In Russland manifestierten sich in diesem Zusammenhang ausgeprägte „Korruptionsnetzwerke" im Bankensektor, die – bis zum Zusammenbruch vieler Banken aufgrund der Finanzkrise im August 1998 – Rent-seeking-Aktivitäten, z.B. bei der Privatisierung, dem normalen Geschäftsbereich vorzogen[27]. Zugleich fehlt oft noch eine regionale Infrastruktur: So wiesen ukrainische Unternehmer in Vinnitsa darauf hin, dass in ihrer Stadt keine Geschäftsbanken, sondern nur Zweigstellen mit eingeschränkten Befugnissen existieren und sie für Kreditanträge in die Hauptstadt Kiew fahren müssten.

Zusätzlich spielen Vorurteile der Bankenmitarbeiter, die sich zunächst in der Kreditfinanzierung von privaten Unternehmen nicht auskannten, eine Rolle und bedingen eine restriktive Kreditgewährung im Sinne einer konservativen Strategie gegenüber privaten Unternehmen. Verstärkend treten Informationsasymmetrien zwischen Bank und Kreditkunde hinzu, die ebenfalls eine risikoscheue Kreditvergabe an Privatunternehmen bedingen. Diese kommen aber auch in etablierten Marktwirtschaften noch zur Geltung (Lageman 1999: 108). Diese Ungewissheit der Entscheidung über den Kreditantragsteller sowie seine Bonität schlägt sich bei den Banken in einer antizipiert negativen Wahrnehmung der neuen Kunden – der KMU – als risikoreich nieder[28]. Auch hier spielen kulturelle Faktoren – z.B. Vertrauen – ebenso wie bisherige Entwicklungen eine Rolle und beeinflussen die beobachtbaren Verhaltensweisen in dem Sinne, dass insbesondere privatisierte Banken die ehemaligen Staatsunternehmen als ihnen bereits bekannte Kunden bevorzugen (Dembinski, Unterlechner 1993: 159ff.).

Dieser eingeschränkte Zugang von KMU zur Kreditfinanzierung ist allerdings auch bedingt durch (insbesondere in den ersten Jahren der Transformation) fehlendes elementares betriebswirtschaftliches Wissen mit Blick auf Finanzierungs- und Investitionsplanung, Produktions- und Marketingkonzep-

---

26 Vgl. Dittus (1994: 16), Stern (1997: 48), speziell für die Ukraine und Russland Schrooten, Thießen (1996).

27 Vgl. Pleines (2001: 143ff). Zu den sogenannten finanz-industriellen Gruppen vgl. Harter (1999: 116ff.).

28 Diese Mechanismen werden beispielhaft aufgezeigt bei Kalthoff (2000).

tionen. Aufgrund dieser Tatsache unzureichende Kreditanträge bestärken die Banken in ihrer negativen Wahrnehmung und erschweren dergestalt ebenfalls eine Kreditvergabe. Negative Wahrnehmungen und Einstellungen der Banken hinsichtlich der Finanzierung mittelständischer Unternehmen spiegeln sich indirekt in den Befragungsergebnissen der Politikstudie wider. Diese lassen beispielsweise für die Ukraine, Weißrussland und Moldawien erkennen, dass zwar zwei Fünftel der KMU um externes Kapital nachgesucht haben, aber nur 11 vH bei der Gründung, ein Fünftel bei Investitionen tatsächlich auf externe Finanzierungen – Bankkredite, Finanzierung über Programme, Beteiligungskapital – zurückgreifen konnten.

Neben die Wissensdefizite auf Seiten der Unternehmer treten situativ geprägte und oftmals objektiv verzerrt erscheinende Wahrnehmungen hinsichtlich einer Kreditfinanzierung, die bei diesbezüglichen Entscheidungsfindungen dazu führen, dass vertraute Handlungen – wie Eigenfinanzierungen – wiederholt werden und Kreditanträge bereits im Vorfeld aufgrund angeblich ungünstiger Bedingungen verworfen werden. Das zeigt sich beispielsweise in der MOE-Studie von 1993, in der vor allem slowakische Unternehmer hohe Zinsen als Kritikpunkt am Bankensystem anführten, während der durchschnittliche nominale Kreditzins zum Zeitpunkt der Befragung in der Slowakei aber bei 14 vH lag, der reale Kreditzins sogar negativ war (Tabelle 5).

Generell lässt ein Blick auf Ergebnisse der MOE-Studie erkennen, dass in mitteleuropäischen Ländern in der Anfangsphase der Transformation Probleme beim Zugang zu externen finanziellen Ressourcen ebenfalls den Handlungsrahmen von KMU mitbestimmten (Schaubild 2). Neben der Höhe der Kreditzinsen benannten KMU vor allem die Sicherheitsanforderungen der Banken sowie zeitintensive Bewilligungsprozeduren als problematisch. Jedoch unterscheiden sich finanzielle Probleme der KMU in diesen Ländern von denjenigen in den ehemaligen sowjetischen Republiken in einem gewichtigen Punkt. In Ländern wie Russland, der Ukraine, Moldawien oder Weißrussland greifen finanzielle Handlungsrestriktionen bereits beim Zugang zu externem Kapital. Immerhin knapp die Hälfte (49 vH) der 1997 in der Politikstudie Befragten konstatierte in diesem Zusammenhang zwar einen Kreditbedarf, wies aber gleichzeitig darauf hin, dass sie aufgrund mangelnder Erfolgsaussichten keinen Antrag stellen würden. Auf der anderen Seite haben nur 3 vH der Unternehmer bei Gründung, 8 vH bei laufenden Investitionen auf Bankenkredite zurückgreifen können.

Hohe nominale Kreditzinsen in Verbindung mit einer zwar gesunkenen, aber immer noch hohen Inflationsrate (Tabelle 5) bestärken die Unternehmer in Transformationsländern mit geringeren Reformfortschritten offensichtlich in ihrer selektiven Wahrnehmung einer kostspieligen externen Finanzierung, verstärkend kommt das restriktive Kreditverhalten der Banken hinzu. In die-

Tabelle 5

**Zins- und Inflationsentwicklung in ausgewählten mittel- und osteuropäischen Ländern**
1991 bis 1999; in vH

| | 1991 | 1992 | 1993 | 1994 | 1995 | 1996 | 1997 | 1998 | 1999 |
|---|---|---|---|---|---|---|---|---|---|
| | | | | Ukraine | | | | | |
| Einlagezins[1] | . | 82 | 216 | 140 | 62 | 26 | 43 | . | . |
| Kreditzins[1] | . | 77 | 295 | 205 | 156 | 76 | 19 | . | . |
| Inflationsrate[2] | 91 | 2 001 | 10 225 | 401 | 181 | 40 | 10 | 20 | 19 |
| | | | | Weißrussland | | | | | |
| Einlagezins[1] | . | . | 65 | 90 | 101 | 37 | 16 | 14 | . |
| Kreditzins[1] | . | . | 72 | 149 | 175 | 71 | 32 | 27 | . |
| Inflationsrate[2] | 81 | 971 | 1 190 | 2221 | 709 | 53 | 64 | 73 | 294 |
| | | | | Moldawien | | | | | |
| Einlagezins[1] | . | . | . | 144[a] | 21 | 25 | . | . | . |
| Kreditzins[1] | . | . | . | . | 42 | 37 | 40 | 31 | 36 |
| Inflationsrate[2] | 98 | 1 277 | 789 | 330 | 30 | 15 | 11 | 18 | 44 |
| | | | | Russland | | | | | |
| Einlagezins[1] | 63[a] | 144[a] | 179[a] | 185[a] | 102 | 55 | 16 | 17 | . |
| Kreditzins[1] | . | . | . | . | 320 | 147 | 43 | 43 | . |
| Inflationsrate[2] | 160 | 2 510 | 840 | 215 | 131 | 22 | 11 | 84 | 86 |
| | | | | Polen | | | | | |
| Einlagezins[1] | 38 | 38 | 34 | 30 | 24 | 19 | 20 | 12 | 12 |
| Kreditzins[1] | 59 | 45 | 40 | 36 | 31 | 27 | 26 | 25 | 20 |
| Inflationsrate[2] | 70 | 43 | 35 | 32 | 29 | 20 | 15 | 12 | 7 |
| | | | | Ungarn | | | | | |
| Kreditzins[1] | . | . | . | . | 32 | 24 | 20 | 19 | 15 |
| Inflationsrate[2] | 35 | 23 | 23 | 19 | 28 | 24 | 18 | 14 | 10 |
| | | | | Slowakei | | | | | |
| Kreditzins[1] | . | 13 | 14 | 15 | 13 | 12 | 18 | 19 | 17 |
| Inflationsrate[2] | 61 | 10 | 23 | 14 | 10 | 6 | 6 | 7 | 11 |
| | | | | Tschechien | | | | | |
| Kreditzins[1] | . | 13 | 15 | 13 | 13 | 13 | 16 | 15 | 9 |
| Inflationsrate[2] | 57 | 11 | 21 | 10 | 9 | 9 | 8 | 11 | 2 |

Eigene Zusammenstellung nach BMWi (verschiedene Jahrgänge), EBRD (verschiedene Jahrgänge). – [1]Monatsdurchschnitt, Nominalzins. – [2]Jährliche Veränderung der Konsumgüterpreise. – [a]Offizieller Refinanzierungszins der Zentralbank. RWI ESSEN

sem Zusammenhang erschließt sich beispielsweise die in Moldawien immer noch bestehende Präferenz der moldawischen Bevölkerung – auch der Unternehmer – für Bargeldtransaktionen; das wiederum hat jedoch zur Folge, dass aufgrund des nur langsam wachsenden Einlagenbestandes kaum Kredite an Unternehmen ausgereicht werden können (IMF 1998).

Schaubild 2

**Probleme der Unternehmen mit den Banken**

in vH der Befragten

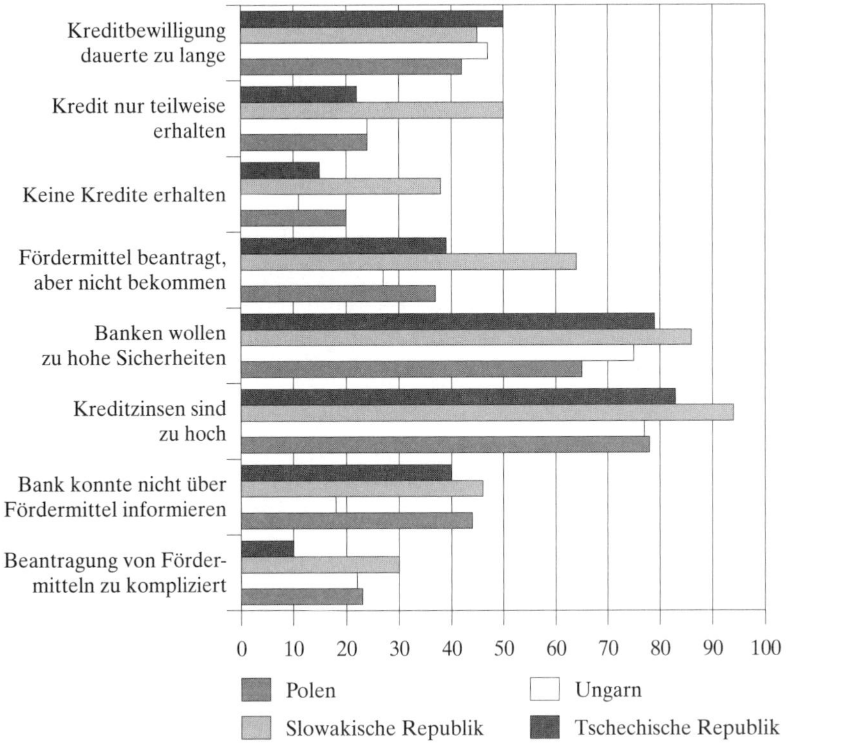


Ergebnisse der WSF-Unternehmensbefragung 1993.

In Situationen, in denen das Finanzsystem nicht ausreichend funktioniert und eine Fremdfinanzierung erschwert wird, greifen KMU zu größen-, phasen- und transformationstypischen Strategien, um ihre Finanzierungsengpässe zu überwinden. Zur Kategorie der größentypischen Finanzierungsstrategien zählt die Selbstfinanzierung von Investitionen, beispielsweise bei der Gründung über Ersparnisse und informelle Kredite; eine Rolle spielen aber auch Lieferantenkredite oder Vorauszahlungen von Kunden (vgl. z.B. für Russland Gustafson 1999: 131f.) sowie serielles Unternehmertum. Bei der transformationstypischen Strategie handelt es sich um Portfoliounternehmertum. Theoretisch lassen sich diese Strategiemuster über Ansätze, die den Schwerpunkt auf das Unternehmerhandeln legen, in Verbindung mit Ansätzen, die auf den Einfluss des Umfeldes verweisen, ableiten.

KMU-typische Finanzierungsstrategien lassen sich aus aktionstheoretischer Sicht als wahrnehmungs- und personengebundenes Verhalten beschreiben, ohne dass damit jedoch das Verhalten des Unternehmers erklärt würde. Aus entscheidungstheoretischer Sicht sind sie das Ergebnis einer selektiven Wahrnehmung und konservativer Einstellungen. Diese führen durch den Rückgriff auf vertraute Handlungen und die Bevorzugung vertrauter Situationen zu Strategien auf Basis leicht zugänglicher Ressourcen, in diesem Fall Eigenfinanzierungsstrategien. Sie spiegeln generelle Vorlieben von KMU-Unternehmern wider – auch in etablierten Marktwirtschaften (Abschnitt 3.1). Erst der Blick auf umfeldgebundene Erklärungen mit ihrem Hinweis auf den institutionellen Rahmen liefert jedoch ein vollständigeres Bild. Aus institutionenökonomischer Sicht erklären sich größentypische Finanzierungsstrategien als Reaktion auf institutionelle Defizite, die den Zugang zu finanziellen Mitteln einschränken. In Transformationsländern beinhaltet das ein unzureichendes Finanzsystem, welches das beobachtbare individuelle Handeln verstärken kann. Beispiele aus Fallstudien zeigen hier – vergleichbar dem Verhalten vieler KMU in Deutschland und anderswo – risikoscheues Verhalten der Unternehmer.

> So berichten beispielsweise ein moldawischer Bauunternehmer und die Inhaberin einer kleinen Reiseagentur in Kishinew, dass sie keine Fremdfinanzierung suchen, da sie eine langsamere, aber ihrer Einschätzung nach risikofreie Entwicklung bevorzugen[29].

Große Bedeutung kommt auch seriellem Unternehmertum[30] zu, verstanden im Sinne von verschiedenen, aufeinander folgenden unternehmerischen Tätigkeiten. Serielles Unternehmertum ist zugleich ein indirektes Ergebnis fehlender adäquater unternehmerischer und betriebswirtschaftlicher Kenntnisse wie der für eine Gründung notwendigen finanziellen Ressourcen. Es generiert sich mithin aus ressourcentheoretischer Perspektive aus der unzureichenden Ressourcenausstattung des Unternehmens bzw. seines ungenügenden Zuganges zu Ressourcen, wobei aus institutionenökonomischer Betrachtung unvollkommene und konfligierende Institutionen das individuelle Verhalten verstärken, da sie den Zugang zu Fremdkapital einschränken. In Transformationsländern kann diese Art des Unternehmertums zudem als Indiz für „unreife" Märkte gewertet werden. KMU-Unternehmer in Ländern, in denen privatwirtschaftliche Tätigkeiten während der Planwirtschaft allenfalls toleriert wurden, damit aber auch kein Kapital angespart werden konnte, nutzen deshalb – analog zu jungen Unternehmern in Deutschland – einfache Tätigkeiten wie beispielsweise im Handel als Einstieg und zum „Austesten" (Jovanovich 1994) der privatwirtschaftlichen Betätigung und erwerben auf diese Weise so-

---

29 Die Daten wurden im Sommer 1999 in Kishinew (Regionalstudie) erhoben.

30 Vgl. zu dieser Eintrittsstrategie in etablierten Marktwirtschaften Alsos, Kolvereid (1999) und Westhead, Wright (1998).

wohl Kapital wie auch Know-how für den Aufbau „anspruchsvollerer“ Betriebe in der Produktion.

Beispiele aus Fallstudien vermögen exemplarisch die Rolle zu zeigen, die eine Strategie seriellen Unternehmertums als ein Weg zur Kumulierung der für die tatsächlich angestrebte Unternehmensgründung notwendigen Ressourcen spielt.

> 1991 gründeten in Tschechien zwei Bauingenieure und ein Polier ein Bauunternehmen; alle Eigentümer waren vor der Gründung in demselben Staatsbetrieb beschäftigt. Kurz nach Beginn der Transformation wagten sie den Schritt in die Selbständigkeit, zunächst nebenberuflich, so beispielsweise im Textileinzelhandel. Den Verdienst aus ihren selbständigen Tätigkeiten investierten sie in den Aufbau des Bauunternehmens, behielten den Textileinzelhandel allerdings bei, da man dort „sicheres Geld verdienen kann“ (Lageman et al. 1994: 330f.).
>
> Ein weiteres Beispiel dieser Finanzierungsstrategie ist ein kleiner Heizungsbetrieb in Polen, dessen Eigentümer 1991 ebenfalls mit Handel – dem so genannten shuttle trade – begann[31]. Er kaufte in Weißrussland Spielzeug ein, transportierte es in Koffern nach Deutschland und verkaufte es dort. Seine Einkünfte re-investierte er zunächst in einen eigenen Laden, später gründete er den jetzigen Betrieb, in dem er zur Zeit 25 Personen beschäftigt.

Serielles Unternehmertum mündet in eine Strategie des Portfoliounternehmertums[32], d.h. in den Besitz mehrerer KMU, wenn die anfänglichen Tätigkeiten nicht beendet, sondern in einem separaten Betrieb (oftmals pro forma) weitergeführt werden. Dabei handelt es sich offensichtlich um ein transformationstypisches Strategiemuster von KMU, das sich institutionenökonomisch als Reaktion auf unzureichende ordnungspolitische und rechtliche Strukturen sowie auf das unterentwickelte Finanzierungssystem erläutern lässt, während die verhaltenswissenschaftliche Entscheidungstheorie dieses Verhalten über die bereits erwähnten Entscheidungsdefekte der selektiven Wahrnehmung und des Konservatismus im Sinne der Konflikttheorie der Entscheidungsfindung als Fortführung bereits erfolgreicher Handlungen – damit als konfliktfrei beharrendes Verhalten – erklärt. Fallstudienbeispiele lassen für diese aus individueller Sicht durchaus rationalen Handlungskonstellationen vielfältige Begründungen erkennen. Diese liegen neben den in Abschnitt 2.1 skizzierten steuerlich oder rechtlich bedingten Scheinfirma-Konstruktionen sowohl da-

---

31 Vgl. Smallbone, Welter (2001a: 258). In russischer Sprache werden diese Händler als Tschelniki bezeichnet. „Tschelnok“ oder „shuttle“ bedeutet Weberschiffchen. Beispielhaft untersucht Irek (1998) diese Handelsströme zwischen Polen und Deutschland.

32 Portfolio- und serielles Unternehmertum wird gemeinhin zu habituellem Unternehmertum zusammengefasst, vgl. zu den Abgrenzungen Westhead, Wright (1998: 176).

rin, sich einmal erschlossene Märkte und Absatzmöglichkeiten offen zu halten oder kurzfristig finanzielle Engpässe in der Produktion durch Handelsaktivitäten ausgleichen zu können, als auch darin, günstig erscheinende Gelegenheiten wahrzunehmen.

> So berichtete ein ukrainischer Textilfabrikant, dass er in einem kürzlich erworbenen Gebäude einer ehemaligen Poliklinik ein eigenes medizinisches Zentrum eröffnen möchte, wobei seine Angestellten freien Zugang sowie gute Kunden medizinische Dienstleistungen zu Vorzugspreisen erhalten sollen; ein weiteres Grundstück möchte er aus Eigennutz – zum besseren Zugriff auf Kredite – einer Bank vermieten[33].
>
> Die Rolle des Portfoliounternehmertums als finanzielle Überbrückungsstrategie spiegelt sich in Unternehmen, in denen z.B. der Besitzer eines KMU, das elektronisches Zubehör für Kommunikationstechnik produziert, Miteigentümer eines Großhandelsbetriebes ist und von diesem informelle Kredite erhält oder bei denen der Eigentümer eines Computerbetriebes gleichzeitig zwei weitere Unternehmen zur Abwicklung finanzieller Transaktionen registriert hat[34].

Die Politikstudie zeigt in diesem Zusammenhang, dass eine signifikante Minderheit von 21 vH KMU-Unternehmern in der Ukraine, Weißrussland und Moldawien Eigentümer mehrerer KMU war; vergleichbare Studien bestätigen ein ähnliches strategisches Verhalten für russische KMU (IPSSA 1998: 109ff., 117). Dabei unterscheidet sich die Portfoliostrategie nach Sektoren – zumindest lassen die aus Tabelle 6 ersichtlichen signifikant höheren Raten für Portfoliounternehmertum vor allem im Baugewerbe, aber auch in der Industrie diesen Schluss zu – und reflektiert den sektoral differierenden Kapitalbedarf.

Zwar mögen die skizzierten Strategiemuster auf den ersten Blick auf eine damit einhergehende Verzettelung der knappen finanziellen Ressourcen deuten und wären aus betriebswirtschaftlicher Sicht wenig sinnvoll. Sie erfüllen jedoch – nicht nur in den Augen der KMU – ihren Zweck, nämlich die Aufbringung finanzieller Ressourcen und die Aufrechterhaltung des laufenden Geschäftsbetriebes in einem als unsicher und institutionell unvollkommenen wahrgenommenen Umfeld. Mit Portfoliounternehmertum verbinden sich beispielsweise neben der Möglichkeit, Gewinne zu verstecken, auch betriebswirtschaftlich positive Aspekte wie die Risikominimierung. Gleichzeitig lässt sich aufgrund geringer Investitionen in den jeweiligen Teilunternehmen das Kapital leicht und schnell zwischen den Sektoren transferieren und gleicht darüber auf individueller Ebene die skizzierten Defizite im Finanzierungssystem aus.

---

[33] Die Daten wurden im Juli 1999 in Kiew (Regionalstudie) erhoben.

[34] Die Daten wurden im August 1999 in Minsk (Regionalstudie) erhoben.

Tabelle 6

**Portfoliounternehmertum in der Ukraine, Weißrussland, Moldawien**
1997; in vH

| 1997 | Ein Unternehmen | | | | Mehrere Unternehmen | | | |
|---|---|---|---|---|---|---|---|---|
| | U | W | M | A | U | W | M | A |
| Industrie | 66 | 77 | 64 | 68 | 25 | 23 | 21 | 24 |
| Bau | 73 | 67 | 63 | 69 | 17 | 33 | 25 | 25 |
| Dienstleistungen | 70 | 89 | 55 | 73 | 18 | 11 | 20 | 17 |
| Insgesamt | 68 | 80 | 60 | 70 | 21 | 20 | 21 | 21 |
| N | 239 | 134 | 60 | 433 | 136 | 34 | 21 | 130 |

Eigene Berechnungen. – U: Ukraine, W: Weißrussland, M: Moldawien, A: Alle. – An 100 vH fehlend: keine Antwort/trifft nicht zu. RWI ESSEN

Damit bilden sich die beschriebenen (Finanzierungs-)Strategien in Situationen mit unzureichenden formellen und konfligierenden informellen Institutionen als angemessene Handlungsmuster zur Bewältigung eines komplexen und nicht vertrauten Umfeldes. Sie werden im weiteren Geschäftsverlauf in vielen KMU weiter verfolgt, bis radikale strategische Veränderungen unumgänglich sind. Ein derartiges „träges" und reaktives Handeln lässt sich in komplexitätswissenschaftlicher Betrachtungsweise ableiten aus positiven – bzw. als positiv interpretierten – Rückmeldungen des Umfeldes zu den bisherigen Handlungsverläufen. Diese bewegen den Unternehmer im Sinne der in Abschnitt 1.1 im ersten Kapitel angesprochenen Vereinfachungsregeln der Entscheidungsfindung dazu, bei zukünftigen Entscheidungen auf bereits Erprobtes – bisherige Finanzierungsstrategien – zurückzugreifen, sodass mit Whyte von „escalating commitment to a course of action" (Whyte 1986: 311) gesprochen werden kann. Hier kommt eine Reihe von Entscheidungsdefekten zum Tragen, nämlich Konservatismus, Status quo und sunk cost, die alle beharrendes Verhalten in der Entscheidungsfindung erklären.

Allerdings erweist sich dieses Beharrungsverhalten aufgrund seiner weitgehend reaktiven Dimension und der damit implizit einhergehenden kurzfristigen Ausrichtung der hier skizzierten Strategien als problematisch für eine langfristige Unternehmensentwicklung. Derartige Handlungsmuster beeinträchtigen durch ihre Aushöhlung der Eigenkapitalbasis die Unternehmensentwicklung und Wachstumsprozesse[35]. Aufgrund der niedrigen Eigenkapitalbasis und Ressourcenausstattung können bereits gelegentliche Zahlungsschwierigkeiten von Kunden zu Liquiditätsproblemen beitragen – ein Problem, das seinerseits durch sektorale Gegebenheiten wie eine auf staatliche Unternehmen konzentrierte Abnehmerstruktur der KMU verschärft wird.

35 Vgl. generell zur KMU-Finanzierungsstruktur den Überblick in Julien (ed) (1998: 281), in Europa Cressy, Olofsson (1997) sowie die Aufarbeitung der Literatur für KMU-Finanzierung in Transformationsländern, hier am Beispiel Polen Freiberg (1999). Für ähnliche Probleme ehemaliger staatlicher Unternehmen in Transformationsländern vgl. Brada (1998).

> Das zeigt ein Beispiel aus der russischen Bauindustrie: Ein russischer Bauunternehmer in Nishni Novgorod verwies darauf, dass er mittlerweile private Kunden bevorzugt und seine Bauprojekte breit streut, da „irgendeiner schon zahlen kann, damit kann ich dann die nächsten Projekte vorfinanzieren“[36].

Das diesen Finanzierungsstrategien eigene Problem spiegeln auch die skizzierten Beispiele wider, bei denen die Unternehmer mit ihren Strategiemischungen, interpretiert man diese im Verständnis von Porter, eine „Stuck-in-the-middle“-Strategie verfolgen und damit nach seiner Auffassung, die allerdings keine explizit größenorientierten Ausführungen enthält, langfristig nicht wettbewerbsfähig sind (Porter 1998b: 41). Finanzierungsengpässe beeinträchtigen somit die Herausbildung wettbewerbsfähiger Strategien in KMU. Sie behindern die Produktentwicklung und Innovationen, darüber die Erschließung neuer Märkte, während der aufgrund eines restriktiven Zuganges zu externer Finanzierung eingeschlagene Weg der Selbstfinanzierung zur Verstärkung sektoral differierender Eintrittsmuster beiträgt. Dieser Punkt wird im nächsten Abschnitt aufgegriffen.

### 2.3 Makroökonomische Bedingungen, unternehmerische Kompetenzen und betriebliche Strategien

Interessant im Zusammenhang mit Strategiemustern von KMU ist auch ein Blick auf die generelle wirtschaftliche Entwicklung sowie auf die Wettbewerbsstrukturen zu Beginn des Transformationsprozesses in Mittel- und Osteuropa. Hierüber können wirtschaftliche Einflussfaktoren, daraus resultierende Markteintrittsstrategien und typische Verläufe strategischer Reaktionen von KMU identifiziert werden. Die aktuellen gesamtwirtschaftlichen Entwicklungen beeinflussen sektorale Markteintrittsinvestitionen von KMU über die jeweiligen unternehmerischen Erwartungen hinsichtlich der langfristigen wirtschaftlichen Entwicklung und der wirtschaftlichen wie politischen Stabilität (Lageman et al. 1994; Smallbone 1997: 5). KMU investieren in als instabil eingeschätzten Umfeldern vor allem in Branchen mit geringen Marktzutrittsbarrieren und raschem Umsatzwachstum oder Gewinn wie beispielsweise im Handel und in den Dienstleistungsbereichen, während in Branchen mit hohen Investitionserfordernissen Entwicklung und Wachstum von KMU weitgehend stagnieren. Verstärkend kommen die oben erwähnten Defizite der Ordnungspolitik und im Finanzierungsbereich hinzu.

Privatunternehmen gründeten sich deshalb zunächst vor allem in denjenigen Sektoren, in denen der „Nachholbedarf“ der Konsumenten Marktchancen eröffnete und in denen die Eintrittsinvestitionen in Form von Kapital und Qualifikation gering waren, also im Handel und im Dienstleistungsbereich. Die

---

36 Die Daten wurden im April 2000 in Nishni Novgorod erhoben.

kleine Privatisierung spielte bei der Entstehung von kleinbetrieblichen Strukturen eine zusätzliche Rolle, gleichwohl in geringerem Maß[37]. Empirische Erhebungen im Rahmen der MOE-Studie zeigen in diesem Zusammenhang, dass beispielsweise in Polen, Ungarn, Tschechien und der Slowakei der überwiegende Teil der 1993 befragten Unternehmer im Handelssektor (64 vH) und im Dienstleistungssektor (71 vH) ein neues Unternehmen gründete. Im Vergleich zu den anderen Sektoren (in der Industrie waren 35 vH der befragten Unternehmen Neugründungen, im Handwerk 57 vH) spiegelt sich hier deutlich die Unterversorgung mit Dienstleistungen wider. Dabei nahmen Neugründungen im Dienstleistungsbereich eine herausragende Stellung in den Ländern ein, in denen während der Planwirtschaft keinerlei private unternehmerische Tätigkeiten erlaubt waren. Die Neugründungen betrugen in der Slowakei über 90 vH, in Tschechien 76 vH. In Polen (64 vH) und besonders in Ungarn (46 vH) fiel dieser Anteil jedoch deutlich ab, da hier viele Unternehmen bereits aus der planwirtschaftlichen Periode stammten (Polen: 27 vH; Ungarn: 41 vH).

Makroökonomische Faktoren und Wettbewerbsstrukturen erklären die zu beobachtende sektorale Struktur der KMU in Osteuropa, die sich vorwiegend im Handel und im Dienstleistungsbereich finden. Eine Untersuchung des Statistischen Büros der Europäischen Union, EUROSTAT, identifizierte in elf mittel- und osteuropäischen Ländern insgesamt mehr als ein Drittel aller privaten Unternehmen im Handelsbereich und weitere 29 vH, die im Transport- oder Dienstleistungssektor tätig waren; auf das produzierende Gewerbe entfielen dagegen nur 17 vH der Betriebe (EUROSTAT/ PHARE 1996). Allerdings sind die bevorzugten sektoralen Eintrittsstrategien von KMU und ihr zögerliches Verhalten gegenüber Investitionen im produzierenden Gewerbe nicht allein zurückzuführen auf hohe Investitionserfordernisse und eine im Sinne der Entscheidungsforschung selektive individuelle Wahrnehmung, die aufgrund der bisherigen unsicheren wirtschaftlichen und politischen Entwicklung in der Transformation dazu führt, dass Unternehmer eher im Handel und in Dienstleistungsbereichen Gewinnchancen erwarten und deshalb von vornherein keine Investitionen in anderen Bereichen erwägen, sondern auch auf in diesem Sektor noch verzerrte Wettbewerbsstrukturen. Gerade der verarbeitende Bereich und zum Teil auch die Baubranche sind in Ländern, in denen die große Privatisierung und die Umstrukturierung der Staatsunternehmen nicht abgeschlossen ist, charakterisiert durch monopolistische oder oligopolistische Unternehmensstrukturen, d.h. durch die marktbeherrschende Stellung ehemaliger staatlicher Betriebe, die sich früh privatisierten bzw. „neu" gründeten (OECD 1996: 55ff.).

---

[37] Die kleine Privatisierung umfasst die tertiären Bereiche, die große Privatisierung den primären und sekundären Sektor. Zu den Privatisierungsverfahren vgl. beispielsweise für die mitteleuropäischen Länder Lageman (1995: 26ff.).

Tabelle 7

**Makroökonomische Rahmendaten für die Ukraine, Weißrussland, Moldawien und Russland**
1991 bis 1999

| | 1991 | 1992 | 1993 | 1994 | 1995 | 1996 | 1997 | 1998 | 1999 |
|---|---|---|---|---|---|---|---|---|---|
| Ukraine | | | | | | | | | |
| Reales Bruttoinlandsprodukt[1] | –11,6 | –13,7 | –14,2 | –23,0 | –12,2 | –10,0 | –3,0 | –1,9 | –0,4 |
| Industrieproduktion[2] | 95,2 | 86,9 | 79,5 | 51,2 | 45,3 | 43,0 | 42,2 | 41,6 | 45,6 |
| Bauwesen[2] | 99,0 | 71,3 | 65,1 | 40,4 | 26,1 | 17,2 | 15,1 | 15,8 | . |
| Weißrussland | | | | | | | | | |
| Reales Bruttoinlandsprodukt[1] | –1,2 | –9,6 | –10,6 | –12,6 | –10,4 | 2,8 | 11,4 | 8,3 | 3,4 |
| Industrieproduktion[2] | 99,0 | 89,7 | 80,7 | 66,9 | 59,1 | 61,2 | 72,7 | 81,7 | 89,6 |
| Bauwesen[2] | 105,0 | 93,9 | 71,5 | 50,9 | 41,1 | 39,5 | 47,4 | 55,0 | . |
| Moldawien | | | | | | | | | |
| Reales Bruttoinlandsprodukt[1] | . | –29,1 | –1,2 | –31,2 | –1,4 | –7,8 | 1,3 | –8,6 | –4,4 |
| Industrieproduktion[2] | . | 64,8 | 65,0 | 47,0 | 45,2 | 41,3 | 38,4 | 37,6 | 34,2 |
| Bauwesen[2] | . | 67,3 | 37,7 | 18,5 | . | . | . | . | . |
| Russland | | | | | | | | | |
| Reales Bruttoinlandsprodukt[1] | –5,0 | –14,5 | –8,7 | –12,7 | –4,1 | –3,4 | 0,9 | –4,9 | 3,2 |
| Industrieprodukion[2] | 92,0 | 75,4 | 64,8 | 51,3 | 53,1 | 51,0 | 52,0 | 49,3 | 53,3 |
| Bauwesen[2] | 98,0 | 62,7 | 57,7 | 43,9 | 39,9 | 35,5 | 33,0 | 30,5 | . |

Eigene Zusammenstellung nach BMWi (verschiedene Jahrgänge). – [1]Veränderung gegenüber Vorjahr. – [2]Index 1990 = 100. RWI ESSEN

Ein Beispiel für eine derartige Eintrittsstrategie bietet ein Bauunternehmen in der russischen ehemaligen Rüstungsstadt Nishni Novgorod, die unter dem Namen Gorki während der Zentralverwaltung zu den geschlossenen Städten der Sowjetunion gehörte[38]. Der Unternehmer – ein Bauingenieur – nutzte die Erleichterungen im Zuge des 1988 verabschiedeten Gesetzes, das privatwirtschaftliche Tätigkeiten von so genannten kooperativen Unternehmen[39] erlaubte, zur Gründung seines eigenen Unternehmens. Sein damaliger Arbeitgeber – ein staatlicher Baubetrieb – stand vor der Schließung, sodass er seinen Arbeitsplatz verloren hätte. Er übernahm für seine Gründung Material, die maschinelle Ausrüstung und die Arbeitskräfte des staatlichen Unternehmens und (teil-)privatisierte damit quasi den staatlichen Betrieb.

Dabei beeinflussen gesamtwirtschaftliche Gegebenheiten nicht nur Markteintrittsstrategien, sondern ebenfalls die grundlegende strategische Ausrich-

[38] Die Daten wurden im April 2000 in Nishni Novgorod erhoben.

[39] Diese mit der 1988 erfolgten Verabschiedung des Gesetzes zu staatlichen Unternehmen erlaubten privaten Kooperativen sind private KMU mit einer kooperativen Besitzstruktur und haben nichts mit den traditionellen sowjetischen Kooperativen gemein. Vgl. Kenter, Kroker (1995: 13). Zur Entwicklung des kooperativen Unternehmenssektors generell vgl. Nuti (1992), eine kritische Betrachtung findet sich bei Knaak (1992).

Tabelle 8

**Unternehmensziele von KMU in Russland und Moldawien**
1998; in vH

| | Erstes Halbjahr 1998 | | Zweites Halbjahr 1998 | |
|---|---|---|---|---|
| | Russland | Moldawien | Russland | Moldawien |
| Überleben | 22 | 34 | 67 | 63 |
| Wachstum und Entwicklung | 74 | 64 | 27 | 34 |
| Verkauf | 1 | 0 | 4 | 2 |
| Andere Ziele | 3 | 2 | 2 | 1 |
| N | 1 090 | 95 | 1 090 | 95 |

Eigene Berechnungen. – N: exklusive neugegründeter Unternehmen, Russland: 70 Gründungen, Moldawien: 5 Gründungen. RWI ESSEN

tung der KMU, wie die in Tabelle 8 aufgeführten Ergebnisse der Beschäftigungsstudie mit Blick auf die Unternehmensziele für russische und moldawische KMU in Verbindung mit den makroökonomischen Rahmendaten in Tabelle 7 erkennen lassen. Waren KMU in beiden Ländern vor der Krise überwiegend wachstumsorientiert, so ändern sich im Nachgang der russischen Finanzkrise und dem damit verbundenen gesamtwirtschaftlichen Einbruch die Unternehmensziele gravierend. In der zweiten Hälfte des Jahres 1998 nennt die Mehrheit der Unternehmer das „Überleben" des Betriebes als Ziel. Ergebnisse der 1997 durchgeführten Politikstudie bestätigen diese Trends ebenfalls für die Ukraine und Weißrussland, vergleichbare Studien fanden auch für andere Transformationsländer eine durchweg hohe, aber an die gesamtwirtschaftliche Entwicklung gekoppelte Wachstumsorientierung[40].

Interessant ist hier ein Blick auf ältere Ergebnisse für Moldawien, die auch im komparativ-statischen Vergleich die Bedeutung gesamtwirtschaftlicher Einflüsse für strategische Orientierungen erkennen lassen. Nannten für die Jahre 1995/1996 noch drei Viertel der 1997 befragten KMU Wachstum als langfristige unternehmerische Orientierung, waren es in der in Tabelle 8 aufgeführten Befragung von 1999 für Anfang 1998 bereits weniger als zwei Drittel, während dieser Anteil Ende 1998 auf lediglich ein gutes Drittel zurückging. Gleichzeitig ist seit Mitte der neunziger Jahre eine Verschlechterung der Wirtschaftssituation zu beobachten (Tabelle 7). So sind beispielsweise die Veränderungsraten des realen Bruttoinlandsprodukts – mit Ausnahme von 1997 – negativ, die Industrieproduktion beträgt 1999 nur noch wenig mehr als ein Drittel der Produktion von 1990.

Wachstumsstrategische Orientierungen sind situationsbedingt und abhängig von externen Bedingungen wie dem sektoralen Umfeld, aber ebenso von der

40 Vgl. z.B. für Bulgarien Barlett, Rangelova (1997: 327f.), für Polen und die baltischen Länder Smallbone u.a. (1996: 28f.).

jeweiligen individuellen Einschätzung des wirtschaftlichen Kontextes sowie den bisherigen Erfahrungen. All das trägt zur Entwicklung spezifischer Strategien bei, wie die folgenden zwei Beispiele[41] ansatzweise erkennen lassen. Insbesondere das erste Beispiel demonstriert einen strategischen Wechsel, der sich unter Rückgriff auf die in Abschnitt 1.1 im ersten Kapitel angesprochene Konflikttheorie der Entscheidungsfindung als „hypervigilantes Durchwursteln" erklären lässt (Martin, Bartscher 1995: 120). Die prekäre wirtschaftliche Situation des Unternehmens resultierte in einem unüberlegten Strategiewechsel, der raschen Erfolg zu versprechen schien, jedoch aufgrund des angespannten makroökonomischen Umfeldes und der rückläufigen Nachfrage nicht zur Lösung des Problems beitrug, sondern dieses noch verschärfte und deshalb wieder zurückgenommen wurde.

> So hatte die Managerin eines kleinen moldawischen Fotolabors, die Überleben als vorrangiges Ziel nannte, 1999 einen erheblichen Umsatzeinbruch hinzunehmen, den sie über preispolitische Maßnahmen aufzufangen versuchte. Die Materialien, die in Fremdwährung bezahlt werden mussten, verteuerten sich aufgrund des Währungsverfalls des moldawischen Leis, während die Nachfrage aufgrund der sinkenden Kaufkraft der moldawischen Bevölkerung zurückging. Sie nahm aus diesem Grund ihre Preisanhebungen zurück, um ihren Marktanteil und den Kundenstamm zu halten.

> Ein entgegengesetztes Beispiel bietet ein wachstumsorientierter Arzneigroßhandel in Kishinew, dessen drei Eigentümer Medizin importieren, vertreiben und verkaufen und dessen Betriebsergebnis durch die Wirtschaftskrise nur am Rande beeinträchtigt wurde. Die Gründe dafür liegen nur teilweise in der geringen Preiselastizität der Nachfrage. Zwar gibt es am Markt etliche Wettbewerber – moldawische und ausländische Großunternehmen wie Drogerien und Apotheken, jedoch bestehen nach Auskunft der Unternehmer zwischen den Wettbewerbern stillschweigende Preisabsprachen.

Näheren Einblick in Wettbewerbsstrategien und die Strategieentwicklung erlauben in diesem Zusammenhang die Regionalstudie und die Beschäftigungsstudie. Qualitätsverbesserungen bei Produkten und Dienstleistungen als Strategie gegen eine Verschlechterung des Betriebsergebnisses standen bei ukrainischen, weißrussischen, moldawischen und russischen Unternehmern an erster Stelle (Tabelle 9). An zweiter Stelle verschieben sich in den Studien die Prioritäten hinsichtlich der Wettbewerbsstrategien, offensichtlich als Reaktion auf jeweils aktuelle gesamtwirtschaftliche wie wirtschaftspolitische Bedingungen. So nannten die 1998 befragten Unternehmer als zweitwichtigste Strategie eine Senkung der Lohnnebenkosten. Diese Antwort spiegelt die damali-

---

[41] Die Daten wurden im Sommer 1999 in Kishinew (Regionalstudie) erhoben.

Tabelle 9

**Wettbewerbsstrategien von KMU-Unternehmern in der Ukraine, Moldawien, Weißrussland und Russland**
1998, 1999; in vH

| | 1998 | | | 1999 | |
|---|---|---|---|---|---|
| | Ukraine | Moldawien | Weißruss-land | Russland | Moldawien |
| Qualitätsverbesserungen | 55 | 66 | 66 | 57 | 47 |
| Technologische Modernisierung | 32 | 37 | 28 | 24 | 26 |
| Reduzierung der Lohnkosten | 8 | 13 | 11 | 11 | 14 |
| Reduzierung der Lohnneben-kosten | 36 | 36 | 37 | 6 | 2 |
| Marketing und Werbung | 36 | 34 | 30 | 26 | 27 |
| Absatzwege | 33 | 49 | 28 | 56 | 58 |
| Modernisierung/Ausbau der Gebäude | 12 | 7 | 13 | 19 | 19 |
| Managementqualifizierung | 17 | 13 | 14 | 13 | 8 |
| Fachliche Qualifizierung der Beschäftigten | Nicht erhoben | Nicht erhoben | Nicht erhoben | 21 | 32 |
| Qualität der Zulieferprodukte | 13 | 16 | 16 | 27 | 20 |
| Trifft nicht zu | 23 | 9 | 9 | 13 | 9 |
| Keine Angaben | 29 | 16 | 42 | 4 | 25 |
| N | 343 | 200 | 100 | 1 160 | 100 |

Eigene Berechnungen. – Drei Antworten möglich.

RWI ESSEN

gen wirtschaftspolitischen Gegebenheiten – Höhe der Sozialabgaben – wider und führt zu den bereits skizzierten Vermeidungsstrategien. Bei den 1999 befragten Unternehmern in Russland und Moldawien standen die an zweiter Stelle genannten Wettbewerbsstrategien – die Verbesserung der Absatzwege – dagegen ganz im Zeichen des Nachfrageeinbruches nach der russischen Finanzkrise vom August 1998.

Auf den ersten Blick überraschen mag der geringe Stellenwert von Marketing und Werbung. Ähnliches berichtet auch eine Studie über KMU im russischen Jaroslawl (Zschoch 1998: 188f.). Dieser erschließt sich allerdings im Zusammenhang mit den bereits skizzierten Flucht- und Vermeidungsstrategien sowie im Vorgriff auf den in Abschnitt 2.4 erläuterten Stellenwert von persönlichen Kontakten und unter Beachtung der sich oftmals herausbildenden kriminellen Strukturen. Offensives Marketing – das kann in Transformationsländern schon das Firmenschild am Gebäude sein – zieht nicht nur potenzielle Kunden an, sondern auch Behörden und kriminelle „Schutzbanden“[42].

[42] Vgl. Frydman et al. (1998: 369). Die von der Autorin besuchten KMU waren mit Ausnahme der Läden „nach außen“ nicht als Unternehmen erkennbar, an den Eingangstüren fehlten Firmenschilder und jegliche Hinweise auf das Unternehmen.

Tabelle 10

**Diversifikationsstrategien in ausgewählten Ländern Osteuropas**
1997, 1999; in vH

| 1997 | Eine Aktivität | | | | Zwei Aktivitäten | | | | Drei Aktivitäten | | | |
|---|---|---|---|---|---|---|---|---|---|---|---|---|
| | U | W | M | A | U | W | M | A | U | W | M | A |
| Industrie | 48 | 29 | 57 | 46 | 52 | 71 | 43 | 55 | 21 | 33 | 0 | 20 |
| Bau | 38 | 12 | 50 | 26 | 62 | 88 | 50 | 74 | 15 | 46 | 0 | 29 |
| Dienstleistungen | 50 | 18 | 74 | 45 | 50 | 82 | 27 | 55 | 23 | 36 | 11 | 24 |
| N | 167 | 33 | 65 | 265 | 183 | 135 | 36 | 354 | 73 | 63 | 5 | 141 |
| 1999 | Russland | | Moldawien | | Russland | | Moldawien | | Russland | | Moldawien | |
| Industrie | 52 | | 36 | | 48 | | 64 | | 20 | | 24 | |
| Bau | 73 | | 60 | | 27 | | 40 | | 14 | | 10 | |
| Handel | 65 | | 41 | | 35 | | 59 | | 11 | | 11 | |
| Konsumenten-dienstleistungen | 85 | | 75 | | 15 | | 25 | | 6 | | 8 | |
| Unternehmens-dienstleistungen | 76 | | 75 | | 24 | | 25 | | 6 | | 8 | |
| N | 796 | | 54 | | 364 | | 33 | | 132 | | 13 | |

Eigene Berechnungen. – 3 Antworten möglich. – An 100 vH fehlend: Landwirtschaft in Russland. – U: Ukraine, W: Weißrussland, M: Moldawien, A: Alle

RWI ESSEN

Zu den wichtigsten Reaktionen auf sich ändernde makroökonomische und wettbewerbliche Bedingungen zählen Produktentwicklungsstrategien im Sinne einer Umgestaltung oder Modifizierung von Produkten oder Dienstleistungen und Diversifikationsstrategien im Sinne horizontaler und vertikaler Integration, die generell für KMU in zentral- und osteuropäischen Ländern eine große Bedeutung spielen[43]. So hatten mehr als 60 vH der in der Politikstudie befragten Unternehmen in der Ukraine, Weißrussland und Moldawien in den zwei der Befragung vorausgehenden Jahren (1995 oder 1996) ihr Produkt- oder Dienstleistungsangebot erweitert und/oder modifiziert. In der Regionalstudie von 1998 lag dieser Anteil – der teilweise aus befragungstechnischen Gründen niedriger ist, da nur nach Produktentwicklungen in den vergangenen zwölf Monaten gefragt wurde – bei insgesamt 48 vH. Gleichzeitig verfolgten insgesamt 57 vH der Unternehmer zwei und 23 vH drei Aktivitäten, von den 1999 befragten russischen und moldawischen KMU mehr als 30 vH bzw. 11 vH zwei und drei Aktivitäten (Tabelle 10). Dabei zeichnet sich als generelles vertikales Diversifikationsmuster in allen hier betrachteten Ländern ein dem Portfoliounternehmertum vergleichbares sektorales Muster ab. Vor allem Industrie- und Bauunternehmen nennen als Nebenaktivitäten Handel oder Dienstleistungen. Einen Erklärungsstrang bietet hier das sektorale Umfeld mit einer Kombination von Finanzierungsengpässen – sektoral differierender Kapitalbedarf – und sektoralen Absatzproblemen.

43 Vgl. Lynn (1998: 38), der auch den in Abschnitt 2.2 besprochenen Portfoliobesitz zu Diversifikation zählt und von „interner“ versus „multi-firm“ Diversifikation spricht.

Verschärfend treten länderspezifische Unterschiede hinzu, die ihrerseits wieder differierende organisationale, institutionelle und kulturelle Umfelder wie spezifische makroökonomische Gegebenheiten reflektieren. Vor allem in Weißrussland spielt Diversifikation bei KMU eine große Rolle, hier ist nur eine Minderheit – weniger als ein Fünftel – nicht in mehrere Aktivitäten involviert. Bei einem Blick auf die makroökonomischen Rahmendaten erscheint es als wahrscheinlich, dass das unternehmerische Verhalten in diesem Fall eine situativ bedingte Anpassung an die wirtschaftliche Situation widerspiegelt. Die unzureichenden rechtlichen wie finanziellen Strukturen, fehlende „Spielregeln" der Marktwirtschaft und der eingeschränkte Zugang zu externem Kapital wirken verstärkend. In diesem Zusammenhang wird eine vertikale Diversifikation – vergleichbar dem Portfoliounternehmertum – eher als kurzfristige finanzielle Überbrückungsstrategie und Überlebensstrategie denn als langfristiges strategisches Gestaltungselement der Risikominimierung bzw. des Unternehmenswachstums eingesetzt[44]. Auf diesen Effekt eines unsicheren und risikoreichen Umfeldes deuten zumindest Daten der Politikstudie. Immerhin 42 vH der weißrussischen Unternehmer im Vergleich zu 22 vH in der Ukraine und 11 vH in Moldawien führten im Rezessionszeitraum von 1995 bis 1996 neue und zusätzliche Produkte und Dienstleistungen ein; insbesondere das verarbeitende Gewerbe hatte die höchsten Produktentwicklungsraten zu verzeichnen.

Ähnliche Erklärungen bieten sich für die im Zeitverlauf ändernden Diversifikationsmuster in Moldawien an. Vor dem Hintergrund der russischen Finanzkrise vom August 1998, die auch die makroökonomische Situation in den ehemaligen sowjetischen Republiken wie Moldawien beeinträchtigte und für erhebliche Nachfrageeinbrüche sorgte, könnte hier auch von einer normalen betriebswirtschaftlichen Risikodiversifizierung der befragten Unternehmer ausgegangen werden. Im Gegensatz zum damit verbundenen aktiven strategischen Wettbewerbsverhalten reflektiert dieses Verhalten in Transformationsländern aber eher strukturelle Schwächen der KMU (Bernini 1997: 28). Der hohe Anteil an Industrieunternehmen mit Handelsaktivitäten – so nannten in der Beschäftigungsstudie 1999 beispielsweise mehr als ein Viertel der russischen und fast ein Drittel der moldawischen Industriebetriebe Handel als Zweitaktivität – unterstreicht, dass sich die sektoralen Diversifikationsmuster offensichtlich als Reaktion auf konjunkturell bedingte Nachfrageeinbrüche ergeben.

Darauf deutet auch ein Vergleich der von moldawischen KMU genannten betrieblichen Probleme in der Gründungsphase mit dem ersten Halbjahr 1999 (auch Tabelle 4): Absatzschwierigkeiten nannten 1999 68 vH der KMU, in der Gründungsphase waren lediglich 55 vH betroffen. Besonders gravierende

---

[44] Zu derartigen Wachstumsstrategien in Transformationsländern Peng, Heath (1996).

Einbrüche verzeichneten dabei Industrieunternehmen, hier nannten 1999 mehr als drei Viertel Absatzschwierigkeiten, 1997 nur wenig mehr als die Hälfte. Die gesamtwirtschaftliche Lage dürfte auch für die Veränderung im Diversifikationsverhalten moldawischer KMU innerhalb von zwei Jahren verantwortlich sein. So sind 1999 46 vH aller befragten KMU in mehrere Aktivitäten involviert, verglichen mit einem Anteil von 36 vH im Jahr 1997. Im selben Jahr nannten auch nur 5 vH der moldawischen KMU drei Aktivitäten, 1999 bereits 13 vH. Als verstärkende Faktoren kommen die bereits erwähnten finanziellen Engpässe und Defizite in der finanziellen Infrastruktur hinzu – vor allem mit Blick auf den fehlenden Zugang zu Betriebskapitalkrediten, mit denen kurzfristige Finanzierungsengpässe überbrückt werden können.

Im Transformationsprozess reagieren KMU somit mit diversifizierendem Verhalten auf unzureichende strukturelle Rahmenbedingungen. Dieses Verhalten lässt sich in statischer Betrachtung als Reaktion auf externe Strukturen und Umfelder über theoretische Ansätze erklären, die auf den Einfluss ökonomischer Strukturen – Märkte, Wettbewerb, Ressourcen – in der Strategiebildung verweisen. Verstärkend treten in institutionenökonomischer Sichtweise die unzureichenden Institutionen hinzu. Es eröffnen sich insbesondere für den Verlauf der Strategiebildung aber auch weitere theoretische Erklärungsstränge. Diversifikation kann – vor allem in späteren Jahren der Transformation – ebenso wie Portfoliounternehmertum auf Risikominimierung, marktwirtschaftlich orientiertes betriebswirtschaftliches Entwicklungsdenken und die Suche nach einer einträglicheren oder effektiveren Ausrichtung des Unternehmens hindeuten. In dieser Hinsicht lassen diese Strategiemuster indirekte Rückschlüsse auf adaptives Verhalten im Sinne von Lernprozessen und einer damit einhergehenden zunehmend aktiveren Gestaltung des Strategieprozesses zu, erklären sich mithin über Elemente komplexitäts- und systemtheoretischer Ansätze.

Damit würde der Wandel der Handlungsmuster im Zuge situativer makroökonomischer Veränderungen unternehmerisches Lernen reflektieren. Gleichzeitig beinhaltet er mit Blick auf komplexitätswissenschaftliche Theorieansätze das Merkmal der Emergenz: Einfache Handlungen, die ursprünglich eine situative Reaktion widerspiegeln, wie die in Fallstudien oftmals geäußerte Suche nach zusätzlichen Aktivitäten, die den Betrieb finanzieren helfen sollen, und die im vorigen Abschnitt diskutierte Tendenz zu seriellem und Portfoliounternehmertum, entwickeln sich zu komplexeren Strategieverläufen. Fallstudien in den Transformationsländern lassen in diesem Zusammenhang drei *Grundtypen strategischen Verhaltens bzw. des Verlaufs der Strategiegenese* erkennen: „Durchwursteln", aktive Gestaltung und der Übergang vom „durchwurstelnden" bzw. improvisierenden Verhalten zur Gestaltung.

Der in Anlehnung an Lindbloms Beschreibung der Entscheidungsfindung in öffentlichen Verwaltungen so charakterisierte Strategieverlauf des „Durchwurstelns“ (Lindblom 1959: 79) zeichnet sich dadurch aus, dass Entscheidungen über marginale Anpassungen zwar jeweils neu auf die sich ändernden situationsspezifischen Einflüsse und Gegebenheiten abgestimmt, in ihren Grundzügen aber beibehalten werden. Institutionelle Mängel in Verbindung mit pfadabhängigem Verhalten – Persistenz einmal angewandter Verhaltensmuster – stehen als institutionenökonomische, kontextgebundene Erklärungsstränge für dieses Verhalten im Vordergrund, obschon im unten stehenden Beispiel die skizzierten Pläne der Unternehmer erste Anzeichen für die Entwicklung längerfristig ausgerichteter unternehmerischer Orientierungen – vergleichbar einem strategischen Bewusstsein (Gibb, Scott 1985) – erkennen lassen.

Entscheidungstheoretisch erschließt sich das „Durchwursteln“ und die damit einhergehende Kurzfristorientierung strategischen Verhaltens als Ergebnis von Entscheidungsdefekten der Beharrung wie beispielsweise Status quo, sunk cost oder Konservatismus. Dieser Strategieverlauf ist aus der Konflikttheorie der Entscheidungsfindung (Abschnitt 1.1 im ersten Kapitel) ableitbar, nach der trotz möglicher längerfristiger Nachteile anstehende strategische Fragen weitgehend negiert und bisherige Handlungsmuster beibehalten werden, solange es konfliktfrei möglich ist bzw. solange sich keine bessere Alternative realisieren lässt. In Anlehnung an die Terminologie bei Martin und Bartscher lässt sich die erste Verhaltensweise als konfliktfrei beharrendes „Durchwursteln“ charakterisieren, die zweite Verhaltensweise als defensiv vermeidendes „Durchwursteln“ (Martin, Bartscher 1995: 119ff.; Lyles, Thomas 1988: 136). Unsichere und turbulente Umfelder agieren dabei als Verstärkungseffekte in dem Sinne, dass sie – institutionenökonomisch gesprochen – die Herausbildung institutionellen Vertrauens nicht erlauben und Verhaltensänderungen als zu risikoreich erscheinen lassen.

> Beispielhaft dafür steht das Verhalten eines kleinen Strickbetriebes in der moldawischen Hauptstadt Kishinew, der 1992 gegründet wurde[45]. Die hauptsächliche Produktlinie bilden mit Strickmaschinen hergestellte warme Strickwaren wie Pullover, Handschuhe, Socken und Strumpfhosen. Da es sich um ein Saisonprodukt von September bis Februar handelt, betreiben die beiden Eigentümer nebenher Handel, um ihren laufenden Geschäftsbetrieb aufrechterhalten zu können. Anfänglich hatten sie für zwei Jahre einen Lebensmittelstand, der allerdings nicht kostendeckend arbeitete und deshalb aufgegeben wurde. In den letzten Jahren haben sie sich auf Oberhemden aus Polen spezialisiert, die von einem der Unternehmer selbst in Polen eingekauft werden. Im Nachgang der russischen Finanzkrise 1998 geriet der Betrieb aufgrund der stark gesunkenen Nachfrage in enorme Absatzschwierigkeiten, die über die Einkünfte aus dem Handelsgeschäft nicht aufgefangen werden konnten – so konnten im Winter

[45] Die Daten wurden im September 1999 in Kishinew (Regionalstudie) erhoben.

1998/1999 statt 8 000 nur 3 000 Strickwaren verkauft werden. In dieser und ähnlichen Situationen greifen die Eigentümer auf informelle Kredite von Bekannten zurück. Ergebnisse anderer empirischer Studien bestätigen dies in Transformationsländern mit institutionellen und organisationalen Defiziten und einer niedrigen Vertrauensbasis als übliche Finanzierungsstrategie (vgl. z.B. für Russland IPSSA 1998: 112ff.).

Nicht zufrieden sind beide Eigentümer mit dem Vertrieb ihrer Strickwaren, die vor allem über lokale Markthändler in Kishinew angeboten werden, manchmal auch auf regionalen Märkten durch Kunden, die aus anderen Landesteilen nach Kishinew kommen und über den Eigenbedarf hinaus Waren mitnehmen. Langfristig wünschenswert ist ihrer Meinung nach die Anmietung eines eigenen Ladenlokals bzw. einer Ladentheke innerhalb der großen Kaufhäuser. Dafür müssten Bankenkredite beantragt werden, da die bisherige informelle Form der Zwischenfinanzierung aufgrund der hohen Zinssätze zu teuer ist. Hier stellt sich jedoch als gravierendes Problem, dass das Unternehmen nur einen kleinen Teil seiner Einkünfte versteuert, die Unternehmer deshalb eine offizielle Kreditbeantragung scheuen.

Neben dem „Durchwursteln" findet sich als entgegensetzter Pol der Typ der Gestaltung, d.h. ein konsistenteres strategisches Herangehen im Sinne einer aufeinander abgestimmten und weitgehend inkremental verlaufenden Strategieentwicklung (vgl. dazu Quinn 1978). Diese lässt sich theoretisch über Ansätze rationaler und verhaltenswissenschaftlicher Entscheidungsfindungen als wohlüberlegte und umfassende(re) Entscheidung auf Basis einer fundierten Auswahl von Alternativen erklären. Umfeldorientierte theoretische Ansätze tragen hier nur wenig zur Erklärung bei, da das Umfeld zwar Anstöße zu strategischem Handeln geben kann, dieses aber auch unabhängig vom Umfeld erfolgt. Das nachfolgende Beispiel vermag diesen Genesetyp zu verdeutlichen.

Das russische Unternehmen, das 1994/1995 gegründet wurde und 1999 35 Personen beschäftigte, befasste sich anfänglich mit dem Verkauf von in der Türkei produzierten Hosen, der aber aufgrund schlechter Qualität aufgegeben wurde[46]. Der Unternehmer verarbeitete dann Textilien aus dem westlichen Ausland, bis er schließlich zur Vertikalintegration überging und den gesamten Produktionszyklus von der Schaffarm über die Textilverarbeitung und Herstellung von Konfektionswaren bis zum Verkauf in sein Unternehmen integrierte. Zwar sollten mit Hilfe dieser Konstruktion steuerliche Verbindlichkeiten auf ein Minimum reduziert werden, der Unternehmer verwies aber zugleich darauf, dass er dieses Vorgehen als explizite Wettbewerbsstrategie versteht, die es ihm erlaube, konkurrenzfähige Prei-

46 Die Daten wurden im Januar 1999 in Moskau (Beschäftigungsstudie) erhoben.

> se zu kalkulieren. Im Zuge der russischen Krise ist er jedoch mittlerweile dazu übergegangen, einen Teil der Produktion nach außen zu vergeben, um Nachfrageschwankungen flexibel ausgleichen zu können. Gleichzeitig konstatiert er, dass diese Strategie doch kosteneffizienter sei, trotzdem möchte er aufgrund der von ihm als unsicher eingeschätzten Situation die eigene Produktion nicht gänzlich aufgeben.

Schließlich vermag ein letztes Beispiel einen weiteren Verlauf der Strategiegenese näher zu beleuchten, und zwar das Reagieren-Agieren als sprunghaften Übergang von reaktivem und improvisierendem, Letzteres verstanden als kreatives und zukunftsgerichtetes Handeln (Baker et al. 2001), zu aktiver(er) Strategiegestaltung – hier bei der Erschließung von Märkten. Im Sinne der komplexitätswissenschaftlichen Ansätze zeigt sich hier am stärksten der emergente Verlauf der Strategiegenese in KMU als Übergang von reaktiven und einfachen Strategiemustern zu geplanterem und komplexerem Handeln.

Der Übergang selbst lässt sich aus umfeldbezogener Sicht als Reaktion auf externe Krisen und aktionstheoretisch über die Entwicklung eines strategischen Bewusstseins beschreiben. Theoretische Erklärungen liefern entscheidungstheoretische Ansätze, die den Übergang als einen Wechsel zu vollständigeren Entscheidungen, die in den Beispielen mit konsistenteren Strategien durchgängiger praktiziert wurden, verstehen (Rajagopalan et al. 1993: 358f.). Auch hier greift die Konflikttheorie der Entscheidungsfindung in der Hinsicht, dass die bisherige selektive Wahrnehmung und das Festhalten am Status quo zunächst Beharrungstendenzen in der einmal gewählten Strategie erklären, solange damit nur geringe Risiken verbunden sind – das bereits erwähnte konfliktfrei beharrende „Durchwursteln". Sobald beispielsweise sich ändernde Umfeldbedingungen wie wirtschaftliche Krisen das Risiko bisheriger Strategien drastisch erhöhen, werden strategische Anpassungen unumgänglich. Lassen sich dann noch realisierbare Alternativen finden, wird ein strategischer Wechsel vorgenommen und zukünftige Strategien im Idealfall – so denn kein zeitlicher Handlungsdruck besteht, der eine rasche Entscheidungsfindung bedingen würde – gleichzeitig langfristig(er) ausgerichtet, wie das folgende Beispiel zeigt.

> Die russische Unternehmerin gründete ihre kleine Agentur, die sich auf berufliche Fortbildungsreisen für Manager großer Unternehmen spezialisierte, zu Beginn der neunziger Jahre[47]. Ihre Kunden rekrutierte sie zunächst auf informellem Weg – über ehemalige Studienkollegen – und über eine einmalige Direktmailaktion an Banken, als diese Nachfrage Mitte der neunziger Jahre zurückging, eher zufällig über Mund- zu-Mund-Propaganda aus der Versicherungswirtschaft und Industriebetrieben. Im Nachgang der russischen Krise trat die Mehrheit ihrer Kunden von den für Herbst

---

47 Die Daten wurden im September 2000 in Moskau (Beschäftigungsstudie) erhoben.

> 1998 bereits unterzeichneten Verträgen zurück. Während der folgenden sechs Monate lief das Geschäft äußerst schlecht. Die laufenden Betriebsausgaben deckte die Unternehmerin mit ihren Rücklagen. Gleichzeitig begann sie nach eigenen Angaben systematische Marktforschung: „Vor der Krise habe ich immer darüber gesprochen, dass ich unser Angebot ausweiten müsste und mich auch um eine Geschäftspolitik kümmern müsste, aber bis die Krise kam, hatte ich nie Zeit.“ So entwickelte sie auf Basis ihrer Marktbeobachtung eine Fortbildungsreise für Industriebetriebe, die sie schriftlich anbot, und konnte auf diesem Wege Kunden aus vier weiteren Branchen gewinnen.

Dieses letzte wie auch weitere hier nicht referierte Beispiele erlauben vor dem Hintergrund der Wirtschaftskrise hinsichtlich des Wettbewerbsverhaltens und des unterliegenden emergenten Verlaufs der Strategieentwicklung eine interessante Einschätzung, die von russischen Wissenschaftlern geteilt wird[48]: Offensichtlich war die Krise in vielen Fällen Auslöser für ein überlegteres strategisches Herangehen im Sinne der Entwicklung einer langfristig ausgerichteten und aktiven Unternehmensstrategie. Rajagopalan et al. (1993: 365f.) sprechen in diesem Zusammenhang von einer Beschleunigung der Entscheidungsfindung in Abhängigkeit von der Unsicherheit des Umfeldes. Den Übergang zur aktiveren Strategiegenese schaffen diejenigen KMU nicht, die sich in Anlehnung an Scase als so genannte „proprietors“ (Scase 1997: 15) durch eine geringe Wachstumsorientierung und eine generell kurzfristige Ausrichtung der Geschäftstätigkeit charakterisieren lassen (Polonsky 1998: 527). In diesen Unternehmen bleibt beispielsweise Diversifikationsverhalten ein beliebiges und undifferenziertes strategisches Verhalten in dem Sinne, dass jede sich ergebende Chance ohne Rücksicht auf das bisherige Unternehmensportfolio wahrgenommen wird.

Hier ist ein abschließender Blick auf die beruflichen Erfahrungen der in den letzten Beispielen erwähnten Unternehmer aufschlussreich: Während der moldawische Unternehmer über keine Managementerfahrungen verfügt und auch keine Fortbildung besucht hat, war der russische Unternehmer bereits vor der Gründung in leitender Position in einem Staatsbetrieb tätig und hat zudem erst kürzlich im Rahmen eines Förderprogramms Managementfortbildungen in Deutschland und Japan absolviert. Die russische Unternehmerin rekrutierte sich zwar ohne unternehmerische und betriebswirtschaftliche Kenntnisse aus der Universität, sie konnte dieses Kompetenzdefizit aber offensichtlich durch einen aktiven Einsatz ihrer persönlichen Beziehungen ausgleichen. Hier greifen ressourcentheoretische Erklärungen mit ihrem Hinweis auf die Bedeutung strategischer Ressourcen: Personengebundene Ressourcen begünstigen eine aktive Gestaltung von Unternehmensstrategien im Sin-

---

48 Informationen aus Gesprächen mit Dr. habil Tschepurenko und Dr. Radaev im September 2000 in Moskau. Vgl. auch Tschepurenko (2001).

ne ex ante durchdachter (geplanter) Handlungen, Kompetenzdefizite wirken hinderlich. Alterseffekte, die aufgrund der Verfestigung der subjektiven Wahrnehmungen und kognitiven Erfahrungen ein „Umlernen" erschweren, können verstärkend hinzutreten. In diesem Zusammenhang zeigen quantitative Daten der Politikstudie, dass ukrainische, weißrussische und moldawische Unternehmer mit Managementerfahrungen bzw. mit Universitätsabschluss eine signifikant höhere Neigung zur Erweiterung oder Modifizierung ihres Angebotes – mithin zur aktiven strategischen Gestaltung – aufweisen. Während jeweils mehr als die Hälfte der Unternehmer ohne jegliche Managementerfahrung und ohne Universitätsabschluss keine Produktentwicklung vornimmt, liegt dieser Anteil bei der Gruppe der erfahrenen Unternehmer unter 40 vH. Dagegen lässt sich anhand der quantitativen Daten ein Alterseffekt nicht bestätigen.

Als günstig für eine aktivere Strategiegenese stellen sich jedoch auch die Bereitschaft der Unternehmer zur Aneignung neuer Kompetenzen und die Inanspruchnahme externer Unterstützung heraus[49]. Das bestätigen nicht nur die erhobenen Fallstudien, sondern ansatzweise auch die quantitativen Daten der eigenen Befragungen. Diese zeigen beispielsweise, dass nach eigener Einschätzung erfolgreichere Unternehmen – das sind den Fallstudien nach diejenigen, die strategisch überlegter vorgehen – überdurchschnittlich häufig auf externe Ressourcen – Finanzen und auch Beratung – zurückgreifen. So hatten in der Regionalstudie 80 vH der erfolgreichen Unternehmen externe Beratung in Anspruch genommen, verglichen mit 33 vH derjenigen, die ihre wirtschaftliche Entwicklung als unbefriedigend einschätzten.

Mit Blick auf den Übergang zu aktiverem strategischen Verhalten spielen mithin sowohl individuelle Bereitschaft und Orientierungen als auch personengebundene strategische Ressourcen – betriebswirtschaftliches Wissen und Managementfähigkeiten – eine Rolle, während externe radikale Veränderungen im Transformationsverlauf als Auslöser wirken. Personengebundene Einflüsse auf die Strategiegenese gewinnen dabei im Verlauf der Unternehmensentwicklung in unsicheren Umfeldern an Bedeutung hinsichtlich der langfristigen Entwicklungsperspektiven der KMU. Inwieweit und in welcher Weise auch kulturellen Einflüssen eine Bedeutung bei der Strategiegenese zukommt, ist Gegenstand des folgenden Abschnittes.

---

49 Zu einer vergleichbaren Einschätzung für ehemals staatliche Betriebe vgl. Newman (1998: 17ff.).

### 2.4 Gesellschaftlicher Umbruch, unternehmerische Traditionen und Strategien: Zur Frage kultureller Prägungen

Der mit dem Übergang zur Marktwirtschaft begonnene wirtschaftliche und politische Umgestaltungsprozess in den Transformationsländern setzte sich auf gesellschaftlicher Ebene fort. Dabei verlief der gesellschaftliche Umbau der Staatsspitze in den mittel- und osteuropäischen Ländern unterschiedlich „sanft": Er war am schwierigsten unter den hier betrachteten Ländern in der Tschechischen Republik sowie in den ehemaligen sowjetischen Republiken Ukraine, Moldawien und Weißrussland, in gewisser Hinsicht auch in Russland, in dem die Vertreter des alten Regimes ihre Positionen äußerst hartnäckig verteidigten. Ein derartiger Umbruch beschränkt sich naturgemäß nicht auf die Staatsspitze, sondern bezieht die (ehemals) staatlichen Manager und bereits existierende Privatunternehmer ein. Gesellschaftliche Umbrüche im Sinne einer Veränderung der von North als informell bezeichneten Institutionen – Werte, Normen, Verhaltensweisen und Denkmuster, aber auch die praktische Umsetzung des Wirtschaftsrechts – sind dabei langwieriger und in ihrer Durchsetzung schwieriger als die formal einfache Gestaltung eines neuen politischen und wirtschaftlichen Systems (North 1995: 234).

Nicht unproblematisch ist die empirische Ableitung kultureller Prägungen von unternehmerischen Handlungen bzw. Strategien. Hier wird implizit die kontrovers diskutierte Frage nach dem Vorhandensein des Homo sovieticus[50] aufgeworfen, die allerdings in dieser Arbeit allenfalls ansatzweise empirisch zugänglich ist. Beim Homo sovieticus handelt es sich um einen Typus, der sich vor allem über mangelnde Eigeninitiative, fehlende Risikobereitschaft und schwach ausgeprägtes Verantwortungsgefühl charakterisieren lässt. Mögliche kulturelle Einflüsse erschließen sich zum einen über die sozioökonomischen Ausgangsbedingungen für privates Unternehmertum in der Transformationsphase (das vorsozialistische und sozialistische Erbe gesellschaftlich tolerierten Verhaltens), zum anderen über den individuellen Werdegang (Motivationsstrukturen und die Herkunft der Unternehmer).

Transformationsländer stehen vor dem grundsätzlichen Problem, während der Planwirtschaft eingeübte und gesellschaftlich akzeptierte bzw. tolerierte Verhaltensweisen und Einstellungen – dazu gehören z.B. die Geringschätzung privaten Eigentums, eingeschränkte Entscheidungsbefugnisse und Unterdrückung unternehmerischer Eigeninitiative, Risikoaversion, die nicht genehmigte Verwendung staatlicher Materialien und Ausrüstungen, auch toleriertes Stehlen am Arbeitsplatz[51] – mit Blick auf in Marktwirtschaften erwünschtes (unternehmerisches) Verhalten zu ändern.

---

[50] Kritisch dazu Shiller, Boycko, Korobov (1992), auch Blankennagel (2000: 116f.). Literarisch abgehandelt hat dieses Thema Alexander Sinowjew (1987) in seinem lesenswerten Roman („Homo sovieticus"), der den Homo sovieticus in allen seinen Fassetten beschreibt.

[51] Vgl. Los (1992: 118), für Polen Taigner (1987: 110ff.), für Russland Schulus (1993: 253).

Interessant ist im Zusammenhang mit der Frage nach der kulturellen Prägung von Strategien deshalb der Blick auf die sozialistischen Ursprünge heutigen Unternehmertums. Die Zentralverwaltungswirtschaft gliederte sich in den offiziellen Sektor, in die zweite Wirtschaft und in einen illegalen Bereich, wobei die beiden Letzteren auch als „Untergrund- oder Schattenwirtschaft" bezeichnet werden[52]. Die Übergänge zwischen diesen drei Bereichen wirtschaftlicher Tätigkeit waren fließend, die jeweiligen Abgrenzungen wurden ständig neu definiert. So wurde die Grenze zwischen der akzeptierten und der nichtakzeptierten Grauzone niemals klar festgelegt, sondern folgte immer höchst willkürlichen Auslegungen, die von den jeweiligen politischen Konstellationen abhängig waren. Der Grenzbereich zwischen akzeptierter Grauzone bzw. der zweiten Wirtschaft und dem offiziellem Sektor wiederum war Gegenstand des Kampfes um Reformexperimente. Dem offiziellen – oft auch erster Sektor genannten – Bereich gehörten die legalen bzw. amtlicherseits sanktionierten Unternehmen an, das waren staatliche Betriebe, Genossenschaften und die wenigen offiziell erlaubten Privatbetriebe.

In der zweiten Wirtschaft fanden sich zunächst einmal die offiziell tolerierten Aktivitäten von staatlichen Unternehmen und Genossenschaften. Planwirtschaftliche Vorschriften – z.B. bei der Zuteilung von Rohstoffen – zwangen staatliche Unternehmensleitungen zu Anpassungsreaktionen im Umgang mit der Staatsbürokratie. So bildeten sich die so genannten „parallelen Kreise" (Kerblay 1977: 180), mit deren Hilfe die Direktoren staatlicher Unternehmen versuchten, Ressourcenknappheiten auszugleichen und Planvorgaben zu erfüllen, und es entstand der Tolkach[53], der als Angestellter in staatlichen Unternehmen für die Reduzierung der auferlegten Planziele und die informelle Beschaffung der erforderlichen Rohstoffe und Materialien zuständig war (Ledeneva 1998: 25f.; Liuhto 1999: 15f.). Auch geduldete, aber im Prinzip nicht erlaubte privatwirtschaftliche Aktivitäten, die außerhalb oder innerhalb der regulären Arbeitszeit auf monetärer, öfters noch auf Tauschbasis abgewickelt wurden, wie z.B. Bau und Renovierung von Wohnhäusern, Reparaturen von Kraftfahrzeugen, private Vermietung, medizinische Dienstleistungen sowie landwirtschaftlicher Nebenerwerb, gehörten zur zweiten Wirtschaft (Los 1992: 113ff.). Schließlich zählten auch noch einige akzeptierte Missbräuche am „kriminellen Rand" dazu wie bestimmte Formen des Diebstahls von Volkseigentum – beispielsweise für den privaten Villenbau für hohe Funktionäre – sowie privater Devisenhandel und Prostitution.

---

52 Für eine kurze Diskussion um verschiedene Möglichkeiten der Abgrenzung vgl. Dallago (1990: 6ff.) und Welfens (1992: 114f.).

53 Tolkach leitet sich vom entsprechenden russischen Verb mit der Bedeutung „stoßen", im übertragenen Sinne auch „antreiben, vorwärts bringen, fördern" ab. Der Tolkach ist also jemand, der die Interessen seines Unternehmens fördert.

Als dritter Sektor sind schließlich die illegalen Tätigkeiten zu nennen, die kriminelle Aktivitäten im Bereich der staatlichen Unternehmen (Diebstahl von Volkseigentum, Bestechungsgelder usw.) sowie gesetzlich nicht erlaubte private Tätigkeiten umfassen. Bei Letzteren fanden sich solche, die auch in westlichen Rechtsstaaten als kriminell eingestuft werden wie Rauschgiftgeschäfte, aber auch solche, die in Marktwirtschaften nicht illegal sind wie beispielsweise in der Tschechoslowakei und den ehemaligen Sowjetrepubliken bis zur Perestroika sämtliche gewerbliche Tätigkeiten (zur Abgrenzung vgl. Dallago 1990: 15ff.).

Diese speziellen Gegebenheiten in den Zentralverwaltungswirtschaften hatten die Herausbildung besonderer – den planwirtschaftlichen Rahmenbedingungen angepassten – Unternehmertypen zur Folge, deren Spektrum vom bürokratisch am Plan orientierten Leiter staatlicher Unternehmen über Privatunternehmer in gesicherter Nischenexistenz bis hin zu den Unternehmern in den verschiedenen Sphären der zweiten und illegalen Wirtschaft reichte[54]. Grundsätzlich stellt sich damit die Frage, inwieweit vorherige (berufliche) Ausbildungen und Erfahrungen für die Strategiegenese im Transformationsprozess relevant sind[55]. Managementkenntnisse von KMU wurden – wie die eigenen Befragungen und andere Untersuchungen zeigen[56] – in den ehemals sowjetischen Republiken in staatlichen Betrieben erworben. So gaben in der Politikstudie 1997 zwar fast drei Viertel der befragten Unternehmer in der Ukraine, Weißrussland und Moldawien Managementkenntnisse an, allerdings hatten nur 14 vH ihr Wissen in Privatunternehmen erlernt.

Im staatlichen Sektor waren vor den Wirtschaftsreformen zwar auch Führungstalente gefragt. Im Vordergrund standen jedoch technokratische Tugenden, die einer unternehmerischen Betätigung auf den ersten Blick eher abträglich als förderlich scheinen. Autonome Entscheidungsfähigkeiten waren nicht gefragt – weitreichende Entscheidungen waren nicht erlaubt, Mut zum Risiko und vorausschauendes Denken wurden nicht verlangt. Dagegen waren organisatorische Fähigkeiten sowie möglichst gute Beziehungen zur staatlichen Administration gefordert. Aber auch hier zeigt sich bereits unternehmerisches Talent, ging es doch oftmals darum, günstige Planziele auszuhandeln oder Lücken in der Versorgung mit Rohstoffen zu schließen (Lageman 1995: 24ff.). In diesem Zusammenhang verweisen Wissenschaftler darauf, dass die in der Planwirtschaft erworbene Fähigkeit des „Durchwurstelns" zur Erfüllung von Planzielen als quasiunternehmerische („para-entrepreneurial", Grancelli

---

[54] Vgl. für mitteleuropäische Länder Búltova, Bútorová, (1993), Gabór (1991), Kabele (1993: 765) sowie Kornai (1992: 104); für die Entwicklung des russischen Unternehmers Saizew (1994).

[55] Vgl. für eine grundsätzlich negative Einschätzung des heutigen Humankapitals und seiner Eignung für das Unternehmertum Mugler (2000: 161f.).

[56] Generell Grancelli (1992: 100), z.B. für Russland IPSSA (1998: 81ff.), Saizew (1994), Tschepurenko (1998).

1992: 100) Fähigkeit einzustufen ist und Unternehmern im Transformationsprozess die rasche und erforderliche Anpassung an unsichere und risikoreiche Umfelder erlaubt[57].

Mit den Reformexperimenten in Ungarn und – wenn auch in geringerem Maß – in Polen veränderte sich diese Situation. Nicht nur wurden private Tätigkeiten erlaubt, auch staatliche Unternehmen bekamen bestimmte (neue) Entscheidungsbefugnisse. So wurden in Ungarn beispielsweise bereits 1968 Kauf-, Produktions- und Investitionsentscheidungen auf staatliche Direktoren übertragen, 1985 erhielt die Beschäftigtenvollversammlung in kleinen Staatsfirmen mit weniger als 500 Beschäftigten bzw. der Delegiertenrat der Arbeitnehmer in mittleren und den meisten großen staatlichen Unternehmen weitreichende Befugnisse hinsichtlich der Auswahl der Unternehmensleitung, der Zustimmung zu Plänen und Unternehmensreorganisationen (Naor, Brod 1986: 56, 64ff.). Hier boten sich gewisse Möglichkeiten für das Einüben unternehmerischer Fähigkeiten, wenngleich das nie die eigentliche Absicht der staatlichen Reformer war.

Das marktwirtschaftliche Potenzial der verschiedenen privatwirtschaftlichen Aktivitäten aus der Planwirtschaft und der dahinter verborgenen unternehmerischen Kompetenzen ist ebenfalls differenziert zu beurteilen[58]. Illegale und nicht erlaubte Tätigkeiten, die in der Regel der Erwirtschaftung von Zusatzeinkommen dienten, bieten im Allgemeinen kein großes unternehmerisches Potenzial, allenfalls zwangsweise beim Verlust gesicherter Einkommensmöglichkeiten (Laky 1992: 168f.). Sie waren häufig nur auf die Erwirtschaftung schneller Gewinne und für eine kurzfristige Periode angelegt (Gabór 1991: 350; Los 1992: 113ff.).

Nur geringe Potenziale stecken auch in nebenberuflichen Tätigkeiten im Rahmen der offiziellen Wirtschaft, die beispielsweise in Ungarn mit den in 2.1. angesprochenen Wirtschaftsreformen von 1982 zugelassen wurden. Dazu zählten z.B. die innerbetrieblichen Arbeitspartnerschaften (Laky 1985). Statt privatwirtschaftlich organisierter unabhängiger Gruppen, die auf betriebliche Materialien und Werkzeuge Zugriff hatten, entstanden hier organisatorisch abhängige kollektiv organisierte Arbeitsbrigaden, die zwar außerhalb der Arbeitszeit, aber auf Überstundenbasis mit höheren Löhnen arbeiteten. Letztlich lief die Einführung dieser Unternehmensform darauf hinaus, dass sich entweder viele Arbeiter in ihrer regulären Arbeitszeit für die private Tätigkeit „ausruhten“ oder es wurde, da diese Arbeitsgemeinschaften durch die staatliche Unternehmensleitung genehmigt werden mussten, gleichzeitig de-

---

57 Vgl. z.B. Kusnezova (1999), Ledeneva (1998). Zur Rolle von Managementfähigkeiten in ehemaligen staatlichen Unternehmen Brada (1998).

58 Zum unternehmerischen Potenzial der bisherigen erlaubten und tolerierten Aktivitäten vgl. Grancelli (1992: 97ff.) sowie Glinkina (1992).

ren Entlohnung nicht den planwirtschaftlichen Regelungen unterlag, damit ein besonders kurioses Prämiensystem für verdienstvolle Mitarbeiter konstruiert (Laky 1985, 1991: 248f.). Unternehmerische Reaktionen wurden nicht vom Markt bestimmt, sondern von der jeweiligen Arbeitskapazität der „Unternehmer" bzw. Mitarbeiter. Im Vordergrund stand die Erwirtschaftung eines zusätzlichen Einkommens, während risikoreiche Entscheidungen, die diesen Arbeitsgemeinschaften erlaubt gewesen wären, weitgehend vermieden wurden. Damit fehlte aber auch die unternehmerische Dynamik.

Diejenigen unternehmerischen Fähigkeiten, die auch Relevanz für den Übergang zur Marktwirtschaft besitzen, konnten sich am ehesten in unabhängigen Tätigkeiten entfalten, wie den privaten Wirtschaftsgemeinschaften in Ungarn. Insbesondere polnische und ungarische Privatunternehmer haben so bereits während der Zentralverwaltungswirtschaft eine „begrenzte" Marktfähigkeit unter Beweis gestellt und unternehmerische Reaktionen einüben können.

Als Ergebnis der einschlägigen Erfahrungen aus der Zentralverwaltungswirtschaft bleibt festzuhalten: In allen Ländern existierte ein begrenztes Erfahrungsfeld für künftige Unternehmer. Außerdem sind die in diesen Gesellschaften unterschwellig vorhandenen spezifischen Prägungen, die sich auf die zurückliegende Einschränkung der privatwirtschaftlichen Tätigkeit zurückführen lassen, in Rechnung zu stellen (Los 1992: 117). Kritisch betrachtet werden muss deshalb die Relevanz dieser Erfahrungen mit Blick auf strategische Entwicklungsprozesse in KMU. Ging es in den Zentralverwaltungswirtschaften um die Lösung von Beschaffungsproblemen – eine Schwierigkeit, die auch zu Beginn von Transformationsprozessen eine Rolle spielt, stehen bei der Frage nach langfristigen Entwicklungsperspektiven von KMU in Marktwirtschaften Fähigkeiten im Vordergrund, die auf die Erschließung und Mobilisierung von (neuer) Nachfrage ausgerichtet sind. Hier sind Handlungsmuster, die sich in den skizzierten kurzfristig rationalen und auf tägliches Überleben ausgerichteten Strategien manifestieren, „schädlich" für die Entwicklung langfristig orientierter Strategien des KMU, falls es nicht gelingt, diese (kognitive) Barriere zu überwinden. So verweisen Wissenschaftler insbesondere mit Blick auf die Transformation in Ländern mit geringen Fortschritten darauf, dass die diesen Handlungsmustern unterliegende kurzfristige Rationalität zu Entwicklungsblockaden führen würde (Blankenagel 2000: 116f.; Feige 1997).

Diese kurzfristig ausgerichteten Handlungsorientierungen sind nach dem Einsetzen des Transformationsprozesses besonders noch bei einem Teil derjenigen Unternehmer zu beobachten, die bereits während der Planwirtschaft privaten Tätigkeiten im offiziellen Sektor nachgingen. Das waren z.B. neben den bereits erwähnten Ansätzen in Polen und Ungarn auch diejenigen Kooperativen, die sich mit Einsetzen der sowjetischen Perestroika seit 1985 entwickelten. Sie wirtschafteten in planwirtschaftlichen Marktnischen, hatten in der

Regel einen festen Kundenkreis und ein gesichertes Einkommen. Massive Schwierigkeiten der „alten" Privatunternehmer ergaben sich durch den Verlust der sicheren Marktposition bei der Umstellung auf die Marktwirtschaft, während reformfeindliche Einstellungen vieler dieser Unternehmer langfristige strategische Anpassungen – z.B. eine aktive Markterschließung – verzögerten und stattdessen ein kurzfristiges Strategieverhalten begünstigten (Johnson et al. 1992: 20f.; Kolodko 1999: 5ff.).

> Ein Beispiel für dieses Strategieverhalten ist ein seit 25 Jahren bestehendes Unternehmen in Kiew, das 1994 auf Anregung des damaligen wie heutigen Direktors privatisiert wurde und dessen Direktor seine Einschätzung der heutigen Situation in dem Satz zusammenfasst, dass die besten Ergebnisse während der Planwirtschaft erzielt wurden[59]. Das ursprüngliche Produkt- und Dienstleistungsspektrum umfasste Druck- und Verlagsarbeiten, Transport- sowie Ausbaudienstleistungen. Seit 1997 hat das Unternehmen aufgrund der einseitigen Kundenstruktur – staatliche Institutionen – und deren Zahlungsschwierigkeiten gravierende Liquiditätsprobleme, die den Direktor zur Aufgabe des Verlagsgeschäfts bewogen. Die Märkte im Transport- und Ausbaugewerbe waren bereits zu Beginn der Transformation durch enorme Konkurrenz preisgünstigerer einheimischer Anbieter umkämpft. Als erfolglos erwies sich der einmalige und eher durch Zufall bestimmte Versuch des Unternehmens, über die Produktion von Notebooks für Schulen neue Märkte zu erschließen: Das KMU verfügte nicht über die dafür notwendige Technologie, sondern setzte eigene Herstellungsverfahren ein, welche die Produktion allerdings erheblich verteuerten. Als umsatzsteigernd erwies sich diese Produktlinie deshalb nur zu Anfang der Transformation, als der ukrainische Markt noch nicht gesättigt war.

Spezifische gesellschaftliche Einstellungen wie die Unterdrückung der Eigeninitiative müssten sich – geht man von der These kultureller Prägungen und der Existenz eines Homo sovieticus aus – auch im Gründungsgeschehen widerspiegeln, da Sozialisation und bisherige Erfahrungen den Markteintritt (mit-)beeinflussen (Busenitz, Lau 1996: 33). Aber bereits der mit Einführung der Gewerbefreiheit einsetzende Gründungsboom lässt zumindest mit Blick auf die unterstellte fehlende Eigeninitiative keine offensichtlich sowjetischen Prägungen der Unternehmer erkennen. Das Vorhandensein unternehmerischer Initiative bestätigt indirekt auch ein Blick auf die individuellen Motivationsstrukturen heutiger Unternehmer. Hier würden – in starker Vereinfachung – Pullfaktoren tendenziell auf unternehmerisch aktivere Persönlichkeiten deuten, die in einer selbständigen Tätigkeit attraktive Möglichkeiten zur Selbstverwirklichung sehen; Pushfaktoren wären demgegenüber in erster Linie Ausdruck eines „ungewollten" Unternehmertums (Amit, Muller 1996: 93).

---

[59] Die Daten wurden im August 1999 in Kiew (Regionalstudie) erhoben.

Allerdings unterliegt diese dichotomische Klassifizierung von Gründungsmotiven mit Blick auf deren empirische Fassbarkeit mittlerweile erheblichen Vorbehalten, weil sich Motivationsstrukturen stets komplex darstellen und Push- und Pullmotive in den meisten Fällen nur schwer voneinander zu trennen sind.

Grundsätzlich zeigen empirische Erhebungen der Gründungsmotive im Rahmen der Politikstudie – zumindest für die Ukraine und Weißrussland – keine wesentlichen Unterschiede in der Gründungsmotivation im Vergleich zu westlichen Marktwirtschaften (Tabelle 11); zu vergleichbaren Ergebnissen für mitteleuropäische Unternehmer kommt auch die MOE-Studie. An erster Stelle stehen Pullfaktoren wie der Wunsch nach wirtschaftlicher Eigenständigkeit, wenngleich auf makroökonomischen und strukturellen Entwicklungen beruhende Pushfaktoren wie die Furcht vor Arbeitslosigkeit oder der Wunsch nach Einkommensverbesserungen ebenfalls eine vergleichsweise große Rolle spielen.

> Pull- wie Pushfaktoren spielten beispielsweise eine Rolle bei der Gründung eines russischen Unternehmers, der in Moskau im Gebäude eines größeren Forschungsinstitutes ein kleines eigenständiges Zentrum für Analysen und kommerzielle Informationen aufbaute[60]. Vor Beginn der Transformation war der Unternehmer wissenschaftlicher Angestellter des Forschungsinstitutes, in dem er noch heute seine Firmenräume hat. Er hat offensichtlich bereits während der sozialistischen Zeit unternehmerische Tätigkeiten versucht und beschreibt sich selbst als „frustrierten sozialistischen Unternehmer". Der Rückgang wissenschaftlicher Budgets in den frühen neunziger Jahren sowie die damit verbundenen Einschränkungen bei der Forschung und die wachsende Unsicherheit hinsichtlich seines Arbeitsplatzes bewegten ihn schließlich 1992 zur Unternehmensgründung. Ein anderes Beispiel ist ein Unternehmer georgischer Abstammung, der in Moskau eine kleine Personalagentur gründete[61]. Er nannte seine wachsende Frustration mit den Bedingungen in den späten achtziger bzw. frühen neunziger Jahren, die es ihm erschwerten, sein ehrliches Auskommen als Mediziner zu finden, als hauptsächlichen Grund für die Unternehmensgründung.

In Moldawien deuten die vorrangigen Gründungsmotive – als erste Priorität nannten die Unternehmer Einkommensverbesserungen – vor allem auf Markteintrittsstrategien als Reaktion auf das unsichere makroökonomische Umfeld, die gekoppelt sind mit dem Wunsch nach Unabhängigkeit und persönlicher Selbstverwirklichung (Tabelle 11). Dazu kommt eine vergleichsweise große Rolle von Pushmotiven; Arbeitslosigkeit wurde immerhin von 23 vH

[60] Die Daten wurden im Januar 1999 in Moskau (Beschäftigungsstudie) erhoben.

[61] Die Daten wurden im Januar 1999 in Moskau (Beschäftigungsstudie) erhoben.

Tabelle 11

**Gründungsmotive in der Ukraine, Weißrussland und Moldawien**
1997; in vH

| 1997 | Ukraine | | Weißrussland | | Moldawien | | Alle Länder | |
|---|---|---|---|---|---|---|---|---|
| | 1. Priorität | Alle 3 Motive | 1. Priorität | Alle 3 Motive | 1. Priorität | Alle 3 Motive | 1. Priorität | Alle 3 Motive |
| Unabhängigkeit | 49 | 76 | 54 | 75 | 19 | 43 | 46 | 71 |
| Selbstverwirklichung | 17 | 63 | 21 | 59 | 19 | 58 | 19 | 61 |
| Höheres Einkommen | 18 | 67 | 11 | 81 | 40 | 81 | 19 | 73 |
| Sozialer Status | 2 | 13 | 0,6 | 7 | 1 | 18 | 1 | 12 |
| Arbeitslosigkeit | 3 | 11 | 2 | 8 | 4 | 23 | 3 | 12 |
| Unbefriedigende vorherige Beschäftigung | 6 | 20 | 9 | 33 | 10 | 36 | 7 | 26 |
| Nachfrage befriedigen | 4 | 27 | 1 | 20 | 7 | 18 | 4 | 24 |
| Andere Gründe | 1 | 4 | 1 | 4 | 1 | 5 | 1 | 4 |
| N | 314 | | 168 | | 81 | | 563 | |

Eigene Berechnungen. – Drei Antworten möglich. RWI ESSEN

aller Unternehmer als Grund für den Markteintritt genannt. Eine Rolle spielte hier in den ersten Jahren der Transformation die Tatsache, dass staatliche Unternehmen ihre Beschäftigten in unbezahlten Urlaub – damit formal in die nicht alimentierte Arbeitslosigkeit – schickten, um Abfindungen zu umgehen. Aus dieser Situation heraus gründete auch der bereits erwähnte moldawische Unternehmer seinen kleinen Strickwarenbetrieb.

Schließlich reflektiert der beim Kombinieren aller drei Gründungsmotive mit fast einem Viertel recht hohe Anteil der Unternehmer, die Nachfragebefriedigung als ein Motiv für den Markteinstieg nannten, die enormen Marktchancen zu Transformationsbeginn. Damit lassen Gründungsmotive bei KMU keine explizite kulturelle Prägung erkennen, vielmehr scheint vor allem das aktuell wahrgenommene Umfeld Motivationsstrukturen zu beeinflussen (Shiller et al. 1992: 179f.). Darauf deuten auch russische Untersuchungen, die erkennen lassen, dass die Bedeutung monetärer Motive zu-, die der Selbstverwirklichungsmotive dagegen abgenommen hat[62].

Allerdings zeigt der Blick auf die soziale Herkunft der „neuen" Unternehmer in Osteuropa transformationstypische Zugangswege zum Unternehmertum, die wiederum spezifische Strategiemuster begünstigen (können). Unternehmer rekrutieren sich aus verschiedenen sozialen Gruppen mit unterschiedlichen Zugängen zu den für eine Gründung notwendigen Ressourcen – Humankapital, Beziehungen, Finanzen. Dazu zählen der ehemalige sozialisti-

62 Vgl. Tschepurenko (1999: 144ff.), der in diesem Zusammenhang überspitzt davon spricht, dass Marx Schumpeter besiege.

sche Mittelstand, Unternehmer der sozialistischen zweiten Wirtschaft und die Nomenklatura, die sich aus staatlichen Unternehmensleitungen, Parteifunktionären, mittleren und hohen Beamten sowie Wissenschaftlern zusammensetzt. Insbesondere in mitteleuropäischen Ländern mit entsprechenden geschichtlichen Verläufen gehören hierzu auch Nachkommen des vorsozialistischen Mittelstandes, d.h. Handwerker, Unternehmer, Händler und Beamte[63]. Studien, die diese Herkunftswege empirisch untermauern, sind allerdings rar. Untersuchungen für Russland zeigen beispielsweise, dass zwischen 40 vH und 50 vH der heutigen Kleinunternehmer ehemalige Manager der mittleren Ebene in Staatsbetrieben sind, gefolgt von Intellektuellen, Funktionären, Militärs und Arbeitern (Tschepurenko 2000: 141). Studien für mitteleuropäische Länder gehen davon aus, dass 25 vH bis 40 vH der Gründungen auf Nachkommen des vorsozialistischen Mittelstandes entfallen (Lageman 1995: 114).

Über die besten Chancen für eine privatwirtschaftliche Betätigung verfügten dabei nach 1989 wegen ihres Wissensvorsprunges, des Zuganges zu Ressourcen und der Verbindungen zur staatlichen Bürokratie die Manager der staatlichen Unternehmen und Produktionsgenossenschaften. Sie setzten ihre politischen Verbindungen ein, um sich bei der Privatisierung attraktive Positionen bzw. Anteile zu sichern, monopolartige Marktstellungen zu verteidigen und sich den Zugang zu finanziellen Ressourcen bzw. staatlichen Subventionen zu erleichtern[64], wobei die betreffenden Privatisierungsverfahren in unterschiedlichem Ausmaß anfällig hierfür waren. So nutzten Direktoren ehemals sowjetischer staatlicher Unternehmen ihre während der Planwirtschaft aufgebauten „parallelen Kreise", um „ihre" Unternehmen zu privatisieren oder neue Betriebe zu gründen (Dallago 1997; Kusnezova 1999; Lageman 1995: 24ff.). In Russland z.B. rekrutierten sich viele dieser so genannten Nomenklaturaunternehmer aus der sowjetischen „Komsomolzenökonomie", die während des Sozialismus unter Federführung der Jugendorganisation etabliert wurde und ihren Mitgliedern einen idealen Trainingsboden für Unternehmertum bot. So war die Jugendorganisation z.B. im nationalen und internationalen Tourismusgeschäft, im Sportbereich und im Mediensektor aktiv, angeboten wurden auch Beratungen für wissenschaftliche Forschungs- und Entwicklungsinstitutionen (Gustafson 1999: 118ff.; Saizew 1994: 187).

Ein konkretes Beispiel für Nomenklaturaunternehmertum und die sich daraus ergebenden Monopolstrategien ist das private Minibussystem in der ukrainischen Hauptstadt Kiew[65]. Eigentümer ist der Sohn eines hohen Beamten der Stadtverwaltung, der über seine Beziehungen jegliche priva-

63 Dazu auch Lageman (1995), Welter (1996b), speziell für Ungarn Kuczi, Vajda (1990).

64 Vgl. beispielsweise für Russland Tschepurenko (2000), Malle (1996), Saizew (1994: 186ff.), generell für die ehemals sowjetischen Länder Johnson et al. (1992: 5ff.).

65 Dieser Fall wurde der Autorin von Dr. Isakova, Akademie der Wissenschaften in der Ukraine, berichtet.

> te Konkurrenz ausschaltet. Da das staatliche Busunternehmen aufgrund finanzieller Schwierigkeiten nicht modernisiert wird und deshalb unzuverlässig arbeitet, die Bevölkerung mithin auf private Transportbetriebe angewiesen ist, nutzt das Minibusunternehmen sein Quasimonopol zur Festlegung hoher Preise.

Auch in den mitteleuropäischen Ländern, in denen staatliche Unternehmensleitungen bereits vor der Transformation über Entscheidungsfreiräume verfügten, zeigten sich zunächst ähnliche Entwicklungen. In Polen beispielsweise gründeten nach der Einführung der Gewerbefreiheit 1988 viele leitende Angestellte von Staatsunternehmen so genannte Nomenklaturagesellschaften. Deren Aufgabe war es, die in den jeweiligen staatlichen Betrieben zu Vorzugspreisen eingekauften Waren zu vertreiben, wobei der erwirtschaftete Gewinn aufgrund fehlender Regelungen in die Taschen der Angestellten fließen konnte (Banasinski, Czechowski 1990: 273). Allerdings wurden diese Gesellschaften bereits im Frühjahr 1990 verboten. Auch in Ungarn gerieten Manager staatlicher Unternehmen nach 1990 zunächst auf „Abwege". Sie nutzten eine vorübergehende Lücke in der Privatisierungsgesetzgebung zur so genannten spontanen Privatisierung. Die ungarische Regierung versuchte den privatisierten und noch staatlichen Unternehmensleitungen ihre Selbständigkeit wenigstens teilweise wieder zu nehmen, indem sie mit der State Property Agency eine institutionelle Struktur zur Privatisierung schuf (Voszka 1991, 1993). Allerdings spielten diese Nomenklaturaprivatisierungen und -gründungen in den mitteleuropäischen Ländern in der Regel nur in der Anfangsphase der Transformation eine wesentliche Rolle. In Ungarn hatte bei den staatlichen Unternehmensleitungen schon während der achtziger Jahre ein Generationen- und damit ein „Typenwechsel" stattgefunden, der mit den Wirtschaftsreformen verbunden war. Die neuen Manager zeigten bereits ein deutlich marktorientierteres Verhalten als ihre Vorgänger und waren nicht mehr als rein planorientierte Betriebsleiter einzustufen (Barsony, Siklaky 1985; Hare 1990: 49).

Nimmt man die in 2.1. und 2.2. skizzierten ordnungs- und wirtschaftspolitischen wie institutionellen Transformationsfortschritte als groben Anhaltspunkt, verläuft die mit der politischen und wirtschaftlichen Umgestaltung einhergehende gesellschaftliche Transformation schneller in denjenigen – vor allem mitteleuropäischen, aber auch baltischen – Staaten, die sich aufgrund ihrer räumlichen Nähe und generellen Offenheit zu Westeuropa stärker mit den dortigen Entwicklungen konfrontiert sahen (Konrád, Szelényi 1981: 142; Mugler 2000; Panther 1998). Ihre raschere Umgestaltung erklärt sich dabei weitgehend damit, dass ein nach dem Zweiten Weltkrieg aufgesetztes fremdes System durch den Rückgriff auf institutionelle und kulturelle Traditionen rasch abgestreift werden konnte (Wagener 2000: 127ff.). Diese vorsozialistischen Gegebenheiten und Prägungen waren damit nicht nur in gesellschaftlicher Hinsicht eine Voraussetzung für eine rasche und erfolgreiche Transformation, sondern auch in (wirtschafts-)politischer Hinsicht. In diesem Zusammenhang beeinflussen industrielle Traditionen und die bereits erwähnten betrieblichen Reformen während der Planwirtschaft heutige Handlungsmuster und unternehmerische Einstellungen. Günstig für eine rasche Durchsetzung „marktwirtschaftlicher" Handlungsstrukturen in KMU wirkten sich auch zu Beginn der Transformation bereits existierende privatwirtschaftliche Strukturen aus (Dallago 1997: 118ff.; Welter 1996b: 102ff.).

So spricht beispielsweise Benacek den bis in die dreißiger Jahre vorherrschenden industriellen Traditionen in Tschechien eine wichtige Rolle beim heutigen Markteintritt von KMU zu (Benacek 1997: 218f.). Die MOE-Studie zeigt, dass immerhin 9 vH der in Mitteleuropa befragten KMU – 9 vH in Ungarn, sogar 20 vH in Polen, 8 vH in Tschechien und lediglich 3 vH in der bis zur Planwirtschaft landwirtschaftlich geprägten Slowakei – früher im Familienbesitz waren. Theoretische Ansätze, welche die Pfadabhängigkeit von Entwicklungen betonen, liefern die Erklärung dafür, warum in Mitteleuropa und den baltischen Staaten Unternehmensgründungen in den Anfangsjahren der Transformation auch noch von Nachkommen des vorsozialistischen gewerblichen Mittelstandes vorgenommen wurden.

Hier greift eine in Anlehnung an Max Weber propagierte These, die eine Tradierung relevanter kultureller Muster in (ehemaligen) Unternehmerfamilien über die Art der Bildung und der in der Zentralverwaltungswirtschaft ausgeübten Beschäftigung – dem Grad der Möglichkeit zu autonomen Entscheidungen – erklärt. Heutige Unternehmer aus vorsozialistischen Unternehmerfamilien waren während der Zentralverwaltungswirtschaft entweder bereits als nebenberufliche Unternehmer tätig oder übten häufig wechselnde Jobs in verantwortlichen Positionen aus; sie „parkten" ihre unternehmerischen Orientierungen während dieser Zeit[66]. In derartigen Positionen werden bestimmte unternehmerische Merkmale und Mentalitäten als Wertesystem internalisiert; auf dieses „interne" Potenzial konnten sie dann beim Übergang zur Marktwirtschaft zurückgreifen. Als kritisch für tradierte unternehmerische Verhaltensweisen erwies sich lediglich ein zu langer Verbleib in einer leitenden Position, da in diesem Fall das Wertesystem der Planwirtschaft die vorherigen Normen und Einstellungen in der Regel überlagerte.

Auf der anderen Seite stehen weite Teile der ehemals sowjetischen Staaten, in denen vor der planwirtschaftlichen Periode andere Ausgangssituationen herrschten, somit andere Entwicklungspfade vorgezeichnet waren – ohne damit die Vielfalt der historischen Ausgangssituationen verneinen zu wol-

---

[66] So Róna-Tas (1994: 41ff.), speziell für Ungarn Szelényi (1988: 73ff.).

len[67]. Diese Region war durch ein Entwicklungsmuster gekennzeichnet, in dem Autoritätsglaube und staatliche Macht über individuelle Anstrengungen dominierten (Rosenbaum 2000: 82f.; Kusnezova 1999: 47ff.). So waren Russland und die Ukraine noch vor der sozialistischen Periode im Wesentlichen Agrarstaaten mit agrar-feudalen Gesellschaftsstrukturen. Der Staat sowie Outsidergruppen – zu Beginn des 19. Jahrhunderts Leibeigene, Angehörige ethnischer (Armenier, Griechen) und religiöser Minderheiten (Juden, Altgläubige), Ende des 19. Jahrhunderts auch deutsche, englische und französische Unternehmer – waren damals die Hauptakteure bei der Entwicklung von privatem Unternehmertum[68]. Die russische Regierung versuchte zu Beginn des 20. Jahrhunderts indigenes russisches Unternehmertum über Subventionen und Zuwendungen anzuregen, mit dem Ergebnis, dass sich bereits vor der Planwirtschaft „bureaucratic entrepreneurship" (Kusnezova 1999: 59) in Großunternehmen und starke Beziehungen zwischen Staat und großen Unternehmen herausbildeten, aber kaum eigenständige unternehmerische Traditionen.

Negativ wirken sich diese Entwicklungspfade dort auf den Handlungsspielraum und die Handlungsstrukturen von KMU aus, wo z.B. „alte", noch aus der Zentralverwaltungswirtschaft herrührende Netzwerke den Handlungsrahmen mittelständischer Unternehmen – beispielsweise hinsichtlich ihres Zuganges zu Ressourcen oder mit Blick auf Absatzmärkte – ungünstig beschneiden und darüber ihre generelle Einstellung zum Staat negativ (mit-)beeinflussen. Gleichzeitig sind Netzwerke bzw. Beziehungen normaler Bestandteil des wirtschaftlichen wie täglichen Lebens[69]. Beziehungen erleichtern bzw. ermöglichen dem russischen Unternehmer beispielsweise den Zugang zu Ressourcen oder auch Aufträgen. Mentale Prägungen aus sowjetischer Zeit, als informelle, reziproke Beziehungen Mängel der Planwirtschaft ausglichen, äußern sich in einer generellen Bereitschaft zu kooperativen Arrangements und spie-

---

67 So beispielsweise Panther (1998), der in vereinfachender Betrachtung „lateinisch" und „orthodox" geprägte Länder gegenüberstellt, wobei die ersteren sich vor allem aufgrund von Charakteristika wie einer relativ frühen Herausbildung weitgehend autonomer Städte mit einem selbständigen Bürgertum und wenig hierarchischen Beziehungen rascher transformieren konnten. Eine tiefer gehende Diskussion der betreffenden gesellschaftlichen und politischen Entwicklungen findet sich bei Kónrad, Szelényi (1981: 143ff.). Speziell für die russische Gesellschaft vgl. Pipes (1995).

68 Vgl. Ageev, Gratchev, Hisrich (1995) sowie Wilken (1979: 240ff.). Speziell zur Geschichte des russischen Unternehmertums von 1800 bis 1917 Wilken (1979: 221ff.), zur Geschichte des russischen Reiches und den prägenden kulturellen Entwicklungspfaden hinsichtlich seines Vielvölkerstatus vgl. Kappeler (1992).

69 Netzwerkbeziehungen werden generell analysiert in folgenden Artikeln: für Tschechien McDermott (1997), für Ungarn Stark (1997), für Ungarn und Polen Bohle (1996), für Russland z.B. Blasi et al. (1997), Gustafson (1999), Hendley et al. (2000).

geln darüber auch das mangelnde Vertrauen der Individuen in den Staat wie die unsicheren politischen und wirtschaftlichen Gegebenheiten[70].

Einen ersten Einblick in dieses Verhalten erlaubt die 1998 durchgeführte Erhebung im Rahmen der Regionalstudie für die Ukraine, Weißrussland und Moldawien, in der unter anderem nach Unternehmenskooperationen gefragt wurde – diese definiert als eine über Kunden-/Lieferantenbeziehungen hinausgehende Zusammenarbeit, die nicht notwendigerweise formell geregelt sein muss. Immerhin 46 vH der KMU kooperieren mit anderen Unternehmen, diese Zusammenarbeit beinhaltet gemeinsame Fortbildung für Mitarbeiter ebenso wie die gemeinsame Nutzung von Maschinen oder Gebäuden, Einkaufs- und Vertriebskooperationen. In diesem Zusammenhang zeigen beispielsweise auch Studien für Deutschland ein regional und größenbezogen differierendes Kooperationsverhalten mit einer signifikant höheren horizontalen Kooperationsneigung von kleinen Unternehmen in Sachsen, mithin der ehemaligen DDR (Brussig et al. 1997: 215ff.; Fritsch 1999: 164ff.). Die Gründe dafür dürften – trotz vieler durch die Wende „zerrissenen Netze“ (Albach 1993) – im Fortleben etablierter und vertrauter Beziehungen der Unternehmer liegen, die gleichzeitig den Tatbestand reflektieren, dass Formen informeller Kooperationen in der Planwirtschaft generell eine große Rolle zum Ausgleich von Planmängeln spielten.

Implizit angesprochen ist hier mit Blick auf Unternehmensstrategien in Transformationsländern das Phänomen des im Russischen so bezeichneten Blat[71]. Dieser Ausdruck beschreibt ein vielschichtiges Netz an gegenseitigen und unentgeltlichen Gefallen im zunächst privaten Bereich, das nach Beginn der Transformation auch auf unternehmerische Betätigungen ausgeweitet wurde. Ledeneva beschreibt Blat folgendermaßen (Ledeneva 1998: 184): „Blat as a source of new entrepreneurship is twofold: it is a source of the connections which provide access to those state resources drawn upon by private business; it also supplies practical skills in keeping personal contacts, fixing things and knowing ways of settling problems.“ Studien haben in diesem Zusammenhang immer wieder bestätigen können, dass „gute Bekannte in der Behörde“ oder „Gegenleistungen“ eine wichtige Rolle bei der Lösung betrieblicher Probleme spielen[72]. Blat spiegelt sich im Transformationsprozess nicht nur in zwei-

---

70 Vgl. Rose-Ackerman (2001: 426), die darauf hinweist, dass das generelle Vertrauensniveau in Transformationsländern zwar relativ hoch ist, allerdings vor allem auf hohes persönliches und interpersonelles Vertrauen hindeutet und nicht mit hohem institutionellem Vertrauen gleichgesetzt werden darf.

71 Die in gängigen Lexika verzeichnete deutsche Übersetzung „Vetternwirtschaft“ kann den eigentlichen Begriffsinhalt nur unzureichend wiedergeben, weshalb im Folgenden der russische Begriff verwendet wird. Interessanterweise bezeichnet Blat auch die russische Gaunersprache. Zur etymologischen Herkunft vgl. Ledeneva (1998: 11ff.).

72 So Hartwig et al. (1998: 229), IPSSA (1998: 114ff.), Peng (2000), Tschepurenko (1994: 263), Yan, Manolova (1998), speziell für Ungarn Kuczi, Makó (1997).

seitigen Beziehungen, sondern auch in formellen wie informellen kooperativen Arrangements und Netzwerken.

Der Stellenwert von Blat für die Strategiegenese in KMU lässt sich dabei mit Hilfe theoretischer Ansätze erklären, die den Schwerpunkt auf kulturelle Faktoren des Unternehmensumfeldes legen. Netzwerktheoretische Ansätze verweisen auf den Ressourcencharakter von Blat: Das dahinter stehende Sozialkapital hilft bei der Informationsgewinnung, dem Zugang zu Finanz- und Humankapital sowie zu Märkten; netzwerkartige und kooperative Arrangements senken die Transaktionskosten der unternehmerischen Betätigung. Während diese Erklärung unabhängig vom länderspezifischen Umfeld gilt, kommt Blat in vielen Transformationsumfeldern eine besondere Rolle zu: Diese Ressource gleicht institutionelle Unzulänglichkeiten und Konflikte zwischen formellen und informellen Institutionen sowie das fehlende institutionelle Vertrauen aus. Beziehungen jeglicher Art reduzieren die unternehmerischen Risiken in instabilen und risikoreichen wirtschaftlichen und politischen Umfeldern.

Zudem reflektieren kooperative und netzwerkartige Verhaltensweisen das während der Planwirtschaft erworbene Know-how beim informellen Ausgleich von Planmängeln. Hier greifen zur Erklärung zunächst einmal institutionenökonomische und komplexitätswissenschaftliche Bezugspunkte, die dieses spezifische strategische Verhalten auch als offensichtlich pfadabhängiges Verhalten verstehen in dem Sinne, dass bisherige Erfahrungen und Handlungen – wie auch bereits in 2.3. hinsichtlich der Managementerfahrungen diskutiert wurde – heutige Strategien (mit-)bestimmen und zu sich selbstorganisierenden Strategien führen (können)[73]. Diese theoretischen Bezugspunkte reichen zur Ableitung der beobachtbaren Strategiemuster jedoch nicht aus. Weitere Hinweise liefern aktionstheoretische Ansätze, die auf die Bedeutung mentaler Prägungen für individuelles Handeln verweisen. Die Anpassung der Unternehmer an das externe Umfeld erfolgt auf spezifische „gelernte" und darüber verinnerlichte Weise, sodass sich transformationstypische Kooperations- und Netzwerkstrategien aufgrund bestimmter sozialisationsbedingter Ausprägungen der kognitiven Muster und Wahrnehmungen der KMU-Unternehmer – mentale Landkarten – entwickeln. Unzureichende Institutionen wie das in 2.1 skizzierte ordnungs- und wirtschaftspolitische Umfeld oder das in 2.2 beschriebene Finanzsystem, die den Zugang zu notwendigen Ressourcen einschränken (können), wirken verstärkend auf diese Handlungsmuster ein (Peng, Luo 2000: 498; Peng 2000).

---

[73] So beispielsweise Weinstein (1998: 26ff.), der für einheimische polnische Unternehmen ein im Vergleich zu ausländischen Firmen ausgeprägt unterschiedliches Verhalten mit Blick auf Entlohnungsstrategien feststellt. Zur Pfadabhängigkeit und damit einhergehenden selbstorganisierenden Prozessen im Transformationsprozess vgl. generell Hermann-Pillath (1998: 339ff.).

Fallstudien können die Bedeutung von Netzwerkstrategien und Beziehungen für die Strategieentwicklung in KMU im Detail beleuchten, so beispielsweise ihre Rolle beim Markteintritt.

> Eine Unternehmerin[74], die in Kishinew in Moldawien eine private Sprachschule betreibt, war früher im Bildungsministerium beschäftigt und zuständig für die Gestaltung der Sprachausbildung in Grund- und weiterführenden Schulen. Die Kontakte, die sie während dieser Zeit zu den Schulen in Kishinew wie auch zur Schulbehörde und im Ministerium aufbauen konnte, nutzte sie bei der Gründung ihres eigenen Unternehmens und bei der Suche nach geeignetem Personal. So waren der Unternehmerin ihre Behördenkontakte behilflich bei der Unternehmensregistrierung, die nicht nur zeitlich einen großen Einsatz erfordert. Außerdem vermittelten Bekannte im Ministerium den Kontakt zu einem schwedischen Unternehmer, der auf der Suche nach geeigneten Investitionsmöglichkeiten in Moldawien war, sodass ihr Unternehmen anfänglich sogar als Jointventure registriert wurde.
>
> Ein weiteres Beispiel bietet ein moldawischer Unternehmer[75], der seine politischen Kontakte einsetzte, um den Privatisierungsprozess eines staatlichen Krankenhauses – seines damaligen Arbeitgebers – zu beschleunigen. Der Unternehmer selbst initiierte nach Beginn der Transformation den Reorganisations- und Privatisierungsprozess mit der Absicht, die erst 1987 gegründete Klinik in eigener Regie fortzuführen. Allerdings zog sich die Privatisierung vom Antrag bis zur Bewilligung über mehr als drei Jahre hin, vor allem aufgrund der ständigen Behinderungen und mangelnden Kooperationsbereitschaft örtlicher Behördenvertreter. Er gab an, dass diese Belästigungen erst nach Einschalten des Parlamentsvorsitzenden aufhörten und der Privatisierungsprozess damit erfolgreich abgeschlossen werden konnte.

Ein übliches strategisches Verhalten beim Markteintritt ist außerdem die Bildung eines Unternehmerteams, bei dem personengebundene Ressourcen gepoolt werden und sich Partner mit Sachkenntnissen und guten Beziehungen im Umgang mit Behörden ergänzen.

> Ein KMU in der Ukraine, das zur Zeit nur Kaffeehausmöbel produziert und vertreibt, aber grundsätzlich für umfangreiche Aktivitäten registriert ist, gehört zwei Freunden, von denen einer spezielle Kenntnisse in der Möbelproduktion mitbrachte, der andere breite Erfahrungen bei der Lizenzierung und Registrierung von neuen Unternehmen[76].

---

[74] Die Daten wurden im September 1999 in Kishinew (Regionalstudie) erhoben.

[75] Die Daten wurden im September 1999 in Kishinew (Regionalstudie) erhoben.

[76] Die Daten wurden im August 1999 in Kiew (Regionalstudie) erhoben.

Beziehungen erleichtern nicht nur den Markteintritt oder spielen eine Rolle bei der Festlegung des zukünftigen Unternehmensfeldes – so berichtete ein KMU-Unternehmer im weißrussischen Mogilev, dass er eine Tankstelle eröffnet habe, da er außer der Aussicht auf hohe Gewinne Bekannte im Öl- und Gassektor habe[77]. Beziehungen kommt auch im alltäglichen Unternehmensleben eine wichtige Rolle zu, sei es bei der Auftragsakquise, wo sie offensichtlich den Platz von Marketingstrategien einnehmen können, oder beim Umgang mit Behörden (Barkhatova 2000: 670ff.; Roberts, Zhou 2000: 193).

Ein russischer Unternehmer erläuterte, wie er seinem in Moskau ansässigen Konfektionsbetrieb einen großen Auftrag von Aeroflot beschaffte[78]. Er nutzte seine Kontakte zur russischen KMU-Stiftung, die er bereits öfter zur Beratung und für Fortbildungsmaßnahmen herangezogen hatte, und bat einen Mitarbeiter der Stiftung um Unterstützung. Dieser setzte den Unternehmer und den Aeroflot-Repräsentanten beim Festbankett zum zehnjährigen Bestehen der Stiftung nebeneinander, daraus resultierte ein erster Großauftrag und eine mittlerweile seit einigen Jahren bestehende feste Geschäftsbeziehung. Ein Unternehmer in Moldawien erwähnte, dass er aufgrund seiner guten Beziehungen zur Steuerbehörde, deren leitender Beamter ein guter Freund von ihm sei, keine Bestechungsgelder zu zahlen brauche[79].

Beziehungen spielen darüber hinaus generell eine Rolle für die Personalrekrutierung von KMU und reflektieren die Bedeutung persönlichen Vertrauens auf Seiten der Unternehmer. Hier zeigt die Befragung russischer und moldawischer KMU aus dem Jahre 1999 im Rahmen der Beschäftigungsstudie, dass sich in Russland über die Hälfte der Beschäftigten, in Moldawien sogar knapp zwei Drittel über persönliche Kontakte zu Freunden, ehemaligen Kollegen, jetzigen Beschäftigten und aus der Familie rekrutieren; diese Quellen werden von den Unternehmern im Gegensatz zu staatlichen Vermittlungsagenturen auch als die effizientesten eingeschätzt[80].

Jedoch werfen diese Ergebnisse erneut die bereits mehrfach angesprochenen grundlegenden Fragen hinsichtlich des Konfliktes zwischen bestimmten, kurzfristig rationalen Strategiemustern und den Möglichkeiten einer langfristig aktiveren Strategiegestaltung auf. So verwiesen KMU-Unternehmer in Fallstudien zwar auf die Vorteile einer informellen Rekrutierung wie gute und der Produktion förderliche Arbeitsbeziehungen und ein hoher Einsatz der Beschäftigten. Vereinzelt thematisierten sie aber auch bereits die mit der Einstel-

---

77 Die Daten wurden im August 1999 in Mogilev (Regionalstudie) erhoben.

78 Die Daten wurden im Januar 1999 in Moskau (Beschäftigungsstudie) erhoben.

79 Die Daten wurden im Sommer 1999 in Kishinew (Regionalstudie) erhoben.

80 Zu vergleichbaren Ergebnissen für Russland vgl. Clarke, Kabalina (2000: 23ff.) und Ledeneva (1998: 206ff.).

lung von Freunden und Bekannten verbundene Problematik, tatsächlich geeignete Fachkräfte zu erhalten. Insbesondere in wachsenden KMU ist eine durchdachte(re) Personalpolitik erforderlich, um organisatorische Strukturen zu schaffen und arbeitstechnische Prozesse zu formalisieren. Damit wird implizit auch das Problem angesprochen, im Wachstumsprozess bisher gern genutzte Beziehungen und informelle Netzwerke aufgeben zu müssen.

Mit Blick auf die Bedeutung von Beziehungen für Strategiemuster und für die Strategiegenese kann letztlich doch von einer kulturellen Prägung heutiger Strategieverläufe in Transformationsländern gesprochen werden, ohne damit notwendigerweise einen gänzlich sowjetisch geprägten Menschen identifizieren zu müssen. Wagener weist in diesem Zusammenhang in tieferer, aber überflüssiger Differenzierung transformationstypische Verhaltensweisen nicht kulturellen Faktoren zu, sondern zeitlich begrenzten, verhaltensbedingten Abhängigkeiten, die nach seinen Erläuterungen aber durch Pfadabhängigkeiten – mithin auch kulturelle Hintergründe – geprägt sind (Wagener 2000: 126). Gleichzeitig betonen international vergleichende Umfragen mit Blick auf die sich ändernden Einstellungen der Bevölkerung in Transformationsländern die Bedeutung aktueller politischer oder wirtschaftlicher Einflüsse (Linz 2000; Rose, Haerpfer 1994; Shiller et al. 1992), die erlernte Verhaltensweisen überlagern können. Sie verweisen damit indirekt – im Sinne der dieser Arbeit zugrunde liegenden Annahme eines nicht monokausal abzuleitenden Prozesses der Strategiegenese – zurück auf die komplexen Zusammenhänge zwischen individueller Wahrnehmung und externen Rahmenbedingungen als Einflussfaktoren der Strategieverläufe von KMU.

### 2.5 Strategiemuster und -verläufe in Transformationsländern: Ein Resümee

Das wirtschaftliche Umfeld für unternehmerisches Handeln in den mittel- und osteuropäischen Transformationsländern unterschied sich in den ersten Jahren der Transformation – in Ländern mit langsamen Reformfortschritten auch heute noch – deutlich von demjenigen etablierter Marktwirtschaften. Marktwirtschaftliche formelle Institutionen und Organisationen bestanden zunächst nicht und sind in einigen Ländern auch heute noch schwach entwickelt. Die Prägungen der sowjetischen Ära, aber auch der dieser vorausgehenden Geschichte, beeinflussen die formellen Institutionen noch sehr stark. Dieses ungefestigte Umfeld mit seinen transformationsbedingten politischen und wirtschaftlichen Krisen bestimmt das strategische Optionsfeld von KMU.

Hinsichtlich der theoretischen Ableitung von Strategien in KMU bestätigt ein zusammenfassender Blick auf die empirisch beobachtbaren Strategiemuster und -verläufe in Transformationsländern (Übersicht 12) die bereits im ersten Kapitel getroffene Feststellung der Komplementarität verhaltens-, struktur- bzw. umfeldbezogener und prozessorientierter Ansätze. Sowohl Theorian-

Übersicht 12

**Empirisch beobachtbare Strategiemuster und -verläufe in Transformationsländern und theoretische Erklärungen**

| | Theorie | | |
|---|---|---|---|
| | **Unternehmerhandeln** Abschnitt 1 im ersten Kapitel | **Unternehmenskontext** Abschnitt 2 im ersten Kapitel | **Prozess**[1] Abschnitt 4 im ersten Kapitel |
| **Empirisch beobachtbare Strategiemuster** | | | |
| *Transformationstypische Vermeidungsstrategie* Flucht in Schattenwirtschaft und halblegales Verhalten | *Verhaltenswissenschaftliche Entscheidungstheorie:* selektive Wahrnehmung, Status quo *Aktionstheoretische Ansätze:* individuelle Wahrnehmung negativer Einstellung von Politik und Gesellschaft | *Institutionenökonomik:* unzureichendes Rechts- und Finanzsystem, mangelhafte Rechts- und Kreditvergabepraxis, turbulentes und unsicheres Umfeld | negative Rückkoppelung für Unternehmer = Sanktionen bei gesetzestreuem Verhalten, negative Rückkoppelung von Politik und Gesellschaft = unerwünschtes Verhalten => pfadabhängiges und zirkuläres Verhalten, sich gegenseitig verstärkend |
| *KMU-typische Finanzierungsstrategie* Eigenfinanzierung, serielles und Portfoliounternehmertum | *Verhaltenswissenschaftliche Entscheidungstheorie:* selektive Wahrnehmung, Verfügbarkeit *Aktionstheoretische Ansätze:* selektive Wahrnehmung | *Institutionenökonomik:* unzureichendes Finanzsystem und unzureichende Kreditvergabepraxis | positive Rückkoppelung auf Finanzierungsstrategien => Aufrechterhaltung des Geschäftsbetriebes => pfadabhängiges bzw. reaktiv-träges Verhalten |
| *Transformationstypische Finanzierung und/oder Marktstrategie* | Finanzierungsstrategie siehe oben | | |
| | Marktstrategie | | |
| Portfoliobesitz unspezifische Diversifikation | *Entscheidungstheorie:* rationale und bewusste Entscheidung der Risikominimierung | *Industrieökonomie:* neue Märkte | über Lernprozesse Hinwendung zu adaptivem bzw. vorstrukturiertem Verhalten |
| *Transformationstypische Beziehungsstrategie* Markteintritt und Kundenwerbung über Beziehungen | *Aktionstheoretische Ansätze:* mentale Prägungen aus der Planwirtschaft => „Homo sovieticus" | *Institutionenökonomik:* Persistenz von sozialen Normen (Blat) aus Planwirtschaft *Netzwerktheorien:* unsicheres Umfeld => Einsatz sozialer Beziehungen | selbstorganisierendes bzw. unbewusstes Verhalten |
| **Strategieverläufe** | | | |
| *„Durchwursteln"* situatives Verhalten, Änderung von langfristigen Zielen, z.B. Wachstumszielen, starker Einfluss externer Faktoren | *reaktive Kurzfristorientierung: Beharrungstendenzen* | | |
| | *Verhaltenswissenschaftliche Entscheidungstheorie:* Status quo, selektive Wahrnehmung, sunk cost, Konservatismus a) geringes Risiko bei Beibehaltung => konfliktfrei beharrendes „Durchwursteln" b) großes Risiko bzw. keine realistische Alternative bei Wechsel => defensiv vermeidendes Durchwursteln c) realistische Alternative eventuell machbar => zeitlicher Handlungsdruck => „hypervigilantes Durchwursteln" *Aktionstheoretische Ansätze:* subjektiv wahrgenommene Probleme bei Anpassung | *Ressourcenbasierte Ansätze:* Kompetenzdefizite des Unternehmers, interne Ressourcenausstattung <=> eingeschränkter Zugriff auf externe Ressourcen *Institutionenökonomik:* unbekanntes wirtschaftliches, politisches und gesellschaftliches Umfeld, fehlendes institutionelles Vertrauen | positive Rückkoppelung für situatives Handeln = Bestehen am Markt => zirkuläres und sich verstärkendes Verhalten selbstorganisierendes, unbewusstes Verhalten |
| *Reagieren-Agieren* Übergang zu aktiver Gestaltung | *Übergang zu Langfristorientierung: Strategiewechsel* | | |
| | *Verhaltenswissenschaftliche Entscheidungstheorie:* großes Risiko bisheriger Strategien => realisierbare Alternativen *Aktionstheoretische Ansätze:* Entwicklung eines strategischen Bewusstseins | *Ressourcenbasierte Theorien:* personengebundene Ressourcen *Institutionenökonomik:* Krisen im wirtschaftlichen, politischen und gesellschaftlichen Umfeld, Entwicklung von institutionellem Vertrauen | von der Selbstorganisation als unbewusstem Verhalten über Lernprozesse zu adaptivem bzw. strukturiertem Verhalten emergenter Verlauf |
| *Gestaltung* ex ante strukturierte(re)s Verhalten | (*Verhaltenswissenschaftliche*) *Entscheidungstheorie:* umfassende(re) Entscheidung *Aktionstheoretische Ansätze:* Vorhandensein und Weiterentwicklung eines strategischen Bewusstseins | *Ressourcenbasierte Theorien:* personengebundene Ressourcen *Industrieökonomie:* ausgereifte(re) Markt- und Branchenstrukturen *Netzwerktheorien:* soziale Beziehungen => Ressource | adaptives im Sinne von (vor-)strukturiertem Verhalten |

Eigene Zusammenstellung. – [1]Theoriebezug: Elemente der Systemtheorie und Komplexitätswissenschaften. RWI ESSEN sätze, die das Unternehmerhandeln in den Vordergrund stellen, als auch Konzepte, die sich auf (externe) Strukturen und den Unternehmenskontext beziehen, liefern wichtige und sich ergänzende Anhaltspunkte zur Ableitung der Handlungsmuster und -verläufe, während system- und komplexitätswissenschaftliche Elemente den Prozess der Strategiegenese charakterisieren.

Dabei ist allerdings darauf hinzuweisen, dass vor allem aktionstheoretisch orientierte Konzepte Strategiemuster und -verläufe weniger erklären als vielmehr – in allgemeiner Weise – als „wahrnehmungsgebundenes oder mental geprägtes Verhalten" beschreiben. Ähnliches lässt sich auch für die ökonomisch ausgerichteten kontextorientierten Theorien (Industrieökonomie, ressourcenbasierte Ansätze) sowie die Institutionenökonomik festhalten, welche die Strategiegenese in KMU als „Reaktion" auf Strukturen und Umfelder modellieren. Ein Grund dafür könnte die relative „Neuheit" vieler dieser theoretischen Ansätze sein. Eine weitere Rolle spielt die Tatsache, dass insbesondere kontextorientierte Theorien, die einen relativ einseitigen Blick auf menschliches Verhalten richten, oftmals nicht zur Ableitung individueller Phänomene gedacht waren bzw. sind.

Tiefer gehende theoretische Erklärungen finden sich hier vor allem in verhaltenswissenschaftlichen Ansätzen, sodass sich viele der beobachtbaren Strategiemuster im Sinne der Entscheidungstheorie als Entscheidungsdefekte erschließen. Dabei bringt der kontextbezogene Blick der Institutionenökonomik auf im weitesten Sinne kulturelle – wirtschaftliche, politische und gesellschaftliche – Faktoren den Hinweis auf verstärkende Einflüsse des Umfeldes ein, die in Transformationsländern aufgrund der Unvollkommenheit des institutionellen Rahmens und damit einhergehenden häufigen Änderungen – z.B. im Rechtswesen – eine stärkere Rolle als in etablierten Marktwirtschaften spielen (Peng, Heath 1996; Peng 2000). Der Blick auf das Umfeld ist in diesem Zusammenhang besonders wichtig, da die institutionellen Rahmenbedingungen Präsenz oder Absenz institutionellen Vertrauens der Unternehmer bzw. ihre Einschätzung des „Risikogehaltes" der Umwelt beeinflussen und damit bestimmte Ausprägungen von Strategien wie auch Strategieverläufe mitbedingen. Unternehmerisches Handeln sieht sich unter diesen Umständen mit anderen Restriktionen und Normierungen konfrontiert als in etablierten Marktwirtschaften, wenngleich natürlich nicht übersehen werden darf, dass menschliches Handeln unabhängig vom spezifischen Umfeld – wie auch die nächsten Kapitel zu Strategiemustern in Deutschland zeigen werden – letztlich auf gemeinsame Grundprinzipien zurückzuführen ist.

## 3. Strategien von KMU in etablierten Marktwirtschaften: Das Beispiel Deutschland

In Ländern mit längerer marktwirtschaftlicher Tradition sind die für das Funktionieren der Marktwirtschaft notwendigen grundlegenden formellen und informellen Institutionen vorhanden, in der Regel funktionsfähig und auch im unternehmerischen Bewusstsein verankert. Die entsprechenden Systeme haben sich in einem langen Prozess herausgebildet. Eine wichtige Rolle für den einzelbetrieblichen Handlungsspielraum spielen in Deutschland, das im Folgenden als Beispiel für eine etablierte Marktwirtschaft herangezogen wird, die spezifischen Ausprägungen des Finanzierungsumfeldes sowie – im deutlichen Gegensatz zu Transformationsländern – die starke Stellung der Intermediäre zwischen Politik und Wirtschaft. Schließlich üben auch der wirtschaftliche Strukturwandel sowie die traditionellen Erwerbskulturen Einfluss auf die Handlungsumfelder und die Strategiegenese der KMU in etablierten Marktwirtschaften aus. Diesen Faktoren wird in den nächsten Abschnitten nachgegangen.

### 3.1 Finanzierungskultur und Strategiegenese

Als einschränkendes Moment des Handlungsumfeldes von KMU wird in Deutschland wie in anderen etablierten Marktwirtschaften häufig eine Finanzierungslücke bei Gründungen, aber auch bei schnell wachsenden Unternehmen angeführt[81]. Anders als bei etablierten Unternehmen verfügt eine Bank bei Gründern über wenig „harte“ Informationen hinsichtlich des zu finanzierenden Unternehmens. Der Kunde hat gegenüber der Bank einen Wissensvorsprung bezüglich seiner wirtschaftlichen Voraussetzungen, Möglichkeiten und Absichten. Es ist also grundsätzlich von einer Informationsasymmetrie zwischen Bank und Kunden zugunsten der Letzteren auszugehen. Oftmals ungenügende Geschäftskonzepte, aus Sicht der Bank fehlendes betriebswirtschaftliches Know-how, eine geringe Eigenkapitalbasis der Antragsteller und niedrige Sicherheiten kommen hinzu und erklären ein mögliches risikoaverses Verhalten der Banken bei neuen Kunden.

Insbesondere bei technologieorientierten Unternehmen und Gründungen taucht das Problem verstärkt auf, hier vor allem mit Blick auf die fehlenden Kenntnisse der Banken, die keine adäquate Einschätzung und Bewertung technologieorientierter Vorhaben erlauben. Die Kunden können außerdem prinzipiell ihren Informationsvorteil zulasten der Bank ausnutzen und vor bzw. nach Vertragsabschluss Handlungen begehen, die gegen „Treu und Glauben“ verstoßen („Moral hazard“-Problem). Vermutet die Bank besonders ausgeprägte Risiken und problematische Handlungsabsichten beim Kunden,

---

81 Vgl. z.B. Europäische Kommission (1999: 10); speziell zur Kreditlücke bei wachsenden Unternehmen Binks, Ennew (1996: 18f.), zu Kreditproblemen bei Gründungen Egeln et al. (1997).

so wird sie die Konditionen der Kreditvergabe besonders ungünstig gestalten bzw. den Kredit von vornherein beschränken, sodass ein Kreditgeschäft, das für beide Seiten vorteilhaft wäre, nicht zustande kommt („adverse selection“)[82].

Die tatsächliche Bedeutung des hier angesprochenen Problems für die Finanzierung von Unternehmensgründungen ist trotz der wissenschaftlichen Diskussion um die Frage der Kreditrationierung umstritten (Cressy, Olofsson 1997). Zwar führt das höhere Risiko bei Kredittransaktionen mit Neukunden wie Unternehmensgründern zu relativ ungünstigen Kreditkonditionen – Zinssätzen, die eine entsprechende Risikoprämie enthalten – und auf Seiten der Bank zur Zurückhaltung bei der Vergabe langfristiger Kredite. In gleicher Richtung wirken die bei kleineren Kreditgeschäften relativ höheren Transaktionskosten des Kreditgeschäfts, sodass Informationsasymmetrien bei kleinen Kapitalbeträgen und geringen Transaktionshäufigkeiten zu überproportionalen Kosten führen (können), mithin insbesondere die Finanzierung von KMU aus Bankensicht verteuern (Kaufmann 1997: 143f.). Die durchschnittlichen Zinsen für Kredite an KMU liegen daher deutlich über denjenigen für Kredite an Großunternehmenskunden. Als Indiz für eine Kreditrationierung gegenüber kleineren Unternehmen oder Unternehmensgründern ist diese marktübliche Differenzierung der Kreditkonditionen jedoch nicht zwangsläufig zu werten.

Zu skeptischen Befunden hinsichtlich der Fähigkeit des Kapitalmarktes, eine adäquate Versorgung von KMU mit finanziellen Mitteln zu gewährleisten, kommt eine neuere Untersuchung der deutschen KMU-Finanzierung (Audretsch, Elston 1997: 107). Danach führen die bisher vorherrschenden Eigentümlichkeiten des deutschen Finanzierungssystems – Dominanz der Bankfinanzierung, gering entwickelte Zugriffsmöglichkeiten der KMU auf externe Kapitalmarktressourcen – zu einer ausgeprägten Finanzierungslücke insbesondere bei schnell wachsenden technologieorientierten jungen Unternehmen. Hier zeigt sich, dass die Frage der Kreditrationierung als ein restriktiver Faktor des Handlungsumfeldes von KMU nicht losgelöst von den Besonderheiten des jeweiligen Bank- und Finanzsystems untersucht werden kann. Das deutsche Finanzierungssystem hebt sich dabei von denjenigen der Vereinigten Staaten und Großbritanniens unter anderem ab durch die Schlüsselstellung der Geschäftsbanken bei der Unternehmensfinanzierung, die Kontrollfunktion der Banken als Anwalt der Anteilseigner in den Aufsichtsräten der Großunternehmen (Depotstimmrecht) und eine vergleichsweise schwach entwickelte Börsenkapitalisierung der Aktiengesellschaften (zu Banken vgl. Deeg 1998). Mit Blick auf Risikokapital und Börsengang lässt sich dabei eine enge Verflechtung von institutionellen Strukturen und kulturellen Einflüssen

82 Vgl. zur Rationalität des Risikoverhaltens von Banken Schulte, R. (1999: 106ff.) sowie Chittenden et al. (1996: 61f.).

nachweisen. Die bis in die neunziger Jahre schwache Entwicklung des Risikokapitalmarktes in Deutschland wurde in der öffentlichen Diskussion immer wieder in Verbindung mit einer mangelhaften Bereitschaft der Deutschen gebracht, unternehmerische Risiken einzugehen.

Ein „Mentalitätsaspekt“ spielt beim Finanzierungsverhalten der Unternehmen und beim Anlageverhalten potenzieller Investoren zweifellos eine Rolle, ohne dass dieser ausschlaggebend für die Entwicklung des Risikokapitalmarktes ist. Vielmehr ist von einem engen Wechselverhältnis zwischen kulturell bedingten Einstellungen und institutionellen Faktoren auszugehen. Damit erklärt sich die beanstandete Risikoaversion für Deutschland als Teil einer Finanzierungskultur, die sich im Wechselspiel mit der Entwicklung der Finanzinstitutionen seit Beginn des Industrialisierungsprozesses in Deutschland herausgebildet hat. Noch bis Anfang der fünfziger Jahre beispielsweise lag die hauptsächliche Aufgabe der Banken in der Vergabe von – in der Regel kurzfristigen – Geschäftskrediten, während Investitionen über Eigenkapital der Unternehmer oder bei größeren Unternehmen auch über den Kapitalmarkt finanziert wurden. Umfangreiche Kapazitäten zur langfristigeren Industriefinanzierung wurden von den großen Geschäftsbanken weitgehend erst nach dem Zweiten Weltkrieg entwickelt, obschon diese Banken bereits während der Industrialisierung in der Finanzierung großer Vorhaben – beispielsweise Eisenbahnen – involviert waren, damals allerdings über den Kauf von Aktien[83].

Börsenfinanzierung spielte allerdings bis in die neunziger Jahre hinein keine entscheidende Rolle für deutsche Unternehmen, insbesondere nicht für KMU. Ende der neunziger Jahre gab es in Deutschland bei rund 3 Mill. Unternehmen nach Angaben der Deutschen Bundesbank nur 4 000 Aktiengesellschaften, von denen 1994 666 börsennotiert waren. Von 1987 bis 1993 wurden lediglich 146 Unternehmen an der Börse neu eingeführt. Im internationalen Vergleich sind das niedrige Zahlen, in Großbritannien beispielsweise waren 1994 1 667 Unternehmen an der Börse notiert und im Zeitraum von 1987 bis 1993 wurden 1 106 Aktien neu eingeführt (Bundesverband deutscher Banken 1996: 10). Erst die Bemühungen der Politik um die Entwicklung des Risikokapitalmarktes, die Schaffung des Neuen Marktes in Deutschland und der EASDAQ auf europäischer Ebene sowie die Einführung der Rechtsform der kleinen AG haben den mittelständischen Unternehmen in jüngster Zeit neue Finanzierungsperspektiven erschlossen und zumindest theoretisch ihren finanziellen Spielraum erweitert. So waren am 1997 eingerichteten Neuen Markt zwei Jahre später 147 Unternehmen notiert (Sternberg 2000: 138), bis Mai 2001 hatte sich diese Zahl auf 340 Unternehmen erhöht. Damit einher

83 Vgl. für einen Überblick Vitols (1995a: 4f.) und die dort zitierten wirtschaftsgeschichtlichen Untersuchungen, für einen Vergleich des deutschen und US-amerikanischen Systems der Industriefinanzierung derselbe (1995b).

Schaubild 3

**Langfristige Entwicklung der Bruttoinvestitionen nach Phasen**

1990 bis 1999; Anteil in vH

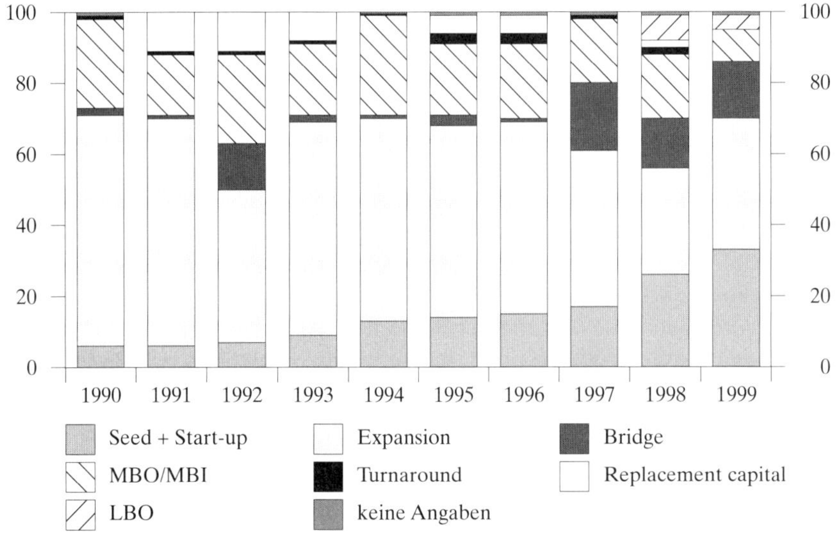


Nach Angaben des Bundesverbandes Deutscher Kapitalbeteiligungsgesellschaften BVK (www.bvk-ev.de), 10. Mai 2001. RWI ESSEN

geht auch eine Belebung der allgemeinen Börsenfinanzierung: Allein 1999 wurden 168 Börseneinführungen notiert, davon 131 im Neuen Markt (Ruda, Martin 2000: 176).

Gleichfalls hat sich die Versorgung mit Risikokapital in den vergangenen Jahren merklich verbessert (Lessat et al. 1999). 1999 sind im Bundesverband Deutscher Kapitalbeteiligungsgesellschaften (BVK) 138 Venture-Capital-Gesellschaften organisiert, 1998 lag ihre Zahl bei 115. Institutionelle bzw. formelle Kapitalbeteiligungsgeber investierten zunächst in das Wachstum bereits bestehender und am Markt tätiger Unternehmen. Erst im Laufe der späten neunziger Jahre gewannen Frühphaseninvestitionen an Bedeutung, während der Anteil von Expansionsinvestitionen zurückging (Schaubild 3). Entfiel auf Seedkapital – Kapital zur Finanzierung der Ausarbeitung von Gründungsvorhaben – und Start-up-Kapital – Kapital für Produktentwicklung und Einstiegsmarketing – im Jahr 1990 noch weniger als 10 vH der Bruttoinvestitionen, stieg dieser Anteil 1999 auf 33 vH und lag damit nur noch knapp unter den Expansionsinvestitionen: 26 vH gingen in Start-ups, 7 vH in Seedinvestitionen. In sektoraler Verteilung dominieren bei den Unternehmen der Maschinenbau (13,1 vH), gefolgt von Softwareunternehmen (9,2 vH), Unternehmen aus dem Konsumgüterbereich (8,8 vH), der Kommunikationstechnologie (7,5 vH), dem Handel (6,7 vH) und der Biotechnologie (6,1 vH). Bei den Bruttoinvestitionen nehmen Softwareinvestitionen (14,9 vH) die erste Stelle ein. Insgesamt entfielen auf technologieorientierte Branchen jeweils knapp 43 vH aller Neuinvestitionen und Unternehmen.

Auch das finanzielle Engagement von Privatpersonen in fremden Unternehmen (Business Angels) war in Deutschland bis in die frühen neunziger Jahre weitaus geringer entwickelt als in den Vereinigten Staaten oder Großbritannien. Business Angels sind vermögende Privatpersonen mit unternehmerischer Erfahrung, die neben ihrem Kapital auch Beratungs- oder Managementleistungen einbringen[84]. In Deutschland existieren nach vorsichtigen Schätzungen des Fraunhofer Instituts für Systemtechnik und Innovationsforschung und des Zentrums für Europäische Wirtschaftsforschung rund 27 000 aktive Business Angels, die auch informelle Beteiligungskapitalgeber genannt werden. Mittlerweile haben sich rund 40 regionale Netzwerke von Business Angels sowie ein übergreifender Dachverband – Business Angels Netzwerk Deutschland (BAND; www.business-angels.de) – gebildet. Auf dessen Internetplattform dürfte allerdings mit 177 Business Angels und 280 Gründungen nur ein geringer Teil aller Interessierten registriert sein, was aber vor allem auf die Hauptfunktion dieses Netzwerkes als regional übergreifende Matchingplattform zurückzuführen ist.

Jedoch sollte nicht übersehen werden, dass technologieorientierte Unternehmen nur einen verschwindend geringen Teil aller Unternehmen ausmachen. Schätzungen des RWI zufolge zählen beispielsweise bei einer weiten Definition der Technologieorientierung weniger als 0,5 vH aller Neugründungen zu dieser Gruppe. Die „normale" Gründungs- und Investitionsfinanzierung läuft in der Regel über eine Geschäftsbank. Dabei können Existenzgründer und KMU im Rahmen der deutschen Mittelstandsförderung auf ein breites Angebot an finanziell orientierter Unterstützung zurückgreifen (Harms 1992; Klemmer et al. 1996: 81ff.). Das bei der Programmfinanzierung angewandte Hausbankenprinzip, das vor der Ausreichung der Mittel eine – im Allgemeinen recht strenge – Kreditprüfung vorsieht, ist von mittelständischen Interessenvertretern immer wieder mit Blick auf eine zu restriktive Vergabe von Programmmitteln und der Bevorzugung bankeigener Kredite kritisiert worden. Die Stichhaltigkeit dieser Kritik lässt sich nur schwer überprüfen. Der Umfang der finanziellen Gründungsförderung deutet zumindest darauf hin, dass von einer systematischen Vernachlässigung von KMU und Gründern bei der Vermittlung öffentlicher Kredite nicht gesprochen werden kann (Lageman 1999: 110ff.).

---

84 In der Forschung zur KMU-Finanzierung gewinnen Studien zur Bedeutung von Business Angels außerhalb der USA erst Mitte der neunziger Jahre an Bedeutung, vgl. den Überblick über den Forschungsstand bei Mason, Harrison (2000: 228ff.).

In jüngster Zeit ist allerdings im deutschen Bankensystem eine deutliche Verschiebung der Finanzierungsphilosophien zum Shareholdervalue festzustellen, der die bisherige Finanzierung über Hausbanken und deren langfristige Perspektiven tatsächlich in Frage stellt. Verschärfend treten die Basler Beschlüsse des gleichnamigen Komitees zur Bankenüberwachung hinzu, die ab 2004 eine individuelle Kreditabsicherung durch an der jeweiligen Bonität des Kreditnehmers gemessene Eigenkapitalrückstellungen bei den Banken vorsehen[85]. Damit besteht aber die Gefahr, dass Kunden mit unbekannter bzw. geringer Bonität – Gründer und KMU – bereits in der Antragsphase generell von der Kreditbeantragung ausgeschlossen werden.

Gleichzeitig ist in den letzten Jahren der Bedarf an Kleinstkrediten (Summen unter 100 000 DM bzw. 50 000 €) gestiegen. Die Ursache dafür ist die zunehmende Ausdifferenzierung des Gründungsgeschehens in Deutschland, die sich in einem wachsenden Anteil an Nebenerwerbsgründungen und Kleinstgründungen mit geringem Kapitalbedarf spiegelt. Dazu kommen Gründungen von Gruppen mit geringen Kapitalrücklagen wie beispielsweise von ehemals Arbeitslosen. Kleinstkredite wurden allerdings bislang von deutschen Banken kaum befriedigt. So zeigt eine 1996 durchgeführte Studie des Betriebswirtschaftlichen Instituts für empirische Gründungs- und Organisationsforschung an der Universität Dortmund, in deren Rahmen 681 Unternehmer nach der Einschätzung des Bankenverhaltens gefragt wurden, dass Unternehmer mit hohem Kreditbedarf deutlich positiver über ihre Bank urteilen als Unternehmer mit einem geringen Kreditbedarf. Die Ersteren können offensichtlich auch häufiger auf zusätzliche, unentgeltliche Bankleistungen wie Informationsbeschaffung oder verschiedene Beratungsleistungen zurückgreifen (Schulte, R. 1999: 102ff.). In diesem Zusammenhang wurden in den vergangenen Jahren eine Reihe allerdings meist lokal begrenzter Finanzierungsprogramme entwickelt[86]. Ein Beispiel für ein bundesweites Kreditprogramm ist das im Frühjahr 1999 von der Deutschen Ausgleichsbank (DtA) aufgelegte „Startgeld", das Gründungskredite – auch für Nebenerwerbsgründungen – bis maximal 50 000 € ausreicht. Nach Informationen der DtA wurden bis Mai 2000 rund 680 Kredite monatlich ausgereicht, davon mehr als die Hälfte an arbeitslose Gründer und 37 vH an Frauen.

Vor diesem Hintergrund bestätigt eine eigene Befragung von Handwerkern in den Kammerbezirken Düsseldorf und Leipzig (Handwerksstudie) die bereits bei der Darstellung von Finanzierungsstrategien in Transformationsländern skizzierten Eigenfinanzierungsstrategien auch für etablierte Marktwirtschaf-

---

85 Vgl. zu den Beschlüssen www.bis.org (11. Mai 2001), zu den möglichen Auswirkungen in der Unternehmensfinanzierung Kaiser (2001).

86 Regionale/lokale Mikrokreditangebote sowie das „Startgeld" und das Überbrückungsgeld für arbeitslose Gründer der Bundesanstalt für Arbeit analysieren Evers, Habschick (2001: 40ff., 73ff.).

Tabelle 12

**Gründungs- und Investitionsfinanzierung von Handwerkern in den Kammerbezirken Düsseldorf und Leipzig**

1994; in vH

| Mittelherkunft | Gründungskapital | | Investitionsfinanzierung | |
|---|---|---|---|---|
| | in vH | Zahl | in vH | Zahl |
| | Kammerbezirk Düsseldorf | | | |
| Eigene Mittel | 80,9 | 951 | 82,6 | 996 |
| Darlehn Familie, Freunde | 19,3 | 228 | 5,0 | 61 |
| Kredite aus Förderprogrammen | 17,3 | 204 | 4,9 | 59 |
| Sonstige Bankkredite | 32,9 | 387 | 51,2 | 619 |
| Sonstige Mittel | 6,1 | 72 | 3,9 | 46 |
| | Kammerbezirk Leipzig | | | |
| Eigene Mittel | 84,2 | 372 | 81,1 | 344 |
| Darlehn Familie, Freunde | 15,1 | 68 | 7,2 | 31 |
| Kredite aus Förderprogrammen | 24,7 | 108 | 31,6 | 135 |
| Sonstige Bankkredite | 38,0 | 168 | 42,7 | 185 |
| Sonstige Mittel | 5,8 | 26 | 6,9 | 30 |

Eigene Erhebung des RWI und der Handwerkskammern Düsseldorf und Leipzig. – Mehrfachantworten. RWI ESSEN

ten. Trotz eines umfangreichen Angebotes an externen Finanzierungsmöglichkeiten greift der Großteil der befragten Handwerker auf eigene Mittel zurück und bestätigt damit Ergebnisse vergleichbarer Untersuchungen (Cressy, Olofsson 1997: 87ff.; Edwards 1998: 76). Das Gleiche gilt für den Großteil der Gründungen in beiden Kammerbezirken, an zweiter Stelle wurden bei der Gründung als Fremdfinanzierungsquellen Bankkredite genannt und erstaunlicherweise erst als dritte Priorität Kredite aus speziellen Förderprogrammen (Tabelle 12).

Dieser geringe Anteil reflektiert allerdings auch den Umstand, dass Unternehmern aufgrund des Hausbankenprinzips der Fördercharakter der Finanzierung oftmals nicht bewusst ist und die Hausbanken ebenfalls nicht explizit darauf verweisen. Bei Investitionen gewinnt die Fremdfinanzierung über Bankenkredite an Bedeutung, wenngleich der Anteil der eigenfinanzierten Investitionen mit über 80 vH in beiden Kammerbezirken sehr hoch liegt. Dieses Muster war – zumindest in den achtziger Jahren – allerdings ebenfalls typisch für große Unternehmen, die Investitionen zu knapp 90 vH über intern generierte Mittel finanzierten (Audretsch, Elston 1997: 101).

Selbst für technologieorientierte Unternehmen weisen 1999 erhobene Fallstudien über Jungunternehmer (Unternehmerstudie) darauf hin, dass auch sie trotz des ausreichenden und gestiegenen Angebotes an entsprechenden Finanzierungsmöglichkeiten bei der Gründung eigene Mittel bevorzugen, mithin eine risikovermeidende Finanzierungsstrategie verfolgen. Als externe Finanzierungsmöglichkeit werden in der Gründungsphase allenfalls Partnereinlagen (z.B. bei GmbH-Gründungen) akzeptiert. Auf Außenfinanzierung wird – falls überhaupt – erst in späteren Phasen zurückgegriffen, dann aber in der Regel auf Kredite, während Beteiligungskapital eine untergeordnete Rolle spielt. Die Bedeutung „klassischer" Fremdfinanzierungsinstrumente im laufenden Geschäftsbetrieb – in diesem Fall für Handwerksbetriebe – bestätigt auch eine neuere Untersuchung des Zentralverbands des Deutschen Handwerks (ZDH): 60 vH der Unternehmen nutzen regelmäßig Kontokorrentkredite, 48 vH mittel- bis langfristige Kredite, während Leasing, Factoring und Beteiligungsfinanzierung eine untergeordnete Rolle spielen (ZDH 2001: 5f.).

So wurde der Aufbau eines innovativen Unternehmens[87] im Werkstoffbereich über Ersparnisse des Jungunternehmers (50 000 DM) und die Gesellschaftereinlage (100 000 DM) eines etablierten Unternehmers finanziert. Diese Partnerschaft ergab sich rein zufällig, als der Gründer bei der Suche nach einer Firma, die seinen für die Produktion der Metalle entwickelten Ofen produzieren konnte, auf das Unternehmen stieß, dessen Eigentümer sich für das Produkt interessierte und eine finanzielle Partnerschaft vorschlug. Auch Investitionen in Maschinen, die zwischen 30 000 und 80 000 DM betragen, werden noch eigenfinanziert, sodass bisher nach Angaben des Unternehmers keine Notwendigkeit bestand, Banken oder Beteiligungskapitalgeber anzusprechen. Gleichwohl verweist der Unternehmer darauf, dass er zukünftig zusätzliches Kapital benötige, ihm allerdings im Umgang mit externen Kapitalgebern die Erfahrung fehle. Er möchte auch kein Beteiligungskapital beantragen, da er in seinen eigenen Worten „Eigentümer und Manager dieses Unternehmens bleiben möchte, und Venture Kapital heißt immer, dass man Anteile weggeben muss und andere Partner akzeptieren muss."

Serielles Unternehmertum als Finanzierungsstrategie, das bereits im Zusammenhang mit der Unternehmensfinanzierung in Transformationsländern diskutiert wurde (2.2), zeigt die nachfolgende Fallstudie. Die Ursachen dürften dabei in diesem wie auch in vielen anderen Fällen weniger in den Unzulänglichkeiten des deutschen Finanzierungssystems liegen als in der persönlichen Einstellung der Unternehmer zur externen Finanzierung. Diese Einstellung reflektiert sowohl den Wunsch, das Unternehmen selbst zu kontrollieren, als auch ein vorsichtiges risikominimierendes Verhalten vor allem in der Gründungsphase (ähnlich Kaufmann 1997: 145).

Das Unternehmen[88], das elektronische Kontrollsysteme für Schankanlagen einrichtet, Kunden in deren Anwendung fortbildet und umfangreiche

[87] Die Daten wurden im Juni 1999 in Bochum (Unternehmerstudie) erhoben.

[88] Die Daten wurden im Juni 1999 in Oberhausen (Unternehmerstudie) erhoben.

Wartungsdienstleistungen anbietet, wurde im Jahr 1997 mit Hilfe eigener Mittel der beiden Gesellschafter gegründet, die rund 100 000 DM aufbrachten. Diese Mittel wie auch umfangreiche Mittel für Investitionen – Finanzierung von Messeständen in Höhe von rund 200 000 DM – sowie eine zusätzliche Einlage in Höhe von rund 120 000 DM im ersten Jahr stammten vor allem aus der bisherigen unternehmerischen Betätigung des einen Partners, der sich als serieller und Portfoliounternehmer charakterisieren lässt. Er arbeitete bereits während seines – nicht abgeschlossenen – Betriebswirtschaftsstudiums als Selbständiger in der Werbung, gründete mit Freunden eine kleine Konzertagentur sowie einen Restaurantbetrieb mit Konzertveranstaltungen, der in einer Holding von elf auf verschiedene Eventaspekte spezialisierten Gastronomiebetrieben mündete.

Trotz der gesicherten Gründungsfinanzierung hat das Unternehmen Liquiditätsprobleme, zum einen aufgrund der langen Anlaufzeit bei der Produkteinführung, zum anderen aufgrund von Zahlungsverzögerungen bei großen Aufträgen, die nur zur Hälfte über Vorauszahlungen vorfinanziert werden. Auch erforderte das Geschäftsfeld die baldige Einstellung von Mitarbeitern, die das Unternehmen derzeit nur über Lohnkostenzuschüsse im Rahmen eines Förderprogramms finanzieren kann. Einen Kreditantrag haben die Gründer bislang nicht gestellt, obschon sie diese Entscheidung mittlerweile bereuen, da ein Kredit ihr Unternehmen finanziell auf eine sicherere Basis gestellt hätte. Der hauptsächliche Grund scheint in der negativen Einstellung des Hauptanteilseigners gegenüber Banken zu liegen, die offensichtlich auf seinen schlechten Erfahrungen mit früheren Kreditanträgen beruht. Er überlegt die Aufnahme eines weiteren Partners, der neben 30 vH der Anteile auch Vermarktungsaufgaben übernehmen soll; anderenfalls müsste das Unternehmen einen Marketingfachmann einstellen, für die Einrichtung eines weiteren Arbeitsplatzes allerdings einen Kredit beantragen.

Eine häufige Finanzierungsstrategie bei der Gründung und in der Frühphase unternehmerischer Tätigkeit ist neben der Verwendung eigener Ersparnisse auch die Finanzierung über einen ersten großen Auftrag, dessen Erträge dann sukzessive für den Auf- und Ausbau des Unternehmens eingesetzt werden. Ihre Begründung erhält diese Strategie dadurch, dass oftmals erst dieser erste Auftrag eine Unternehmensgründung „anregt".

Eine Teamgründung[89] im Hightechbereich finanzierten die beiden Jungunternehmer, die sich aus dem Physikstudium kannten, über einen ersten großen Auftrag sowie über eigene Ersparnisse aus ihren vorherigen freiberuflichen Tätigkeiten. Zugleich waren beide Gründer während der ersten Monate noch als wissenschaftliche Mitarbeiter bzw. Hilfskräfte an der

---

[89] Die Daten wurden im Juni 1999 in Münster (Unternehmerstudie) erhoben.

Universität beschäftigt – einer der Unternehmer wurde im Rahmen des PFAU-Programms[90] über eine zweijährige halbe Mitarbeiterstelle an der Universität bei der Vorbereitung der Gründung unterstützt – und sicherten sich darüber ihr Einkommen. Das Unternehmen ist spezialisiert auf Forschung und Entwicklung im Bereich der automatischen Bildverarbeitung und auf Datenverarbeitung zur Optimierung industrieller Prozesse, eingesetzt werden Verfahren der künstlichen Intelligenz. Zwar sind ihre Investitionen niedrig, so kann die Ausstattung zusätzlicher Arbeitsplätze über laufende Einkünfte finanziert werden. Jedoch gestaltet sich der Aufbau eines Kundenstammes als zeitintensiv, sodass sich die Unternehmer erfolgreich bei ihrer Hausbank – einer Sparkasse – um einen Betriebskapitalkredit im Rahmen des Existenzfestigungsprogramms der Kreditanstalt für Wiederaufbau (KfW) bewarben. Beteiligungskapital ist für beide Gründer – zumindest zum Zeitpunkt der Befragung – kein Thema, sie selbst beschreiben ihre Unternehmensstrategie als „vorsichtig, aber wachstumsorientiert".

Die Gründe für diese Finanzierungsstrategien liegen dabei weniger im fehlenden Zugang zu Fremdkapital als schon eher im von den Unternehmern selbst thematisierten Mangel an Erfahrung im Umgang mit Banken und Beteiligungskapitalgebern. Sie finden sich vor allem in persönlichen Risikoeinstellungen der Unternehmer wie in ihrer grundlegenden Einstellung zu Beteiligungskapital und einer von ihnen oft so wahrgenommenen damit verbundenen Einschränkung ihrer unternehmerischen Tätigkeit. Cressy und Olofsson sprechen in diesem Zusammenhang von nachfrageseitigen Restriktionen der Unternehmensfinanzierung, bedingt durch das Kontrollverhalten der KMU-Unternehmer (Cressy, Olofsson 1997: 90). Derartige Strategien reduzieren in der Wahrnehmung der Unternehmer das mit der unternehmerischen Tätigkeit verbundene finanzielle Risiko, da keine externen Kapitalgeber involviert werden.

Theoretisch lassen sich diese Finanzierungsstrategien unter Rückgriff auf verhaltensorientierte Bezugspunkte als Ergebnis einer Entscheidungsfindung erklären, deren Vollständigkeit hinsichtlich der Alternativensuche und -auswahl durch eine selektive Wahrnehmung beeinträchtigt wird. Aus aktionstheoretischer Sicht können sie als wahrnehmungsbedingtes mentales Muster beschrieben werden, das auf die Risikoneigung und unternehmerische Einstellung der jungen Unternehmer zurückzuführen ist. Diesen Schluss stützen

90 PFAU ist ein nordrhein-westfälisches Programm zur Förderung von Unternehmensgründungen aus Hochschulen. Den Teilnehmern, die sich mit einem Geschäftsplan und der Zusage der Universität bewerben müssen, wird zwei Jahre eine halbe Mitarbeiterstelle bezahlt. Zugleich können sie Beratung durch Seniorexperten in Anspruch nehmen, sich zusätzlich um so genannte Marketing- und Beratungsscheckhefte bewerben sowie Seminare besuchen.

auch die in verschiedenen Fallstudien immer wieder zu findenden Äußerungen, dass der Unternehmer bzw. die Unternehmerin ein schuldenfreies Unternehmen vorziehe und deshalb auf die Aufnahme von Fremdkapital verzichtet habe.

Nur wenige theoretische Anhaltspunkte bieten auf den ersten Blick umfeldorientierte Ansätze wie die Institutionenökonomik, da das institutionelle Umfeld in etablierten Marktwirtschaften, in diesem Fall das Finanzsystem, generell funktionsfähig und der Zugang zu Fremdkapital zumindest formal nicht eingeschränkt ist, sich Strategien der Eigenfinanzierung somit kaum als Reaktion auf unzureichende formelle Institutionen erklären lassen. Vor allem solche Ansätze, die kulturelle Faktoren der Strategiegenese in den Vordergrund stellen, gewinnen jedoch an Bedeutung bei der Betrachtung demographisch bedingter Restriktionen des Handlungsspielraumes von KMU, wie bei ausländischen Unternehmern oder Unternehmerinnen.

Kulturelle Einflüsse lassen sich aus weiteren Fallstudien im Rahmen der Unternehmerstudie und der Studie zu arbeitslosen Gründern ablesen. Sie bewirken beispielsweise bei ausländischen Unternehmern informelle Finanzierungsstrategien über soziale Netzwerke oder bei Unternehmerinnen teure externe Finanzierungsmodelle, welche die Möglichkeiten zukünftiger strategischer Optionen beschränken. Eine Finanzierung über soziale (Familien-)Netzwerke ist für ausländische Unternehmer in einer Reihe von Untersuchungen nachgewiesen worden, die gleichzeitig auf deren starke berufliche und soziale Einbindung in spezifische soziokulturelle Milieus mit eigenen Normen und Verhaltensregeln aufmerksam machen[91].

> Der Eigentümer einer 1995 gegründeten Sprachschule[92] hat für die Finanzierung seiner Gründung wie auch für größere Investitionen, die nicht allein über Rücklagen zu finanzieren waren, auf informelle Kredite seiner Familie zurückgegriffen. Der Unternehmer führt seine Finanzierungsschwierigkeiten auf die implizite Diskriminierung durch die angefragten Banken zurück, da er türkischer Abstammung ist. So hat er bei der Gründung, die er nach eigenen Angaben aufgrund unzureichenden Eigenkapitals zwei Jahre zurückstellen musste, einen geförderten Kredit bei seiner damaligen Hausbank beantragt. Diese wies ihn mit den Worten ab,

---

91 Zum Beispiel Waldinger et al. (1990) und Aldrich, Waldinger (2000: 264ff.). Der Einfluss ethnienspezifischer Milieus und Werthaltungen ist z.B. für asiatische Unternehmer in verschiedenen Gesellschaften ausführlich untersucht worden, vgl. Heberer (2000), Kotkin (1996) sowie Rutten, Upadhya (eds.) (1997), hier vor allem Peng (1997: 151ff.), Ping (1997: 245ff.), Gupta (1994: 59ff.). Für die Diskussion um negative wie positive Einflüsse soziokultureller Milieus afrikanischer Unternehmer und ihr strategisches Verhalten vgl. z.B. zu Nigeria den Band von Gebert (1992), insbesondere Blankmeister et al. (1992), auch Nafziger (1969), zu Ghana Kennedy (1980: 107ff.), zu Kenia Marris, Somerset (1971: 132ff.).

92 Die Daten wurden im Juni 1999 in Essen (Unternehmerstudie) erhoben.

warum ausgerechnet er auf diese Idee gekommen wäre (und – in seiner Interpretation – kein deutscher Unternehmer).

Obschon sich diese Strategien auf den ersten Blick nicht von den oben skizzierten Strategien der Eigenfinanzierung bei deutschen Unternehmern unterscheiden, sind die Erklärungen anders gelagert. Informationsdefizite auf Seiten der ausländischen Unternehmer, die im Sinne der Entscheidungsforschung zu unvollständigen und defensiven Entscheidungen führen[93], sind ein Grund für diese Finanzierungsmuster. Negativ zum Tragen kommt hier offensichtlich der Verfügbarkeitseffekt, nach dem die Entscheidungsfindung auf Grundlage leicht verfügbarer Informationen erfolgt – in diesen Fällen aus dem unmittelbaren sozialen Umfeld. Das Zentrum für Türkeistudien schätzt beispielsweise, dass bei der Gründung lediglich rund ein Drittel der ausländischen Unternehmer über öffentliche Finanzierungsmöglichkeiten informiert war (Zentrum für Türkeistudien 1995: 35). Dazu tritt als negativer Rückkoppelungseffekt eine ablehnende Haltung auf Seiten der Banken, die auch in anderen Untersuchungen als problematisch thematisiert wurde (IfM 1997: 48). Dies bestärkt die ausländischen Unternehmer in ihrer negativen Wahrnehmung, sodass sich mit Blick auf Finanzierungsstrategien in der Betrachtung der Komplexitätswissenschaft zirkuläre und sich gegenseitig verstärkende Wirkungsketten entwickeln. Aus entscheidungstheoretischer Sicht lässt sich das Finanzierungsverhalten ausländischer Unternehmer dann mit Hilfe der Konflikttheorie der Entscheidungsfindung als träges Verhalten im Sinne eines „konfliktfreien Beibehaltens“ (Martin, Bartscher 1995: 119) bei geringen Risiken erklären.

Negative Einstellungen von Bankmitarbeitern gegenüber Unternehmerinnen beschränken auch deren Finanzierungsmöglichkeiten über Fremdkapital und spielen bei der Herausbildung geschlechtsspezifischer Handlungsmuster eine nicht unwichtige Rolle, wie die folgenden Fallstudien exemplarisch zeigen. Als theoretische Erklärung bietet sich hier die Institutionenökonomik an, die auf die Rolle von Konflikten zwischen formellen und informellen Institutionen bei der Strategiegenese verweist. Formal ist der Zugang zu Fremdkapital für Unternehmerinnen nicht eingeschränkt. Allerdings wirken informelle Institutionen, nämlich gesellschaftlich negative Wertvorstellungen hinsichtlich der unternehmerischen Betätigung von Frauen, restringierend und können so letztlich auf Unternehmerinnenseite Eigenfinanzierungsstrategien bzw. riskante Fremdfinanzierungen bewirken.

---

93 Vgl. Martin (2001: 11), für einen Überblick zu entsprechenden Studien Rajagopalan et al. (1993: 358f.).

> Eine junge Unternehmerin[94], die 1996 ein Dienstleistungsunternehmen im hauswirtschaftlichen Bereich gründete, hatte zwar keine größeren Probleme, den Unternehmensstart zu finanzieren: Sie beantragte bei ihrer Hausbank – einer Volksbank – erfolgreich einen Kredit in Höhe von 20 000 DM, für den ihre Mutter bürgte, und erhielt aufgrund ihrer attestierten Berufskrankheit einen Zuschuss von der Berufsgenossenschaft (25 000 DM), während das Arbeitsamt Überbrückungsgeld für ein halbes Jahr zahlte. Sie berichtete jedoch über enorme Schwierigkeiten bei der Suche nach Fremdkapital für notwendige Investitionen, die sie auf das diskriminierende Verhalten der für sie zuständigen Bankangestellten zurückführt. Erst nach mehreren Versuchen brachte sie 1998 einen weiteren Kreditantrag durch, allerdings für Betriebsmittel. Investitionen finanziert sie nunmehr über Ersparnisse, betriebliche Einnahmen und ihren Überziehungskredit. Auch hier hat sie jedoch Probleme, da die Hausbank den Kreditrahmen nur zögerlich anhob. Den Grund dafür sieht sie in der Tatsache, dass sie und ihr Ehemann den Hauskauf über die gleiche Bank finanziert hätten, die Bankangestellten somit finanzielle Bewegungen auf jeglichem Konto aufmerksam beobachten würden. Der geplante Wechsel ihres Geschäftskontos zu einer Sparkasse scheiterte daran, dass ihr der Bankangestellte die Eröffnung eines Kontos mit der Bemerkung verweigerte, warum sie nicht zu Hause bliebe.

Gravierender waren die Finanzierungsprobleme im Fall einer Unternehmerin, die keinen Zugang zu Unternehmenskrediten erhielt und deshalb die Gründung wie den laufenden Geschäftsbetrieb über teure Privatkredite (re-)finanzierte[95].

> Ihr kleines Reisebüro, in dem neben der Unternehmerin eine Angestellte und zwei Auszubildende beschäftigt sind, baute die Unternehmerin gemeinsam mit ihrem Ehemann mit Hilfe eigener Ersparnisse (30 000 DM) und eines „Hausfrauenkredits" in Höhe von 20 000 DM auf. Sie berichtete von enormen Problemen beim Zugang zu Fremdkapital. Obwohl sie mit mehreren Banken Gespräche führte, wurden ihr keine Kredite gewährt, auch keine Hinweise auf mögliche Förderprogramme gegeben, wobei sowohl mangelnde Branchenkenntnisse – sie war vorher im Personalmanagement tätig – wie auch die ethnische Zugehörigkeit ihres Ehemanns – er ist Schwarzafrikaner – eine Rolle gespielt haben mögen. Den teuren „Hausfrauenkredit", bei dem sich die Zinsen auf 17 vH belaufen, erhielt sie auch erst, nachdem sich die Frauenbeauftragte einer Sparkasse einschaltete und die Unternehmerin zu ihren Gesprächen begleitete. Die negativen Erfahrungen setzten sich jedoch fort, der Unternehmerin gelang es nicht, Betriebsmittel- oder Investitionskredite zu erhalten, sodass sie und

94 Die Daten wurden im Juni 1999 in Münster (Unternehmerstudie) erhoben.

95 Die Daten wurden im November 1999 in Essen (Arbeitslose Gründer) erhoben.

ihr Ehemann sich in den ersten Jahren der Geschäftstätigkeit mit der Aufnahme privater Kredite hoch verschuldeten. Erschwerend kam hinzu, dass in den ersten drei Jahren der Verdienst gering war, da sie ihr Reisebüro über Franchising starteten, der erste Franchisegeber „über Nacht mit unserem Geld verschwand", ein anderer 6 000 DM Monatsgebühr verlangte.

Eine Reihe von Studien bestätigt die hier aufgezeigten Finanzierungsprobleme von Unternehmerinnen, wenngleich die auf den ersten Blick offenkundige Erklärung – diskriminierendes Verhalten des Finanzsystems gegenüber Unternehmerinnen – kontrovers diskutiert wird[96]. So stellte eine Untersuchung für 600 britische KMU allenfalls einen – allerdings durchaus zu hinterfragenden – indirekten Zusammenhang zwischen Kreditablehnung und Geschlecht fest: Kreditablehnungen lagen bei Unternehmern in der Branche und ihrer Ausbildung begründet, bei Unternehmerinnen in ihren familiären Umständen und ihren fehlenden unternehmerischen Erfahrungen (Carter, Rosa 1998: 238).

Festzuhalten bleibt jedoch, dass der durch dieses Verhalten von externen Kapitalgebern eingeschränkte finanzielle Rahmen von KMU die Gefahr einer geringen Eigenkapitaldecke in sich birgt. Die hieraus resultierende geringe Ressourcenausstattung des Unternehmens kann zukünftige Strategieverläufe und die Unternehmensentwicklung grundsätzlich beeinflussen, wie bereits in Abschnitt 2.2 hinsichtlich der Finanzierungsstrategien von KMU in Transformationsländern diskutiert wurde. Aber auch die von technologieorientierten Unternehmen bevorzugten Strategien der anfänglichen Eigenfinanzierung und allenfalls zusätzlichen Kreditfinanzierung resultieren betriebswirtschaftlich gesehen in einer nicht optimalen Finanzierungsstruktur des Unternehmens und schränken dergestalt spätere strategische Optionen – beispielsweise mit Blick auf das Unternehmenswachstum – ein (Julien 1998: 286ff.; Cressy, Olofsson 1997: 90).

### 3.2 Intermediäre, externe Unterstützung und Strategiegenese

Ein spezifischer Faktor, der die Strategiegenese in KMU in Deutschland beeinflussen kann, sind die Intermediäre, die zwischen dem politischem System (dem Staat) und dem wirtschaftlichen System (dem Markt) vermitteln bzw. beide Bereiche verknüpfen. Derartige Netzwerke gewinnen in modernen Industriegesellschaften nicht zuletzt im Zusammenhang mit dem Aufkommen neuer Formen der Wissensproduktion an Gewicht (Gibbons et al. 1996: 46ff., 111ff.). Im Gegensatz zu Transformationsländern verfügen etablierte Marktwirtschaften über ein breites System an verschiedenen Intermediären, die Handlungsmuster von KMU über vielfältige Unterstützungsleistungen direkt

96 Ein Überblick über entsprechende Studien findet sich bei Donckels (2000: 207ff.).

(mit-)gestalten – z.B. über Beratung oder Schulung – oder indirekt beispielsweise über Interessenvertretungen, die den gesamten Handlungsspielraum von KMU verändern können.

Theoretisch lassen sich die unterstützungsleistenden Funktionen der Intermediäre zumindest indirekt über Markt- oder Wettbewerbsversagen ableiten. Marktversagen, das eine externe Unterstützung von KMU im Sinne öffentlicher Förderung und entsprechende Dienstleistungen von Intermediären rechtfertigen würde, liegt vor, wenn aufgrund fehlender exklusiver Handlungs- und Verfügungsrechte, nicht behebbarer Koordinationshemmnisse, zu hoher Transaktionskosten und gravierender externer Effekte der Markt seine Koordinationsfunktion nicht gewährleisten kann (ausführlich Fritsch et al. 1993). Wettbewerbsversagen, dessen Abgrenzung allerdings mit der jeweiligen Interpretation des Wettbewerbsphänomens differieren kann (Eickhof 1985: 64f.), verweist im Zusammenhang mit KMU auf das Marktmachtproblem und die mögliche Verdrängung kleiner Betriebe sowie auf größenspezifische Eintrittsbarrieren und fehlende Markttransparenz beispielsweise im Finanzierungsbereich. Jedoch spiegelt sich hier häufig eher Politikversagen im Sinne einer unzureichenden Setzung politischer Rahmenbedingungen, die korrigiert werden müssten (Klemmer et al. 1996: 36). In der Praxis der Mittelstandspolitik und -förderung sowie bei den Unterstützungsleistungen der Intermediäre spielen diese theoretischen Erklärungen allenfalls implizit eine Rolle. Externe Unterstützung wird in der Regel auf das Argument größenstruktureller Nachteile zurückgeführt, dem die Politik mit entsprechenden Maßnahmen zu begegnen habe, ohne sich auf adäquate theoretische Begründungen zu beziehen (Klemmer et al. 1996: 31ff.).

Markt- bzw. Wettbewerbsversagen betrifft KMU in ihrer Strategiegenese vor allem in „Veränderungsphasen“, in denen hohe Transaktionskosten beispielsweise bei der Informationsbeschaffung, bei der Suche nach angemessener externer Beratung, aber auch bei der Suche nach externer Finanzierung den Entscheidungsspielraum einschränken. Dies bedingt unvollkommene Entscheidungen und Strategien, die wiederum die Weiterentwicklung des Unternehmens behindern (können). Diese „Veränderungsphasen“ umfassen Gründungssituationen, Forschung und Innovationen bei technologieorientierten Unternehmen[97] oder generelle strategische Neuorientierungen. In dieser Hinsicht können KMU in Deutschland auf ein umfangreiches Netz von Intermediären und unternehmensstützenden Infrastrukturen zurückgreifen, die entsprechende Förderprogramme von Bund und Ländern verwalten, aber auch eigene Dienstleistungen anbieten.

97 Vgl. dazu Czarnitzki et al. (2001: 42), generell zu Marktversagen als Begründung technologiepolitischer Förderprogramme Fritsch (1993: 2ff.)

Eine Sonderstellung als Körperschaften öffentlichen Rechts mit Pflichtmitgliedschaft nehmen hier die Industrie- und Handelskammern sowie die Handwerkskammern, aber auch berufsständische Kammern ein (zum deutschen Kammersystem vgl. z.B. Oberndorfer 1987; Groser et al. 1986). Kammern erfüllen (quasi-)hoheitliche Aufgaben im Bereich der Berufsausbildung, der Standesaufsicht und erledigen administrative Aufgaben der Wirtschaftsverwaltung wie beispielsweise die Führung der Handwerksrolle oder die öffentliche Bestellung und Vereidigung von Sachverständigen. Dazu kommen Informations- und Beratungsangebote zu verschiedenen betrieblichen Feldern sowie Aufgaben der Interessenvertretung.

Ein weiterer Bestandteil der deutschen Intermediärslandschaft sind privatwirtschaftlich organisierte Wirtschaftsverbände mit einem oftmals auf bestimmte unternehmerische Gruppen – Mittelstand, Wirtschaftsbereiche und Branchen, Unternehmerinnen, junge Unternehmer – ausgerichteten Fokus und einem damit verbundenen spezifischen Angebot an Dienstleistungen und Interessenvertretung. Als mittelstandsnaher Verband lässt sich beispielweise die Arbeitsgemeinschaft Selbständiger Unternehmer (ASU) benennen; übergreifende Wirtschaftsverbände sind u.a. die im Bundesverband der Deutschen Industrie (BDI) organisierten Mitgliedsverbände[98]. Ein einflussreicher Branchenverband ist beispielsweise im Handel der Hauptverband des Deutschen Einzelhandels (HDE) (Krickhahn 1993: 31). Junge Unternehmer/-innen können Mitglied werden bei den kammernahen Wirtschaftsjunioren oder im Bundesverband Junger Unternehmer (BJU) bzw. seinen regionalen Untergliederungen. Spezielle Verbände für Unternehmerinnen sind der Verband Deutscher Unternehmerinnen (VdU) sowie kleinere und jüngere Initiativen, die oftmals ein regional begrenztes Betätigungsfeld haben.

Infrastrukturelle Unterstützungsleistungen und spezielle Dienstleistungen stellen Technologie- und Gründerzentren bereit, die sich als Standortgemeinschaften für bestimmte Zielgruppen von Unternehmen charakterisieren lassen[99]. Zur Infrastruktur zählen das Raumangebot sowie zentrale Gemeinschaftseinrichtungen wie Labore, Kommunikationsdienstleistungen und Repräsentationsräume. Das Dienstleistungsangebot umfasst ein unterschiedlich breit gefächertes Angebot an Serviceleistungen – z.B. Sekretariat, Buchhaltung, Beratungsdienste – und Vermittlungsleistungen – z.B. Kooperationen, Transferhilfen im Technologiebereich.

---

98 Vgl. zu einer detaillierten Zusammenstellung mittelstandsnaher Verbände und zu einer Analyse ihres Aufgabenspektrums Krickhahn (1993, 1995).

99 Vgl. dazu Sternberg (1995: 202ff.). Die Technologie- und Gründerzentren sind in ihren Wirkungen nicht unumstritten. Zur Aufarbeitung dieser Diskussion und einer detaillierten Evaluierung der westdeutschen Zentren vgl. Behrendt (1996), für die ostdeutschen Zentren Tamasy (1996).

Mit Blick auf externe Unterstützung sind die skizzierten öffentlich-rechtlichen und privaten Fördereinrichtungen wichtige Akteure, deren Beziehungsstruktur untereinander als intermediäres Fördernetzwerk bezeichnet werden kann. Fördernetzwerke von der Art der unter dem Dach der industriellen Gemeinschaftsforschung durchgeführten Aktivitäten schließen das Engagement staatlicher Forschungsinstitute ebenso ein wie kooperative Forschungseinrichtungen der Industrie (Lageman et al. 1995).

In weiter Abgrenzung zählen auch die unternehmensnahen Dienstleistungen wie Unternehmens- und Steuerberater zu den Intermediären: Sie sind in Deutschland zum einen in die Mittelstandsförderung eingebunden – beispielsweise über die Möglichkeit der KMU, geförderte Unternehmensberatungen zu beantragen. Zum anderen kommt ihnen im Zuge des Trends zu öffentlich-privaten Partnerschaften (generell dazu Birnstiel 1995) sowie angesichts der wachsenden Kritik an der Effizienz öffentlich geförderter intermediäre Einrichtungen (Birnstiel 1995) eine wachsende Bedeutung zu. Insbesondere bei der Neuausrichtung der Gründungspolitik der vergangenen Jahre hat sich in vielen Bundesländern über eine Vernetzung von Kammern, Verbänden, Stadtverwaltungen, Banken und anderen Finanzierungsinstitutionen sowie privaten Unternehmensberatern ein breites Netz an öffentlich-privaten Kooperationen herausgebildet. Diese stellen ein integriertes Dienstleistungsangebot bereit, um über eine Senkung der gründungsbezogenen Transaktionskosten den Zugang von Gründern zu Informationen und Beratung zu erleichtern, die Beratungsqualität zu verbessern und zu intensivieren. So hat sich beispielsweise die 1996 aufgelegte Gründungsoffensive GO in Nordrhein-Westfalen die Vernetzung gründungsbezogener Anlaufstellen als ein strategisches Ziel gesetzt; von den Gründungsnetzwerken werden gemeinsame Publikumsveranstaltungen angeboten und eine gemeinsame Öffentlichkeitsarbeit durchgeführt[100].

Aus dem Blickwinkel der Strategiegenese in KMU sind intermediäre Einrichtungen und Netzwerke interessant hinsichtlich der von ihnen zur Verfügung gestellten Dienstleistungen. Ersten Aufschluss über die mögliche Bedeutung von Intermediären bei der Strategiegenese erlauben indirekt die Ergebnisse eines Forschungsprojektes zur Selbständigkeit in Deutschland[101]. In diesem Rahmen wurden Selbständige nach ihrer Einschätzung der Dienstleistungen von Kammern und Verbänden befragt sowie Kammern und Mittelstandsverbände danach gefragt, welchen Einfluss ihr Angebot an Dienstleistungen und politischer Interessenvertretung auf Unternehmer ausübt. Den größten Einfluss gestehen sich die Kammern bei ihren Angebotsschwerpunkten – den Be-

100 Vgl. für Details zur Gründungsoffensive GO die vom Institut für Mittelstandsforschung durchgeführten begleitenden Forschungen (1997, 1998, 2000).

101 Vgl. zur Kammer- und Verbändebefragung Frick et al. (1998: 84ff.); Details der Befragung der Selbständigen finden sich in Anhang 6.

Tabelle 13

**Einfluss der Kammern und Verbände auf das wirtschaftliche Verhalten von Selbständigen in Deutschland**
1997; in vH

| Art der Dienstleistung | Kaum Einfluss | | | Geringer Einfluss | | | Stärkerer Einfluss | | |
|---|---|---|---|---|---|---|---|---|---|
| | IHK | HWK | Verband | IHK | HWK | Verband | IHK | HWK | Verband |
| Beratungs- und Informationsdienste | 0,0 | 0,0 | 13,2 | 20,0 | 13,5 | 39,4 | 80,0 | 86,5 | 47,3 |
| Spezifische Dienstleistungen | 1,9 | 20,6 | 32,3 | 52,8 | 50,0 | 33,0 | 45,3 | 29,4 | 33,9 |
| Publikationen | 0,0 | 13,9 | 25,0 | 67,9 | 71,3 | 48,6 | 32,1 | 13,9 | 26,3 |
| Aus- und Weiterbildung | 0,0 | 0,0 | 36,8 | 21,8 | 27,0 | 41,2 | 78,2 | 73,0 | 22,1 |
| Quasihoheitliche Aufgaben | 7,5 | 17,2 | 83,3 | 49,0 | 51,4 | 11,7 | 43,4 | 31,4 | 5,0 |
| Dienstleistungen für staatliche Stellen/ Öffentlichkeit | 3,8 | 22,8 | 53,7 | 51,9 | 60,0 | 34,3 | 44,2 | 17,2 | 12,0 |
| Interessenvertretung | 3,7 | 0,0 | 6,3 | 38,9 | 52,8 | 43,0 | 57,4 | 47,3 | 50,6 |

Befragung des RWI. - Fragestellung: „Mit welchen Dienstleistungen beeinflusst Ihre Organisation das wirtschaftliche Verhalten von selbständigen und „angestellten" Unternehmern sowie potenziellen Unternehmensgründern am stärksten?" – Durchschnittliche Antwortrate: 51 von 56 IHK, 34 von 37 HWK, 70 von 83 Verbänden.

RWI ESSEN

ratungs- und Informationsdienstleistungen sowie bei der Aus- und Weiterbildung – zu, gefolgt von der Interessenvertretung; bei den Verbänden liegt die Interessenvertretung an erster Stelle ihres Angebotes (Tabelle 13).

Nachfrageseitig betrachtet erreichen die zentralen Angebote der Kammern und Verbände aber nur einen Teil der Zielgruppe (Tabelle 14). Ihr Einfluss auf die unternehmerischen Handlungsmuster scheint demnach gering. Lediglich ein Drittel der im Rahmen der Selbständigenstudie befragten Selbständigen beispielsweise hat Informations-, Beratungs- oder Schulungsangebote von Kammern und Verbänden in Anspruch genommen, 13 vH bewerteten die Angebote als ihren Bedürfnissen voll entsprechend, 26 vH als teilweise bedarfsgerecht, während immerhin 43 vH nicht zufrieden sind. Auch von den Selbständigen mit Hochschulabschluss – deren Informations- und Beratungsbedarf möglicherweise anders gelagert ist als der von Meistern oder Personen mit anderer Berufsausbildung – hat ebenfalls ein Drittel Angebote von Kammern und Verbänden in Anspruch genommen; ihre Bewertung unterscheidet sich nicht grundlegend von den vorher zitierten, wenngleich die negativen Einschätzungen mit 46 vH ausgeprägter sind.

Dabei zeigen Ergebnisse des Instituts für Mittelstandsforschung Bonn (IfM), das im Jahr 1998 4 000 Gründer und 252 junge Unternehmen sowie insgesamt 599 Unterstützungseinrichtungen in Nordrhein-Westfalen befragt hat, eine

Tabelle 14

**Einschätzung zentraler Dienstleistungsangebote der Kammern durch Selbständige**
1997; in vH

| | Selbständige | darunter: mit Hochschulabschluss |
|---|---|---|
| Inanspruchnahme von Informations-, Beratungs- und Schulungsangeboten der Kammern und Verbände | | |
| Ja | 33 | 33 |
| Nein | 67 | 67 |
| Summe | 100 | 100 |
| Angebote entsprechen den Bedürfnissen ... | | |
| Voll | 13 | 16 |
| Teilweise | 26 | 18 |
| Eher nicht | 14 | 15 |
| Nein | 29 | 31 |
| Weiß nicht/keine Angaben | 18 | 20 |
| Summe | 100 | 100 |

Infratest Burke Sozialforschung 1997.

RWI ESSEN

nach Einrichtung, Problemfeld und Lebenszyklusphase differenzierte Nutzung externer Unterstützung (vgl. dazu und zu den folgenden Zahlen IfM 2000: 105ff., 131ff.). Zwei Drittel der Gesamtnachfrage von Gründern und KMU entfällt auf – telefonische oder persönliche – Kurzberatungen und schriftliche Information, mithin eine relativ undifferenzierte Erst- oder Einstiegsberatung, während weitergehende Unterstützung bei der Ideenumsetzung eine geringere Rolle spielen. Nur noch rund 15 vH der Gründer greifen auf intensive Beratungsangebote – Einzel- oder Gruppenberatung – vor der Gründung zurück, 3 vH in der Nachgründungsphase, wobei die bevorzugte Nutzung finanzieller Einrichtungen den Schluss zulässt, dass Unternehmen nach erfolgter Gründung vor allem Beratung in Finanzierungsfragen suchen.

Fragen KMU externe Beratungsleistungen nach, werden vor allem die Intermediäre angesprochen, zu denen der Unternehmer bereits während der Gründung Kontakt hatte: 80 vH derjenigen Unternehmer, die zuerst einen Unternehmensberater kontaktierten, sprechen diesen bei Problemen in der Festigungsphase wiederum an, für öffentliche Institutionen wie Kammern liegt dieser Anteil bei 75 vH und sinkt auf 50 vH für Banken, Sparkassen und Steuerberater. Tabelle 15 zeigt zudem eine deutliche themen- und institutionenbezogene Konzentration der nach einer Gründung nachgefragten Unterstützungsleistungen. Für betriebswirtschaftliche Problemstellungen wie die Erschließung neuer Absatzwege werden in erster Linie Unternehmensberater in Anspruch genommen, während naturgemäß finanzielle Institutionen bei Fragen der Kapitalbeschaffung eine große Rolle spielen. Der hohe Anteil,

Tabelle 15

**Wichtigste Problembereiche nordrhein-westfälischer KMU und Gründer nach Beratungsinstitutionen**

1998; Nutzungsintensität in vH

| | IHK | Bank/Sparkasse | Unternehmensberater | Steuerberater |
|---|---|---|---|---|
| Fremdkapitalbeschaffung | 57,1 | 57,1 | 14,3 | – |
| Eigenkapitalbeschaffung | 20,0 | 40,0 | 20,0 | – |
| Standortverlagerung, -verhältnisse | 50,0 | 50,0 | 25,0 | – |
| Erschließung neuer Absatzwege | – | 25,0 | 50,0 | – |
| Steuern/Abgaben | – | 25,0 | 25,0 | 75,0 |
| Koordination der Betriebsabläufe | – | 25,0 | 75,0 | 25,0 |

Institut für Mittelstandsforschung (2000: 135). – Mehrfachnennungen.

RWI ESSEN

der in dieser Frage auf die Kammern entfällt, dürfte sich vor allem aus ihrer Rolle als Gutachter bei Kreditanträgen im Rahmen öffentlicher Förderprogramme erklären.

Ein theoretischer Erklärungsstrang der Rolle externer Unterstützung bei der Strategiegenese in KMU stellt auf deren bereits erwähnte Größennachteile ab und versteht externe Unterstützung als zusätzliche Ressourcen zu deren Ausgleich. Diese Erklärung hat einen implizit ressourcenbasierten theoretischen Hintergrund, indem die externen Beratungsstrukturen die Herausbildung einer unternehmensspezifischen Ressourcenbasis unterstützen. Die Rolle externer Unterstützung lässt sich aber auch durch den Rückgriff auf netzwerktheoretische Überlegungen und ihren Verweis auf den Stellenwert gesellschaftlicher und sozialer Einbettung wirtschaftlicher Handlungen ableiten. Bühler spricht in diesem Zusammenhang von „Ressourcenbeziehungen" (Bühler 1999: 202), die neben informellen sozialen Kontakten – wie beispielsweise aus Vereinsmitgliedschaften zur Rekrutierung neuer Kunden (Curran, Blackburn 1994: 171) – auch in unterstützenden und beratenden Leistungen bestehen können.

Externe Unterstützung bei der Strategiegenese umfasst in diesem Sinne auch den Informationsaustausch über die Mitgliedschaft in Wirtschaftsverbänden oder über Unternehmenskooperationen. Dazu gehören ebenso informelle Treffen wie beispielsweise die im Rahmen der nordrhein-westfälischen Gründungsoffensive GO vielerorts ins Leben gerufenen Unternehmerstammtische oder auch Arbeitskreise in Wirtschaftsverbänden, aber auch Messen. Dieser Erfahrungsaustausch spielt eine wichtige Rolle in der Strategiegenese von KMU und wurde von allen Unternehmer/-innen, die in den eigenen Forschungsprojekten befragt wurden, genannt[102]. Dabei bewerten insbesondere Gründerinnen und Unternehmerinnen informelle Einrichtungen positiv, zu einem vergleichbaren Ergebnis kam auch die Studie des IfM (Gries et al. 1997: 56ff.).

Interessant mit Blick auf die Strategiegenese in KMU ist dabei das sich in den nachfolgend skizzierten Beispielen aus Fallstudien abzeichnende Muster bei der Nutzung externer Unterstützung, das auf einen eher gestaltenden Strategieverlauf, jedoch mit emergenten und auch selbstorganisierenden Elementen, verweist. Bereits bei der Gründung ist vielfach ein proaktives Element in der Strategiegenese zu erkennen, wobei sich diese eher einfachen Strategien im weiteren Verlauf deutlich ausdifferenzieren. So wird die (anfängliche) eigenständige Information über Fachbücher von mehreren der im Rahmen der Unternehmerstudie und der Studie zu arbeitslosen Gründern interviewten Unternehmern/-innen benannt. Offensichtlich gewinnt der Einsatz externer Berater erst an Bedeutung, wenn spezifische betriebliche Probleme nicht mehr in eigener Regie bewältigt werden können, während KMU anfangs eigene Erfahrungen und einfach erhältliche Informationen zur Gestaltung einfacher und standardisierter Strategien nutzen. Diese Beobachtung wird ebenfalls durch eine Untersuchung des IfM zum Stellenwert der Beratung bei der Gründung bestätigt (Gries et al. 1997: 29).

Der sich ergebende Strategieverlauf lässt sich mithin als emergent charakterisieren in dem Verständnis, dass sich aus einfachen, standardisierten Handlungsmustern im Zeitverlauf komplexere und unternehmensindividuelle Strategien entwickeln. Selbstorganisierend sind diese Strategien in dem Sinne, dass es sich hierbei um kreative und ordnungsbildende Anpassungsprozesse komplexer Systeme – der Unternehmer und der Unternehmen – als Reaktion auf wahrgenommene instabile oder unsichere Situationen handelt. Diese Situationen können dabei externe Einflüsse wie neue Nachfragestrukturen sein. Allerdings sind mit der Emergenz in diesem Fall nicht unbedingt nur selbstorganisierende Strategieverläufe verbunden, da das externe Umfeld über Berater (mit-)eingreifen kann.

Fallstudien, die im Rahmen der Unternehmerstudie und der Studie zu arbeitslosen Gründern 1999 durchgeführt wurden, bestätigen diese sich andeutenden Handlungsmuster und vermögen auch Hinweise auf die Bedeutung unterschiedlicher Intermediäre bei der Strategiegenese zu geben.

> Die Miteigentümerin einer Agentur für Kultur und Kommunikation[103], spezialisiert auf Event- und Projektmanagement sowie auf grafisches De-

---

[102] Vgl. ebenso Schulte, F. (1999: 54), für international vergleichbare Ergebnisse CEEDR (2000: 36f.).

[103] Die Daten wurden im Juni 1999 in Essen (Unternehmerstudie) erhoben.

sign, erwähnt mit Blick auf die langfristige strategische Ausrichtung ihres Unternehmens die Notwendigkeit, einen Unternehmensberater einzusetzen: „Wir brauchen den externen Blick auf unser Unternehmen“, da der Betrieb Gefahr läuft, sich in zu vielen Geschäftsfeldern zu verzetteln. Ihrer Meinung nach ist der Zugang zu guter und auch preisgünstiger Beratung kein Problem, allerdings die konkrete Anwendung von Beratungsergebnissen im Unternehmen. Aus diesem Grund wurde ein informelles Arbeitstreffen mit Wettbewerbern eingerichtet, in dessen Rahmen einmal jährlich ein Unternehmensberater eingekauft und anschließend gemeinsam die Umsetzung von Beratungsempfehlungen in neue Geschäftsstrategien diskutiert wird; diese Idee wurde anfänglich über ein Programm der EU für strukturschwache Gebiete bezuschusst. Informationen und Anregungen holt sich die Unternehmerin außerdem über ihre aktive Mitgliedschaft in zwei Unternehmerinnenverbänden, dem eher traditionell ausgerichteten Verband Deutscher Unternehmerinnen (VdU) sowie der kleineren Organisation „Schöne Aussichten“ (Verband Selbständiger Frauen), mit denen sie die jährlich im Ruhrgebiet stattfindenden „Unternehmerinnentage“ – ein Forum zum Austausch und zur Fortbildung – organisiert. Die entsprechenden Dienstleistungen der Industrie- und Handelskammer nutzt sie kaum, da deren Fortbildungen zu wenig an dem spezifischen Bedarf von Unternehmerinnen ausgerichtet seien.

Die beiden Unternehmer der bereits in Abschnitt 3.1 skizzierten Teamgründung im Hightechbereich[104] zeigen ebenfalls ein aktives, aber auch deutlich zwischen Intermediären differenzierendes Verhalten bei der Nutzung externer Unterstützung.

Das Unternehmen ist in einem der Universität benachbarten Technologiezentrum angesiedelt, dessen Infrastruktur sowie die Möglichkeit, „flexibel“ zu wachsen, d.h. Räume dazuzumieten, die zwei Unternehmer in den ersten Jahren der Gründung zu schätzen gelernt haben. Gleichzeitig verweisen sie auf die Nähe zur Universität, die ihnen eine problemlose Nutzung von Forschungslaboren oder der Bibliothek ermöglicht. Mittlerweile diskutieren die Unternehmer allerdings eine Standortverlagerung aufgrund zu hoher Mieten.

Neben dieser infrastrukturellen Unterstützung haben die beiden Unternehmer insbesondere in der Gründungsphase Informationsveranstaltungen und Seminare der Industrie- und Handelskammer sowie des Förderprogramms, in dessen Rahmen ihre Gründung unterstützt wurde, in Anspruch genommen. Besonders geschätzt haben sie die Beratung durch Seniorexperten, zu denen sie mit alltäglichen Schwierigkeiten kommen konnten. Negativ bewerten die beiden Unternehmer jedoch deren fehlen-

104 Die Daten wurden im Juni 1999 in Münster (Unternehmerstudie) erhoben.

> de unternehmerische Kompetenz, vor allem mit Blick auf spezielle strategische Fragen – die meisten Seniorexperten würden sich aus dem leitenden Management oder Personalabteilungen großer Unternehmen rekrutieren und hätten keine eigenen unternehmerischen Erfahrungen – und verweisen auf die Notwendigkeit kundenorientierter Beratungsangebote. So thematisieren sie professionellen Beratungsbedarf hinsichtlich ihrer Organisationsstruktur, der jedoch momentan nicht bezahlt werden könnte, während die Seniorexperten zwar preiswert, aber in dieser Frage keine rechte Hilfestellung wären. Sie selbst wenden sich Zurzeit mit speziellen Problemen an die IHK, ohne jedoch regelmäßig auf deren Angebote zurückzugreifen. Daneben suchen sie eigenständig in Fachbüchern nach strategischen Lösungen.

Strategien generieren sich somit zunächst als „normierte" Strategien, zu deren Gestaltung vor allem auf eigenes und leicht zugängliches externes Wissen zurückgegriffen wird. Erst in späteren Phasen der unternehmerischen Betätigung, wenn die Entscheidungsfindung komplexer wird, wird externe Beratung im Sinne individueller strategischer Lösungen eingeholt; gleichzeitig kristallisieren sich aber auch völlig unabhängig von externer Unterstützung eigene neue Strategien heraus. Interessant ist in diesem Zusammenhang ein Blick auf Einflüsse des gesamtwirtschaftlichen Umfeldes, wie ihn der folgende Abschnitt leistet.

### 3.3 Wirtschaftlicher Strukturwandel und Wachstumsstrategien in KMU

Das wirtschaftliche Umfeld in etablierten Marktwirtschaften ist nicht nur durch konjunkturelle Verläufe geprägt, sondern auch durch den grundlegenden wirtschaftlichen Strukturwandel der vergangenen Jahrzehnte. Erste Anhaltspunkte zur Erfassung dieser strukturellen Entwicklungen im KMU-Sektor und für die Diskussion der damit einhergehenden Auswirkungen auf Unternehmensebene bieten Daten zur Entwicklung der Selbständigkeit in den verschiedenen Wirtschaftsbereichen. Die Selbständigenquote – gemessen als Anteil der Selbständigen an den Erwerbstätigen – nimmt in den alten Bundesländern seit den frühen neunziger Jahren wieder zu, nachdem sie über viele Jahrzehnte stagnierte (Tabelle 16). Der strukturelle Wandel schlägt sich dabei, sieht man von der generell kleinbetrieblich strukturierten Landwirtschaft ab, in unterschiedlichen intra- und innersektoralen Veränderungen nieder.

Im produzierenden Gewerbe ist im Zeitraum 1975 bis 1999 die stärkste Zunahme der Selbständigenquote zu beobachten; sie geht allerdings einher mit rückläufigen Zahlen für die abhängig Beschäftigten und ist deshalb zunächst einmal „nur" ein statistisches Phänomen. Die Gründe sind vielfältiger Natur und reichen vom Vordringen neuer Produktionsformen – beispielsweise einer

Tabelle 16

**Entwicklung der Selbständigkeit in der Bundesrepublik Deutschland**
Früheres Bundesgebiet; 1975 bis 1999

| Jahr | Erwerbstätige | Selbständige | | | Selbständige nach Wirtschaftsbereichen | | | | | | | |
|---|---|---|---|---|---|---|---|---|---|---|---|---|
| | | | in vH der Erwerbstätigen | | Landwirtschaft | | Produzierendes Gewerbe | | Handel und Verkehr | | Sonstige | |
| | in 1 000 | | mit LW[1] | ohne LW[1] | in 1 000 | in vH | in 1 000 | in vH | in 1 000 | in vH | in 1 000 | in vH |
| 1975 | 25 770 | 2 385 | 9,3 | 7,4 | 613 | 35,5 | 573 | 4,8 | 581 | 12,6 | 618 | 8,2 |
| 1980 | 26 347 | 2 315 | 8,6 | 7,3 | 505 | 35,1 | 581 | 4,8 | 551 | 11,7 | 678 | 7,9 |
| 1981 | 26 948 | 2 267 | 8,4 | 7,1 | 503 | 35,9 | 547 | 4,5 | 532 | 11,4 | 685 | 7,8 |
| 1982 | 26 776 | 2 325 | 8,7 | 6,9 | 483 | 35,9 | 574 | 4,9 | 552 | 11,7 | 716 | 8,0 |
| 1983 | 26 477 | 2 325 | 8,8 | 7,2 | 515 | 34,5 | 545 | 4,8 | 546 | 11,9 | 719 | 7,9 |
| 1984 | 26 608 | 2 430 | 9,1 | 7,2 | 502 | 36,5 | 553 | 5,0 | 588 | 12,1 | 787 | 8,5 |
| 1985 | 26 627 | 2 424 | 9,1 | 7,6 | 460 | 36,5 | 585 | 5,3 | 564 | 11,8 | 815 | 8,6 |
| 1986 | 26 940 | 2 403 | 8,9 | 7,7 | 436 | 35,0 | 576 | 5,2 | 557 | 11,5 | 834 | 8,5 |
| 1987 | 27 073 | 2 430 | 9,0 | 7,7 | 434 | 36,6 | 571 | 5,2 | 562 | 11,5 | 863 | 8,7 |
| 1988 | 27 365 | 2 424 | 8,9 | 7,7 | 415 | 35,9 | 558 | 5,0 | 564 | 11,5 | 887 | 8,8 |
| 1989 | 27 743 | 2 464 | 8,9 | 7,8 | 387 | 37,2 | 583 | 5,1 | 565 | 11,4 | 929 | 8,9 |
| 1990 | 29 334 | 2 580 | 8,8 | 7,7 | 396 | 37,0 | 585 | 4,9 | 583 | 11,2 | 1 016 | 9,1 |
| 1991 | 29 684 | 2 689 | 9,1 | 8,0 | 401 | 38,4 | 620 | 5,1 | 607 | 11,5 | 1 061 | 9,4 |
| 1992 | 30 094 | 2 699 | 9,0 | 8,0 | 382 | 36,7 | 650 | 5,4 | 596 | 11,0 | 1 071 | 9,2 |
| 1993 | 29 782 | 2 746 | 9,2 | 8,2 | 374 | 38,1 | 659 | 5,7 | 598 | 11,2 | 1 115 | 9,5 |
| 1994 | 29 124 | 2 824 | 9,7 | 8,8 | 355 | 38,2 | 669 | 6,0 | 611 | 11,5 | 1 189 | 10,2 |
| *1995*[2] | 29 243 | 2 851 | 9,7 | 8,8 | 348 | 38,7 | 608 | 5,8 | 883 | 13,2 | 1 012 | 9,1 |
| 1996 | 29 277 | 2 921 | 10,0 | 9,2 | 309 | 37,9 | 632 | 6,1 | 894 | 13,4 | 1 086 | 9,5 |
| 1997 | 29 199 | 3 014 | 10,3 | 9,6 | 301 | 37,8 | 644 | 6,4 | 914 | 13,6 | 1 155 | 10,0 |
| 1998 | 29 317 | 3 051 | 10,4 | 9,6 | 300 | 38,0 | 632 | 6,3 | 922 | 13,7 | 1 197 | 10,2 |
| 1999 | 29 729 | 3 049 | 10,3 | 9,5 | 297 | 38,7 | 626 | 6,2 | 910 | 13,3 | 1 215 | 10,1 |

Zusammengestellt und berechnet nach Angaben des Statistischen Bundesamtes. – [1]LW: Landwirtschaft. – [2]Im Jahr 1995 statistischer Bruch durch die Umstellung von der WZ 79 auf die WZ 93.

Verringerung der Fertigungstiefe über Leanproduction und Outsourcing – bis hin zur Verbreitung scheinselbständiger Unternehmer im Baugewerbe. Zugleich ist der Anstieg der Selbständigenquote im Produktionsbereich auf Marktnischen in jungen Branchen, die im Zuge umweltpolitischer Regelungen – z.B. in der Recyclingbranche – entstehen oder aufgrund des technischen Fortschritts kleinere Betriebsgrößen ermöglichen, zurückzuführen (Lageman et al. 1998: 98ff.). Empirisch sind die einzelnen Phänomene allerdings kaum fassbar. Zahlen des Instituts für Arbeitsmarkt- und Berufsforschung auf der Basis einer Sonderauswertung des Betriebspanels belegen, dass 1995 weniger als ein Viertel aller im Panel erfassten Betriebsgründungen auf Outsourcing zurückzuführen war und dass bei 1 bis 2 vH der bestehenden Betriebe Ausgliederungen eine Rolle spielten, wobei drei Viertel dieser Ausgründungen auf den Dienstleistungsbereich entfielen (Bellmann et al. 1996: 118f.).

Im Handel deuten steigende Selbständigenquoten (Tabelle 16) und gleichzeitig steigende Zahlen abhängig Beschäftigter auf einen generellen Bedeutungszuwachs dieses Wirtschaftsbereiches hin. Das Gleiche gilt für den Dienstleistungssektor, der in absoluten Zahlen den größten Zuwachs an Selbständigen – mit gleichfalls steigenden Zahlen der abhängig Beschäftigten – zu verzeichnen hat und dessen Selbständigenquote von 8,2 vH im Jahr 1975 auf 10,1 vH im Jahr 1999 gestiegen ist (Tabelle 16). Die starke Erhöhung der gesamtwirtschaftlichen Selbständigenquote ist vor allem auf die Entwicklungen zurückzuführen, die gemeinhin unter dem Begriff der Tertiarisierung der Wirtschaft zusammengefasst werden. Diese lässt sich aus vielfältigen Wandlungen vor allem der sozialen und demographischen Struktur herleiten[105]. Demographische Veränderungen, so z.B. die Veränderungen der Alterspyramide und die damit verbundene Nachfrage nach Gesundheits- und Pflegedienstleistungen, bedingen eine steigende Nachfrage nach Dienstleistungen. Dazu tragen auch die wachsende Zahl allein erziehender Personen und von Ein-Personen-Haushalten wie auch Veränderungen in der Nachfragestruktur aufgrund des Ausfächerns individueller Lebensstile – genannt seien hier nur die Stichworte Freizeitverhalten, Umwelt- und Gesundheitsbewusstsein – und aufgrund der Abkehr von standardisierten Massengütern bei. Schließlich spielt auch der wachsende Wunsch nach beruflicher Selbstverwirklichung eine Rolle.

Gleichzeitig reflektiert die Tertiarisierung die bereits angesprochenen Externalisierungen im Produktionsbereich und zwar hier von ehemals intern erbrachten Dienstleistungen[106]. Gerade im Bereich der unternehmensbezogenen Dienstleistungen spielen diese Prozesse eine wichtige Rolle. Kostenerwägungen führten zunächst zur Auslagerung eher klassischer Dienstleistungen wie Gebäudereinigung und Schreibarbeiten. Neue Informationsmedien und Mikroelektronik begünstigen über die Möglichkeit, kleinere mindestoptimale Betriebsgrößen zu realisieren, gleichzeitig das Aufkommen mittelständischer Dienstleistungsbetriebe, die sich auf hochqualifizierte und früher unternehmensintern abgewickelte Tätigkeiten wie Grafik- und Designarbeiten spezialisieren (Leicht 1995: 217ff.).

---

105 Vgl. für einen Überblick der verschiedenen Trends Lageman et al. (1998: 154ff.), für die Veränderungen des Freizeitverhaltens Garhammer (1999: 397ff.). Eine historisch-rekonstruierende Aufarbeitung sozialer, beruflicher und wirtschaftlicher Trends findet sich bei Bögenhold (1996). Den gesellschaftlichen Strukturwandel und seine Auswirkungen analysieren Vester et al. (2001).

106 Vgl. Klodt et al. (1997: 51f.) sowie für eine detaillierte Untersuchung der größenspezifischen Prozesse Leicht (1995: 214ff.).

Diese strukturellen Entwicklungen haben unterschiedliche Auswirkungen auf die Strategiebildung von KMU. Die technologische Entwicklung in der Informationsgesellschaft erleichtert in und zwischen den Unternehmen die Verbreitung flexibler, netzwerkartiger Koordinationsstrukturen, sodass Reiß im Zusammenhang mit sich ändernden Konzernstrategien vom „neuen Mittelstand“ (Reiß 1998: 11) spricht. Er identifiziert drei grundlegende strategische Optionen für Konzerne, die den Handlungsspielraum für KMU (mit-)bestimmen (können) und grundlegend neue Möglichkeiten beispielsweise für den Markteintritt eröffnen (Reiß 2000: 13f.). Die Konzentration auf Kernkompetenzen führt zum Outsourcing bestimmter Geschäftsfelder und begünstigt auch Ausgründungen aus dem Konzern. Die Revitalisierung bestehender Geschäfte geht häufig einher mit der Ausweitung des Kompetenzbereiches einzelner Unternehmensbereiche bzw. -teile und ihrer Umwandlung in autonome Profitcenter, während die Innovation durch den Aufbau neuer Geschäftsfelder konzernnahe Neugründungen – die von Reiß Ventures oder Spin-offs genannt werden – nach sich ziehen kann (Reiß 2000: 13f.).

Sobald diese Einführung neuer Organisationsformen in den industriellen Großunternehmen mit zunehmend intensiven Beziehungen der verselbständigten Unternehmensteile zu anderen, rechtlich und wirtschaftlich unabhängigen Unternehmen einhergeht, werden die Beziehungen zwischen dem internen und externen Bereich des Unternehmens „grenzenlos“; die Unternehmensgrenzen „verschwimmen“[107]. Piore und Sabel sprechen in diesem Zusammenhang vom Paradigma der flexiblen Spezialisierung, das die fordistische Massenproduktion ablösen könne, und skizzieren vier konzeptionelle Ausprägungen dieser flexiblen Spezialisierung: regionale Ballungen, die beispielsweise in den industriellen Distrikten Norditaliens zu beobachten sind, föderierte Unternehmen als lockerer ökonomischer und sozialer Zusammenschluss – in unscharfer Abgrenzung –, solare Firmen sowie Werkstattfabriken als Zulieferverbünde (Piore, Sabel 1989: 286ff.).

Die den kooperativen Organisationsformen zugrunde liegende Idee ist die Nutzung der Skalen- und Verbundvorteile von großen Unternehmen, ohne die in der Organisationsform kleiner und mittlerer Unternehmen begründeten Vorteile der niedrigeren Transaktions- und Bürokratiekosten aufzugeben. Bei der zwischenbetrieblichen Kooperation rechtlich und wirtschaftlich selbständiger Unternehmen werden bestimmte betriebliche Aufgaben auf Basis vertraglich geregelter oder informeller Vereinbarungen gemeinsam gelöst. Die Bündelung einzelbetrieblicher Ressourcen ermöglicht es den Unternehmen, in den Bereichen Produktion, Beschaffung, Marketing sowie Forschung und Entwicklung gemeinsam Chancen wahrzunehmen, die dem isoliert wirtschaftenden Unternehmen nicht offen stünden. Die Nutzung von Synergieef-

---

107 Vgl. Picot et al. (1996: 263ff.), Warnecke (1993) sowie aus unternehmenspraktischer Sicht Warnecke (1995).

fekten gestattet es den Kooperationspartnern, ihre Wettbewerbsfähigkeit zu steigern (Staudt et al. 1996).

Liegen wechselseitige Kooperationsbeziehungen von mehreren Unternehmen vor, die gemeinsame Aktivitäten im Hinblick auf bestimmte einzelwirtschaftliche Zwecke ausführen und dabei relativ stabile Beziehungen untereinander knüpfen, so bilden diese Unternehmen ein Unternehmensnetzwerk. Unternehmensnetzwerke, die vorwiegend auf die Erschließung strategischer Wettbewerbsvorteile der Beteiligten gerichtet und durch die strategische Führung der Aktivitäten durch eine oder mehrere fokale Unternehmung(en) gekennzeichnet sind, werden als strategische Allianzen oder strategische Netzwerke bezeichnet[108]. Die jüngste Ausprägung von vernetzten Unternehmen sind schließlich die virtuellen Unternehmen, die sich als zeitlich begrenzte vertikale oder horizontale Kooperationen mit wechselnden Partnern verstehen lassen. Darunter fallen beispielsweise wechselnde Produktionsverbünde mit unterschiedlichen Partnern für die einzelnen Teile der Wertschöpfungskette, virtuelle Büros, in denen nicht nur Produktionsschritte, sondern (externe) Mitarbeiter aufgabengebunden ständig neu kombiniert werden, oder die zeitlich befristete projektgebundene Organisation als unternehmensinterne virtuelle Einheit[109].

Die Flexibilisierung der Organisationsformen hat somit auch Auswirkungen auf die Strukturierung der Arbeitsbeziehungen. Eigenverantwortliches, selbständiges Handeln gewinnt an Gewicht, wenngleich die mit diesen Umstrukturierungen verbundenen langfristigen Auswirkungen kritisch diskutiert werden. So diagnostiziert Rifkin einen rapiden Schwund der Gelegenheiten zur Erwerbsarbeit und Reich eine zunehmende Polarisierung der Einkommensverteilung infolge der Globalisierung; ähnlich argumentiert Harrison, der die Gefahr einer wachsenden Lohnspreizung durch Leanproduction und Firmennetzwerke sieht[110]. Andere Einschätzungen finden sich in industriesoziologischen Untersuchungen, die beispielsweise die wachsende Bedeutung von Qualifikation und sozialer Kompetenz in der Informationsgesellschaft betonen (Kern, Schumann 1990: 300ff.). Zugleich sind radikale Wandlungsprozesse der Erwerbsstrukturen zu verzeichnen, die neben der herkömmlichen Vollzeitstelle zur massiven Formierung neuer, ungesicherter Beschäftigungsverhältnisse und Erwerbskombinationen – Teilzeitselbständigkeit, Scheinselb-

---

108 Zum Begriff vgl. Sydow (1995: 78ff.) sowie Gerybadze (1994: 13ff.).

109 Vgl. de Vries (1998 : 57ff.). Allgemein zu virtuellen Unternehmen u.a. Picot et al. (1996: 391ff.), zu den verschiedenen Aspekten einer virtuellen Wirtschaft vgl. die Artikel im Sammelband von Brill, de Vries (1998).

110 Vgl. Reich (1993), Rifkin (1997), Harrison (1994: hier 195ff.). Eine sehr kritische Sicht findet sich auch bei Sennett (1998).

Schaubild 4

**Selbständigkeit in Westdeutschland**

1975 bis 1999; Selbständigenquote in vH

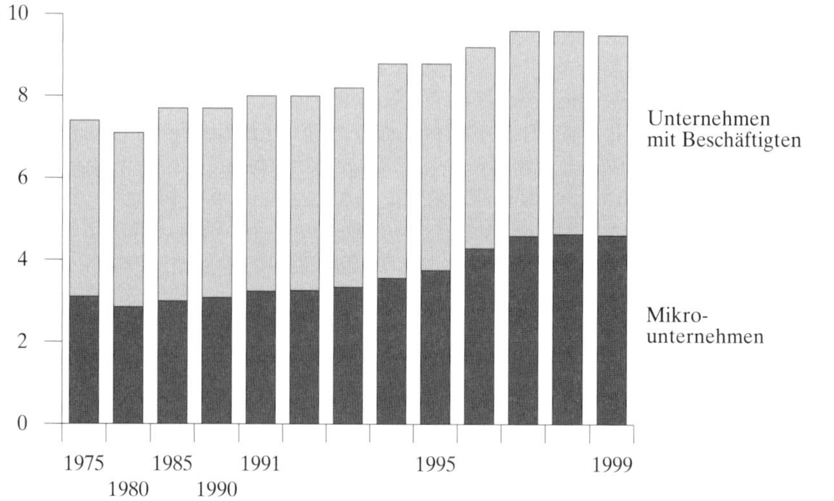


Nach Angaben des Mikrozensus.

ständigkeit[111], neue Selbständigkeit im Niedriglohnbereich – führen können und damit grundsätzlich andere Strategieoptionen bzw. -verläufe von KMU bedingen.

Ansatzweise spiegeln sich diese strukturellen Wandlungen in der Entwicklung der größenspezifischen Selbständigenstrukturen, die einen generellen Trend zu Mikrounternehmen ohne Beschäftigte zeigen. Schaubild 4 demonstriert die Entwicklungsverläufe am Beispiel der betreffenden Selbständigenquoten für das frühere Bundesgebiet. Nicht berücksichtigt wird allerdings die Landwirtschaft, die prinzipiell – trotz eines rückläufigen Anteils – kleinstbetrieblich strukturiert ist, da sich die Strukturen landwirtschaftlicher Kleinstbetriebe (oft im Nebenerwerb geführte Familienbetriebe) und nichtlandwirtschaftlicher Mikrounternehmen kaum vergleichen lassen. Hier belief sich der Anteil an Mikrounternehmen 1975 auf 75 vH und lag auch 1998 noch bei 69 vH. Insgesamt ist die Zahl der Mikrounternehmen in zwei Jahrzehnten um 80 vH angestiegen und betrug 1999 1,3 Mill. im Vergleich zu 742 000 im Jahr 1975. Die Zahl der Selbständigen mit Beschäftigten nahm dagegen nur um 37 vH von 1 auf 1,4 Mill. zu. Verfügten 1975 noch 58 vH aller Selbständigen

[111] Vgl. dazu u.a. Paasch (1990), Petersen, Höpfner (1997) sowie die differenzierte Analyse bei Dietrich (1996, 1998).

über Unternehmen mit mehreren Arbeitnehmern, sank dieser Anteil bis 1999 auf knapp 51 vH.

In den Dienstleistungsbereichen fällt diese Entwicklung noch ausgeprägter aus als im produzierenden Sektor, selbst unter Berücksichtigung statistischer Effekte durch die 1993 geänderte Wirtschaftszweigsystematik, die einzelne Branchen neu zuordnete. Generell stieg der Anteil von Mikrounternehmen im Dienstleistungssektor von 45 vH im Jahr 1975 auf 58 vH im Jahr 1999. Strukturelle Verschiebungen auf Berufsebene begünstigten diese Entwicklung im Dienstleistungsbereich, indem sich der Zuwachs an Mikrounternehmen vor allem in Berufsfeldern vollzieht, in denen Selbständige traditionell ohne Beschäftigte tätig sind – wie beispielsweise freie Journalisten oder Berater (Leicht 2000: 83).

Einen Einblick in spezifische Einflussfaktoren unternehmerischen Handelns in der Folge des Strukturwandels und zwar mit Blick auf Wachstumsstrategien bietet ein Vergleich der Wachstumsabsichten von so genannten werdenden Gründern. Werdende Gründer – nascent entrepreneurs – sind in Anlehnung an US-amerikanische Forschungen des Entrepreneurial Research Consortium (ERC) definiert als Personen, die erste Schritte unternommen haben, um ihre Gründung zu realisieren[112]. Diese Schritte umfassen z.B. die Suche nach Geschäftsräumen, Finanzierungsmöglichkeiten, die Abfassung eines Businessplans. Entsprechende Daten aus der Studie zu potenziellen Gründern (1998 bis 2000) wurden verglichen mit Wachstumsprofilen existierender Unternehmer, die sich anhand der vom Statistischen Bundesamt veröffentlichten Selbständigenzahlen des Mikrozensus – einer jährlichen Bevölkerungsstichprobe von einem Prozent – erstellen lassen. Wachstumsabsichten bei werdenden Gründern werden dabei gemessen an der Frage nach dem Beschäftigungsziel, „Wachstum" bei existierenden Unternehmen ist statisch definiert als Selbständigkeit mit Beschäftigten, obschon diese Operationalisierung wiederum stark vereinfacht und von der Vielschichtigkeit betrieblichen Wachstums abstrahiert (Storey 1994: 112ff.).

Als Ergebnis dieser Betrachtung zeigt sich, dass im Gegensatz zur oben skizzierten tatsächlichen Entwicklung über drei Viertel der werdenden Gründer (78 vH) wachstumsorientiert sind, aber nur wenig mehr als die Hälfte der existierenden Unternehmen (54,4 vH) tatsächlich Arbeitnehmer beschäftigt[113]. Als zu simple Erklärung für diese Diskrepanz zwischen Wachstumsabsichten und Wachstum bietet sich naturgemäß die Annahme an, dass vorwiegend

112 Zur Methode vgl. Reynolds, White (1997: 40f.), zu Ergebnissen für Deutschland Welter (2000a, 2001).

113 Eine Studie zu Gründern/-innen in Österreich zeigt hiervon abweichende Ergebnisse: Rund 60 vH der Jungunternehmer hatte zum Zeitpunkt der Gründung keine Beschäftigten, rund 70 vH beabsichtigten auch keine Einstellungen. Vgl. Lueger et al. (2000b: 108).

Tabelle 17

**Wachstumsabsichten von Gründern und Wachstumsprofile von Unternehmern**
1999; in vH

| Wachstumsabsicht/-status | Ohne Beschäftigte | | Mit Beschäftigten | | Realisierungsquote[1] |
|---|---|---|---|---|---|
| | Gründer | Unternehmer | Gründer | Unternehmer | |
| | | Geschlecht | | | |
| Männlich | 18,4 | 42,0 | 81,6 | 58,0 | 0,71 |
| Weiblich | 30,9 | 56,1 | 69,1 | 43,9 | 0,63 |
| | | Alter | | | |
| 25 bis 34 | 13,8 | 55,9 | 86,2 | 44,1 | 0,51 |
| 35 bis 44 | 31,1 | 44,6 | 68,9 | 55,4 | 0,80 |
| > 44 | 30,9 | 41,6 | 69,1 | 58,4 | 0,85 |
| | | Ausbildung | | | |
| Kein Abschluss | 7,4 | 56,9 | 92,6 | 43,1 | 0,47 |
| Lehre | 22,7 | 49,7 | 77,3 | 50,3 | 0,65 |
| Meister/Facharbeiter | 29,6 | 30,0 | 70,4 | 70,0 | 0,99 |
| Hochschulabschluss | 29,0 | 41,6 | 71,0 | 58,4 | 0,82 |
| | | Sektor | | | |
| Industrie | 38,6 | 32,8 | 61,4 | 67,2 | 0,69 |
| Dienstleistungen | 17,2 | 45,6 | 82,8 | 54,4 | 0,65 |
| Insgesamt | 22,0 | 45,6 | 78,0 | 54,4 | 0,69 |

Eigene Berechnungen für Gründer (Stichprobe A, Pilotstudie RWI/Infratest 1999), veröffentlichte Daten für Unternehmer. – [1]Unternehmer mit Beschäftigten/Gründer mit Wachstumsabsichten. RWI ESSEN

Gründer mit Wachstumsabsichten im Gründungsprozess aufgeben. Hochgerechnet zwischen 800 000 und 1,2 Mill. Personen in Deutschland – 2,3 vH der Bevölkerung – lassen sich auf Basis der eigenen Befragung als werdende Gründer identifizieren, während tatsächlich zwischen 300 000 und 500 000 neue Unternehmen jährlich gegründet werden[114]. Damit läge die Realisierungsquote für Gründungen in grober Annäherung zwischen 20 vH und 30 vH. International vergleichbare Studien zu werdenden Gründern zeigen vergleichbare Realisierungsquoten von 33 vH in Schweden, 30 vH in den Niederlanden, aber lediglich 14 vH in Norwegen[115].

114 Diese Zahlen beruhen auf Schätzungen anhand der Gewerbeanmeldungen in Deutschland, wenngleich diese Statistik die Zahl der Gründungen durch die Erfassung von Registermeldungen, die nicht zur Aufnahme von wirtschaftlichen Aktivitäten führen, überzeichnet, während gleichzeitig bestimmte Gründungen – Freie Berufe, teilweise in der Landwirtschaft – nicht erfasst werden. Vgl. zum Coverage-Problem in den Statistiken die Beiträge in Kistner et al. (1987), speziell für die Gewerbemeldungsstatistik Clemens, Friede, unter Mitarbeit von Dahrenmöller (1986) sowie Struck (1999: 12ff.).

115 Vgl. für Schweden die Dokumentation einer Länderstudie von Nyberg in IGA (2000: 283), für die Niederlande van Gelderen, Bosma (2000), für Norwegen Alsos et al. (2000).

Schaubild 5

**Gründertypen in Deutschland nach Alter**

in vH der Bevölkerung

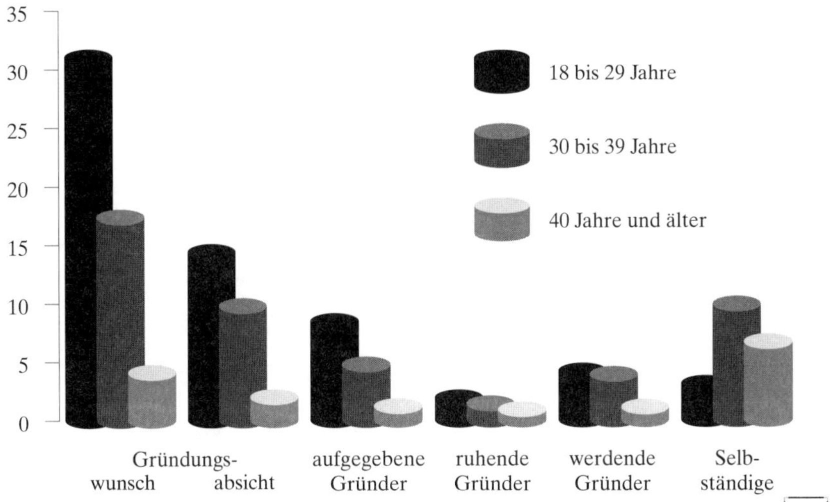


Stichprobe B, Infratest 1999.

Obschon die eigene empirische Studie zu Gründern keine endgültigen Aussagen über tatsächliche Realisierungsraten der Gründungsvorhaben erlaubt und auch die beiden Stichproben aufgrund erhebungstechnischer Unterschiede nur ansatzweise miteinander verglichen werden können, zeigen die Unterschiede zwischen Wachstumsabsichten und -profilen erste Tendenzen hinsichtlich möglicher Einflussfaktoren auf Strategieverläufe im Gründungsprozess. Einfluss auf unternehmerisches Verhalten haben demnach demographische Variablen wie das Alter (Tabelle 17). So scheinen auf den ersten Blick ältere Unternehmer erfolgreicher in der Realisierung möglicher Wachstumsabsichten als junge Gründer, die eine überdurchschnittlich hohe Wachstumsorientierung aufweisen, während junge Unternehmer überdurchschnittlich häufig Mikrounternehmen besitzen. Allerdings verbirgt sich hinter diesen Zahlen zunächst ein statistisches Phänomen. Ältere Unternehmer verfügen in der Regel über „ältere“ und damit über die Jahre hinweg gewachsene Unternehmen, haben mithin oft auch als junge Unternehmer mit kleineren Betrieben angefangen.

Trotzdem darf das Alter damit nicht gänzlich als Einfluss von Wachstumsstrategien ausgeschlossen werden, da Wachstumsressourcen – Human- und Finanzkapital, beispielsweise berufliche Erfahrungen oder eigene Ersparnisse –,

Schaubild 6

**Wachstumsprofile von Gründern und Unternehmern**

1999; in vH

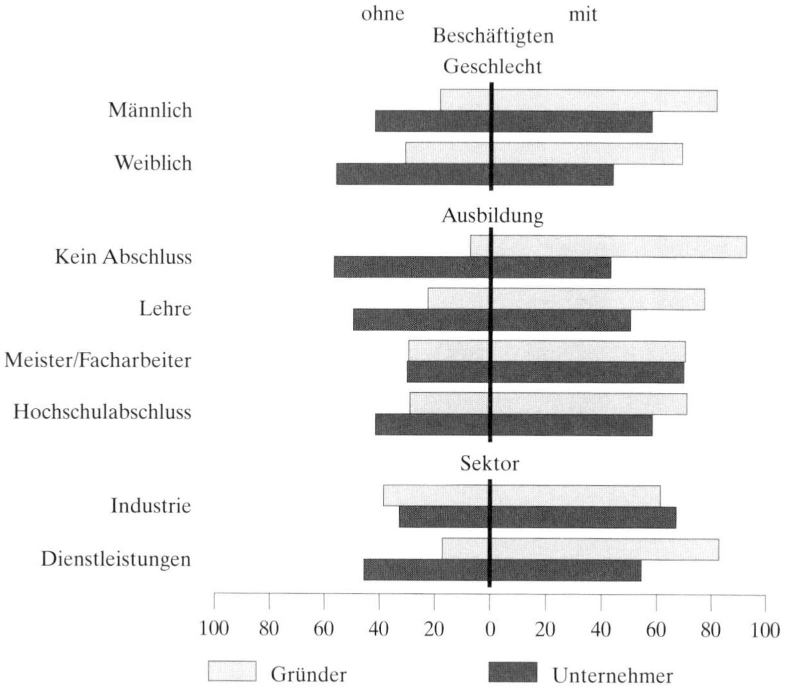


Gründer: Stichprobe A, Infratest 1999, Unternehmer: Mikrozensus..

aber auch Motivationen altersabhängig sind[116]. Zwar sind jüngere (potenzielle) Gründer mit Blick auf eine eigene unternehmerische Betätigung überdurchschnittlich motiviert und auch wachstumsorientiert – sie wollen ihre eigenen Fähigkeiten austesten (Kangasharju 2000: 30) aber gleichzeitig liegt ihre „Abbruchquote" höher.

So zeigen die Daten der eigenen empirischen Erhebung, dass jüngere Personen mit vagen Gründungsabsichten häufiger aufgeben, während mit steigendem Alter die Wahrscheinlichkeit wächst, dass jemand mit einer Gründungsneigung den Übergang zum Realisierungsversuch schafft (Schaubild 5) (Welter 2000a; 2001). Auf jeden Gründer bei den 18- bis 29-Jährigen kommen zwei, die ihre Gründungsabsicht gänzlich aufgegeben haben. Generell steigen nur

116 Vgl. für eine Zusammenstellung älterer Studien zum altersspezifischen Rollenverhalten, hier für Gründungen Klandt (1984: 220ff.), für eine generelle Diskussion der Rolle des Humankapitals Brüderl et al. (1996: 45ff.).

14 vH derjenigen, die den Wunsch nach unternehmerischer Betätigung äußern, auch tatsächlich in die Realisierung ein. Bei den 30- bis 39-Jährigen steht jedem Gründer „nur“ ein Abbrecher gegenüber, hier schaffen bereits 22 vH von denjenigen mit Gründungswunsch den Übergang zur Umsetzung. Damit bestätigen sich frühere Forschungsergebnisse, die in jüngeren Altersgruppen generell eine höhere, aber auch noch mit wenig konkreten Plänen verbundene Gründungsneigung feststellten (Welter, von Rosenbladt 1998: 241f.).

Interessant ist ein Blick auf die Wachstumsorientierung von Gründerinnen, die zwar mit 69 vH deutlich unter den 78 vH aller Wachstumswilligen liegt (Tabelle 17, Schaubild 6). Sie lässt allerdings auch erkennen, dass ein höherer Anteil von Gründerinnen eine größere Unternehmung plant als letztlich realisiert werden kann; ihre Realisierungsquote liegt mit 63 vH unter der allgemeinen Quote. Damit unterstützen diese Daten auf den ersten Blick andere Studien in ihren Ergebnissen geschlechtsspezifisch differierender Wachstumsverläufe, bedingt durch eine begrenzte Ressourcenausstattung von Gründungen von Frauen sowie einem oftmals eingeschränkten Zugang zu externen Ressourcen (Brush 1992; Heil 1999: 34; Hinz 1998: 119ff.; Rosa et al. 1996). Diese Erklärung relativiert sich jedoch bei einem Blick auf die Wachstumsabsichten und -pfade von Gründern, die analog, lediglich auf höherem Niveau, verlaufen: 81,6 vH der Gründer beabsichtigen zu wachsen, 58 vH realisieren Unternehmenswachstum.

Wichtiger ist dieses Ergebnis hinsichtlich der immer wieder geäußerten These, dass Gründerinnen und Unternehmerinnen in der Regel kein Unternehmenswachstum anstreben. Diese These lässt sich mit diesen Daten nicht bestätigen. In diesem Zusammenhang verweisen Forschungen auf die Bedeutung subjektiv empfundener Barrieren (Davidsson 1992: 154). Somit ließe sich dieser Wandel strategischer Orientierungen auch als Ergebnis subjektiv wahrgenommener negativer Haltungen von Externen – z.B. von Bankmitarbeitern, das zeigen die in 3.1. skizzierten Fallstudien – erklären. Damit kommen als Erklärungsansätze der sich ändernden strategischen Orientierungen von Gründerinnen und Unternehmerinnen zunächst Ansätze in Frage, die individuelles Verhalten oder individuelle Wahrnehmungen als bestimmenden Faktor der Strategiegenese sehen. Entscheidungstheoretisch spielt der Effekt der selektiven Wahrnehmung eine bestimmende Rolle. Strategische Orientierungen von Gründerinnen ändern sich, wenn sich Wachstumsabsichten aufgrund eines – subjektiv als zu groß wahrgenommenen – Risikos, beispielsweise des vermeintlich eingeschränkten Kreditzuganges, nicht realisieren lassen. Der Strategieverlauf ist in diesem Fall stark vom Auftreten von Entscheidungsdefekten geprägt und hat einen eher „durchwurstelnden“ denn gestaltenden Charakter.

Jedoch vernachlässigen diese theoretischen Erklärungen den Einfluss des Umfeldes auf geschlechtsspezifisch unterschiedliche strategische Orientierungen sowie deren Veränderungen im zeitlichen Verlauf der unternehmerischen Betätigung. Das sind zum einen die spezifischen Bedingungen des sektoralen Umfeldes, die ein Unternehmenswachstum erschweren: Unternehmerinnen bevorzugen Handels- und Dienstleistungsbranchen mit sektorspezifisch hohen Turbulenzraten und niedrigen Wachstumsmöglichkeiten. In dieser Betrachtungsweise erklären sich Wachstumsstrategien bzw. Veränderungen der unternehmerischen Orientierung als Folge der vorhandenen externen Strukturen. Zum anderen spielen aber auch institutionenökonomische Ansätze eine Rolle, die auf den Konflikt zwischen formal funktionierenden formellen Institutionen – z.B. dem Finanzsystem – und davon abweichenden informellen Institutionen – gesellschaftlich negativen Einstellungen zur unternehmerischen Betätigung von Frauen, die beispielsweise bei Bankmitarbeitern zu abweisenden Einstellungen führen, aber auch bei den Unternehmerinnen selbst einen Sinneswandel bewirken können – als Begründung für sich ändernde Handlungsorientierungen verweisen.

Dazu kommen ressourcenbasierte und netzwerkorientierte Erklärungen. Erstere verstehen diese – differierenden und sich ändernden – Handlungsorientierungen als Ergebnis geschlechtsspezifisch bedingter unterschiedlicher Ressourcenausstattungen bzw. -zugänge, während die Netzwerkbetrachtungen den Wandel von Handlungsorientierungen in einem weiten Verständnis als mögliches Ergebnis geschlechtsspezifischer Netzwerkausprägungen und des Zuganges zu Sozialkapital erklären. (Wachstums-)Ressourcen können auch – wie im vorigen Abschnitt diskutiert – über Wirtschaftsorganisationen und informelle Geschäftsnetzwerke erworben werden, aber ebenso spielt das familiäre Umfeld eine wichtige Rolle. Eine Reihe von Studien konnte in diesem Zusammenhang geschlechtsspezifisch differierende Netzwerke von Unternehmerinnen – kleiner und weniger professionalisiert – nachweisen, die geringere Möglichkeiten bieten als von Männern etablierte Netzwerke[117].

Gleichzeitig ist bei vielen Gründerinnen und Unternehmerinnen von einer starken Verschränkung unternehmerischer und familiärer Zielsetzungen auszugehen, womit strategische Entscheidungen und Verläufe auch durch die Ressourcen des Haushalts beeinflusst werden[118]. So kann die Familie über Unterstützung oder Missbilligung der unternehmerischen Aktivität als positiver oder negativer Verstärkungseffekt auf mögliche Wachstumspfade einwirken. Chell und Baines identifizieren in diesem Zusammenhang Integrations- und Separationsstrategien mit jeweils freiwilligen und unfreiwilligen Ausprägungen, die sich allerdings nicht nur bei Unternehmerinnen, sondern generell in Mikrounternehmen finden lassen (Chell, Baines 1998: 125ff.). Eigene Fall-

---

117 Vgl. zum Einfluss der Familie bzw. Partnerschaft Heil (1999: 46), Hodenius (1997: 290ff.) und Renzulli et al. (1999: 9), zum Einfluss von Geschäftsnetzwerken Davis, Aldrich (2000).

118 Vgl. zu den so genannten Haushalts-Unternehmensverbünden Hansch, Piorkowsky (1999), Piorkowsky (1998).

studien mit Unternehmerinnen, die im Rahmen der Unternehmerstudie und der Studie zu arbeitslosen Gründern durchgeführt wurden, zeigen vergleichbare Strategieverläufe, die allerdings hier nur zwei Grundmustern folgen. Freiwillige Integrationsstrategien werden von Unternehmerinnen bevorzugt, die ihre Geschäftstätigkeit mit Kindererziehung vereinbaren müssen und deshalb auch oftmals ihr Büro zu Hause einrichten. Freiwillige Separationsstrategien wenden Unternehmerinnen an, die über ihr Unternehmen in den Arbeitsmarkt zurückkehren.

Ein Beispiel für eine unfreiwillige Separationsstrategie bietet das bereits in Abschnitt 3.1 beschriebene Reisebüro, das von der Unternehmerin und ihrem Ehemann gemeinsam aufgebaut wurde. Die ursprüngliche Zielsetzung war eine Rückkehr in die ghanaische Heimat des Ehemanns, die sich allerdings bald zerschlug. Gleichzeitig zog der Ehemann im Laufe der Jahre aufgrund der enormen Arbeitsbelastung und der prekären finanziellen Situation seine emotionale und finanzielle Unterstützung ab, die Unternehmerin beschrieb es mit den Worten: „[Er] möchte sich jetzt auch mal was gönnen, ohne immer auf jeden Pfennig zu schauen."

Vor dem Hintergrund des strukturellen Trends zu Mikrounternehmen ist ebenfalls die Ausbildung der Gründer und Unternehmer – im Sinne von individuellem Humankapital – ein bestimmender Faktor ihrer Handlungsmuster (Leicht, Philipp 1999). Unternehmer mit den höchsten Bildungsabschlüssen zeigen eine größere Realisierung von Wachstumsabsichten (Tabelle 17, Schaubild 6). Während Gründer ohne Abschluss die höchste Wachstumsorientierung haben, liegt der Anteil der Unternehmer ohne Abschluss – und auch mit geringer Ausbildung wie einem Lehrabschluss – unter den Mikrounternehmen überdurchschnittlich hoch. Ursächlich für diese Umkehrung der Handlungsmuster dürfte eine im Verlauf des Gründungsprozesses zunehmende realistischere Einschätzung der mit unternehmerischer Betätigung verbundenen Anforderungen im Sinne von Human- und Finanzkapital sein. Die sich hier andeutende Lernkurve mit Bezug auf unternehmerisches Handeln wird auch durch Daten zu den bisherigen unternehmerischen Erfahrungen der Gründer bestätigt. Ein überdurchschnittlich hoher Anteil (84 vH) der Gründer, die bereits einmal gegründet hatten oder ein Unternehmen besitzen, ist bereits in der Gründungsphase wachstumsorientiert.

Humankapital scheint offensichtlich bei der konkreten Ausgestaltung von Wachstumsstrategien eine wichtige Rolle zu spielen. Als Erklärungsstrang für die sich hier abzeichnenden Veränderungen der Handlungsorientierungen bieten sich Elemente komplexitätswissenschaftlicher Theorieansätze an, die diese Veränderungen als adaptives und selbstreferentielles Verhalten charakterisieren, aber auch auf selbstverstärkende und situative Effekte zurückführen. Die Unternehmer lernen im Verlauf der unternehmerischen Betätigung, dass anfängliche Orientierungen (nicht) gewünscht sind bzw. sich (nicht) verwirklichen lassen, und passen ihr weiteres Verhalten dieser Tatsache an. So können beispielsweise anfängliche Erfolge der unternehmerischen Betätigung zu Wachstumswünschen führen. Zugleich erklären auch sektorale Umfelder – ökonomische Strukturen – den hohen Anteil ungelernter Unternehmer, die sich vor allem in der Landwirtschaft und einfachen Dienstleistungsberufen finden – mithin Branchen mit geringen sunk costs und Eintrittsinvestitionen (Dietrich 1999). In diesem Zusammenhang zeigt die eigene Studie zu potenziellen Gründern im Vergleich zu den statistischen Daten des Mikrozensus sektorspezifische Wachstumsverläufe (Tabelle 17, Schaubild 6). Die Realisierung von Wachstumsabsichten liegt in den tertiären Bereichen unter dem Durchschnitt, während dort Gründer mit ihrer überdurchschnittlich hohen Wachstumsorientierung subjektive Einschätzungen unternehmerischer Möglichkeiten erkennen lassen. Die niedrigeren Realisierungschancen des Unternehmenswachstums erklären sich als Folge der erwähnten niedrigen Eintrittsinvestitionen in vielen Dienstleistungs- und Handelsbranchen, die ihrerseits hohe Konkurrenz und hohe Unternehmensfluktuation bedingen.

Grundsätzlich relativieren die empirischen Ergebnisse zur Wachstumsorientierung werdender Gründer die theoretischen Ansätze, die verhaltensgebundene Faktoren als wichtigste Einflüsse der Strategiegenese in KMU sehen, und verweisen auf die Bedeutung der Unternehmensumwelt und struktureller Faktoren. Das sind in diesem Zusammenhang vor allem ressourcenorientierte bzw. netzwerktheoretische Bezugspunkte, die Strategiegenese als Ausdruck der zur Verfügung stehenden Ressourcen – im weiteren Sinne auch Beziehungen und Netzwerke – erklären, ohne damit jedoch die Veränderungen von Handlungsorientierungen erläutern zu können. Diese lassen sich z.B. über Prozessansätze interpretieren, d.h. über Elemente komplexitätswissenschaftlicher Ansätze, die Strategiegenese als emergenten Prozess verstehen und auf adaptives Verhalten im Sinne von Lernprozessen hinweisen. Der Ressourcenzugang ist dabei ein möglicher Rückkoppelungsfaktor, der anfängliche Handlungsorientierungen verstärken oder blockieren kann.

Fallstudien erlauben in dieser Hinsicht einen genaueren Blick auf die mit den strukturellen Verschiebungen einhergehenden Strategieverläufe und individuellen Wachstumsstrategien und verdeutlichen die Bandbreite strategischer Optionen von KMU als Folge des Strukturwandels. Insbesondere Unternehmen in unternehmensnahen Dienstleistungsbereichen, aber auch in jüngeren Branchen des verarbeitenden Gewerbes zeigen in diesem Zusammenhang eine Tendenz zur Entwicklung von Dienstleistungen aus einer Hand oder alles umfassenden Produktangeboten, um Marktnischen zu besetzen und sich Wettbewerbsvorteile zu verschaffen[119]. Diese beinhalten temporäre und informelle Kooperationen, aber auch die vertraglich abgesicherte, längerfristige

---

119 Zu vergleichbaren Ergebnissen auf der Basis von zwölf Fallstudien im unternehmensnahen Dienstleistungsbereich im Ruhrgebiet und den Niederlanden kommt Schulte, F. (1999: 53ff.).

Zusammenarbeit. Gleichzeitig ist die Gründungsphase in der Regel gekennzeichnet durch die Notwendigkeit, den Fixkostenanteil niedrig zu halten. Damit einher geht die – oft zeitlich begrenzte – Tendenz zu temporären Kooperationen – mit Hilfe flexibler Beschäftigungsverhältnisse wie dem Einsatz freier Mitarbeiter oder über Unteraufträge. Eine Studie für US-amerikanische KMU verweist in diesem Zusammenhang auf Unterschiede im kooperativen Verhalten zwischen technologieorientierten und „traditionelleren" Unternehmen (Brush, Chaganti 1996). Der aktive Einsatz kooperativer Arrangements deutet dabei ein typisches Strategiemuster von wissensbasierten und technologieorientierten KMU infolge des Strukturwandels an, wie die nachfolgenden Beispiele zeigen.

Ein Beispiel im Dienstleistungsbereich, bei dem der Unternehmer über flexible Kooperationen Größennachteile ausgleicht und seine Fixkosten niedrig hält, ist eine 1997 gegründete Ein-Personen-Agentur für Kommunikationsdienstleistungen und Öffentlichkeitsarbeit[120]. Der Unternehmer bietet seinen Kunden die Erarbeitung umfassender Marketingkonzepte sowie die Entwicklung von individuellen Firmenkultur-Konzepten an. Dabei stellt er jeweils projektgebundene Teams von Designern, Grafikern, Werbetextern zusammen, die im Rahmen dieser Aufträge von ihm als freie Mitarbeiter beschäftigt werden, wobei ein Großteil der Zusammenarbeit über die Nutzung computertechnischer Möglichkeiten erfolgt. Diese branchenüblichen Beschäftigungsverhältnisse ermöglichen dem Unternehmer über den Zukauf externen Wissens die Verfolgung einer differenzierten Strategie und die erfolgreiche Besetzung einer von ihm als solche erkannten Marktnische, sodass hier von einer personalisierten Wissensstrategie zur Ausschöpfung von Wettbewerbsvorteilen gesprochen werden kann (Kahle, Bouncken 2000: 465ff.).

Ein weiteres Beispiel ist der bereits in 3.1. erwähnte junge Unternehmer, der eine kleine GmbH zur Forschung und Entwicklung sowie zur Produktion kleiner Stückgrößen von so genannten Memory-Metallen – Metalle, die nach beliebiger Verformung ihre ursprüngliche Form wieder annehmen – und deren Verkauf gründete. Auch hier steht ein umfassendes Leistungsspektrum im Vordergrund der vertikalen Zusammenarbeit mit verschiedenen Partnern. Dazu greift der Unternehmer zurzeit noch auf flexible Arbeits- und vertikale Kooperationsbeziehungen zurück. Bei Produktionsaufträgen stellt er entweder Aushilfskräfte einer Zeitarbeitsfirma ein oder greift auf die Beschäftigten seines Mitgesellschafters zurück. Bei größeren Forschungs- und Entwicklungsaufträgen vergibt er Unteraufträge an seinen ehemaligen Fachbereich der Universität, zu dem er gute Kontakte hält. Den Handel mit Memory-Metallen ermöglicht ihm eine vertragliche Kooperation mit einer amerikanischen Firma, die allerdings ent-

120 Die Daten wurden im November 1999 in Essen (Arbeitslosenstudie) erhoben.

gegen den Vorstellungen des Unternehmers für den ihm eingeräumten Abschlag auf ihre Verkaufspreise auf einer zukünftigen 20-prozentigen Beteiligung bestand. Diese Kooperation hatte ihren Ursprung in qualitativen und mengenmäßigen Engpässen bei der Lieferung der benötigten und von seinen Kunden nachgefragten Memory-Metalle.

Kooperative Strategien ermöglichen es KMU, ein umfassendes und gleichzeitig individuelles Angebot bei niedrigen Fixkosten vorzuhalten. Sie lassen sich mit den in Abschnitt 3 im ersten Kapitel skizzierten institutionenökonomischen Ansätzen erklären: Die Entscheidung zur Kooperation fällt aufgrund der damit einhergehenden niedrigeren Transaktionskosten gegenüber einer Ressourcenbeschaffung über den Markt oder der Eigenproduktion und aufgrund einer höheren Effizienz – bei KMU funktionale wie numerische Flexibilität. Einen zweiten Erklärungsstrang – aber eher im Sinne einer beschreibenden Betrachtung – bieten industrieökonomische Ansätze (Porter), die auf die Bedeutung des strukturellen Markt- und Branchenumfeldes bei der Strategiegenese verweisen und Strategie als Ergebnis von Struktur interpretieren. So können Kooperationsstrategien auch auf den generell zu beobachtenden Strukturwandel auf sektoraler und organisationaler Ebene zurückgeführt werden. Im Unterschied zu den Erklärungssträngen für derartige Strategieverläufe in Transformationsländern spielen in etablierten Marktwirtschaften jedoch soziokulturelle Faktoren, die individuelle Wahrnehmungen und die Kooperationsbereitschaft prägen, eine untergeordnete Rolle. Bedeutung für die Erklärung der Strategiegenese kommt ihnen vorwiegend bei der Betrachtung erwerbstypischer Milieus zu, die im Vordergrund des nächsten Kapitels stehen.

### 3.4 Strategien, Erwerbsmilieus und unternehmerische Traditionen

Unternehmerische Tätigkeiten haben sich in vorindustriellen Gesellschaften überwiegend im Rahmen bestimmter sozialer Gruppen vollzogen, die sich unter anderem durch Werte, Lebensmuster und wirtschaftliche Orientierungen voneinander unterschieden. Der Einzelne wurde in ein bestimmtes soziokulturelles Umfeld hineingeboren und wuchs in „seine" gruppenspezifische Erwerbskultur hinein, die im Normalfall seinen beruflichen Lebensweg bestimmte. Beispielsweise traten noch bis Anfang des 19. Jahrhunderts Handwerkslehrlinge mit dem Abschluss eines Lehrvertrages in eine hausrechtliche Abhängigkeit vom Lehrmeister, die Handwerkszünfte bestimmten nicht nur über berufliche Belange – z.B. die Wanderpflicht der Gesellen – und verfügten über eigene Gerichtsbarkeiten, sondern verliehen auch mit dem Meisterstück das Bürgerrecht und die Heiratserlaubnis[121]. Zwar lösten sich diese gruppen-

121 Vgl. Lenger (1988: 14f.). Einen Überblick über die gesellschaftliche und wirtschaftliche Entwicklung des Handwerks und seiner Organisationsstruktur vom 16. bis 19. Jahrhundert geben Abel (1966: 50ff.), Treue (1986: 41ff.; 1984: 104ff.).

spezifischen Erwerbskulturen im Industrialisierungsprozess weitgehend auf[122], konnten sich jedoch in modifizierter Form in einigen Bereichen behaupten, in anderen sogar ansatzweise neu konstituieren. Ein Beispiel für den erstgenannten Fall sind die handwerklichen Berufe, denen es im 20. Jahrhundert gelang, ihre Identität zu bewahren bzw. – für die neu entstandenen Handwerke – eine neue Identität unter Rückgriff auf ältere handwerkliche Traditionen zu schaffen[123]. Ein Beispiel für den zweitgenannten Fall sind die älteren akademischen freien Berufe (z.B. Ärzte, Zahnärzte, Notare), die ihre Nachkommenschaft ebenso wie die Handwerker relativ stark auf gruppenspezifische wirtschaftliche Erwerbsmuster hin orientieren.

Dabei unterscheiden sich Erwerbskulturen, die vornehmlich dem kleingewerblichem Milieu verhaftet sind, und Erwerbskulturen, die stärker mit dem modernen Unternehmertum verbunden sind, wenngleich sich die individuellen Erwerbsmentalitäten des modernen Unternehmertums durchaus auf gemeinsame historische Wurzeln der „Mentalität des Erwerbs“ (Hansen (1992: 16ff.) – nämlich das sich in der Renaissance entwickelnde kaufmännische Standesbewusstsein – zurückführen lassen[124]. Der Unterschied zwischen den Erwerbskulturen hat sich historisch entwickelt, das zeigt sich nicht nur in der deutschen Geschichte, sondern auch in der sozioökonomischen Entwicklung anderer Industrieländer[125]. Ein Beispiel für eher kleingewerbliche Milieus bieten Handwerksunternehmer, modernes Unternehmertum spiegelt sich dagegen eher in vielen der heutigen großen Konzerne – z.B. Siemens, Krupp, Thyssen, Oetker. Diese entstanden zunächst als Familienunternehmen – oftmals aus handwerklichen Traditionen, wobei Heiraten innerhalb der Unternehmerschicht eine wichtige Rolle bei der Mobilisierung von Kapital spielte (Kocka 1979, Rosenbaum 1982: insbesondere 332ff.). Im Verlauf der Industrialisierung übernahmen diese Unternehmerfamilien eine Vorreiterrolle in der wirtschaftlichen Entwicklung, die Betriebe wurden noch über viele Jahrzehnte hinweg vererbt[126] – die Familie Krupp beispielsweise kontrollierte ihren Konzern vom frühen 19. Jahrhundert bis in die späten sechziger Jahre des 20. Jahrhunderts.

---

122 Vgl. Kocka (1990: 335ff.), speziell zur Auflösung der Zunfttraditionen bei den Gesellen.

123 Zur Spezifik handwerklicher Erwerbskultur vgl. Lenger (1988), Wernet (1965: 97ff.) und Rosenbaum (1982: 128ff.), die sich speziell mit der Rolle der Familie im alten Handwerk beschäftigt, sowie Schöber (1968), der die Wirtschaftsmentalität westdeutscher Handwerker analysiert.

124 Zum Unterschied zwischen den Erwerbskulturen vgl. Geiger (1967: 106f.), sowie am Beispiel einer Stadt (Barmen) Köllmann (1960: insbesondere 102ff.).

125 Siehe dazu für die wichtigsten europäischen Länder Landes (1983), zusätzlich für die USA und Japan Wilken (1979), speziell für England Wiener (1981).

126 Vgl. Wilken (1979: 147ff.). Zur Geschichte und Entwicklung des Siemens-Konzerns Feldenkirchen, Bartels (2000), für Oetker Jung (2000).

Auf politischem Gebiet führten diese Differenzierungen in Deutschland im 19. Jahrhundert zur Entstehung der Mittelstandsbewegung, die sich zunächst wesentlich als Interessenvertretung der Gewerbetreibenden gegen das vordringende „Großkapital" verstand. Diese politische Frontstellung ist heute längst überholt, kulturelle Unterschiede zwischen Selbständigen- und Unternehmermilieus bestehen jedoch fort. Die Grenzen zwischen diesen Milieus waren allerdings von jeher fließend, wie beispielsweise der starke Beitrag des Handwerks zur Rekrutierung der industriellen Unternehmerschaft im 19. Jahrhundert zeigt[127]. Überdies verlieren im Zuge des Vordringens wirtschaftlicher Rationalisierungsprozesse in die Bereiche kleingewerblicher Produktion traditionelle Differenzierungen der milieuspezifischen Erwerbskulturen weiter an Bedeutung. Gleichwohl gestattet ein Blick auf Erwerbsmilieus und Familienbetriebe Rückschlüsse auf die Bedeutung soziokultureller Faktoren der Strategiegenese in KMU.

Eine nähere Analyse von Erwerbsmilieus und damit einhergehenden Sozialisationsumfeldern als Bestimmungsfaktor unternehmerischen Verhaltens erlauben die Daten der eigenen Handwerksstudie zu Handwerksunternehmen und -unternehmern in den Kammerbezirken Düsseldorf und Leipzig. Nicht überraschend zeigt ein erster Blick auf die berufliche Herkunft der Unternehmer, die sich über Fragen nach der Berufsausbildung und beruflichen Stellung vor Gründung sowie dem Wirtschaftsbereich und Unternehmenstyp vor der Selbständigkeit erschließt, einen handwerkstypischen Eintrittsweg in die unternehmerische Tätigkeit. Die meisten der ost- wie westdeutschen Handwerksunternehmer rekrutieren sich vorwiegend aus dem Handwerk selbst und aus der beruflichen Position des Facharbeiters oder Gesellen, die sich dann nach Ablegung der Meisterprüfung selbständig machen. So liegt der Anteil der selbständigen Handwerker mit Meisterprüfung im Kammerbezirk Düsseldorf bei 84 vH, im Kammerbezirk Leipzig bei rund 70 vH. Handwerker im Kammerbezirk Leipzig rekrutieren sich zudem ebenfalls häufig aus der Position eines leitenden Angestellten. In diese Kategorie dürften vor allem die Industriemeister in den Volkseigenen Betrieben (VEB) oder Meister in den Produktionsgenossenschaften des Handwerks (PGH) fallen, deren Qualifikation nach der Wende als Zugangsvoraussetzung für die Führung eines eigenen Handwerksbetriebes anerkannt wurde.

Interessanter im Zusammenhang mit Markteintrittsstrategien und Erwerbsmilieus ist die Frage nach einer handwerklichen Sozialisation und Tradition[128]. Beruflicher Status und Wirtschaftsbranche der Eltern- und Großelterngeneration geben in der eigenen Studie Aufschluss über die intergenerationale be-

127 Generell zu Rekrutierungsprozessen der deutschen Unternehmerschaft im 19. Jahrhundert Kocka (1975).

128 Zur Frage des Einflusses beruflicher Selbständigkeit von Eltern auf die Neigung zur eigenen Selbständigkeit vgl. z.B. Klandt (1984: 236ff.), de Wit, van Winden (1989) und Scherer et al. (1991).

Tabelle 18

**Berufliche Stellung und Wirtschaftsbereich der Eltern und Großeltern von Handwerkern in den Kammerbezirken Düsseldorf und Leipzig**
1994; in vH

| | HWK Düsseldorf | | HWK Leipzig | |
|---|---|---|---|---|
| | Eltern | Großeltern | Eltern | Großeltern |
| | Berufliche Stellung | | | |
| Un-/angelernter Arbeiter | 8,1 | 7,7 | 11,6 | 14,2 |
| Facharbeiter/Geselle | 18,3 | 20,2 | 22,2 | 19,3 |
| Ausführender Angestellter | 8,3 | 4,4 | 13,9 | 4,4 |
| Leitender Angestellter | 9,2 | 4,8 | 10,4 | 4,2 |
| Unternehmensleiter/Direktor | 4,0 | 3,0 | 2,2 | 0,8 |
| Selbständig | 32,7 | 29,8 | 29,5 | 37,0 |
| Sonstiges | 7,7 | 8,2 | 5,0 | 4,7 |
| Nicht berufstätig | 11,7 | 21,9 | 5,2 | 15,4 |
| | Wirtschaftsbereich | | | |
| Industrie | 16,7 | 17,2 | 24,8 | 16,7 |
| Handwerk | 41,1 | 32,2 | 34,8 | 31,7 |
| Handel | 10,3 | 7,1 | 7,7 | 6,8 |
| Sonstige Dienstleistungen | 20,3 | 21,7 | 17,9 | 11,0 |
| Land- und Forstwirtschaft | Nicht erhoben | | 9,6 | 18,4 |
| Nicht berufstätig | 11,7 | 21,9 | 5,2 | 15,4 |

Umfrage der Handwerkskammern Düsseldorf, Leipzig und des RWI. – Mehrfachnennungen. RWI ESSEN

rufliche Mobilität als möglichen Einfluss auf Berufseintrittsstrategien. Tabelle 18 zeigt hier ein ausgeprägtes Erwerbsmilieu mit offensichtlich vorhandener berufstypischer Sozialisation für west- und überraschenderweise auch für ostdeutsche (sächsische) Handwerker. Die Letztere lässt sich – folgt man der Argumentation einer Studie zur sächsischen Wirtschafts- und Arbeitskultur – auf langfristig wirksame historische Einflussfaktoren wie eine ausgeprägte lokale Identität sowie eine frühe Herausbildung selbständiger erwerbswirtschaftlicher Produktionseinheiten zurückführen (Müller-Syring 1994: 105ff.).

Ein großer Teil der 1994 befragten Handwerker hat einen unternehmerischen und oftmals handwerklichen „familiären" Hintergrund (Tabelle 18): Im Kammerbezirk Düsseldorf (Leipzig) waren knapp ein Drittel (30 vH) der Eltern, knapp 30 vH (37 vH) der Großeltern bereits selbständig tätig; zwischen 41 vH und 35 vH der Eltern, um 32 vH der Großeltern waren in beiden Kammerbezirken im Handwerk tätig. Damit deuten die hohen Selbständigenquoten bei den Eltern und Großeltern der Befragten auf eine unternehmerische „Familientradition", die Handwerker mit ihrer Unternehmensgründung bzw. -übernahme fortsetzen. Klar erkennbar ist zudem die Existenz einer handwerklichen Tradition, hier zeigt zudem ein Blick auf die Motive der Gründung, dass

28 vH im Leipziger, 32 vH im Düsseldorfer Kammerbezirk einen Familienbetrieb übernommen haben.

Diese ausgeprägte Handwerkstradition, die aufgrund von familiären Erwartungen häufig unabwendbar zur Übernahme führt (generell für Familienbetriebe vgl. Schmidt 1999: 101), bestätigen auch vier im Rahmen der Unternehmerstudie 1999 durchgeführte Fallstudien mit Unternehmerfrauen im Handwerk[129].

> Nur in einem Fall erfolgte der Markt- bzw. Berufseintritt über eine Neugründung. Üblich war die Übernahme des schwiegerväterlichen Betriebes, wie beispielsweise bei einem Elektrobetrieb, der in zweiter Generation weitergeführt wird: Die befragte Unternehmerfrau verwies darauf, dass Sohn und Tochter sich bereits mit ihrer beruflichen Ausbildung auf eine spätere Übernahme – der Sohn studiert Elektrotechnik, die Tochter absolviert eine Lehre als Elektrikerin und möchte später die Meisterprüfung ablegen – vorbereiteten. Auch in einem der anderen Unternehmen haben die Kinder bereits mit der Ausbildung einen handwerkstypischen Berufsweg eingeschlagen, um den elterlichen Betrieb später übernehmen zu können.

In der Handwerkerstudie zeigt sich das handwerkliche Erwerbsmilieu als prägender Faktor bei Markteintrittsstrategien – Handwerksgründung bzw. Übernahme des Familienbetriebes – am deutlichsten bei den über 40-jährigen Handwerkern beider Kammerbezirke, deren Vorfahren nicht nur aus dem Handwerk stammten, sondern vorwiegend bereits selbständig tätig waren. Bei jüngeren Handwerkern treten neue Mobilitätswege hinzu: Während die Großeltern noch überwiegend einer selbständigen Tätigkeit im Handwerk nachgingen, arbeiteten die Eltern oftmals als ausführende oder leitende Angestellte in der Industrie. Die erwerbsmilieutypische Sozialisation scheint hier – zumindest zeitweise – aufgebrochen, intergenerationale Mobilität vollzieht sich nicht mehr nur im Handwerk, sondern auch aus anderen Wirtschaftsbereichen in das Handwerk (zurück). Bereits eine ältere Studie zeigte für Deutschland, dass sich die „Berufsvererbung“ nicht nur auf diejenigen Fälle beschränkt, in denen sich Unternehmerkinder mit der Übernahme des elterlichen Betriebes selbständig machten, sondern in einem weiten Verständnis unternehmerischer Herkunft durchaus auch Gründungen von Nachkommen leitender Angestellter oder Firmendirektoren umfasst (Biermann 1971: 84).

Im Falle des Leipziger Kammerbezirkes treten systembedingte Faktoren hinzu und weichen diese soziokulturelle berufliche Prägung des typischen Erwerbsmilieus auf. Darauf deutet der hohe Anteil von Arbeitern bei den heutigen Unternehmensgründern hin, während sich der Einfluss der zeitweise re-

129 Die Daten wurden im Mai/Juni 1999 in Trier, Essen, Düsseldorf und Iserlohn (Unternehmerstudie) erhoben.

striktiven Handwerkspolitik der ehemaligen DDR – der Großteil der Handwerksbetriebe wurde 1972 verstaatlicht oder in Produktionsgenossenschaften „kollektiviert“[130] – im höheren Anteil der in der Industrie beschäftigten Eltern spiegelt. Auch mit Blick auf die einzelnen Handwerksgruppen ist im Leipziger Kammerbezirk eine system- und transformationsbedingte Ausdifferenzierung und Aufweichung des typisch handwerklichen Erwerbsmilieus festzustellen. Eine handwerkliche Herkunft der jetzigen Leipziger Handwerker ist vorwiegend in den konsumorientierten Handwerken erkennbar. Eine besonders ausgeprägte und durchgängige unternehmerische Tradition haben die heutigen Handwerker des Nahrungsmittelgewerbes, in dem bereits während der DDR-Zeit private Tätigkeit erlaubt war, aufzuweisen; bereits 61 vH der Eltern und 65 vH der Großeltern waren selbständig tätig. In den Investitionsgüterhandwerken dagegen, ebenso in den Handwerken des Verkehrsbedarfes, rekrutieren sich die Handwerker gleichermaßen aus der Position des Facharbeiters wie aus derjenigen des leitenden Angestellten. Der relativ hohe Anteil von Arbeitern bei den Vorfahren heutiger Handwerker in den Investitionsgüterhandwerken – beispielsweise arbeiteten bei Handwerkern im Bauhauptgewerbe rund 14 vH der Eltern und 19 vH der Großeltern als un- bzw. angelernte Arbeiter – verweist zudem auf die bereits erwähnten Quereinstiegsmöglichkeiten im Zuge der Transformation.

Die milieuspezifischen Erwerbskulturen sind jedoch nicht nur – wie im Fall des ostdeutschen Handwerks – aus systembedingten ordnungspolitischen und transformationsbedingten, mithin institutionellen Gründen, sondern generell auch im Nachgang des postmodernen Wertewandels unter Druck geraten[131]. Darauf deutet bereits die Tendenz zur Aufweichung der familiären Handwerkstradition bei jüngeren Handwerkern im Düsseldorfer und Leipziger Kammerbezirk hin. Auch das in weiten Teilen der mittelständischen Wirtschaft viel diskutierte Nachfolgeproblem ist in diesem Zusammenhang als ein Krisensymptom der Erwerbskulturen zu werten. Das IfM schätzt, dass in Deutschland allein bis zum Jahr 2000 rund 300 000 Unternehmen zur Übergabe anstanden, von denen überschlägig 27 vH keinen Nachfolger finden konnten[132].

---

130 Vgl. zur Handwerkspolitik der DDR Haendcke-Hoppe (1981: 1276ff.) sowie Valerius (1997: 293ff.).

131 Eine Analyse der kulturellen, wirtschaftlichen und politischen Wandlungsprozesse von materialistischen hin zu postmaterialistischen Werten, aber auf national-vergleichender Ebene findet sich bei Inglehart (1998). Eine detaillierte Analyse der Auflösung traditioneller sozialer Milieus und der Herausbildung neuer Milieus liefern für die Bundesrepublik Vester et al. (2001: insbesondere 331ff.), mit fünf Mustern neuer Mentalitäten, die aber nur indirekten Rückschluss auf damit einhergehende Erwerbsmilieus erlauben.

132 Vgl. Freund et al. (1995: 37ff.). Die Übernahmefrage im Handwerk analysiert Müller (1999).

Tabelle 19

**Selbständigkeit durch Übernahme eines bestehenden Geschäftes oder Unternehmens**
1997; in vH

| | Selbständige gesamt | darunter: selbständig tätig seit ... Jahren | | | |
|---|---|---|---|---|---|
| | | unter 5 | 5 bis 9 | 10 bis 19 | 20 und mehr |
| Basis in Mill.[1] | 3,0 | 1,1 | 0,7 | 0,6 | 0,6 |
| | | in vH | | | |
| Übernahme | 25 | 19 | 24 | 23 | 41 |
| darunter: | | | | | |
| Übernahme eines Familienbetriebes | 11 | 4 | 9 | 14 | 26 |
| Übernahme eines sonstigen Geschäftes/Unternehmens | 14 | 15 | 15 | 9 | 15 |

Infratest Burke Sozialforschung 1997. – [1]Hochrechnung. RWI ESSEN

Daten einer empirischen Studie zu Existenzgründern und Selbständigen (Selbständigenstudie) bestätigen vor diesem Hintergrund, dass Übernahmestrategien bei jüngeren Selbständigen generell eine geringere Rolle spielen und bei Übernahmen zunehmend „Familienexterne" in den Betrieb eintreten (Tabelle 19). Weniger als ein Fünftel der Selbständigen, die noch nicht fünf Jahre selbständig tätig sind, haben ihren Betrieb übernommen, bei Selbständigen mit mehr als 20 Jahren Erfahrung waren es noch zwei Fünftel. Dabei hat sich das Gewicht eindeutig zu einer Übernahme „familienfremder" Betriebe hin verschoben: Nur noch 4 vH der „neuen" Selbständigen sind in den Familienbetrieb eingestiegen.

Bei Fremdübernahmen fallen die möglichen Einflüsse unternehmerischer Familientraditionen und von Erwerbsmilieus auf Strategien weg. Theoretische Erklärungen bieten in diesem Zusammenhang vor allem solche Ansätze, die den Einfluss kultureller Faktoren betonen, wie beispielsweise die Institutionenökonomik oder netzwerktheoretische Konzepte mit ihrem Verweis auf die gesellschaftliche und soziale Einbettung wirtschaftlicher Handlungen. Im Sinne der Institutionenökonomik beeinflussen Erwerbsmilieus das strategische Verhalten der KMU über informell festgeschriebene Regeln, womit Familientraditionen unternehmerisches Verhalten im Sinne positiver oder negativer Rückkoppelungen verstärken (können). Ein Beispiel für diese milieutypischen Zwänge ist die – auch heute noch weit verbreitete – übliche berufliche „Eintrittsstrategie" von Handwerksfrauen in einen Handwerksbetrieb, nämlich die Einheirat in den Betrieb[133], sowie die damit einhergehende typische

133 Noch bis in das 19. Jahrhundert – lange nach Aufhebung der entsprechenden Zunftregeln – bestand im Handwerk ein faktischer Heiratszwang. Ursprünglich konnten Gesellen nur über Einheirat in die Zunft ihren Meister machen, Meisterwitwen mussten sich ebenfalls erneut verheiraten, um das Handwerk weiter zu betreiben. Vgl. Rosenbaum (1982: 130ff.).

Arbeitsteilung zwischen Handwerksmeister und seiner Ehefrau: Der Meister ist für die gewerblichen Arbeiten, die Unternehmerfrau für den kaufmännischen und organisatorischen Bereich zuständig. Diese Muster der Arbeitsteilung haben historische Wurzeln. So waren Meisterfrauen z.B. neben der Organisation des Handwerkerhaushaltes, dem Gesellen und Lehrlinge angehörten, für den Kontakt zu Kunden zuständig, von der handwerklich-gewerblichen Arbeit dagegen ausgeschlossen[134].

Mit Blick auf den Einfluss milieutypischer Faktoren für die Strategiegenese in KMU zeigen Fallstudien im Rahmen des Unternehmerprojektes – beispielhaft für Betriebsübernahmen – zwei typische Verläufe der Übernahme und damit verbundene Strategien. Die Strategieverläufe lassen sich den idealtypischen Polen „Geschäftsorientierung“ und „Familienorientierung“ zuordnen[135]: Unternehmer mit Geschäftsorientierung zeigen ein risikofreudigeres und strategisch ausgerichtetes Verhalten, während Unternehmer mit Familienorientierung vor allem das Geschäft in seiner jetzigen Form erhalten möchten.

Der ersten Kategorie ist der nachfolgend beschriebene Handwerksunternehmer zuzuordnen. Er demonstriert mit seiner geplanten und auch durchgeführten Umorientierung des Betriebes ein bewusstes und ex ante geplantes bzw. beabsichtigtes strategisches Herangehen, das sich über die Zwänge des Erwerbsmilieus – in diesem Fall der Familientradition und damit der bisherigen Ausrichtung des Unternehmens – hinwegsetzt und den Schwerpunkt auf die Erfüllung eigener unternehmerischer Zielvorstellungen legt. Derartiges strategisches Verhalten erklärt sich als rationale Entscheidungsfindung, mithin über Ansätze rationalen Verhaltens, wobei soziokulturelle Faktoren – das Erwerbsmilieu und die Familientradition – die Ausprägung eines individuellen unternehmerischen Bewusstseins begünstigt haben können.

> Ein Tischlerbetrieb[136], in dem ein Gespräch mit der im kaufmännischen Bereich mitarbeitenden Unternehmerfrau geführt wurde, wurde vor über 100 Jahren vom Schwiegergroßvater gegründet und wird mittlerweile in der dritten Generation geführt. Der Ehemann der befragten Unternehmerfrau übernahm den Betrieb 1981 mit dem expliziten Ziel, die Bautischlerei auf die ökologische Produktion von schadstofffreien Inneneinrichtungen umzustellen. Dazu hatte er neben dem Tischlermeister eine Zusatzausbildung zum Baubiologen absolviert. Die Durchsetzung dieser strategischen Neuorientierung gestaltete sich allerdings aufgrund innerbetrieblicher und familiärer Interessenkonflikte schwierig. Nicht nur stieß

134 Zur historischen Rolle der Meisterfrauen Rosenbaum (1982: 147, 154ff.), zur Stellung heutiger Unternehmerfrauen Rudolf (2000).

135 In Anlehnung an eine bei Reid et al. (1999: 153) dokumentierte Einteilung von Ward.

136 Die Daten wurden im Mai 1999 in Trier (Unternehmerstudie) erhoben.

der Unternehmer bei den Altgesellen, die bereits seit Jahrzehnten im Betrieb beschäftigt waren, auf Unverständnis, auch sein Vater versuchte ihm diese Pläne mit dem Hinweis auf die gute Reputation des Betriebes auszureden; dazu kamen die kritischen Bemerkungen seiner Kollegen. Erst mit der in den späten achtziger Jahren aufkommenden Diskussion um Gefahrenstoffe im Holzbereich wurde der strategischen Umgestaltung des Unternehmers nachträglich Recht gegeben und er erhielt allgemeine Anerkennung.

Ein Beispiel einer reagierenden und zögerlichen Strategiegestaltung aufgrund soziokultureller Einflüsse des Erwerbsmilieus bietet die innerfamiliäre Übernahme eines Porzellanfachgeschäftes[137]. Das strategische Verhalten der jungen Unternehmerin lässt sich exemplarisch als Stückwerkstrategie mit Zügen des „Durchwurstelns" – als situative und reaktive Entscheidungsfindung ohne langfristigen Charakter (Lindblom 1959: 79) – beschreiben und ist von der strategischen Grundausrichtung her der Kategorie der Familienorientierung zuzuordnen (Reid et al. 1999: 153f.).

Insbesondere in diesem Fall greift eine Kombination von theoretischen Erklärungen, die auf bestimmte verhaltensbezogene und umfeldorientierte Bezugspunkte verweisen: Hier bedingen konfligierende persönliche Zielsetzungen eine unschlüssige Einstellung zur unternehmerischen Tätigkeit und tragen zur fehlenden Identifikation mit dem Familienbetrieb bei, während gleichzeitig das soziokulturelle Umfeld als bestimmender Einfluss der unternehmerischen Tätigkeit wahrgenommen wird, der das Handeln in eine Richtung drängt. Gemeint ist der von der Unternehmerin so empfundene Anspruch der Familie, die Familientradition fortzuführen und der sich aus dieser informellen Institution ergebende vermeintliche Handlungszwang. Für das individuelle Strategiemuster greifen dann Erklärungen, die das beobachtbare unschlüssige und damit auch beharrende strategische Verhalten der Unternehmerin über Entscheidungsdefekte ableiten und damit indirekt wiederum auf die Konflikttheorie der Entscheidungsfindung (Abschnitt 1.1 im ersten Kapitel) zurückführen. Zum Tragen kommt in diesem Fall offensichtlich neben dem Konservatismus insbesondere der Status-quo-Effekt, nach dem die jetzige Situation unbekannten und als risikoreich eingeschätzten Konstellationen vorgezogen wird und strategische Anpassungen aus diesem Grund verschoben werden.

Das Geschäft wird von der jungen Unternehmerin in zweiter Generation weitergeführt, wobei die Familie bereits seit drei Generationen im entsprechenden Gewerbe tätig ist: „Wir sind eine Porzellinerfamilie." Der Vater bestand zwar nach Angaben der Unternehmerin nie auf einer Übernahme, aber sie hat bereits mit ihrer Ausbildung – Lehre als Einzelhandelskauf-

[137] Die Daten wurden im Mai 1999 in Essen (Unternehmerstudie) erhoben.

frau im Porzellanfachgeschäft mit einschlägigen Aufenthalten im europäischen Ausland und einem Studium der Betriebswirtschaftslehre – sowie der Mitarbeit im väterlichen Unternehmen einen Weg eingeschlagen, der ihr die Übernahme zumindest ermöglichte. Auch ihr Bruder ist im Porzellangeschäft tätig und wird den großväterlichen Betrieb in einer anderen Stadt übernehmen.

Jedoch scheint im Fall der Unternehmerin die Übernahme eher aufgrund der Umstände – plötzlicher Tod des Vaters – erfolgt zu sein; sie ist offensichtlich auf der Suche nach ihrer eigenen (unternehmerischen) Identität. Auf der einen Seite möchte sie den Laden als Familienbetrieb weiterführen, müsste dafür aber eine zeitgemäße Strategie erarbeiten, um den langfristigen Bestand des Geschäftes zu sichern. Das würde für sie bedeuten, die von ihr bevorzugte Arbeit im Verkauf zurückzustellen und sich hauptsächlich um die Führung des Geschäftes, in dem zwölf Personen angestellt sind, zu kümmern. Auf der anderen Seite sieht die Unternehmerin sich nicht als „Powerfrau"; sie begreift die unternehmerische Tätigkeit als Möglichkeit, Beruf und Familie zu vereinbaren. Aus diesen Gründen möchte sie mit dem Geschäft auch zukünftig eine Marktnische besetzen, die ihr ein gutes Auskommen und Zeit für ihr Kind ermöglicht. Persönliche Beratung sieht sie als Wettbewerbsvorteil ihres Geschäftes gegenüber den großen Kaufhäusern, wenngleich sie auch zugesteht, dass sie sich aktiv um neue Kundengruppen bemühen müsste: „Zur Zeit lebt unser Geschäft vom Namen meines Vaters und seiner Reputation."

Zwar hat die Unternehmerin seit der 1998 erfolgten Übernahme im Geschäft einige Änderungen eingeführt, so wurden beispielsweise mit dem Umbau des Geschäftsraums die billigeren und Trendartikel in den Vordergrund gerückt, um Laufkundschaft und jüngere Kunden anzuziehen. Allerdings zeigen diese Maßnahmen keine bewusste und aktive strategische Gestaltung, sondern sind – auch nach ihren eigenen Angaben – als ein Ausprobieren zu verstehen. Auf eine eher reagierende Einstellung lässt auch ihre Haltung gegenüber externer Unterstützung schließen, die sie immer nur dann in Anspruch nimmt, wenn beispielsweise Beratungsmaßnahmen von außen an das Geschäft herangetragen werden.

Die sich in diesen beiden Beispielen abzeichnenden einander entgegengesetzten, aber durchaus typischen Handlungsmuster und -verläufe lassen sich somit nur teilweise über soziokulturelle Faktoren bzw. informelle Institutionen, die hier die spezifischen Bedingungen des Erwerbsmilieus bzw. die familiäre unternehmerische Tradition umfassen, sowie damit einhergehende mentale Prägungen erklären. Generell scheinen das Erwerbsmilieu bzw. soziokulturelle Faktoren dabei verstärkend auf eine bereits vorhandene, aber unterschiedlich ausgeprägte individuelle unternehmerische Orientierung zu wirken und sich in einem strategischen Verhalten niederzuschlagen, das reaktiv am Beibehalten des Status quo ausgerichtet ist (Familienorientierung) oder proaktiv nach neuen Möglichkeiten sucht (Geschäftsorientierung). Konjunkturelle und strukturelle Einflüsse – exemplarisch die Diskussion um Schadstoffe im Holz oder der Niedergang der Fachgeschäfte in der Porzellanbranche – verstärken zugleich die empfundene Notwendigkeit eines gezielten strategischen Verhaltens. Damit lassen sich strategische Änderungen im Sinne des in der Tradition der Industrieökonomie stehenden Porter'schen Ansatzes auch als Reaktion auf Strukturen, hier Marktentwicklungen und die Wettbewerbssituation zurückführen. Soziokulturelle Faktoren bzw. die informellen Institutionen (Familientradition) wirken als mentale Einflüsse und können ein aktiveres und antizipierendes Strategieverhalten begünstigen oder behindern.

### 3.5 Strategiemuster und -verläufe in etablierten Marktwirtschaften: Ein Resümee

Unternehmerisches Handeln in etablierten Marktwirtschaften – wie in den vorausgehenden Abschnitten für Deutschland aufgezeigt – vollzieht sich im Vergleich zu Transformationsländern in einem deutlich gefestigteren wirtschaftlichen und institutionellen Umfeld. Die marktwirtschaftlichen Regeln und Institutionen sind im gesellschaftlichen Bewusstsein verankert, Erwerbsmilieus und unternehmerischen Familientraditionen kommt eine rückläufige Bedeutung als soziokultureller Einfluss unternehmerischer Betätigung zu.

Zwar unterscheiden sich die Umfelder, in denen sich wirtschaftliches Handeln von KMU vollzieht, deutlich voneinander, die Grundprinzipien menschlichen Handelns, die den KMU-Strategien unterliegen, sind jedoch gleich. Entscheidungstheoretische Begründungen liefern deshalb in etablierten Marktwirtschaften wie in Transformationsländern aussagekräftige Erklärungen sowohl für die beobachtbaren Strategiemuster, bei denen Entscheidungsdefekte ein objektiv irrational erscheinendes Verhalten erklären, wie auch für die ableitbaren Strategieverläufe, deren drei Grundtypen sich im Wesentlichen auf die Konflikttheorie der Entscheidungsfindung zurückführen lassen (Übersicht 13).

Aber auch hier gilt die Feststellung, dass sich verhaltensbezogene Theorien, umfeld- bzw. strukturorientierte Ansätze und prozessorientierte Theoriekonzepte komplementär zueinander verhalten und erst in ihrem Zusammenwirken die verschiedenen Einflüsse der Strategiegenese in KMU umfassend ableiten, beschreiben und/oder erklären können. Insbesondere diejenigen Ansätze sind von Bedeutung, die in Ergänzung zum methodologischen Individualismus der verhaltenswissenschaftlichen Entscheidungstheorie die sozio-kulturelle Einbettung wirtschaftlichen Handelns hervorheben, wenngleich sie unternehmerische Handlungsweisen lediglich als Reaktion auf verschiedene Einflüsse des Umfeldes abzuleiten vermögen.

Übersicht 13

**Empirisch beobachtbare Strategiemuster und -verläufe in etablierten Marktwirtschaften und theoretische Erklärungen**

| | Theorie | | |
|---|---|---|---|
| | **Unternehmerhandeln** Abschnitt 1 im ersten Kapitel | **Unternehmenskontext** Abschnitt 2 im ersten Kapitel | **Prozess**[1] Abschnitt 4 im ersten Kapitel |
| **Empirisch beobachtbare Strategiemuster** | | | |
| *KMU-typische Finanzierungsstrategie* häufige Eigenfinanzierung teilweise über serielles Unternehmertum geringer Einsatz von Beteiligungskapital | *Verhaltenswissenschaftliche Entscheidungstheorie:* selektive Wahrnehmung, Verfügbarkeit *Aktionstheoretische Ansätze:* selektive Wahrnehmung | *Institutionenökonomik*: bisherige Kreditfinanzierungskultur *Netzwerktheorien*: Finanzierungsrolle sozio-kultureller Milieus, z.B. bei ausländischen Unternehmern | *Positive Rückkoppelung auf Finanzierungsstrategien:* Aufrechterhaltung des Geschäftsbetriebes im weiteren Verlauf pfadabhängiges bzw. reaktivträges Verhalten |
| *Kooperationsstrategie* Markterschließung über Kooperationen | *(Verhaltenswissenschaftliche) Entscheidungstheorie:* rationale und umfassende Entscheidungen => innerbetriebliche Konzentration auf Kernkompetenzen und Schaffung eines umfassenden Angebotes über Kooperationen | *Industrieökonomie:* sektoraler und organisationaler Strukturwandel *Institutionenökonomik/Transaktionskostentheorie:* geringere Transaktionskosten und größere Flexibilität durch Ressourcenbündelung zwischen Unternehmen | adaptives im Sinne von (vor-)strukturiertem Verhalten |
| *Erwerbsmilieutypische Strategien* Berufseintrittsstrategie Übernahmestrategie | *Verhaltenswissenschaftliche Entscheidungstheorie:* Status-quo-Effekt, Konservatismus *Aktionstheoretische Ansätze:* Einfluss des unternehmerischen Bewusstseins | *Institutionenökonomik:* Einfluss traditioneller Werthaltungen des Erwerbsmilieus; z.B. unternehmerische Familientraditionen | pfadabhängiges und träges Verhalten |
| **Strategieverläufe** | | | |
| *„Durchwursteln"* | *reaktive Kurzfristorientierung: Beharrungstendenzen* | | |
| situatives Verhalten, Abkehr von langfristigen Zielen, z.B. Wachstumsabsichten, starker Einfluss externer Faktoren | *Verhaltenswissenschaftliche Entscheidungstheorie:* Status quo, selektive Wahrnehmung, sunk cost, Konservatismus a) geringes Risiko bei Beibehaltung => konfliktfrei beharrendes „Durchwursteln" b) großes Risiko bzw. keine realistische Alternative bei Wechsel => defensiv vermeidendes „durchwursteln" c) realistische Alternative eventuell machbar => zeitlicher Handlungsdruck => „hypervigilantes Durchwursteln" *Aktionstheoretische Ansätze:* subjektiv wahrgenommene Probleme bei Anpassung | *Ressourcenbasierte Ansätze:* Kompetenzdefizite des Unternehmers, interne Ressourcenausstattung <=> eingeschränkter Zugriff auf externe Ressourcen *Industrieökonomie:* Marktstrukturen, sektorale Umfelder *Institutionenökonomik:* Zwänge traditioneller Werthaltungen des Erwerbsmilieus, z.B. unternehmerische Familientradition *Netzwerktheorien:* geschlechtsspezifisch differierende Netzwerke | positive Rückkoppelung für situatives Handeln = Bestehen am Markt => zirkuläres und sich verstärkendes Verhalten selbstorganisierendes, unbewusstes Verhalten |
| *Reagieren-Agieren* Übergang zu aktiver Gestaltung | *Übergang zur Langfristorientierung: Strategiewechsel* | | |
| | *Verhaltenswissenschaftliche Entscheidungstheorie:* großes Risiko bisheriger Strategien => realisierbare Alternativen *Aktionstheoretische Ansätze:* Entwicklung eines strategischen Bewusstseins | *Industrieökonomie:* Konjunkturkrisen, sektoraler Strukturwandel *Institutionenökonomik:* Krisen im wirtschaftlichen Umfeld | von der Selbstorganisation (unbewusstes Verhalten) über Lernprozesse zu adaptivem bzw. strukturiertem Verhalten emergenter Verlauf |
| *Gestaltung* anfänglich starker Einsatz normierter Strategien später Entwicklung individueller und komplexerer Strategien | *(Verhaltenswissenschaftliche) Entscheidungstheorie:* umfassende(re) Entscheidung *Aktionstheoretische Ansätze:* Vorhandensein und Weiterentwicklung eines strategischen Bewusstseins | *Industrieökonomie:* Strukturwandel *Ressourcenbasierte Theorien:* externe Beratungsstrukturen => Unterstützung unternehmensspezifischer Ressourcenbasis *Netzwerktheorien:* soziales Netzwerk => externe Unterstützung | einfache Strategiemuster = selbstorganisierend und adaptivkomplexere Strategiemuster = emergent aus einfacheren Mustern Lernprozesse als selbstreferentielles Verhalten |

Eigene Zusammenstellung. – [1]Theoriebezug: Elemente der Systemtheorie und Komplexitätswissenschaften.

RWI ESSEN

Erst über die Berücksichtigung kontextgebundener Faktoren erschließen sich die empirisch beobachtbaren Unterschiede wirtschaftlichen Handelns bzw. der Strategiemuster von KMU. Während in Transformationsländern vor allem das politische Umfeld und drastische Krisen eine Rolle bei der Strategiegenese in KMU spielen, greifen in etablierten Marktwirtschaften sehr viel stärker konjunkturelle und wirtschaftsstrukturelle Faktoren. Dazu zählt der tiefgreifende Strukturwandel, der sektorale und organisatorische Grenzen verwischt und sich auf gesellschaftlicher Ebene mit der allmählichen Auflösung der Erwerbsmilieus fortsetzt. So erklären sich unterschiedliche Strategiemuster als Ausfluss eines differierenden „Optionsfeldes" strategischer Wahlmöglichkeiten.

**Drittes Kapitel**

# Strategiegenese in KMU und Gestaltungsmöglichkeiten: Fazit und Ausblick

Im Rückgriff auf die theoretischen Bezugspunkte und empirischen Betrachtungen werden im Folgenden die im ersten und zweiten Kapitel erarbeiteten Erkenntnisse zusammengeführt und diskutiert. Die in Abschnitt 2 im zweiten Kapitel herangezogenen osteuropäischen Länder stehen dabei als Beispiel für Länder, die sich entweder noch im Übergang zur Marktwirtschaft befinden oder diesen jüngst weitgehend abgeschlossen haben. Deutschland (Abschnitt 3 im zweiten Kapitel) dient – in bewusster Vereinfachung und unter Vernachlässigung landesspezifischer Unterschiede zwischen den Marktwirtschaften selbst – als ein Beispiel für etablierte Marktwirtschaften.

## 1. Strategiemuster und Strategiegenese in KMU: Ein abschließender Blick

### 1.1 Strategien von KMU in Ländern im Übergang zur Marktwirtschaft

In Ländern im Übergang zur Marktwirtschaft greifen KMU-Unternehmer zu Strategien, die das Risiko minimieren und die Unternehmensflexibilität maximieren (Charap, Webster 1993: 311; IPSSA 1998: 114ff.). Die Ursachen liegen in den unsicheren bzw. als unsicher und risikoreich wahrgenommenen Umfeldern, in denen beispielsweise Preissignale nicht adäquat funktionieren, der ordnungspolitische und rechtliche Rahmen Defizite aufweist und das grundlegende unternehmerische Vertrauen gering ist. Die Strategien der KMU reflektieren dabei einen kurzfristigen Erwartungshorizont und die damit einhergehende fehlende Bereitschaft, sich auf langfristige Verpflichtungen einzulassen (Shiller et al. 1992: 176). Leipold spricht in diesem Zusammenhang unter Bezug auf Untersuchungen polnischer Wissenschaftler von einem „Syndrom des Misstrauens", in dem die Akteure in Transformationsländern oftmals gefangen seien (Leipold 1999: 135).

Das führt in diesen Ländern zu volkswirtschaftlich schädlichen, aber aus individueller Sicht als situationsbedingt rationales Verhalten erklärbaren Vermeidungsstrategien in die (partielle) Schattenwirtschaft (Abschnitt 2.1 im zweiten Kapitel), was eine Dichotomie des strategischen Verhaltens in „offiziell“ erwünschte und informelle Strategien bedingt[1]. Institutionelle und organisationale Defizite wie makroökonomische Gegebenheiten schlagen sich in größentypischen Finanzierungsstrategien (Eigenfinanzierung, serielles Unternehmertum), transformationstypischen Finanzierungs- bzw. Marktstrategien (Portfoliounternehmertum, Diversifikation) nieder (Abschnitte 2.2, 2.3 im zweiten Kapitel). Soziokulturelle Traditionen und damit verbundene individuelle mentale Prägungen (Abschnitt 2.4 im zweiten Kapitel) können transformationstypische Beziehungsstrategien bedingen, in denen Beziehungen als Ressource (Sozialkapital) eingesetzt werden und die über diesen Rückgriff auf personales Vertrauen das fehlende institutionelle Vertrauen ausgleichen (Neace 1999: 159).

Der Markteintritt und die Markterschließung vollziehen sich anfänglich oft zufällig und in den meisten Fällen ungeplant bzw. reaktiv, bedingt durch die subjektiven Wahrnehmungen von großen Marktchancen im Handels- und Dienstleistungsbereich sowie durch das Vorhandensein von Kontakten und Beziehungen (IPSSA 1998: 80). Damit liegt in vielen Fällen keine ex ante geplante bzw. strukturierte strategische Ausrichtung des Unternehmens vor. Trotz einer ausgeprägten, wenngleich gesamtwirtschaftlich oftmals gebremsten Wachstumsorientierung liegt der unternehmerische Fokus auf kurzfristigen Zielen und nicht auf der langfristigen Unternehmensentwicklung.

Insgesamt lässt sich das (anfängliche) Strategieverhalten der meisten KMU-Unternehmer als pragmatisch und zufällig – im Sinne eines situationsbedingten reaktiven „Durchwurstelns“ oder mit kreativeren Elementen versehenen „Improvisierens“ – charakterisieren. Strategieentwicklung verläuft somit in den ersten Phasen der Transformation weitgehend implizit als Reaktion auf und Adaption an den externen Kontext, insbesondere an die sich ändernden wirtschaftlichen und ordnungspolitischen Gegebenheiten. Eine durchgängige antizipierende strategische Gestaltung wird nur von wenigen KMU ausgeübt.

Aktiveres strategisches Verhalten wird häufig ausgelöst durch externe „Schocks“ wie die Nachfrageeinbrüche als Folge der russischen Bankenkrise oder Liquiditätskrisen. Anfänglich reaktive Handlungsmuster können sich mithin zu komplexeren Strategien entwickeln (Emergenzphänomen). Den Übergang zu einer aktiveren, antizipierenden Gestaltung erleichtern unternehmerische Kompetenzen, aber auch der Zugang zu Sozialkapital. Negativ

[1] In Anlehnung an die Unterteilung in dokumentierte und reale Geschäftstätigkeit bei Zschoch (1998: 221).

wirken sich fehlendes Vertrauen sowie der unumgängliche Einsatz von Beziehungsnetzwerken in der unternehmerischen Tätigkeit aus. Mentale Prägungen und deren Veränderung – im Sinne von Lernen – spielen mithin eine große Rolle in der Strategiegenese in KMU, die sich in dieser Hinsicht als pfadabhängiges Phänomen präsentiert.

In diesem Zusammenhang agieren politische und wirtschaftliche Bedingungen sowie soziokulturelle Strukturen als Verstärkungseffekte. In Wechselwirkung mit der individuellen Wahrnehmung der Unternehmer bedingen die spezifischen Umfeldstrukturen die Absenz oder Präsenz von Vertrauen und stimulieren oder behindern darüber betriebliche Entwicklungsprozesse in der Transformationsphase. Als problematisch erweisen sich diese transformationsspezifischen Bedingungen bei der Strategiegenese, sobald sie notwendige strategische Anpassungen dauerhaft blockieren. Zugleich bestätigen die Handlungsmuster und Entwicklungsverläufe die These vom prägenden Einfluss des Umfeldes auf die Strategiegenese in den KMU der Transformationsländer, sodass sich diese aufgrund von Wechselwirkungen zwischen unternehmerischem Handeln und dem jeweiligen Kontext nicht über einen einzigen Theorieansatz ableiten lässt.

### 1.2 Strategien von KMU in etablierten Marktwirtschaften

In (West-)Deutschland, das sich als etablierte Marktwirtschaft mit einem historisch gewachsenen unternehmerischen Verständnis charakterisieren lässt, sind die grundlegenden Institutionen und Organisationen einer Marktwirtschaft gegeben und funktionsfähig. Den konkreten betrieblichen Handlungsspielraum beeinflussen mit Blick auf den Rechtsrahmen, der aufgrund seiner generellen Funktionsfähigkeit nicht näher besprochen wird, allenfalls einzelne rechtliche Regelungen: So wird der Markteintritt in Deutschland über eine Reihe spezifischer Gesetze bestimmt, die den Handlungsspielraum eines (potenziellen) Unternehmers einschränkt, z.B. im Handwerk mit der geforderten Meisterprüfung.

Auch in etablierten Marktwirtschaften greifen KMU-Unternehmer zu typischen, größenspezifischen Finanzierungsstrategien (z.B. Eigenfinanzierung, traditionelle Fremdfinanzierung über Kredite), ohne dass diese jedoch eine kurzfristige, im Umfeld angelegte Mentalität, grundlegend fehlendes institutionelles Vertrauen oder grundlegende Probleme beim Zugang zu finanziellen Ressourcen reflektieren würden. Die vielfach beanstandete Risikoaversion der Unternehmer und Kapitalgeber in Deutschland ist Ergebnis einer im Laufe der Industrialisierung entstandenen Finanzierungskultur. Risikoaversion und Kontrollverhalten der Unternehmer erklären Strategien wie die Finanzierung eines Markteintritts über einen Großauftrag und den allmählichen Aufbau eines Unternehmens sowie den KMU-typischen Einsatz von

Eigenmitteln anstelle der Aufnahme von Krediten oder Beteiligungskapital (Abschnitt 3.1 im zweiten Kapitel). Bei Unternehmerinnen und ausländischen Unternehmern treten ablehnende – zumindest subjektiv so empfundene – Haltungen externer Kapitalgeber hinzu und verstärken aufgrund eines eingeschränkten Zuganges zu Fremdkapital Eigenfinanzierungsstrategien. Diese schränken die knappen Ressourcen nochmals ein und können die langfristige Unternehmensentwicklung nachteilig beeinflussen. Zugleich begünstigen Elemente des externen Umfeldes, insbesondere das dichte Netz an Intermediären, bereits bei der Unternehmensgründung den Einsatz ex ante entwickelter Strategien (Abschnitt 3.2 im zweiten Kapitel). Gleichzeitig entwickeln sich aus der anfangs einfachen und standardisierten Herangehensweise im Zeitverlauf komplexere – dem Unternehmen angepasste – Strategien (Emergenzphänomen).

Damit soll nicht verkannt werden, dass auch in Deutschland KMU eher reagieren als agieren und oftmals situativ Chancen ergreifen anstatt ex ante zu planen. Auf Letzteres deutet allein schon die weit verbreitete Markteintrittsstrategie über einen Großauftrag hin. Die Komplexität des Umfeldes in einer etablierten Marktwirtschaft, die sich vor allem durch ein langjährig gewachsenes System von Organisationen, Abläufen, Normen und Werthaltungen bedingt, beeinflusst jedoch in diesem Zusammenhang selbst bei situativem und spontanem Handeln den Einsatz externer „Hilfsmittel" (Fachbücher, Berater), da der Informationsbedarf zur Vorbereitung von Entscheidungen zunimmt[2].

In etablierten Marktwirtschaften zeigt sich auch die Bedeutung des makroökonomischen und soziokulturellen Umfeldes für die Ausbildung bestimmter Strategiemuster (Abschnitte 3.3, 3.4 im zweiten Kapitel). So begünstigen in Deutschland weniger soziokulturelle Prägungen den seit kurzem zu beobachtenden Trend zu kooperativen Arrangements und Netzwerkstrategien in KMU als die organisatorischen Veränderungen im Gefolge des wirtschaftlichen Strukturwandels. In Verbindung mit der wachsenden Bedeutung von Mikrounternehmen gewinnen Faktoren des familiären Umfeldes an Bedeutung für die Strategiegenese und resultieren in Integrations- und Separationsstrategien von Unternehmen und Haushalt bzw. Familie. Ein prägendes kulturelles Charakteristikum in Deutschland sind die soziokulturellen Einflüsse des Erwerbsmilieus (Abschnitt 3.4 im zweiten Kapitel). Diese vermögen in Verbindung mit personengebundenen Faktoren und der individuellen Wahrnehmung die aktive Strategiegestaltung zu beeinflussen und resultieren idealtypisch in einer eher reaktiven „familienorientierten" oder eher proaktiv „geschäftsorientierten" Ausrichtung des Strategieverhaltens.

---

2 Vgl. den Überblick zu entsprechenden Studien der Entscheidungsforschung bei Rajagopalan et al. (1993: 358).

Handlungsorientierungen von KMU, z.B. Wachstumsziele, werden neben dem wirtschaftlichen Umfeld (Sektor, Märkte) beeinflusst durch personengebundene Faktoren (Geschlecht, Ausbildung) und verändern sich in einem adaptiven Prozess der Anpassung an das Umfeld. Dabei zeichnet sich – im Unterschied zu Transformationsländern, in denen externen „Schocks" eine größere Bedeutung beim Übergang zur aktiven Gestaltung zukommt – eine Strategiegenese mit „sanfteren" Übergängen ab, in deren Verlauf sich aber ebenso aus anfänglich einfachen standardisierten Handlungen komplexere Strategien entwickeln (können).

## 2. Strategien und externe Einflüsse

### 2.1 Strategien und das soziokulturelle Umfeld

Die Strategiemuster der KMU in beiden Ländertypen reflektieren individuelle Reaktionen auf genuin verschiedene sozioökonomische Umfelder und Entwicklungspfade, verweisen somit zurück auf die spezifischen Faktoren des Umfeldes. Deren Bedeutung für die Strategiegenese wandelt sich im Zeitverlauf – beispielsweise mit zunehmender Funktionsfähigkeit des ordnungspolitischen Umfeldes, sodass die Strategiemuster darüber die Pfadabhängigkeit der unternehmensindividuellen Strategiegenese widerspiegeln.

Die zu beobachtenden typischen Strategien der Akteure in den beiden Ländertypen sind jeweils unterschiedlich strukturierten strategischen Optionsfeldern – im Sinne von „üblichen" Handlungsmustern und -feldern – zuzuordnen. Diese Optionsfelder sind bereits im Umfeld selbst angelegt und werden durch die Elemente der Kultur – Interpretationsmodelle der Realität, Werte, Einstellungen – gemeinsam mit den spezifischen ordnungspolitischen Rahmenbedingungen, branchenspezifischen und gesamtwirtschaftlichen Faktoren geprägt (Friedrich 2000: 2ff.). Kulturelle, wirtschaftliche und politische Einflüsse wirken dabei mehr als Rückkoppelungseinflüsse bei der Strategiegenese, als dass sie Strategiemuster gänzlich determinieren.

In diesem Zusammenhang bildet Vertrauen eine wesentliche Grundlage unternehmerischer Handlungsspielräume. Damit sich über persönliches Vertrauen hinaus auch institutionelles Vertrauen bilden kann, muss das politische System sicherstellen, dass Vertrauens- bzw. Rechtsbrüche sanktioniert werden, folglich ein Mindestmaß an zivilgesellschaftlichen Normen allgemein anerkannt und respektiert wird. Eine Zivilgesellschaft ist „(...) geprägt von vielfältiger, gleichberechtigter Interaktion der Gesellschaftsmitglieder, informell und in zahlreichen Vereinigungen zur Verfolgung gemeinsamer Interessen, (...) gekennzeichnet durch auf diese Strukturen aufbauende Normen der grundsätzlichen Solidarität der Gesellschaftsmitglieder untereinander, durch Toleranz gegenüber Unterschieden, auch der Interessen, und, als Resultat, durch relativ großes und interpersonelles und institutionelles Vertrauen" (Panther 1998: 245).

Die Institutionen des Marktes können also nur dann funktionieren, wenn die Marktteilnehmer ein Mindestmaß an Vertrauen in die Verlässlichkeit getroffener Arrangements, die Redlichkeit ihrer Geschäftspartner und in die Sanktionierbarkeit von Regelverstößen entwickeln. Vertrauen, in diesem Zusammenhang insbesondere institutionelles Vertrauen, ist somit eine wesentliche Voraussetzung dafür, dass sich Menschen zu unternehmerischem Handeln in gesellschaftlich verfassten Unternehmensformen bereit finden[3]. Auch die Bereitschaft der Einzelnen, sich im Wirtschaftsleben auf kooperative Arrangements einzulassen, wird maßgeblich durch gesellschaftlich vorherrschende und überlieferte Muster des Sozialverhaltens, insbesondere Vertrauen und Misstrauen, sowie die vorherrschenden sozialen Beziehungsmuster beeinflusst.

Die in Abschnitt 2.4 im zweiten Kapitel dargelegte weitgehende Übereinstimmung der Gründungsmotivation in Transformationsländern und etablierten Marktwirtschaften kann vor diesem Hintergrund als vorsichtiges Indiz dafür gewertet werden, dass heutige Unternehmer in Osteuropa durch die Planwirtschaft zumindest in dieser Hinsicht keine wesentlichen mentalen Prägungen erfahren haben. Die Unterdrückung der unternehmerischen Eigeninitiative in der sowjetischen Zeit bzw. ihre Umlenkung in unternehmerische Aktivitäten in der zweiten Wirtschaft hatte somit keinen langanhaltenden Einfluss. Diese Entsprechung der Gründungsmotivationen deutet eher darauf hin, dass bei veränderten Rahmenbedingungen neue Möglichkeiten genutzt werden und sich unternehmerische Strategien als Adaption an die neuen Strukturen entwickeln. Es sei an dieser Stelle darauf hingewiesen, dass diese Aussage gleichermaßen für das heutige „kriminelle Unternehmertum" in Transformationsländern gilt, in dem sich sowohl die Rechtsunsicherheit während der Transformation als auch (im Sinne mentaler Prägungen) – in der Sowjetzeit geduldete Verhaltensweisen am kriminellen Rand (z.B. die nicht genehmigte Verwendung staatlicher Materialien und Ausrüstungen und das gebilligte Stehlen am Arbeitsplatz (Los 1992: 118)) widerspiegeln[4].

Dabei unterliegen Normen, Werte und Orientierungen wechselseitigen Einflüssen, entwickeln sich aber nicht notwendig synchron. Kulturelle Veränderungen, in der Terminologie der Institutionenökonomik die Modifikationen der informellen Institutionen, vollziehen sich gemeinhin in längeren Zeiträumen, während dagegen formale politische und wirtschaftliche Veränderungen in kurzfristiger Zeitperspektive zu realisieren sind (North 1995: 234). Funktionale Aspekte – z.B. rechtliche Vorschriften, technische Entwicklungen – do-

---

3 Vgl. Kahle (1999), für eine länderspezifische Betrachtung Fukuyama (1996: 61ff.).

4 Vgl. zu diesem Phänomen u.a. Gustafson (1999), Volkov (1999: 744ff.).

minieren deshalb auf den ersten Blick die wirtschaftlichen Handlungsmuster von KMU. Von Bedeutung für die „Stärke" kultureller Einflüsse ist hier, inwieweit die Unternehmer die politischen und wirtschaftlichen Rahmenbedingungen als übergeordnete Instanzen akzeptieren, sodass diese tradierte und gewohnte Verhaltensweisen überlagern. Mummert spricht hier von der „Legitimität der formellen Institutionen" (Mummert 2000: 63). In diesem Sinne übt Kultur auf betriebliche Handlungsmuster über den Rückgriff der Unternehmer auf gesellschaftlich akzeptierte Verhaltensweisen einen modifizierenden Einfluss aus und trägt zur Anpassung von Handlungsmustern an das jeweilige Umfeld bei.

Vor diesem Hintergrund sind in Transformationsländern die vielfach eingesetzten Beziehungen in der Strategiegenese von KMU als Ausfluss einer bestimmten Sozialisation während der Planwirtschaft und damit einhergehenden verinnerlichten Erfahrungen zu sehen: Ihre Bedeutung für die Strategiegenese in der Transformationsphase ist Phänomen einer unternehmerisch rationalen Anpassung an Situationen, in denen das grundlegende Vertrauen in den Staat als auch das unternehmerische Umfeld nicht gegeben sind (Rose-Ackerman 2001).

Die auf Beziehungen basierenden Netzwerkstrategien der KMU in Transformationsländern sind aber mit den kooperativen Arrangements von KMU in etablierten Marktwirtschaften im Allgemeinen nicht vergleichbar. Letztere sind Ergebnis struktureller Wandlungsprozesse – auf der Ebene der Wirtschaftssektoren, der Organisationsformen und der Technologie – und nicht Ausdruck mangelnden Vertrauens der Unternehmer in ihr Umfeld. Kulturelle Einflüsse der Strategiemuster spiegeln sich hier eher in den besprochenen Erwerbsmilieus wider, die Strategieverläufe in KMU beeinflussen können.

### 2.2 Strategien, Politik und Wirtschaft

Generell kommt politischen bzw. rechtlichen Faktoren, welche die Handlungs-, Eigentums- und Verfügungsrechte des Einzelnen festlegen, eine Schlüsselbedeutung für das unternehmerische Handeln von KMU zu. Ordnungspolitische bzw. rechtliche Faktoren prägen die vorherrschenden Handlungsmuster bzw. Strategien vor allem dadurch, dass sie grundlegende unternehmerische Handlungsspielräume bestimmen. Rechtliche Rahmenbedingungen regeln Markteintritt und -austritt sowie vertragliche Beziehungen respektive Sanktionsmöglichkeiten der Wirtschaftssubjekte untereinander. Im Gesellschaftsrecht werden beispielsweise die Voraussetzungen zur Aufnahme privater Wirtschaftstätigkeiten sowie mögliche Rechtsformen für Unternehmen festgelegt. Das Vertragsrecht steckt den Rahmen für betriebliche Transaktionen ab und regelt darüber die Ausübung privater Wirtschaftsaktivitäten, die Konkursgesetzgebung ermöglicht den Marktaustritt.

Die in den Transformationsgesellschaften vielfach auftretende Politisierung des Wirtschaftslebens[5] hat dabei enormen Einfluss auf das strategische Verhalten von KMU. Auch wirtschaftlicher Wettbewerb bedingt Strategienpluralismus. So setzen sich nicht notwendigerweise immer die effizientesten Strategien und organisatorischen Lösungen durch. Der Selektionsmechanismus des Wettbewerbs resultiert im Ausscheiden ineffizienter Lösungen, wobei in der Regel mehrere relativ effiziente Strategien und organisatorische Lösungen „überleben". Das bestätigt bereits der empirische Blick auf die Vielfalt des KMU-Sektors, dessen Spektrum von technologieorientierten Unternehmen über Handwerksbetriebe jeglicher Größe und Rechtsform bis hin zum in den Haushalt eingebundenen Ein-Personen-Unternehmen reicht.

In den osteuropäischen Ländern wird die Funktionsfähigkeit des Wettbewerbs noch häufig durch die elementare Unsicherheit im Wirtschaftsleben und eine mangelnde Rechtsstaatlichkeit beeinträchtigt, die prinzipiell zu volkswirtschaftlich und langfristig auch betriebswirtschaftlich ineffizienten Abschirmungs- und Präventivstrategien der Unternehmen führen. Verstärkt werden derartige strategische Muster durch unzureichende finanzielle Systeme. Unternehmerische Strategien, die auf Unternehmensentwicklung und Expansion, Erschließung neuer Märkte und technologische Innovationen gerichtet sind, werden durch ein solches Umfeld diskriminiert. Es entwickelt sich ein unternehmerisches Verhalten, das im Sinne der im zweiten Kapitel angesprochenen kurzfristigen Rationalität auf die Lösung „alltäglicher" betrieblicher Schwierigkeiten und die Bewältigung eines unsicheren Umfeldes ausgerichtet ist, da das Umfeld keine gesicherte Option auf eine langfristige Unternehmensentwicklung bietet[6].

In den etablierten Marktwirtschaften, in denen der Ordnungsrahmen der Wettbewerbswirtschaft gefestigt ist, sind elementare Verunsicherungen der KMU von der oben diskutierten Art (Absenz rechtsstaatlicher Prozedere) auszuschließen. Hier ist allerdings unter Umständen mit bürokratischen Verkrustungen, staatlichen Behinderungen unternehmerischen Tuns auf einer „operativen Ebene", hohen steuerlichen Belastungen u.Ä. zu rechnen. Seitens der Unternehmer fehlt oft die Einsicht in marktwirtschaftliche Prozesse und staatliches Handeln. Strategiemuster von KMU bestimmen sich in diesen Umfeldern über die Vertrautheit der Unternehmer mit dem gesamten System sowie über die komplexen Strukturen, die – z.B. bei Wachstumsprozessen – eine umfangreiche Entscheidungsfindung erfordern. So erklärt sich die (anfängli-

---

5 Dazu z.B. generell die Artikel in Höhmann (1999) zur Rolle des Staates in der Wirtschaftstransformation osteuropäischer Länder, speziell zu Russland u.a. Blasi, Kroumova, Kruse (1997) mit ihrer detaillierten Analyse russischer Privatisierungsprozesse, Gustafson (1999: insbesondere 77ff.) zum russischen Bankensystem, Schröder (2000) zu den russischen „Oligarchen".

6 Vgl. Blankenagel (2000: 116f.) sowie Rosenbaum (1999: 24). Speziell zu Russland u.a. Charap, Webster (1993: 311) und Tschepurenko (2001).

che) Nutzung vorgefertigter Standardstrategien damit, dass das ordnungspolitische System in seinen Grundzügen seit langem funktioniert und sich allenfalls in Kleinigkeiten ändert, während der häufige Einsatz von externen Beratern in der Strategiegenese die gleichfalls zunehmende Ausdifferenzierung rechtlicher Regeln und Vorschriften reflektiert.

Strategiemuster in KMU werden allerdings nicht nur durch das Umfeld beeinflusst, sondern wirken im Sinne des in Abschnitt 4.2.3 im ersten Kapitel skizzierten Selbstreferenzprinzips auch aktiv auf dieses zurück. Aus der Sicht des einzelnen Unternehmens sind insbesondere die Rückwirkungen auf das jeweilige Mikromilieu prägender Natur. Aus der Sicht aller Unternehmen prägen die Unternehmensstrategien ebenso das sozioökonomische Umfeld, wie sie durch dieses beeinflusst werden. Praktisches unternehmerisches Verhalten wirkt somit auch auf Rahmenbedingungen und Kultur ein, wobei dieser Einfluss allerdings eher langfristiger und modifizierender Natur ist, wie mit Blick auf Transformationsländer die erst allmählich sich abzeichnenden Veränderungen der Einstellungen von Politik und Bevölkerung zu Privatunternehmern verdeutlichen.

## 3. Grundlinien der Strategiegenese in KMU

### 3.1 Strategiegenese in KMU: Präformuliert, erlernt, emergent

Prinzipiell verfügen KMU – wie die im zweiten Kapitel skizzierten Beispiele aus Unternehmensfallstudien exemplarisch zeigen – immer auch über eine gewisse Menge an beabsichtigten Strategien. Wirtschaftliche Handlungen von KMU sind somit zumindest partiell Ergebnis eines adaptiven und darüber bewussten strategischen Verhaltens, im Sinne von vorher geplanten bzw. ex ante vorstrukturierten Strategien. KMU-Unternehmer und Unternehmensgründer lassen sich in ihren Entscheidungen aber nicht ausschließlich von diesen präformulierten Strategien leiten, sondern ebenso von relativ stabilen Verhaltensmustern, die sie sich im Zuge von durch „trial-and-error" vermittelten Lernprozessen über Rückkoppelungen[7] angeeignet haben. Handlungen von KMU sind damit gleichermaßen Ausdruck eines scheinbar spontanen und selbstorganisierenden Verhaltens im Sinne unbewusst verfolgter – sich selbstorganisierender – Handlungsmuster, die bei der Erklärung wirtschaftlicher Verhaltensweisen im Allgemeinen eine größere Rolle spielen als rational geplante, beabsichtigte Strategien. Generell bestimmen individuelle Lernprozesse, insbesondere des Unternehmers, die Strategieverläufe in KMU. Dabei werden diese individuellen Lernprozesse, die zur Entstehung der beobachtba-

[7] Zum Lernen als komplexen und selbstorganisierenden Prozess vgl. Mainzer (1997: 131ff., 2000).

ren, relativ verfestigten Handlungsmuster führen, stark durch das kulturelle Umfeld beeinflusst – über die Sozialisation des handelnden Individuums sowie die angebotenen Realitäts- und Rollenmodelle (Rosenbaum 2000: insbesondere 87f.), aber niemals im strikten Sinne durch dieses determiniert.

Unternehmensstrategien und Unternehmen entwickeln sich dabei in einem ständigen „Dialog“ zwischen Umfeld und System und in der Binnenstruktur des Unternehmens zwischen den Akteuren des Systems. Die Akteure, insbesondere die Unternehmer, spielen in diesem Prozess eine aktive, gestaltende Rolle, sind also nicht nur passive „Opfer“ von Umwelteinflüssen. Bei der Strategieentwicklung befinden sich die Unternehmensakteure zwar in einem ständigen Dialog mit der Umwelt, nehmen diese aber stets auch selektiv wahr und reagieren primär auf eigene, betriebsinterne Abläufe und Ereignisse. Die Unternehmung präsentiert sich damit eher als operativ geschlossenes, aber materiell und informationell offenes System (Luhmann 1998: 93f.). Die Anpassungsleistungen der Unternehmer bestehen daher aus Sicht der beteiligten Akteure in erster Linie in der Bereinigung systeminterner Probleme, die ihrerseits aber durchaus schon Ausfluss einer mangelnden Anpassung an geänderte Umweltbedingungen sein können, und erst in zweiter Linie in der Anpassung der Unternehmung an Umweltveränderungen.

Grundsätzlich unterliegt das zur Verfügung stehende Repertoire strategischer Optionen dabei nicht reglementierenden Eingriffen des Staates, zuweilen sind jedoch auch begrenzende staatliche Eingriffe festzustellen und vielfach widrige Rahmensetzungen. Die Marktdynamik basiert wesentlich auf der Tatsache, dass unternehmerisches Handeln zu unkonventionellen Lösungen führt und einige unternehmerisch besonders begabte Individuen sich für Strategien „höherer Qualität“ entscheiden und diese im Wettbewerbsprozess mit Erfolg umsetzen. In einfacheren Strategien sind damit Entwicklungsmöglichkeiten zu komplexeren Strategien bereits angelegt. Diese werden allerdings in der Regel nur von einem relativ kleinen Teil der klein- und mittelbetrieblichen Akteure genutzt, und zwar von den schnell wachsenden und sich zu komplexen Unternehmensorganisationen entwickelnden Unternehmen[8].

Komplexere Aufgabenstellungen legen stärker ausdifferenzierte Strategien nahe. Dieser Sachverhalt spiegelt sich beispielsweise in Deutschland im Einsatz standardisierter Strategiemuster in Gründungsunternehmen wider sowie im Übergang zu maßgeschneiderten Unternehmenslösungen in späteren Phasen der Unternehmensentwicklung. Für innovative Pionierunternehmen, die in neuen Marktfeldern operieren bzw. solche erschließen, sind allerdings die Wegweisungen der standardisierten Strategiemuster keine geeignete Orientierung. In den osteuropäischen Ländern findet die zunehmende Bedeutung

---

8 Schätzungen gehen davon aus, dass zwischen 5 und 20 vH aller KMU dieser Gruppe zuzurechnen sind. Vgl. u.a. Storey (1994: 157) und Lageman u.a. (1999: 108).

ausdifferenzierter Strategien ihren Niederschlag im generellen Übergang vom einfachen Reagieren auf Impulse aus der Unternehmensumwelt zur aktiveren und antizipierenden Gestaltung der Unternehmensentwicklung. Zwischen der Art der strategischen Lösungen der Unternehmung und der Komplexität der zu lösenden Aufgabe besteht somit eine enge Affinität. Für die jeweils anstehenden Aufgaben sind jedoch jeweils sehr unterschiedliche komplexe strategische und organisatorische Lösungsmodelle denkbar; es ist also nicht von der Existenz „einer einzigen richtigen Lösung“ auszugehen. Größenvorteile in Produktion, Beschaffung und Distribution können beispielsweise ebenso durch die in etablierten Marktwirtschaften an Bedeutung gewinnenden kooperativen Arrangements miteinander verbundener KMU wie durch Großunternehmensformen genutzt werden.

Individuelle Lernprozesse zeigen sich somit in den Handlungsmustern von KMU-Unternehmern in Ländern im Übergang zur Marktwirtschaft wie in etablierten Marktwirtschaften dort, wo sich aus einfachen Reaktionen allmählich komplexere Muster zur Anpassung an die Umwelt und Bewältigung der wahrgenommenen politischen wie wirtschaftlichen Komplexität ergeben. In diesem Verständnis kann bei der Strategiegenese in KMU von emergenten Verläufen gesprochen werden, bei denen etwas Neues – nämlich ausdifferenziertere Strategien – entsteht.

### 3.2 Strategieverläufe in KMU: Ein Typisierungsversuch

Die Realisierung dieser Emergenzoption ist dabei von spezifischen Sets von Milieufaktoren, branchenstrukturellen Gegebenheiten, persönlichen Dispositionen und Erfahrungen sowie betrieblichen Faktoren abhängig. Die Strategiebildung ist somit durch Pfadabhängigkeiten geprägt, die das bisherige und jetzige Unternehmensumfeld, frühere Erfahrungen und unternehmerische wie betriebswirtschaftliche Kenntnisse des Unternehmers sowie bisherige Entscheidungen und Handlungen mit ihren Ergebnissen reflektieren. Das impliziert, dass einmal gewählte Lösungen nur infrage gestellt werden, wenn die Existenz des Unternehmens bedroht ist oder wenn die Vorteile alternativer Lösungen unabweisbar sind. Grundsätzlich werden bei der Strategiegenese anfänglich bewusst gewählte bzw. sich situativ ergebende Handlungsmuster bei positiver Bestätigung aus dem Unternehmensumfeld beibehalten und verfestigen sich im Zeitablauf; Strategiegenese beinhaltet somit auch ein Routinen schaffendes und verbreitendes Element.

Dabei lassen sich die Handlungsweisen von KMU, die im zweiten Kapitel beispielhaft aufgezeigt wurden, einem Kontinuum reagierender bis agierender Strategiegenese zuordnen (auch Übersicht 12 und 13), das sich durch die idealtypischen Strategieverläufe „Durchwursteln“ bzw. Improvisation und

Gestaltung abbilden lässt[9]. Diese Typologien liefern eine Grundlage, die Strategiegenese in KMU zu analysieren, sind aber keinesfalls als vollständig zu verstehen.

„Durchwursteln" und Improvisation bilden den reagierenden Pol möglicher Strategieverläufe ab. „*Durchwursteln*" bezeichnet ein reagierendes Handeln, das einzig auf die Bewältigung der vorliegenden Situation ausgerichtet ist und deshalb durch im Sinne der Entscheidungsforschung unvollständige Entscheidungsprozesse gekennzeichnet ist. Lindblom, der den Begriff 1959 einführte, beschreibt das entsprechende Entscheidungsverhalten als eine sukzessive Methode begrenzter Vergleiche, wobei Entscheiden und Handeln nicht voneinander zu trennen sind (Lindblom 1959: 81). In entscheidungstheoretischer Betrachtung verbergen sich dabei hinter dem „Durchwursteln" grundsätzlich beharrende Verhaltensweisen. Fließend ist der Übergang zur Improvisation. Die Kategorie *Improvisation* oder auch *Bricolage*[10] kennzeichnet zwar auch einen eher reagierenden Verlauf der Strategiegenese in KMU (Baker et al. 2001). Sie geht aber über ein „Durchwursteln" insofern hinaus, als mit der Improvisation zwar spontane Aktionen verbunden werden, aber auch – aus der Jazzmusik belegt – kreativ re-agierendes und mithin zukunftsorientiertes Handeln, während dem Begriff des „Durchwurstelns" die negativ besetzte Komponente des rein reagierenden Handelns im Sinne einer akuten Problembehebung anhängt. Im Gegensatz zum „Durchwursteln" unterliegt der Improvisation somit eine perspektivische Sichtweise des Reagierens.

Improvisation bezeichnet spontane Aktionen, die ohne vorherige Pläne auf vorhandenen Ressourcen jeglicher Art – kognitiv, affektiv, sozial, materiell – aufbauen (Crossan 1998: 595). Bei der Improvisation üben externe Faktoren entscheidenden Einfluss auf die Strategiegenese aus. Negative Impulse aus dem Unternehmensumfeld werden allerdings erst nach deren Eintreten aufzufangen versucht, wobei sich neue Handlungsmuster in einem wiederholten Prozess von Versuch und Irrtum – mithin in einem selbstorganisierenden Verlauf – entwickeln. Die Notwendigkeit zur erneuten Improvisation ergibt sich dabei durch das Erfordernis raschen Reagierens auf geänderte Rahmenbedingungen.

Der mit dem reagierenden Strategieverlauf einhergehende Unternehmertyp lässt sich näherungsweise als aktions- bzw. handlungsbetont beschreiben. Er

---

9 In Anlehnung an die Einteilung in reaktive, aktive und proaktive Strategien bei OECD (1995: 21), die allerdings lediglich auf der Berücksichtigung des wirtschaftlichen Umfelds beruht und kulturelle Einflüsse nicht beachtet.

10 Improvisation und Bricolage werden hier gleichbedeutend benutzt. Das Konzept der Bricolage geht auf den Soziologen Levi-Strauss zurück, der damit die Kunst bezeichnete, mit vorhandenen Materialien etwas Neues herzustellen, siehe dazu Barrett (1998: 615). Zur Diskussion um Improvisation und Bricolage vgl. z.B. Lehner (1999), Pina e Cunha, Vieira da Cunha, Kamoche (1999).

würde im Rückgriff auf die von der STRATOS-Gruppe erstellte wertebasierte Unternehmertypologie mit dem improvisierenden Strategieverlauf sowohl Merkmale des Allrounders, der universell sowohl im ausführenden wie im schöpferischen Bereich stark ist, wie des Pioniers als kreativem Unternehmer enthalten, mit dem „durchwurstelnden" Strategieverhalten aber auch Charakteristika des Routiniers als dem klassischen risikoscheuen Unternehmer beinhalten (Fröhlich, Pichler 1988: 59ff.). Dieser Strategieverlauf charakterisiert die Realität des strategischen Verhaltens in der Mehrzahl der KMU.

Interessant ist in diesem Zusammenhang ein näherer Blick auf betriebliche und externe Konstellationen, denen sich „durchwurstelnde" und improvisierende Strategieverläufe in idealtypischer Betrachtung und unter Vernachlässigung der komplexen Interdependenzen zuordnen lassen:

- Ein reagierender Strategiestil hängt auch vom Unternehmensziel ab und findet sich häufig in Unternehmen, die nicht wachstumsorientiert sind[11]. Mit Blick auf die Phase der Unternehmensentwicklung und -größe findet sich diese Art der Strategiegenese eher in jüngeren und kleineren KMU. In jüngeren KMU ist das auf fehlende Kenntnisse und Erfahrungen zurückzuführen, während in kleineren KMU deren „Kleinheit", die in der Regel Hand in Hand mit informellen Entscheidungsstrukturen geht, ein Hindernis für eine strukturierte Entscheidungsvorbereitung und Strategiegenese sein kann.
- Mit Blick auf das externe Umfeld reagieren eher KMU in „neuen" sowie in unsicheren und turbulenten Umfeldern (Barrett 1998: 617). Das bezieht sich sowohl auf das politische und wirtschaftliche Umfeld – beispielsweise in Transformationsländern –, aber auch auf sektorale Umfelder – beispielsweise junge Branchen. In neuen Umfeldern fehlen die grundlegenden strategischen Optionsfelder bzw. befinden sich im Aufbau. Deshalb müssen adäquate Strategiemuster erst noch im Versuch und Irrtum erprobt und erlernt werden und komplexere und gestaltendere Muster bilden sich erst allmählich heraus. In unsicheren und turbulenten Umfeldern sind dagegen rasche Entscheidungen und Handlungen gefordert.

Bei einer auf *Gestaltung* basierenden Strategieoption sucht der Unternehmer auch unabhängig vom Umfeld aktiver nach Möglichkeiten, die einmal eingesetzte Strategie zu verbessern und weiterzuentwickeln. Externe Veränderungen können den Anstoß zu agierendem Verhalten geben, sind allerdings nicht entscheidend für die Strategiegenese. Rückkoppelungen aus dem Umfeld auf bisherige Strategien werden dagegen vom Unternehmer dazu genutzt, seine Handlungsmuster zu überprüfen. Dabei kommen auch intuitive Methoden zum Einsatz, sodass diese Überprüfung nicht notwendigerweise als extern erkennbarer formaler Prozess abläuft, sondern eher im Sinne des in Ab-

---

11 So auch Baker et al. (2001) für ihre Untersuchung amerikanischer Neugründungen.

schnitt 1.2 im ersten Kapitel besprochenen strategischen Bewusstseins der KMU-Unternehmer (Gibb, Scott 1985: 617ff.). Unternehmer mit einer gestaltenden Strategiegenese sind eher reflektionsorientiert, entsprächen mit ihrem strategischen Verhalten in der Terminologie der STRATOS-Gruppe sowohl dem Allrounder, dem Routinier als auch dem Organisator, dessen Stärken im administrativ-ausführenden Bereich liegen (Pichler et al. 1996: 33).

Auch für den gestaltenden Strategieverlauf lassen sich aus der Beschreibung im zweiten Kapitel idealtypische Konstellationen betrieblicher und externer Faktoren ableiten:

- Nicht überraschend hängen Wachstumsziele des KMU-Unternehmers und eine entsprechend gestaltete Strategiegenese zusammen. Zugleich finden sich gestaltende Elemente eher in älteren Unternehmen, die im Zeitverlauf ein Repertoire entsprechender Strategien aufgebaut haben, sowie in größeren KMU, deren Größe diese Art der Strategiegenese erfordert und deren formellere Entscheidungsstrukturen eine umfassendere Informationssuche hinsichtlich strategischer Alternativen ermöglichen.
- Eine gestaltete Strategiegenese findet sich zudem eher in komplexen Umfeldern – wie beispielsweise in reiferen Märkten oder Branchen, in späteren Phasen des Transformationsprozesses oder in etablierten Marktwirtschaften mit einem gewachsenen ordnungspolitischen System. Damit einher geht die Tatsache, dass in diesen Umfeldern auch in bestimmten Situationen – Unternehmensgründung und -übernahme – eher gestaltete Strategieelemente des Markteintritts den Vorrang vor nur reagierenden Strategien haben.

Auf den ersten Blick lässt die empirische Betrachtung im zweiten Kapitel den Schluss zu, dass die Strategiegenese in den meisten KMU sowohl in Ländern im Übergang zur Marktwirtschaft als auch in etablierten Marktwirtschaften in der Regel reagierend verläuft, damit „durchwurstelnd" und/oder improvisierend. Nur wenige KMU verfolgen einen überwiegend agierenden und antizipierten Strategieverlauf. Hinsichtlich der skizzierten idealtypischen Strategieverläufe ist jedoch davon auszugehen, dass in der Mehrzahl der KMU Mischtypen der Strategiegenese üblich sind, die mit den skizzierten empirischen Querschnittserhebungen nur unzureichend erfasst werden konnten. So wechseln sich während der Unternehmensentwicklung – wie in einigen der im zweiten Kapitel geschilderten Beispielen sichtbar – reagierende und agierende Phasen ab bzw. kann im Zeitablauf ein Übergang zu aktiverer Strategiegestaltung eintreten.

Mit Blick auf Strategieverläufe ist zudem klar erkennbar, dass in etablierten Marktwirtschaften die „Strategieladung" unternehmerischen Handelns, die sich im Übergang von normierten Strategien zu ausdifferenzierten Strategien reflektiert, aufgrund der Komplexität des Umfeldes – der Regelungsdichte –

höher ist und bereits in frühen Unternehmensphasen den Übergang vom „durchwurstelnden" zum gestaltenden Verhalten bedingt. In Transformationsländern dagegen „belohnt" die Komplexität des Transformationsprozesses mit seiner Vielfalt an ineinander verwobenen und sich aufeinander beziehenden Reformschritten eher „durchwurstelndes" Verhalten. Gestaltendes strategisches Verhalten wird indessen häufig sanktioniert.

Auslösende Momente einer aktiveren Strategiegenese sind generell Situationen, in denen das bisherige bekannte Instrumentarium an betrieblichen und unternehmerischen Handlungsmustern nicht mehr ausreicht. Dabei erfolgt der Wechsel zu agierendem Verhalten entweder inkremental und lässt sich als allmählicher Lernprozess des Unternehmers charakterisieren oder abrupt über betriebsinterne und -externe krisenhafte Impulse. Koch et al. sprechen in diesem Zusammenhang von Irritationen, die als Diskrepanzerlebnisse einen Anlass zur „Klärung" – in diesem Fall für den Übergang zu neuen und aktiv gebildeten Handlungsmustern – bieten (Koch et al. 2000: 47). Das Spektrum dieser Schlüsselereignisse kann allerdings nur ansatzweise anhand der im zweiten Kapitel skizzierten Erhebungen und Fallstudien abgesteckt werden, da hier kognitive Elemente – nämlich individuell differierende Wahrnehmungen der Unternehmenssituation – die wichtigste Rolle spielen. Mögliche Auslöser aktiverer Strategiegestaltung lassen sich auf Basis der Betrachtungen im zweiten Kapitel folgenden internen und externen Konstellationen zuordnen[12]:

- Als internes Schlüsselereignis ist die bereits angesprochene grundlegende unternehmerische Orientierung zu nennen, die mit Blick auf das Unternehmenswachstum den Einsatz gestalteter (antizipierender) Strategien voraussetzt. Hier erfolgt der Übergang vom Improvisieren zum Gestalten in der Regel bewusst.
- Externe Schlüsselereignisse sind in erster Linie wirtschaftlicher Natur – beispielsweise Konjunktureinbrüche –, oder es handelt sich um politische Ereignisse, die starke Auswirkungen auf die Volkswirtschaft und einzelne Unternehmen haben und z.B. zu Nachfragerückgängen und Liquiditätskrisen führen. In diesen Fällen lässt sich der Übergang zur gestaltenden Strategiegenese als selbstorganisierender und emergenter Prozess charakterisieren.

Grundsätzlich dürfte die jeweilige Schwelle, unterhalb derer keine Änderungen der betrieblichen Handlungsmuster für notwendig erachtet werden, neben den unternehmerischen Zielen stark vom Erfahrungshintergrund des Unternehmers abhängen. Zugleich ist zu beachten, dass besonders in unbekann-

12 So auch Pina e Cunha, Vieira da Cunha, Kamoche (1999), welche die auslösenden „Trigger" zudem noch bestimmten Kategorien (Komplexität, Chance, neue Vision, fehlerhafte Wahrnehmung) zuordnen.

ten Situationen, zu denen auch Unternehmenskrisen zählen, Unternehmer generell auf erlerntes und ihnen vertrautes Verhalten zurückgreifen. Die Schwellen für Verhaltensänderungen im Sinne einer Dissonanz mit dem Umfeld müssen also entsprechend hoch sein. Hier verweist die Konflikttheorie der Entscheidungsfindung auf den „Risikogehalt" einer Entscheidungssituation als auslösenden Faktor, der die Beibehaltung von Strategien oder deren (abrupten) Wechsel bedingt.

Als Faktoren, die eine aktive(re) Strategiegestaltung begünstigen, lassen sich in erster Linie personengebundene und kognitive Einflüsse identifizieren. Vorteilhaft für eine aktivere Strategiegenese bzw. den Übergang zu aktiverer Gestaltung sind unternehmerische Erfahrungen sowie eine generelle Aufgeschlossenheit gegenüber der Unternehmensumwelt und der Bedeutung von Veränderungen für den Entwicklungsprozess des Unternehmens. In Ländern im Übergang zur Marktwirtschaft kommt als wesentlicher externer Faktor, der eine aktivere Strategiegestaltung im Sinne einer Regelung des Ressourcenzuganges oftmals erst ermöglicht, das dichte Beziehungsgeflecht hinzu, das den Unternehmern das fehlende institutionelle Vertrauen ersetzt und die mangelhaften Rahmenbedingungen ausgleicht.

## 4. Theoretische Bezugspunkte und Strategien in KMU

Interessant ist schließlich der Rückblick auf die im ersten Kapitel diskutierten theoretischen Bezugspunkte vor dem Hintergrund der eigenen empirischen Studien. Grundsätzlich haben sich zur Erklärung von Strategien sowohl Theorien bewährt, die Strategiefindung als Ergebnis von begrenzt bzw. subjektiv rationalen Entscheidungen, Handlungen oder Wahrnehmungen verstehen, als auch theoretische Ansätze, die den Schwerpunkt auf strukturelle Faktoren legen, sowie die theoretischen Elemente komplexitäts- und systemwissenschaftlicher Ansätze. Hinsichtlich ihrer Aussagekraft muss allerdings unterschieden werden zwischen der theoretischen Erklärung von Strategiemustern und der Ableitung der Strategiegenese. Die empirisch basierte Analyse zeigt hinsichtlich der Strategiepraxis in KMU Folgendes:

- Mit Blick auf die beobachtbaren *Handlungsmuster* verfolgen KMU in der Regel kurzfristige Strategien auf operativer Ebene (Geschäftsstrategien), während auf die Gesamtentwicklung ausgerichtete Unternehmensstrategien allenfalls in Ansätzen erkennbar sind.
- Mit Blick auf die *Prozesse* der Strategiegenese entwickeln sich Strategien in KMU sowohl geplant bzw. gestaltet als auch emergent und selbstorganisierend.

*Handlungsmuster* in KMU lassen sich generell sowohl über verhaltensbezogene Theorien (Abschnitt 1 im ersten Kapitel) erklären als auch über Theorien, die den Schwerpunkt auf die Bedeutung verschiedener Aspekte des Umfeldes richten, mithin auf strukturelle Einflussfaktoren (Abschnitt 2 im ersten Kapitel). Im Sinne der in Abschnitt 1 im ersten Kapitel skizzierten Theorieansätze stellen sich die empirisch beobachtbaren Handlungsmuster von KMU zunächst einmal vorwiegend als Ergebnis begrenzt bzw. subjektiv rationalen Handelns und weniger als Resultat einer rational geplanten Entscheidungsfindung dar (2.5 und 3.5 im zweiten Kapitel). Bezugspunkte der rationalen Entscheidungstheorie erklären allenfalls die gestalteten Elemente der Strategien von KMU, aber selbst in diesen Fällen spielt wahrnehmungsgebundenes Handeln eine Rolle, wie viele der im zweiten Kapitel skizzierten Auszüge aus Fallstudien verdeutlichen, z.B. wenn der Markteintritt eher ungeplant aufgrund vermeintlich günstiger Chancen und nicht nach vorangegangenen umfangreichen Entscheidungsprozessen erfolgt. Handlungsmuster der Akteure – d.h. der Unternehmer – lassen sich in der Regel als wahrnehmungsgebundenes bzw. interpretatives Handeln beschreiben. Dieser Sichtweise verhaftete theoretische Ansätze – wie die aktionstheoretischen Konzepte mit ihrer Betonung von Handlungsrationalität (Brunsson 1982, 1985; Kettunen, Palojärvi 1996; Weick 1995) (1.2 im ersten Kapitel) – erlauben die Ableitung ungeplanten und – aus Sicht eines objektiven Beobachters – irrational erscheinenden unternehmerischen Handelns in KMU. Wichtige theoretische Erklärungsstränge bringen zudem die verhaltenswissenschaftlich geprägte Entscheidungstheorie und -forschung ein. Sie betonen die dem menschlichen Handeln häufig unterliegenden Entscheidungsdefekte, die kurzfristig orientiertes und reaktives strategisches Handeln erklären können.

Schwachstelle aller dieser verhaltensbezogenen theoretischen Überlegungen für den Untersuchungsgegenstand ist deren methodologischer Individualismus, die fast vollständige Konzentration auf das Individuum, während externe Faktoren weitgehend ausgeblendet bzw. allenfalls indirekt berücksichtigt werden, nämlich in ihrem Einfluss auf die Lebenswelt des Unternehmers bzw. auf den Risikogehalt einer Entscheidungssituation.

Externe bzw. strukturelle Einflüsse greifen Theorien auf, welche die Bedeutung struktureller Faktoren für Strategien (Abschnitt 2 im ersten Kapitel) betonen. Sie verdeutlichen über eine Zerlegung z.B. der Unternehmensumwelt in einzelne Bestandteile die Vielfalt dieser Einflüsse auf die beobachtbaren Handlungsmuster von KMU. Diese lassen sich beispielsweise unter Rückgriff auf das Konzept von Porter (Porter 1994, 1998a, 1998b) als Ergebnis bestimmter Marktstrukturen – z.B. neue Marktchancen – oder mit Hilfe ressourcenbasierter Ansätze[13] generell als Resultat einer bestimmten Ressourcenausstattung verstehen. In gleicher Weise erklärt das Konzept der sozialen Einbettung wirtschaftlichen Handelns (Granovetter 1985) z.B. irrational erscheinende

[13] Vgl. u.a. Penrose (1995) und die in Abschnitt 2.1.1 im ersten Kapitel zitierte Literatur.

Markteintritte, bei denen Finanz- und Humankapital fehlen, durch den Rückgriff auf soziale Ressourcen. Auch diese theoretischen Ansätze sind in ihrer Aussagekraft aber dadurch beschränkt, dass jeder Ansatz zwar externe bzw. strukturelle Einflüsse berücksichtigt, sich aber auf einen spezifischen Einflussfaktor – Wirtschaft oder soziale Milieus – konzentriert und zugleich einer relativ deterministischen Sichtweise verhaftet ist.

Eine umfassendere Erklärungsperspektive für Handlungsmuster in KMU bringen die der Institutionenökonomik zugehörigen Betrachtungen von North (North 1990; North 1995) ein, der die Rolle „kultureller" Faktoren betont, denen in weiter Abgrenzung politische, wirtschaftliche und gesellschaftliche Bedingungen zuzuordnen sind. Formelle Institutionen umfassen die ordnungspolitischen, rechtlichen und wirtschaftspolitischen Strukturen, während sich die informellen Institutionen auf das gesellschaftlich verankerten Regelwerk menschlichen Verhaltens beziehen. In dieser Betrachtungsweise erklären sich unternehmerische Handlungsmuster – ebenfalls in deterministischer und weitgehend statischer Betrachtung – sowohl als Reaktion der Unternehmer auf externe Rahmenbedingungen als auch im Rückgriff auf gesellschaftlich internalisierte (erlernte) Verhaltensweisen.

Damit sind die spezifischen Handlungsmuster in Transformationsländern (auch Übersicht 12) aus theoretischer Sicht als eine Reaktion auf unzureichende und konfligierende Institutionen zu erklären. Diese Handlungsmuster entstehen sowohl aus der unzureichenden Ausprägung jenes ordnungspolitischen Regelwerkes, das für eine Wettbewerbswirtschaft unabdingbar ist, z.B. das Finanzsystem oder rechtliche Regelungen. Sie sind aber auch eine Reaktion auf die unzulängliche Rechtspraxis und fehlende Sanktionsmöglichkeiten, mithin informelle Institutionen, die für den Aufbau institutionellen Vertrauens unabdingbar sind. Die bereits erwähnten netzwerktheoretischen Ansätze liefern zusätzliche Erklärungsstränge. Im Sinne dieser Konzepte hilft der ressourcenspezifische Charakter von Beziehungen – das Sozialkapital – die Divergenzen zwischen formellen und informellen Institutionen auszugleichen.

In etablierten Marktwirtschaften erklären sich die jeweiligen Strategiemuster und -verläufe (auch Übersicht 13) mit Hilfe institutionenökonomischer Ansätze (2.2 im ersten Kapitel) ebenfalls als Reaktion auf die spezifischen formellen Institutionen, die beispielsweise ländertypische Finanzierungskulturen und komplexe rechtliche Vorschriften umfassen. Aber auch Einflüsse informeller Institutionen wie eines historisch gewachsenen Erwerbsmilieus oder die Einflüsse gesellschaftlicher Einstellungen zum Unternehmertum spielen eine Rolle bei der Erklärung spezifischer Handlungsmuster.

Mit Blick auf die Ableitung der empirisch beobachtbaren *Strategiegenese* in KMU ist der grundlegende Nachteil aller bisher aufgeführten theoretischen Ansätze ihr bereits erwähnter statischer und relativ eindimensionaler

Charakter (Abschnitt 3 im ersten Kapitel), der entweder individuelles Verhalten (Abschnitt 1 im ersten Kapitel) oder Strukturen (Abschnitt 2 im ersten Kapitel) als entscheidend für die Ausbildung von Handlungsmustern ansieht. Dagegen erschließt sich die Strategiegenese in KMU als äußerst vielschichtiger Prozess. Trotzdem bietet die Entscheidungstheorie erste wichtige Anhaltspunkte hinsichtlich der im vorigen Kapitel skizzierten grundlegenden Verläufe der Strategiegenese – „Durchwursteln" und Improvisation bzw. Bricolage, Verfestigung einmal erprobter Handlungsmuster, (plötzlich einsetzende) improvisierende und/oder gestaltendere Strategiegenese (vgl. auch Abschnitt 2.5, 3.5 im zweiten Kapitel). Insbesondere die verhaltenswissenschaftlich orientierten Konzepte (1.1 im ersten Kapitel) führen beispielsweise Trägheitsmomente in der Strategiegenese auf positive Rückkoppelungen und die damit einhergehende Neigung von Individuen, erprobte Pfade weiterzuverfolgen, zurück (Fredrickson, Iaquinto 1989: 533ff.; Whyte 1986). Der Übergang zu gestalteten Strategien kann damit als Übergang zu vollständigen und umfassenden Entscheidungsprozessen begriffen werden (Martin 2001: 11).

Mit Blick auf den eigentlichen Prozess der Strategiegenese liefern die in Abschnitt 4 im ersten Kapitel skizzierten komplexitäts- und systemtheoretischen Konzepte wichtige und die entscheidungstheoretisch orientierten Ansätze ergänzende Elemente. Auch diese Ansätze verweisen auf pfadabhängige Entwicklungen bei der Strategiegenese – hier jedoch unter Einbeziehung des Umfeldes – und die komplexen Rückkoppelungen zwischen Individuum und Umwelt (Tabelle 8 und die dort aufgeführte Literatur). Sie erlauben es zudem, den emergenten und selbstorganisierenden Verlauf der Strategiegenese – von einfachen zu komplexen Handlungsmustern – zu beschreiben. Die diesen Ansätzen unterliegende Annahme nichtlinearer holistischer Prozesse, die nur in ihrer Gesamtheit zu analysieren und zu verstehen seien, musste jedoch in dieser Arbeit aus pragmatischen Gründen zurückgestellt werden, ohne dass damit der Anspruch, die vielfältigen Wechselwirkungen und Zusammenhänge bei der Strategiegenese in KMU aufzuzeigen, aufgegeben wurde.

Nur geringen Erklärungswert für die Strategiegenese haben aufgrund ihres überwiegend statischen Charakters diejenigen Ansätze, welche die Bedeutung struktureller Faktoren – Märkte, Branchen, Ressourcen, Institutionen – betonen (Abschnitt 2 im ersten Kapitel). Ihre Aussagekraft hinsichtlich der Strategiegenese ist erheblich eingeschränkt. Der Erkenntniswert dieser Ansätze für Geneseprozesse liegt vor allem auf der Herausarbeitung der vielfältigen Strukturfaktoren und den komplexen Wechselwirkungen, sodass ein (vereinfachter) Blick auf die der Strategiegenese in KMU unterliegenden Ursache-Wirkungsketten möglich wird.

Milieus, in denen sich Strategien entwickeln und in denen unternehmerische Entscheidungen getroffen werden, sind stets komplex, sodass kausale Erklärungen, die sich lediglich auf ausgewählte Faktoren stützen, in der Regel zu kurz greifen und Gefahr laufen, die vielfältigen Wechselwirkungen zu vernachlässigen. Individuelle Wahrnehmung und die externen Rahmenbedingungen als Einflussfaktoren der Strategiegenese in KMU unterliegen komplexen Zusammenhängen, sodass sich Strategiemuster und -verläufe nicht allein über verhaltens- oder umfeldorientierte theoretische Ansätze oder über die eher prozessorientierte Komplexitäts- und Systemtheorie ableiten lassen. Eine Kausaltheorie der Strategiegenese in KMU hätte im Sinne der dieser Arbeit zugrunde liegenden Annahme eines nicht monokausal abzuleitenden Prozesses der Strategiegenese mithin mehrstufig auf mehreren Ebenen zu erfolgen.

Hierbei bringen die in 1.1 im ersten Kapitel skizzierte verhaltenswissenschaftliche Theorie und die in 1.2 im ersten Kapitel dargestellten Theorieansätze, die die Strategiegenese über eine begrenzt rationale Entscheidungsfindung bzw. an subjektiven Wahrnehmungen ausgerichtete Handlungen erklären und beschreiben, sowie die in Abschnitt 2 im ersten Kapitel skizzierten theoretischen Konzepte, die auf die Bedeutung wirtschaftlicher und kultureller Ressourcen verweisen, notwendige beschreibende und erklärende Elemente aus verschiedenen Perspektiven ein. Diese lassen sich jedoch erst in Verbindung mit den prozesshaften Elementen der Komplexitäts- und Systemtheorie aus Abschnitt 4 im ersten Kapitel zu einer hinreichenden theoretischen Ableitung der Strategiegenese in KMU verdichten. Letztendlich unterstützt die skizzierte Vielschichtigkeit der Strategiegenese in KMU und die damit verbundene Problematik, empirische Phänomene auf einen einzigen theoretischen Ansatz zurückzuführen, die von Knyphausen-Aufsess geforderte „Offenheit für unterschiedliche Forschungsansätze und Disziplinen“ (Knyphausen-Aufsess 1996: 448), um „blinde Flecken“ in der Forschung zu verhindern und Fortschritte zu ermöglichen.

## 5. Implikationen für die Gestaltung von Strategien in KMU

### 5.1 Zur Frage der Gestaltbarkeit

Grundsätzlich setzt die Ableitung von Handlungsempfehlungen für die Gestaltung von Strategien zunächst deren Gestaltbarkeit voraus. Akzeptiert man, dass Strategien gerade in KMU nicht nur geplant bzw. vorstrukturiert entstehen, sondern auch emergent und selbstorganisierend, so stellen sich im Zusammenhang mit der Diskussion um mögliche Handlungsempfehlungen zwei grundsätzliche Fragen:

- Ist eine Gestaltung von Strategien in KMU unter der Annahme geplanter und selbstorganisierender Geneseprozesse wünschenswert?
- Ist die Gestaltung von Strategien unter der Annahme geplanter und selbstorganisierender Geneseprozesse möglich?

Mit Bezug auf diese Problemkomplexe spricht Scheurer von einem „Steuerungsdilemma" (Scheurer 1997: 399) der Unternehmen, ohne allerdings explizit auf größenspezifische Unterschiede einzugehen. Er verweist auf den Konflikt zwischen der „Übersteuerung" (zu starke Planung) und „Untersteuerung" (Effizienzverluste durch sich selbst organisierende Prozesse) sowie auf die mit einer Untersteuerung einhergehenden Vorteile der Offenheit für Impulse aus dem externen Umfeld, aber gleichzeitig auch die Nachteile der Anfälligkeit gegenüber diesen externen Einflüssen. Steuerung wird dann als „strategisches Lernen" (Scheurer 1997: 442) begriffen.

Die in den Fallstudien erkennbaren emergenten und selbstorganisierenden Strategieprozesse zeigen eine Herangehensweise, die einen aktiven Entwurf und Ex-ante-Planungen in der Regel nicht vorsieht – vielleicht auch nicht wünscht, gleichzeitig aber eine Zugänglichkeit der Unternehmer gegenüber neueren Entwicklungen und externen Einflüssen nicht ausschließt (Göbel 1998: 231). Diese Zugänglichkeit beantwortet die eingangs gestellten Fragen grundsätzlich positiv: Gestaltung ist gewünscht und Gestaltung ist möglich. In diesem Zusammenhang benutzt Göbel den weicheren Begriff der „Beeinflussung", den sie aufgrund seiner Offenheit für verschiedene Interpretationen als geeignet(er) empfindet, die grundsätzlichen Gestaltungsmöglichkeiten für selbstorganisierende Prozesse und Strukturen zu integrieren (Göbel 1998: 231).

Vor diesem Hintergrund lassen die empirischen Betrachtungen dieser Arbeit durchaus „wünschenswerten" Handlungsbedarf erkennen, wenngleich mit Blick auf die Gestaltbarkeit von Strategien die generelle Kluft zwischen der von KMU selbst geäußerten und anerkannten (subjektiven) Notwendigkeit und dem in diesem Fall vom externen Beobachter postulierten (objektiven) Unterstützungsbedarf berücksichtigt werden muss. Letztlich führt der Weg zum unternehmerischen Erfolg nur über die Entwicklung strategischer Konzepte, die sich von einem kurzfristig orientierten strategischen Verhalten unterscheiden und der langfristigen Unternehmensentwicklung dienen. Storey verweist im Zusammenhang mit Unternehmenswachstum darauf, dass dieses nach vorliegenden empirischen Befunden insbesondere durch eine breite Finanzierungsbasis, die Beteiligungskapital einschließt, eine strategische Marktpositionierung und Diversifikation sowie durch die Bereitschaft der KMU, Entscheidungen zu delegieren und zu formalisieren, begünstigt wird (Storey 1994: 144ff., insbesondere 154; Smallbone, North 1995: 62; Smallbone et al. 1995: 59ff.).

Aus normativer Sicht ist damit grundsätzlich ein strategisches Verhalten wünschenswert, das über funktionale Strategien hinausgeht und langfristige Orientierungen erkennen lässt. Das empirisch beobachtbare Strategieverhalten weicht davon allerdings erheblich ab. Viele der in den Beispielen geschilderten Handlungsmuster der Unternehmer sind der Kategorie eines kurzfristig orientierten strategischen Verhaltens zuzuordnen und enthalten wenige Hinweise auf langfristige strategische Überlegungen. In diesem Zusammenhang wird im Folgenden von der „Unterstützung der Strategiegenese" gesprochen.

Während sich die meisten Arbeiten zur Gestaltung von Strategien bzw. zur Gestaltung im Kontext der Selbstorganisation auf unternehmensinterne Strukturen beschränken (Göbel 1998; Probst 1987; Scheurer 1997), zeigt die im Rahmen dieser Arbeit vorgenommene Betrachtung von Einflüssen des Umfeldes auch maßgebliche unternehmensexterne Ansatzpunkte für Handlungsempfehlungen auf. Grundsätzlich lassen sich drei Handlungsebenen identifizieren. Das sind neben dem Unternehmer die politischen Akteure, die für das politische und wirtschaftliche Umfeld, indirekt und in geringerem Ausmaß auch für bestimmte gesellschaftliche Gegebenheiten, verantwortlich sind, sowie mit der Mesoebene das institutionelle Gefüge eines Landes.

### 5.2 Handlungsempfehlungen für politische Akteure

Während Strategien in erster Linie ein einzelwirtschaftliches Phänomen sind und vor allem durch den Unternehmer gestaltet werden (können), ist es Aufgabe der politischen Akteure – der nationalen und regionalen Regierungen sowie der Verwaltungen – ein der einzelwirtschaftlichen unternehmerischen Betätigung angemessenes politisches und wirtschaftliches Umfeld zu schaffen. Hinsichtlich der Strategiegenese von KMU geht es darum, auf der Makroebene die ordnungs- und wirtschaftspolitischen Rahmenbedingungen so zu gestalten, dass sie nicht nur aus Sicht des einzelnen Unternehmens sinnvolle funktionale Strategien ermöglichen, sondern auch volkswirtschaftlich nützliches und langfristig orientiertes strategisches Verhalten erlauben und somit die Entwicklungs- bzw. Wachstumsprozesse des Unternehmens unterstützen.

Wurde oben von innerbetrieblichen Lernprozessen gesprochen, bietet sich die Übernahme und Erweiterung des Begriffes auf betriebsexterne Ebenen an. Politischen Akteuren fällt mithin die Schaffung eines „Lernkontextes" (Göbel 1998: 292) auf politischer, wirtschaftlicher und – soweit durch politische Akteure beeinflussbar – auf kultureller bzw. gesellschaftlicher Ebene zu. Das impliziert sowohl für Länder im Übergang zur Marktwirtschaft als auch für etablierte Marktwirtschaften die Gestaltung eines Umfeldes, in dem sich Unternehmen verschiedener Größen neben- und miteinander entwickeln und in dem KMU ihre Strategien auf die langfristige Unternehmensentwicklung bzw. -sicherung ausrichten können. Damit können die begrenzten Ressourcen von KMU zielgerichtet der Unternehmensentwicklung bzw. einer langfristigen Bestandssicherung zugeführt werden und müssen nicht in zeitintensiven Randaktivitäten der unternehmerischen Tätigkeit eingesetzt werden.

Während die jeweils spezifische Ausgestaltung beispielsweise des institutionellen Rahmens oder der Steuerpolitik für bestimmte Länder nicht Gegenstand von Handlungsempfehlungen in dieser Arbeit ist, da für diese länderspezifische Gegebenheiten und Entwicklungspfade in Betracht gezogen werden müssen, lässt sich das Postulat der Gestaltung eines angemessenen Umfeldes zu folgenden allgemeingültigen Handlungsempfehlungen für politische Akteure verdichten (Hallberg o.J.: 17; OECD 1998: 53ff.; Smallbone, Welter 2001b):

- Mit Blick auf das politische und wirtschaftliche Unternehmensumfeld sollte die Schaffung von ordnungspolitischen und rechtlichen Bedingungen im Vordergrund stehen, die allen Unternehmen unabhängig von der Unternehmensgröße eine Beteiligung am Wirtschaftsleben ermöglicht. Wirtschaftspolitische Maßnahmen wären beispielsweise auf ihre „KMU-Angemessenheit" zu prüfen, mit dem Ziel, eine für KMU ungünstigere Belastung mit administrativen Kosten – beispielsweise durch die Steuergesetzgebung oder durch rechtliche Regelungen – zu senken bzw. zu verhindern.
- Mit Blick auf die gesellschaftlichen bzw. kulturellen Rahmenbedingungen unternehmerischen Handelns ist der Einfluss politischer Akteure zwar geringer, aber nicht zu vernachlässigen. Hier fällt politischen Akteuren die grundsätzliche Aufgabe zu, eine „Kultur" des Vertrauens zu schaffen. Das beinhaltet die Erarbeitung konsistenter (wirtschafts-)politischer Konzepte sowie deren konsequente Durchsetzung, aber auch die Schaffung eines günstigen mentalen Umfeldes für die unternehmerische Betätigung durch die politischen Akteure.

In diesem Zusammenhang zeigen die empirisch orientierten Ausführungen zu Strategiemustern und zur Strategiegenese, dass insbesondere in Ländern im Übergang zur Marktwirtschaft der Staat einen nicht zu unterschätzenden direkten Einfluss auf Strategiemuster und strategisches Verhalten von KMU ausübt, der sich in Ländern mit einem fest verankerten marktwirtschaftlichen Ordnungsrahmen so nicht feststellen lässt. Die Gründe hierfür liegen vor allem in der spezifischen Rolle des Staates bei der Gestaltung eines marktwirtschaftlich angemessenen Rahmens sowie in der jeweils verfolgten Wirtschaftspolitik. Ein unzureichendes Rechtssystem, häufig wechselnde Gesetze und fehlende Durchführungsverordnungen sowie eine nicht konsistente Wirtschaftspolitik begünstigen ein kurzfristig ausgerichtetes Verhalten der KMU und behindern darüber deren langfristige Entwicklung, damit aber auch den Beitrag, den KMU zur Umgestaltung dieser Länder leisten können (Smallbone et al. 2000).

Negative Einstellungen vieler politischer Akteure zur Privatwirtschaft, vor allem in Ländern, in denen der Transformationsprozess nur schleppend fortschreitet und starken politischen Einflüssen unterworfen ist, kommen hinzu und erschweren den notwendigen kulturellen Wandel der aus der sozialistischen Periode stammenden Werte und Normen der Bevölkerung. Hier kommt es aufgrund strukturkonservativer Einstellungen der politischen Entscheidungsträger und noch häufig anzutreffender Aversionen der Bevölkerung gegenüber einer Marktwirtschaft zu (sich negativ verstärkenden) Rückkoppelungsprozessen zwischen Politik und Gesellschaft. Eine Erhöhung des allgemeinen „Vertrauenspegels“ im Wirtschaftsleben setzt somit grundsätzlich den weiteren Ausbau der formellen Institutionen und die Stärkung der Judikative voraus. Dies kann eine günstige Entwicklung der informellen Institutionen – mithin eine Stärkung des Vertrauens unter den Wirtschaftssubjekten – herbeiführen.

Damit ergeben sich für politische Akteure in den Transformationsländern, in denen der Umgestaltungsprozess noch nicht abgeschlossen ist, folgende spezifischere Handlungsempfehlungen zur Etablierung eines für die KMU-Entwicklung angemessenen institutionellen, wirtschaftlichen und kulturellen Rahmens (OECD, UNIDO 1999: 11ff.; Smallbone, Welter 2001b; Shleifer 1997):

- Der ordnungspolitische Rahmen sollte zügig entwickelt werden. Das betrifft vor allem die rechtlichen, institutionellen und personellen Voraussetzungen, um die verabschiedeten Gesetze in der Rechtspraxis tatsächlich durchsetzen zu können. Vor allem in den großen Flächenstaaten wie z.B. Russland sind dazu effektive und funktionierende Mechanismen auf regionaler und lokaler Ebene unabdingbar. Dazu müssen nicht nur die nationalen und regionalen Verwaltungen reformiert und modernisiert werden, sondern auch die jeweiligen Rollen der Akteure auf den verschiedenen politischen Ebenen deutlich definiert und ihr Zusammenspiel klaren Regeln unterworfen werden.

- Ein weiterer Schritt betrifft die Verwirklichung einer konsistenten und langfristig orientierten Wirtschaftspolitik, die bei den Unternehmern die Herausbildung langfristiger Erwartungshorizonte begünstigt und darüber Investitionen in Sektoren mit hohen sunk cost wie dem verarbeitenden Gewerbe unterstützt. In diesem Zusammenhang sollten die nationalen Regierungen ebenfalls Prioritäten in der KMU-Förderung setzen und eine grundlegende Förderstrategie entwickeln.

- Schließlich sollten die Regierungen Schritte ergreifen, die massive Korruption im Wirtschaftsleben zu beseitigen und darüber das Vertrauen der Bevölkerung (zurück) zu erlangen. Damit einherzugehen hätte eine grundsätzliche Anerkennung der zentralen Bedeutung privatwirtschaftlicher Aktivitäten durch die bislang noch auf strukturkonservative „Sowohl-als-auch-Konzepte“ orientierten politischen Entscheidungsträger.

Die Umsetzung dieser Handlungsempfehlungen würde zumindest grundsätzlich ein normativ erstrebenswertes strategisches Verhalten der KMU erlauben, das – im Gegensatz zu heutigen kurzfristig orientierten und häufig illegalen Handlungsmustern – auf die Unternehmensentwicklung ausgerichtet und langfristiger orientiert ist, wenngleich die Durchsetzung der Empfehlungen vom politischen Willen der jeweiligen Regierungen abhängig ist.

Im Gegensatz zu Transformationsländern ist das generelle Umfeld in etablierten Marktwirtschaften äußerst stabil und stößt auf breite soziale Akzeptanz. Grundsätzlich infrage gestellt wird es allenfalls durch politische Randgruppen. Ordnungspolitik ist – mit Ausnahme von Markteintrittsregeln wie beispielsweise dem gesetzlich fixierten „Meisterzwang" im deutschen Handwerk – ein allenfalls indirekter Einflussfaktor der Strategiegenese, der im Rahmen dieser Arbeit nicht näher analysiert wurde.

- In diesen Umfeldern ist das Augenmerk der politischen Akteure darauf zu richten, das gefestigte Umfeld mit seinen teilweise relativ komplizierten Regelungen zu vereinfachen. Das bedeutet beispielsweise einen Abbau der Regelungsdichte, die im Gegensatz zu Transformationsländern in etablierten Umfeldern die geschichtlichen Entwicklungen reflektiert.

Anderenfalls binden etablierte Umfelder knappe zeitliche und monetäre Ressourcen von KMU zur Bewältigung externer administrativer Anforderungen und erschweren darüber die Genese der aus normativer Sicht wünschenswerten langfristig ausgerichteten Strategiekonzepte auf Unternehmensebene.

### 5.3 Handlungsempfehlungen für die Institutionen der Mesoebene

Die Handlungsfähigkeit der staatlichen Ebene wird auch am jeweiligen Entwicklungsstand der unternehmensstützenden Infrastruktur auf der Mesoebene deutlich, hier beeinflussen Finanzorganisationen sowie Intermediäre Strategiemuster und Strategiegenese in KMU. Letztere umfassen neben den „klassischen" Intermediären – den Selbstverwaltungseinrichtungen der Wirtschaft – grundsätzlich externe (Unterstützungs-)Einrichtungen – Technologiezentren, öffentliche und private Beratungsagenturen. Ihre Aufgabe liegt neben der Umsetzung staatlicher oder eigener Maßnahmen bei den Selbstverwaltungsorganisationen auch in Vermittlungsfunktionen zwischen Unternehmen und Regierung, während die Finanzinstitutionen mit einem breiten Angebot die Unternehmensfinanzierung erleichtern sollten; die angebotenen Dienstleistungen stehen in der Regel allen Unternehmen unabhängig von ihrer Größe offen. Ihre Bedeutung in der Strategiegenese von KMU liegt nicht nur in der direkten Unterstützung bei der Ausprägung bestimmter Strategiemuster, sondern insbesondere bei den Selbstverwaltungsorganisationen auch in deren Vernetzungs- und Vermittlungsfunktion.

Die politische Handlungsebene und die Mesoebene sind dabei nicht gänzlich voneinander zu trennen, da der Nutzen externer Unterstützung für KMU entscheidend vom jeweiligen Umfeld abhängt. Unsichere und turbulente Umfelder stellen Wert und Wirkungen einzelbetrieblicher Beratungen in Frage. Gleichzeitig könnte die Entwicklung unternehmensstützender Organisationen einen erheblichen Beitrag zur Schaffung eines Klimas des Vertrauens unter den Unternehmen einer Branche bzw. den auf demselben Markt operierenden Unternehmen leisten. So wirkt die für die westeuropäischen Länder typische starke Entwicklung des „Support-Systems" vertrauensbildend.

Mit Blick auf eine gestaltete Strategiegenese von KMU sind auf der Mesoebene die grundlegenden Voraussetzungen dafür zu schaffen, dass KMU auf externe Unterstützung bei der Strategiebildung zurückgreifen können. Das beinhaltet sowohl den Aufbau geeigneter Strukturen, beispielsweise – nicht nur dem Anspruch nach – für Unternehmen jedweder Größe zugängliche Finanzierungsinstitutionen, wie auch die Bereitstellung eines grundlegenden Angebotes an Unterstützungsleistungen. Gleichzeitig sind diese Angebote auf ihre Vereinbarkeit mit dem Umfeld der KMU zu prüfen, diese „Kontextkompatibilität" (Dalley, Hamilton 2000: 57) ist eine der wichtigsten Voraussetzungen für eine effiziente und effektive Unterstützung des strategischen Verhaltens von KMU durch Externe. Allerdings muss jegliche externe Unterstützung auch anerkennen, dass unterschiedliche Umfelder und verschiedene Unternehmensphasen wie -ziele durchaus ein unterschiedliches Maß an Strategiedichte erfordern, mithin nicht jedes KMU in jeder Situation auf umfassende und komplexe Strategiekonzepte zurückgreifen muss. Dies verlangt von Intermediären eine ausgeprägte Kunden- und Bedarfsorientierung.

Eine bislang nur geringe Rolle spielen Intermediäre für KMU in den Ländern im Übergang zur Marktwirtschaft, vor allem in denjenigen Ländern, in denen die Reformen bislang schleppend verliefen, während das unzureichende Finanzsystem typische Strategiemuster der KMU bedingt. Der Aufbau der institutionellen Strukturen auf der Mesoebene steht ganz am Anfang[14]. So ist beispielsweise das Angebot von Industrie- und Handelskammern in Ländern wie der Ukraine, Moldawien oder Weißrussland vorwiegend auf (staatliche) Großbetriebe ausgerichtet, Unternehmerverbände – so sie denn existieren – haben aufgrund kleiner Mitgliederzahlen eine begrenzte Reichweite (bargaining power) in der Interessenvertretung ihrer Klientel.

Schwierig gestaltet sich auch der Bereich der unternehmerischen Beratung: KMU sind für private Berater in den Transformationsländern in der Regel

---

14 Vgl. generell zu Selbstverwaltungsorganisationen der Wirtschaft in Transformationsländern Levitsky (1994) und Welter (1999a: 232ff.). Eine ausführliche Darstellung der betreffenden Entwicklungen für ein Transformationsland, in diesem Fall Estland, findet sich bei Schumacher (1997).

keine interessante Zielgruppe, da sie die hohen Gebühren der Privatanbieter, die allerdings gerade in diesen Ländern nicht immer hochwertige Leistungen anbieten, nicht aufbringen können. Gleichzeitig sind private Berater mit ihren Beratungsthemen und -methoden noch weniger als in Westeuropa auf KMU ausgerichtet (Klochko, Isakova 1996: 135f.). Hier ist zudem auf die (anfängliche) Finanzierung vieler Unterstützungsleistungen für KMU über die bi- oder multilaterale Entwicklungszusammenarbeit hinzuweisen, welche die Entwicklung einheimischer, nicht geförderter Intermediäre behindert und nach Ablauf der Förderung häufig langfristig nicht bestandsfähige Organisationen ohne ausreichende Kundenorientierung hinterlässt (Bateman 2000: 287f.). Auch die Nachhaltigkeit der Förderstrukturen auf der Intermediärsebene ist somit eine – allerdings bei knappen Budgets der Regierungen in Osteuropa schwer zu verwirklichende – Forderung.

Vor diesem Hintergrund lassen sich die folgenden spezifischen Handlungsempfehlungen für die Mesoebene in Transformationsländern – vor allem in Ländern, in denen die marktwirtschaftlichen Reformen noch nicht abgeschlossen sind – ableiten:

- Wichtig ist der Auf- und Ausbau eines Finanzierungssystems, das auch für KMU zugänglich ist und generell Mittel für die Unternehmensfinanzierung zur Verfügung stellt. Dazu gehört bei Banken beispielsweise nicht nur die Einrichtung von Zweigstellen, sondern auch die Schulung von Mitarbeitern für die Belange und spezifischen Problemlagen von KMU.
- Zudem ist der Auf- bzw. Ausbau einer auch auf KMU-Belange orientierten Beratungs- und Schulungsinfrastruktur wichtig. Das beinhaltet in diesem Bereich bei der Schulung von Beratern deren grundlegende Sensibilisierung für KMU-spezifisches strategisches Handeln und Strategieverläufe, um darüber nicht nur das für eine erfolgreiche Unterstützung notwendige Fachwissen bereitzustellen, sondern auch den Aufbau einer Vertrauensbeziehung zwischen Berater und KMU zu ermöglichen.
- Anbieten würden sich in diesem Zusammenhang auch bewusstseinsbildende Maßnahmen externer Unterstützungseinrichtungen für KMU, um prinzipiell Verständnis für eine gestaltete Strategiegenese und den Nutzen externer Unterstützung zu wecken.

Größere Bedeutung bei der Strategiegenese in KMU kommt den Intermediären sowie auch den Finanzmarktinstitutionen in etablierten Marktwirtschaften zu, da es hier ein weitaus dichteres Netz von einschlägigen Angeboten gibt, die auch in hohem Maße von der angesprochenen Klientel angenommen werden. In Deutschland äußert sich dies darin, dass Intermediäre in der Mittelstandsförderung – so beispielsweise die Banken oder Technologie- und Gründerzentren – eingebunden sind, sowie in der historisch gewachsenen Rolle der Kammern in der Abwicklung staatlicher Aufgaben, beispielsweise der Aus- und Fortbildung. Zudem zeigen die in Abschnitt 3.2 im zweiten Kapitel skizzierten Ergebnisse, dass KMU insbesondere im Bereich der allgemeineren Beratung nicht nur auf formelle, sondern auch auf informelle Unterstützung – z.B. Austauschgruppen mit anderen Unternehmern – zurückgreifen.

Hinsichtlich der Strategiegenese in KMU lassen sich für etablierte Marktwirtschaften folgende Handlungsempfehlungen ableiten:

- Bestehende Intermediäre und Anbieter von finanziellen Dienstleistungen sollten ihre Unterstützungsleistungen überprüfen und stärker auf die Belange von KMU ausrichten. Dazu gehört beispielsweise bei der Mitarbeiterschulung die Betonung der Bereitschaft, sich auf emergente Prozesse der Strategiegenese in KMU einzulassen sowie die Anerkennung subjektiv rationaler unternehmerischer Handlungen und Zielsetzungen.
- Vor dem Hintergrund der Wertschätzung informeller Unterstützungsleistungen aus dem beruflichen Umfeld würde sich auch die Einrichtung von speziellen Mentorenprogrammen anbieten, die (jungen) KMU einen direkten Einblick in die Managementprozesse etablierter KMU erlauben (CEEDR 2000: 123).
- Auch hier können bewusstseinsbildende Maßnahmen externer Unterstützungseinrichtungen bei KMU das Verständnis für den Nutzen einer gestalteten Strategiegenese und die Rolle externer Unterstützung fördern.

Allerdings bietet die Umsetzung dieser Empfehlungen auf der Mesoebene lediglich eine notwendige, aber keine hinreichende Voraussetzung dafür, dass KMU auf externe Unterstützung tatsächlich zurückgreifen. Deren Nutzung hängt natürlich stark von der individuellen Wahrnehmung der Unternehmer ab.

### 5.4 Handlungsempfehlungen für die KMU-Ebene

Die im zweiten Kapitel skizzierten empirischen Erhebungen auf Unternehmerebene lassen im Hinblick auf ein normativ wünschenswertes strategisches Verhalten einen deutlichen Bedarf an vor allem langfristig orientierter Strategieentwicklung – der Entwicklung von Unternehmensstrategien – erkennen. Die Mehrzahl der KMU ist – unabhängig vom Umfeld – dem reagierenden Typus der Strategiegenese zuzuordnen und verfolgt allenfalls kurzfristig orientierte bzw. funktionale Strategien.

Als interne Barrieren der Strategiegenese in KMU sind vor allem Know-how-Defizite bei Unternehmern oder Beschäftigten zu nennen, verstärkt werden können sie unter Umständen durch den in Abschnitt 1.1 im ersten Kapitel angesprochenen Einsatz heuristischer Regeln in der Strategiegenese und damit verbundene Fehlermöglichkeiten, wie das Festhalten am Status quo und die fehlende Bereitschaft zur Veränderung erprobter Verfahren. Bei Unternehmern in Ländern im Übergang zur Marktwirtschaft wie in etablierten Marktwirtschaften handelt es sich bei den internen Hemmnissen einer gestaltenden Strategiegenese in erster Linie um unzureichendes Wissen über betriebswirtschaftliche Zusammenhänge. In den osteuropäischen Ländern fehlte in der Anfangsphase der Transformation auch das grundlegende Wissen zu marktwirtschaftlichen Prinzipien.

Generelle Handlungsempfehlungen für die KMU-Ebene können nicht die Ableitung von allgemein verbindlichen Strategiemustern für den äußerst heterogenen KMU-Bereich beinhalten. Sinnvoller ist die Abgrenzung betriebswirtschaftlicher Optionsfelder, in denen sich dem Unternehmer individuelle – je nach Unternehmensgröße, Sektor, Zielsetzung der unternehmerischen Tätigkeit – Möglichkeiten für eine aktivere Strategiegenese bieten. Betriebsintern umfassen diese Optionsfelder die betriebliche Organisation, Personal und Technologie sowie betriebsextern Märkte und Marktpositionen[15]. In diesem Zusammenhang ist KMU grundsätzlich unabhängig vom Umfeld – in Anknüpfung an das bei den politischen Akteuren Gesagte – die Gestaltung eines innerbetrieblichen „lernfreundlichen" Kontextes zu empfehlen, mithin eines internen Entscheidungs- und Handlungsumfeldes, das offen ist und offen bleibt für externe Impulse und deren mögliche Nutzbarkeit. Das beinhaltet auch die (sporadische) Überprüfung der erzielten Ergebnisse im Verlauf der Unternehmensentwicklung, um mögliche Neuorientierungen vornehmen zu können.

Oberflächlich betrachtet vermitteln die in Abschnitt 2 im zweiten Kapitel referierten empirischen Studien in Transformationsländern zwar das Bild, dass externe Hemmnisse vorherrschen. Unternehmer benennen in der Regel finanzielle Schwierigkeiten sowie unsichere politische und wirtschaftliche Bedingungen als hauptsächliche Felder für externe Unterstützung, während Absatzschwierigkeiten, Technologieprobleme oder fehlendes Know-how wesentlich geringer eingeschätzt werden. Jedoch stehen die osteuropäischen Unternehmer mit dieser Betonung externer Barrieren – finanzielle und rechtliche Infrastruktur, kontinuierliche Regierungspolitik – nicht allein, ähnliche Ergebnisse finden sich in empirischen Studien weltweit. Externe Barrieren sind unmittelbar sichtbar und darüber relativ leicht zu benennen, wohingegen interne Hindernisse in der Regel auf Defiziten im Managementbereich beruhen und damit implizit als Anzeichen unternehmerischer Schwächen gesehen werden.

Grundsätzlich reflektieren diese Ergebnisse auch hier wieder das vorherrschende unsichere Umfeld und die daraus resultierende Notwendigkeit für die Unternehmer, unternehmerische Handlungen und Strategien anstatt auf

15 In Anlehnung an die Einteilung für das Handwerk bei Lageman (2001: 19).

die langfristige Unternehmensentwicklung auf die Bewältigung kurzfristiger externer Anforderungen auszurichten. Bei näherem Hinsehen stellt sich sogar heraus, dass KMU-Unternehmer in diesen Ländern sich ihrer Managementschwächen durchaus bewusst sind: So benannten 1997 auf die Frage nach Managementschwächen über 90 vH der weißrussischen, ukrainischen und moldawischen Unternehmer wenigstens ein Defizit[16]. Damit ist das für eine aktivere Strategiegenese notwendige Bewusstsein zumindest im Ansatz vorhanden, die Umsetzung in die Betriebspraxis wird vorwiegend durch das externe Umfeld behindert. Auf KMU-Ebene ergeben sich in Ländern im Übergang zur Marktwirtschaft somit folgende Empfehlungen:

- Die betriebliche Organisation sowie betriebsinterne Abläufe sollten stärker professionalisiert werden. Im Personalbereich beinhaltet das die Qualifizierung der Mitarbeiter, aber auch die Notwendigkeit, anstelle von Bekannten und Freunden entsprechende Fachkräfte einzustellen.
- Mit Blick auf die Märkte sollten KMU versuchen, ein konsistenteres strategisches Vorgehen zu entwickeln. Vorhandene Diversifizierungsstrategien sollten überprüft und auf ein geeignetes Portfolio zugeschnitten werden. Insbesondere in Ländern, in denen der Transformationsprozess weitgehend abgeschlossen ist, dürfte sich in wachsendem Maß die systematische Marktpositionierung als wichtig erweisen.
- Im Technologiebereich stellt sich die allgemeine Forderung nach der Modernisierung der eingesetzten Technologien, obschon hier externe Rahmenbedingungen – der fehlende Zugang zu (Investitions-)Krediten und zur entsprechenden Ausrüstung – einen entscheidenden Einfluss auf deren Realisierung ausüben.

Die Strategieentwicklung in etablierten Marktwirtschaften verläuft oftmals standardisierter und aufgrund des komplexen Umfeldes bereits von Anfang an in gestalteter Form. Beispiele aus Unternehmensfallstudien lassen erkennen, dass auch in diesen Umfeldern viele Unternehmer sich der Notwendigkeit strategischer Ausrichtungen bewusst sind, der konsequenten Umsetzung in die Praxis aber zeitliche Engpässe und Wissensdefizite entgegen stehen. Für KMU in etablierten Marktwirtschaften ergeben sich über die allgemeinen Handlungsempfehlungen hinaus folgende Hinweise:

- Mit Blick auf die Mitarbeiter sollten die Unternehmer deren kreative Potenziale besser nutzen und in die Strategiegenese einbeziehen. In etablierten und wachstumsorientierten KMU wäre hier der Aufbau eines mitarbeiterorientierten Qualitätsmanagementsystems zu erwägen, das – zusätzlich zur Motivation der Mitarbeiter – sowohl zur Sicherung der eigenen Markt-

---

16 Ähnliche Ergebnisse liegen auch aus KMU-Studien für Polen und die baltischen Länder vor, vgl. Smallbone, Piasecki (1996) sowie Smallbone et al. (1996).

stellung als auch zur Formalisierung und Sichtbarmachung interner Abläufe eingesetzt werden kann[17].

- Bei der Marktbearbeitung sollte die in der Regel vorhandene Kunden- und Serviceorientierung verstärkt werden, wobei sich im Zuge des gesamtwirtschaftlichen Tertiarisierungsprozesses insbesondere die Entwicklung von umfassenden Angebotspaletten als vorteilhaft erweisen dürfte. In diesem Zusammenhang sollten KMU auch Kooperationsmöglichkeiten prüfen.
- Im technologischen Bereich sollten KMU die jeweiligen Einsatzmöglichkeiten neuer Technologien – beispielsweise die Vereinfachung von betrieblichen Abläufen oder die bessere Marktdurchdringung durch Beteiligung am E-Commerce – prüfen.

Allerdings hängt die Umsetzung dieser Handlungsempfehlungen nicht nur von individuellen Voraussetzungen – dem jeweiligen individuellen strategischen Bewusstsein der KMU-Unternehmer – ab, sondern in entscheidendem Maß von den Bedingungen des externen Umfeldes: Ohne ein funktionierendes und privater unternehmerischer Aktivität förderliches politisches, wirtschaftliches und kulturelles Umfeld sind viele der Handlungsempfehlungen auf der KMU-Ebene zwar durchsetzbar, aber in ihren Auswirkungen begrenzt.

## 6. Ausblick

Abschließend sei nochmals auf die Ausgangsthese dieser Arbeit verwiesen:

> In allen soziokulturellen Umfeldern führen unternehmerische Herausforderungen und Chancen zur Entstehung adäquater Strategien, die schon im Umfeld als implizites Optionsfeld typischer, subjektiv effizienter Lösungsmöglichkeiten präsent sind, indessen dem einzelnen unternehmerischen Akteur bei Aufnahme seiner Aktivität in der Regel nur eingeschränkt als präformulierte Strategieoptionen verfügbar sind. Individuelle unternehmerische Strategien bilden sich im Versuch und Irrtum im praktischen unternehmerischen Handeln heraus. Dabei nimmt die „Strategieladung" unternehmerischen Handelns in KMU – Ausformung logischer Handlungsmuster, Zeithorizont der Planungen, Fokussierung auf unternehmerische Ziele – im Zuge gesellschaftlicher und wirtschaftlicher Entwicklungs-, Transformations- und Rationalisierungsprozesse im Industrialisierungs- und Modernisierungsprozess zu. Damit verbunden ist die allmähliche Entwicklung eines unternehmerischen Bewusstseins, das dem Kleinunternehmer als langfristige unternehmerische Orientierung im Sinne eines – be-

---

[17] Vgl. für den Einsatz von entsprechenden nach der DIN-Norm 9001 zertifizierten Systemen in KMU die empirische Studie von Rössl, Seidl (2000).

wussten oder unbewussten – Leitbildes für unternehmerische Entscheidungen und die Bildung von – impliziten wie expliziten – Strategien dient.

Diese These konnte in ihren Grundzügen mit der im ersten Kapitel geleisteten theoretischen Verortung in Verbindung mit der Auswertung des vorhandenen empirischen Materials (zweites Kapitel) und dessen theoretischer Ableitung bestätigt werden. Strategiegenese in KMU ist ein komplexer, interaktiver, emergenter wie geplanter Prozess. Die Ergebnisse (Strategien) können ex ante in ihren tatsächlichen Ausprägungen nicht erkennbar sein, da die Strategiegenese über eine Vielzahl von verhaltensbezogenen und strukturellen Einflüssen erfolgt, die sich aufgrund wechselseitiger und zirkulärer Wirkungen keinen einfachen Ursache-Wirkungsketten zuordnen lassen, wie die resümierenden – Theorie und Empirie zusammenfassenden – Betrachtungen in Abschnitt 2.5 und in Abschnitt 3.5 im zweiten Kapitel zeigen.

Indessen zeigt diese Arbeit auch, dass trotz einer „multitheoretischen" Betrachtung und umfassender empirischer – quantitativer wie qualitativer – Untersuchungen das Phänomen der Strategiegenese in KMU nicht abschließend geklärt werden kann. In diesem Zusammenhang wirft die theoretische und empirische Betrachtung in den vorausgegangenen Kapiteln eine Reihe von Fragen auf, die mit der vorliegenden Untersuchung nicht endgültig beantwortet werden können. Beispielsweise deuten die empirischen Ergebnisse darauf hin, dass sich die Einflussfaktoren auf die Strategiegenese in KMU im intertemporalen Verlauf verschieben, externe Einflüsse zugunsten interner Einflüsse zurücktreten, ohne letztendlich die Frage nach der Wertigkeit der Einflussfaktoren (sind wirtschaftliche oder kulturelle bzw. gesellschaftliche Einflüsse wichtiger?) im Einzelnen zufrieden stellend beantworten zu können. Offen bleibt auch die Frage nach der Genese emergenter und/oder selbstorganisierender Strategien in KMU, die im Rahmen dieser Arbeit allenfalls in rückschauender Betrachtung identifiziert werden konnten. Zudem stellt sich mit Blick auf die in Abschnitt 3.2 im dritten Kapitel vorgestellten idealtypischen Strategieverläufe die Frage nach deren möglicherweise wechselnder Bedeutung im Verlauf der KMU-Entwicklung.

Gleichzeitig zeigt sich, dass das komplexe Feld der Strategiegenese in KMU mit den gegebenen Theorieansätzen jeweils nur in Teilaspekten zu fassen ist. Die Vielschichtigkeit der Einflussfaktoren sowie die unterschiedlichen Ausprägungen der Strategiegenese in Abhängigkeit von den jeweils gegebenen individuellen Umständen der Akteure und den äußeren Rahmenbedingungen lässt sich auch mit einer Verknüpfung verschiedener Theorieansätze nicht abschließend erklären. Das wirft die grundlegende Frage auf, ob eine geschlossene Theorie der Strategiegenese in KMU überhaupt möglich ist.

Für eine tiefer gehende Analyse der Strategiegenese in KMU sind nach dem hier aufgezeigten Kenntnisstand spezifisch auf diese Frage angelegte empirische Untersuchungen sinnvoll und erforderlich. Die hier eingesetzten empirischen Studien waren nicht explizit auf die in dieser Arbeit verfolgte Fragestellung angelegt. Ihre hauptsächlichen Schwächen bei der Analyse der Strategiegenese in KMU sind ihr Querschnittscharakter und ihre Retrospektivität. Mit der zeitlichen Einmaligkeit der Erhebungen werden – trotz qualitativer Fallstudien – die Prozesse der Strategiegenese immer nur in Ansätzen abgebildet, während retrospektive Befragungen der Gefahr von Verzerrungen durch eine im Nachhinein erkannte Logik in zunächst unstrukturierten und zufälligen Handlungen – im Sinne von Weicks „retrospective sensemaking" – unterliegen.

Letztlich müssen Prozessphänomene im Längsschnitt untersucht werden. Ein entsprechendes Untersuchungsdesign, das Unternehmen in verschiedenen Branchen und Phasen – in der Gründung befindliche, junge Unternehmen, etablierte KMU – begleitend erforscht, würde für die offenen Fragen nach der Wertigkeit externer und interner Einflussfaktoren, nach den genauen Entstehungsprozessen emergenter bzw. selbstorganisierender Strategien sowie nach der Bedeutung der idealtypischen Strategieverläufe in der Entwicklung von KMU zusätzliche Erkenntnisse liefern.

# Anhang

## 1. Aufbau mittelständischer Strukturen in Polen, Ungarn, der Tschechischen Republik und der Slowakischen Republik (MOE-Studie, 1993)

Im Rahmen einer Untersuchung über den Aufbau mittelständischer Strukturen in Polen, Ungarn, Tschechien und der Slowakei, die im Auftrag des Bundesministeriums für Wirtschaft (BMWi) vorgenommen wurde, wurden vom RWI und der Wirtschaft- und Sozialforschung (WSF) in Zusammenarbeit mit lokalen Forschern insgesamt 576 KMU-Unternehmer in diesen Ländern befragt sowie ausgewählte Fallstudien durchgeführt. In jedem Land wurden drei Regionen ausgewählt; neben der Hauptstadt mit ihrem Umland eine mittelgroße Stadt (100 000 bis 200 000 Einwohner) mit Umland sowie eine Klein-

Tabelle 20

**Struktur der Stichprobe in Ungarn, Slowakei, Tschechien und Polen**
1993

| | Ungarn | | Slowakei | | Tschechien | | Polen | | Summe | in vH |
|---|---|---|---|---|---|---|---|---|---|---|
| | Zahl | in vH | Zahl | in vH | Zahl | in vH | Zahl | in vH | | |
| | | | | | Wirtschaftsbereich | | | | | |
| Industrie | 55 | 39,0 | 62 | 40,5 | 50 | 35,9 | 54 | 37,8 | 221 | 38,4 |
| Handel | 32 | 22,7 | 26 | 17,0 | 30 | 21,6 | 32 | 22,4 | 120 | 20,8 |
| Handwerk | 32 | 22,7 | 36 | 23,5 | 34 | 24,5 | 35 | 24,5 | 137 | 23,8 |
| Dienstleistungen | 22 | 15,6 | 29 | 19,0 | 25 | 18,0 | 22 | 15,3 | 98 | 17,0 |
| | | | | | Unternehmensgröße in Zahl der Beschäftigten | | | | | |
| bis 5 | 49 | 34,7 | 49 | 32,0 | 42 | 30,3 | 34 | 23,8 | 174 | 30,2 |
| 6 bis 15 | 27 | 19,1 | 45 | 29,5 | 39 | 28,0 | 42 | 29,3 | 153 | 26,6 |
| 16 bis 50 | 21 | 14,9 | 21 | 13,7 | 20 | 14,3 | 27 | 18,9 | 89 | 15,5 |
| 51 bis 200 | 21 | 14,9 | 21 | 13,7 | 19 | 13,7 | 17 | 11,9 | 78 | 13,5 |
| 200 und mehr | 23 | 16,4 | 17 | 11,1 | 19 | 13,7 | 23 | 16,1 | 82 | 14,2 |
| Insgesamt | 141 | 100,0 | 153 | 100,0 | 139 | 100,0 | 143 | 100,0 | 576 | 100,0 |

Eigene Erhebung des RWI und der WSF Kerpen.

stadt (30 000 Einwohner) mit Umland. Den Interviewern wurde in diesen Regionen eine quotierte Stichprobe hinsichtlich Branche und Unternehmensgrößenklasse vorgegeben. Jeweils rund 40 Unternehmer wurden anhand eines umfangreichen Fragebogen interviewt, 100 anhand einer Kurzfassung. Neben personen- und betriebsgebundenen Variablen wurden in der Befragung die Einschätzungen der Unternehmer zu unternehmerischen Rahmenbedingungen erhoben, Problembereiche abgefragt und der Frage nach dem Unterstützungsbedarf sowie der Nutzung externer Unterstützung nachgegangen. Die Ergebnisse wurden u.a. veröffentlicht in Lageman et al. (1994), OECD (1996).

## 2. Gründerprofile im Handwerk in den Kammerbezirken Düsseldorf und Leipzig (Handwerksstudie, 1994)

Die Frage nach dem Einfluss kultureller bzw. gesellschaftlicher Faktoren auf die Unternehmensentwicklung stand im Vordergrund dieser Untersuchung, die vom RWI gemeinsam mit den Handwerkskammern Düsseldorf und Leipzig durchgeführt wurde. Einer Zufallsstichprobe von jeweils 17 vH der eingetragenen Handwerksbetriebe – das entspricht rund 6 000 Betrieben im Kammerbezirk Düsseldorf, 2 000 im Kammerbezirk Leipzig – wurde ein standardisierter Fragebogen geschickt, wobei die Fragen nach der schulischen und beruflichen Herkunft der Unternehmer angepasst wurden an west- und ostdeutsche Gegebenheiten. Der Rücklauf lag mit knapp 23 vH im Kammerbezirk Düsseldorf und 25 vH im Kammerbezirk Leipzig über der üblichen Quote, sodass die Ergebnisse als repräsentativ gewertet werden können. Allerdings

Tabelle 21

**Struktur der Stichprobe in Düsseldorf und Leipzig**
1994

| Kammerbezirk | Düsseldorf | | Leipzig | |
|---|---|---|---|---|
| Gruppe | Zahl | in vH | Zahl | in vH |
| Nahrungsmittel | 113 | 8,3 | 34 | 6,8 |
| Bekleidung, Textil, Leder | 34 | 2,5 | 10 | 1,9 |
| Haushalts- und Wohnbedarf | 117 | 8,6 | 38 | 7,5 |
| Verkehrsbedarf | 91 | 6,7 | 35 | 7,0 |
| Körper- und Gesundheitspflege | 208 | 15,3 | 29 | 5,8 |
| Unterhaltungs- und Freizeitbedarf | 68 | 5,0 | 26 | 5,2 |
| Bauhauptgewerbe | 204 | 15,0 | 82 | 16,4 |
| Ausbaugewerbe | 308 | 22,6 | 105 | 21,0 |
| Technische Investitionsgüterhandwerke | 108 | 7,9 | 91 | 18,2 |
| Dienstleistungen für die gewerbliche Wirtschaft | 20 | 1,5 | 7 | 1,4 |
| Keine Angaben | 90 | 6,6 | 44 | 8,8 |
| Insgesamt | 1 361 | 100,0 | 501 | 100,0 |

RWI ESSEN

Eigene Erhebung.

nicht durchgängig gegeben ist die sektorale Repräsentativität. Überproportional vertreten sind das Bauhaupt- und Ausbaugewerbe, unterrepräsentiert dagegen die technischen Investitionshandwerke (Elektro- und Metallbetriebe).

Erhoben wurden Daten zum Unternehmer, seinem persönlichen, beruflichen und soziokulturellen bzw. familiären Hintergrund sowie zum jeweiligen Finanzierungsverhalten bei Gründung und Investitionen. Die Ergebnisse wurden veröffentlicht in Welter (1996a, 1998).

## 3. The support needs of small enterprises in the Ukraine, Belarus and Moldova: Developing a policy agenda (Politikstudie, 1996 bis 1999)

Im Rahmen eines von der Europäischen Union finanzierten Forschungsprojektes (TACIS ACE T95-4139R) wurden der Unterstützungsbedarf von KMU und die Unterstützungsinfrastruktur in der Ukraine, Weißrussland und Moldawien untersucht. Projektpartner waren neben dem RWI Prof. Smallbo-

Tabelle 22

**Struktur der Stichprobe in der Ukraine, Moldawien, Weißrussland**
1997

| | Ukraine | | Moldawien | | Weißrussland | | Insgesamt | |
|---|---|---|---|---|---|---|---|---|
| | Zahl | in vH | Zahl | in vH | Zahl | in vH | Zahl | in vH |
| | | | | *Aktive Unternehmen* | | | | |
| | | | | Sektor | | | | |
| Verarbeitendes Gewerbe | 152 | 48 | 36 | 45 | 47 | 32 | 235 | 43 |
| Bau | 35 | 11 | 6 | 7 | 38 | 26 | 79 | 14 |
| Dienstleistungen | 131 | 41 | 39 | 48 | 63 | 42 | 233 | 43 |
| | | | | Unternehmensalter | | | | |
| < 6 Monate | 48 | 15 | 3 | 4 | 29 | 20 | 80 | 15 |
| 6 bis 24 Monate | 77 | 24 | 31 | 38 | 28 | 19 | 136 | 25 |
| > 24 Monate | 193 | 61 | 47 | 58 | 91 | 61 | 331 | 60 |
| | | | | Unternehmensgröße | | | | |
| bis 10 Beschäftigte | 89 | 28 | 40 | 49 | 27 | 18 | 156 | 29 |
| 11 bis 50 Beschäftigte | 182 | 57 | 32 | 40 | 104 | 71 | 318 | 58 |
| 51 bis 200 Beschäftigte | 47 | 15 | 9 | 11 | 16 | 11 | 72 | 13 |
| | | | | *Alle Unternehmen* | | | | |
| | | | | Unternehmensstatus | | | | |
| Aufgegeben | 32 | 9 | 20 | 20 | 20 | 11 | 72 | 12 |
| Aktiv | 318 | 91 | 81 | 80 | 148 | 89 | 547 | 88 |
| Insgesamt | 350 | 100 | 101 | 100 | 168 | 100 | 619 | 100 |

Eigene Erhebung. RWI ESSEN

ne (CEEDR, London; Koordinator), Dr. Aculai (Nationale Akademie der Wissenschaften, Moldawien), Dr. Klochko und Dr. Isakova (Nationale Akademie der Wissenschaften, Ukraine) sowie Dr. Slonimski (Ökonomisches Institut des Wirtschaftsministeriums, Weißrussland).

Ein Bestandteil der Forschungsarbeit war eine empirische Untersuchung von insgesamt 619 Unternehmen (neugegründet, aktive und aufgegebene) in drei Sektoren (verarbeitendes Gewerbe, Bau und ausgewählte Dienstleistungen). KMU wurden definiert als Betriebe mit weniger als 200 Beschäftigten. Die standardisierte Befragung wurde über persönliche Interviews zwischen März und Oktober 1997 mit lokalen Interviewern durchgeführt, die von den jeweiligen Forschungspartnern betreut wurden. Die Unternehmen wurden über Register, Adressenmaterial von Unternehmensverbänden und persönliche Kontakte der beteiligten Forscher ausgewählt. Mit Blick auf die Sektoren ist keine vollständige repräsentative Verteilung gegeben, da sich das Forschungsprojekt auf Sektoren konzentrierte, die einen wesentlichen Beitrag zur wirtschaftlichen Entwicklung leisten können, und den Handelsbereich ausschloss. Gleichzeitig sollten die Stichproben auch über die Länder hinweg vergleichbar sein.

Erfragt wurden in einem ersten Teil des standardisierten Fragebogens Strukturdaten zu dem Unternehmen und dem Unternehmer, seinen Zielen, der Beschäftigung, den Wachstumspfaden, den Finanzierungsquellen, den betrieblichen Problemen, Managementerfahrungen, den Märkten und Produkten. Ein zweiter Teil des Fragebogens beschäftigte sich mit der Einschätzung der Unternehmer hinsichtlich ihres Unterstützungsbedarfs und ihrer Bewertung vorhandener Angebote. Dazu kamen Interviews mit ausgewählten Anbietern von Unterstützungsdienstleistungen. Die Ergebnisse wurden u.a. veröffentlicht in Smallbone et al. (1999a).

## 4. The Contribution of Small Businesses to Regional Economic Development in Ukraine, Moldova and Belarus (Regionalstudie, 1997 bis 2000)

Im Rahmen eines von der Europäischen Union finanzierten Forschungsprojektes (INTAS-UA 95–166) wurde der Beitrag von KMU zur regionalen Entwicklung in der Ukraine, Moldawien und Weißrussland untersucht. Projektpartner waren neben dem RWI Prof. Smallbone (CEEDR, London; Koordinator), Dr. Aculai (Nationale Akademie der Wissenschaften, Moldawien), Dr. Isakova (Nationale Akademie der Wissenschaften, Ukraine) und Dr. Slonimski (Ökonomisches Institut des Wirtschaftsministeriums, Weißrussland).

Neben der Auswertung relevanter Literatur und statistischer Daten beinhaltete das Projekt eine quantitative empirische Untersuchung von Oktober

Tabelle 23

**Struktur der Stichprobe und Fallstudien in der Ukraine, Moldawien, und Weißrussland**
1998 und 1999

| | Ukraine | | Moldawien | | Weißrussland | | Insgesamt | |
|---|---|---|---|---|---|---|---|---|
| | Zahl | in vH | Zahl | in vH | Zahl | in vH | Zahl | in vH |
| | | | | Sektor | | | | |
| Verarbeitendes Gewerbe | 116 | 34 | 28 | 28 | 82 | 41 | 226 | 35 |
| Bau | 20 | 6 | 5 | 5 | 14 | 7 | 39 | 6 |
| Dienstleistungen | 136 | 39 | 33 | 33 | 56 | 28 | 225 | 35 |
| Handel | 71 | 21 | 34 | 34 | 48 | 24 | 153 | 24 |
| | | | | Unternehmensalter | | | | |
| < 3 Jahre | 107 | 31 | 46 | 46 | 40 | 20 | 193 | 30 |
| 3 bis 6 Jahre | 138 | 40 | 37 | 37 | 96 | 48 | 271 | 42 |
| > 6 Jahre | 98 | 29 | 17 | 17 | 64 | 32 | 179 | 28 |
| | | | | Unternehmensgröße | | | | |
| bis 10 Beschäftigte | 158 | 46 | 58 | 58 | 73 | 36 | 289 | 45 |
| 11 bis 50 Beschäftigte | 152 | 44 | 35 | 35 | 113 | 57 | 300 | 47 |
| > 50 Beschäftigte | 33 | 10 | 7 | 7 | 14 | 7 | 54 | 8 |
| Insgesamt | 343 | 100 | 100 | 100 | 200 | 100 | 643 | 100 |
| | | | | Fallstudien (Zahl) | | | | |
| Verarbeitendes Gewerbe | 15 | – | 8 | – | 14 | – | 37 | – |
| Bau | 4 | – | 1 | – | 1 | – | 6 | – |
| Handel | 8 | – | 4 | – | 3 | – | 15 | – |
| Dienstleistungen | 19 | – | 12 | – | 8 | – | 39 | – |
| Insgesamt | 46 | – | 25 | – | 26 | – | 97 | – |

Eigene Erhebung. RWI ESSEN

1998 bis März 1999, um über erhobene Strukturdaten und Problembereiche einen ersten Überblick über den regionalen Beitrag von KMU zu erhalten.

In der Ukraine und Weißrussland fanden die empirischen Erhebungen in jeweils einer zentralen (Ukraine: Kiew, Weißrussland: Minsk) und einer peripheren Region (Ukraine: Vinnitsa, Weißrussland: Mogilev) statt, in Moldawien nur in der Hauptstadt Kishinew; die Regionen wurden anhand statistischer Daten ausgewählt. Als KMU wurden Unternehmen mit bis zu 200 Beschäftigten definiert, um einen Vergleich zu den wenigen vorhandenen statistischen Daten zu ermöglichen. Die Auswahl der befragten Unternehmen für die standardisierte Erhebung erfolgte über die vorhandenen, allerdings unvollständigen Unternehmensregister, Adressenmaterial von Unternehmensverbänden und persönliche Kontakte der beteiligten Forscher. Dabei wurde der Versuch unternommen, die Stichprobe mit Blick auf die offiziellen statistischen Daten zu KMU so repräsentativ wie möglich zu gestalten. Die Interviews selbst wurden persönlich entweder über Telefon oder über „drop-collect“ durchgeführt. In einem zweiten Schritt wurden im Sommer 1999 insgesamt 97 detaillierte Fallstudien durchgeführt und schriftlich dokumentiert, um näheren Aufschluss über den Beitrag von KMU zu Innovation, Beschäftigung, regionalen Märkten, Kooperation und Zulieferbeziehungen, Nutzung externer Ressourcen und Unterstützung sowie generell die Lösung betrieblicher Probleme zu ermöglichen. Selektionskriterien waren neben dem Unternehmenserfolg die Unternehmensgröße, die Sektoren und das Unternehmensalter.

Die Ergebnisse wurden veröffentlicht in Smallbone et al. (2000a).

## 5. Employment, SMEs and Labour Markets in Russia and Moldova (Beschäftigungsstudie, 1998 bis 2000)

Im Rahmen eines von der Europäischen Union finanzierten Forschungsprojektes (INTAS Open 97–1805) wurden Beschäftigungsstrukturen, Beschäftigungsbeiträge und Beschäftigungsverhalten in russischen und moldawischen KMU untersucht. Projektpartner waren neben dem RWI (Koordinator) Prof.

Tabelle 24

**Struktur der Stichprobe in Russland und Moldawien**
1999

| | Russland | | Moldawien | |
|---|---|---|---|---|
| | Zahl | in vH | Zahl | in vH |
| | Unternehmensgröße | | | |
| < 10 Beschäftigte | 333 | 28,7 | 30 | 30,0 |
| 10 bis 50 Beschäftigte | 692 | 59,7 | 58 | 58,0 |
| > 50 Beschäftigte | 129 | 11,1 | 12 | 12,0 |
| Keine Angaben | 6 | 0,5 | 0 | 0 |
| | Unternehmensalter | | | |
| > 66 Monate | 405 | 34,9 | 28 | 28,0 |
| 30 bis 66 Monate | 401 | 34,6 | 43 | 43,0 |
| 13 bis 30 Monate[1] | 240 | 20,7 | 29 | 29,0 |
| < 13 Monate[1] | 70 | 6,0 | – | – |
| Keine Angaben | 44 | 3,8 | 0 | 0 |
| | Sektor | | | |
| Industrie | 191 | 16,5 | 25 | 25,0 |
| Bau | 182 | 15,7 | 10 | 10,0 |
| Handel | 458 | 39,5 | 29 | 29,0 |
| Konsumerorientierte Dienstleistungen[1] | 196 | 16,9 | 36 | 36,0 |
| Unternehmensorientierte Dienstleistungen[1] | 119 | 10,3 | – | – |
| Landwirtschaft | 14 | 1,2 | 0 | 0 |
| Insgesamt | 1 160 | 100,0 | 100 | 100,0 |

Eigene Erhebung. – [1]Diese Kategorien sind für Moldawien zusammengefasst.

Übersicht 14

**Merkmale der Fallstudien in Russland**
2000

| Enterprise characteristics | | | | | | Respondents | | |
|---|---|---|---|---|---|---|---|---|
| Main activity | Size (employees) | Start | Property type | Origins | Region | Category | Position, profession | Employment status |
| Construction | 23 | 05.1997 | Private | New | Voronezh | Owner | Main manager – director | Permanent |
| | | | | | | Formally – Employee, Informally – Owner | Manager – production organiser | Permanent |
| | | | | | | Employee | Production worker – gas- and -electric arc welder | Temporary |
| Retail trade | 20 | 03.1993 | Private | Privatised | Voronezh | Owner | Main manager – director | Permanent |
| | | | | | | Employee | Executive manger | Permanent |
| | | | | | | Employee | Production workman – salesman | Permanent |
| Industry, research activity | 17 | 05.1996 | Mixed property | New, reorganised | Voronezh | Owner | Main manager – director | Permanent Temporary |
| | | | | | | Employee | Marketing expert Owner-cofounder | Permanent (part-time) |
| Industry, wholesale trade | 13 | 10.1993 | Private | New | Voronezh | Owner | Main manager – director | Permanent (part-time) |
| | | | | | | Employee | Manager – specialist on personnel | Permanent (part-time) |
| Research activity | 58 | 02.1992 | Mixed property | Restructured | Voronezh | Owner | Director | Permanent |
| Services (servicing and repair of household electronic equipment) | 52 | 1994 | Private | Reorganised | Voronezh | Owner | Main manager – director | Permanent |
| | | | | | | Employee | Manager | Permanent |
| | | | | | | Employee | Production worker – foreman specialising in tuning | Temporary |
| Services (travel agency) | 25 | 05.1996 | Private | Restructured | Moscow | Owner | Main manager – director | Permanent |
| | | | | | | Employee | Manager on advertisement | Temporary |
| | | | | | | Employee | Manager-secretary | Permanent |
| Intermediary activity (advertisement) | 11 | 1996 | Private | Reorganised | Moscow | Owner | Main manager – director | Permanent |
| | | | | | | Employee | Manager on advertisement | Temporary |
| Publishing activity in sphere of education (scholastic literature) | 19 | 1988 – birth, 1994 reorganised | Mixed property | Restructured, reorganised | Moscow | Owner | Main manager – director | Permanent |
| | | | | | | Employee | Specialist-programmer | Permanent |
| | | | | | | Employee | Specialist-editor | Temporary |
| Retail trade | 65 | 10.1997 | Private | Reorganised | Moscow | Owner | Main manager – director | Permanent |
| | | | | | | Employee | Production worker – driver forwarding agent | Permanent |
| | | | | | | Employee | Production worker – assistant of cook | Permanent |
| | | | | | | Employee | Specialist – deputy chief accountant | Permanent |
| Public health, retail business (drugstore) | 3 | 06.1998 | Private | New | Moscow | Owner | Main manager – director | Permanent |
| | | | | | | Employee | Senior Pharmacist | Permanent |
| | | | | | | Employee | Junior Pharmacist | Permanent |
| Educational facilities in sphere of construction | 5 | 04.1998 | Private | Restructured | Moscow | Owner | Main manager – director | Permanent |
| | | | | | | Employee | Secretary | Permanent |
| Services (installation and repair of local telephone exchanges) | 15 | 1992 | Private | Restructured | Moscow | Owner | Main manager – director | Permanent |
| | | | | | | Employee | Chief manager | Permanent |
| | | | | | | Employee | Production worker laying the cable | Permanent |
| Industry (manufacturing of doors and windows) | 24 | 09.1992 | Private | New | Moscow | Owner | Main manager – director | Permanent |
| | | | | | | Employee | Office-manager | Permanent |
| | | | | | | Employee | Production worker | Permanent |

(noch Übersicht 14)

**Merkmale der Fallstudien in Russland**
2000

| Enterprise characteristics | | | | | | Respondents | | |
|---|---|---|---|---|---|---|---|---|
| Main activity | Size (employees) | Start | Property type | Origins | Region | Category | Position, profession | Employment status |
| Construction | 23 | 05.1997 | Private | New | Voronezh | Owner | Main manager – director | Permanent |
| Construction | 24 | 09.1997 | Private | Privatised, reorganised | Moscow | Owner | Main manager – director | Permanent |
| | | | | | | Employee | Production | Permanent |
| | | | | | | Employee | Specialist – estimator | Permanent (part-time) |
| Medicine | 3 | 1996 | Mixed property | New | Moscow | Owner | Main manager – director, main specialist | Permanent |
| | | | | | | Employee | Specialist physician-diagnostician | Permanent (part-time) |
| | | | | | | Employee | trained nurse | Permanent |
| Food industry | 80 | 05.1994 | Mixed property | Privatised | Moscow | Owner | Main manager – general director | Permanent |
| | | | | | | Employee | Specialist – main economist | Permanent |
| | | | | | | Employee | Production worker | Temporary |
| Services (Salon barbershop) | – | – | Private | Reorganised | Moscow | Owner | Main manager – director | Permanent |
| | | | | | | Employee | Production workman – master-hairdresser | Permanent (part-time) |
| | | | | | | Employee | Production workman | Temporary |

Eigene Erhebung. RWI ESSEN

Smallbone (CEEDR, London), Dr. Aculai (Nationale Akademie der Wissenschaften, Moldawien) und Dr. Tschepurenko (Russisches Unabhängiges Institut für Soziale und Nationalitätenfragen RIISNP, Russland). Neben der Auswertung relevanter Literatur, statistischer Daten sowie einer Übersicht über rechtliche und institutionelle Grundlagen der russischen und moldawischen Arbeitsmärkte beinhaltete das Projekt empirische Untersuchungen.

In einem ersten Schritt wurde im Juni 1999 eine standardisierte Befragung über geschulte Interviewer durchgeführt. In Russland wurden aus neun Regionen folgende Städte mit Umland ausgewählt: Moskau, St. Petersburg, Archangelsk, Voronesch, Kasan, Jekaterinburg, Omsk, Irkutsk, Krasnojarsk. Ausgenommen wurden der Nordkaukasus, das Wolgagebiet, der Ferne Osten und Kaliningrad. In Moldawien wurde die Befragung in der Hauptstadtregion Kishinew und der südlichen Region um Leova durchgeführt. Die Regionen repräsentieren unterschiedliche wirtschaftliche Umfelder für KMU. Die Auswahl der Unternehmen erfolgte in Moldawien über Adressenmaterial von Unternehmerverbänden und von statistischen Büros sowie über persönliche Kontakte der beteiligten Forscher. Für Russland konnte auf eine bestehende repräsentative Stichprobe des RIISNP zurückgegriffen werden. Generell sind die Stichproben mit Blick auf die Sektoren weitgehend repräsentativ, mit Blick auf die Unternehmensgröße sind Kleinstunternehmen mit nur einem Beschäftigten aufgrund der Forschungsfragen unterrepräsentiert. KMU wur-

Übersicht 15

**Merkmale der Fallstudien in Moldawien**
2000

| Enterprise characteristics | | | | | | | Respondent characteristics | | |
|---|---|---|---|---|---|---|---|---|---|
| Main activity type | Additional activity type | Size (employees) | Age, years | Property type | Origins | Region | Category | Position | Employment status |
| Industry (furniture manufacture) | – | 20 | 8 | Private | New | Kishinew | Manager, owner | Director | Permanent |
| | | | | | | | Employee | Worker | Permanent |
| | | | | | | | Employee | Worker | Permanent |
| Industry (tools manufacture) | Wholesale trade, factorship | 40 | 2,5 | Mixed property, collective enterprise | Reorganised, restructured, privatised | Kishinew | Manager, owner | Director | Permanent |
| | | | | | | | Employee-Worker-co-owner of | Worker | Permanent |
| | | | | | | | collective enterprise | Worker | Permanent |
| Construction (erection of wooden structures) | Manufacture of wooden structures | 7 | 5 | Private | New | Kishinew | Manager, owner | Director | Permanent |
| | | | | | | | Pupil | Worker | Permanent |
| | | | | | | | Employee | Probationer | Temporary |
| Retail trade | Wholesale trade | 53 | 10 | Private | New | Kishinew | Manager, owner | Director | Permanent |
| | | | | | | | Employee | Salesperson | Permanent |
| | | | | | | | Employee | Driver | Temporary |
| Trade (wedding shop) | Services (wedding dresses for rent, etc.) | 5 | 2.5 | Private | New | Kishinew | Manager, owner | Director | Permanent |
| | | | | | | | Employee | Salesperson visagiste | Permanent |
| | | | | | | | Employee | Hairdresser-stylist | Temporary |
| Services (medical services) | – | 15 | 6 | Private | New | Kishinew | Manager, owner | Director | Permanent |
| | | | | | | | Employee | Administrator | Permanent |
| | | | | | | | Employee | Doctor | Permanent |
| Services (teaching) | – | 30 | 1 | Municipal | Restructured | Kishinew | Employed manager | Vice Director | Permanent |
| | | | | | | | Employee | Teacher | Permanent |
| | | | | | | | Employee | Tutor | Permanent |
| Services (tourism) | Passenger transport | 11 | 8 | Private | New | Kishinew | Manager, owner | Director | Permanent |
| | | | | | | | Employee | Driver | Permanent |
| | | | | | | | Employee | Accountant | Permanent |
| Industry (winery) | – | 55 | 1 | Private, collective enterprise | Privatised | Leova | Manager, owner | Director | Permanent |
| | | | | | | | Worker-co-owner of collective enterprise | Technologist (laboratory chief) | Permanent |
| Retail trade | – | 6 | 3.5 | Private | New | Leova | Manager, owner | Director | Permanent |
| | | | | | | | Employee | Salesperson | Permanent |
| Wholesale trade | Retail trade | 4 | 5 | Private | New | Leova | Manager, owner | Director | Permanent |
| | | | | | | | Employee | Salesperson | Temporary |

Eigene Erhebung.

RWI ESSEN

den in dieser Befragung in Anlehnung an geänderte statistische Kriterien – in Moldawien werden nur Unternehmen mit weniger als 75 Beschäftigten als KMU betrachtet, in Russland existieren differenzierte sektorale Definitionen – definiert als Betriebe mit weniger als 100 Beschäftigten.

In einem zweiten Schritt wurden im Frühjahr 2000 Fallstudien durchgeführt, die über einen Leitfaden schwach vorstrukturiert waren, und schriftlich dokumentiert. In Russland handelte es sich um insgesamt 50 Fallstudien (18 mit Unternehmern, 32 mit Arbeitnehmern), in Moldawien um 30 Fallstudien (11 mit Unternehmern, 19 mit Arbeitnehmern). Im Vordergrund standen bei den Unternehmern Fragen zum Einsatz permanenter und temporärer Arbeitskräfte, zu Fortbildung, Bezahlung und Einstellungspraxis. Bei den Arbeitnehmern wurden vor allem Informationen zur beruflichen Entwicklung, zu ihren beruflichen Fähigkeiten, zur jetzigen Position, zur jeweiligen Einstellung bezüglich Fortbildung, zu Vor- bzw. Nachteilen einer Beschäftigung in KMU und zu den Arbeitsbeziehungen abgefragt.

Die Ergebnisse wurden u.a. veröffentlicht in RWI et al. (2000a, 2000b), Smallbone et al. (1999b).

### 6. Möglichkeiten zur Verbesserung des Umfeldes für Existenzgründer und Selbständige – Wege zu einer neuen Kultur der Selbständigkeit (Selbständigenstudie, 1996 bis 1997)

Im Rahmen eines Forschungsprojektes, das vom Bundesministerium für Wirtschaft vergeben wurde, untersuchten RWI, Infratest und das Max-Planck-Institut für Gesellschaftsforschung in Köln das wirtschafts- und gesellschaftspolitische Umfeld für Existenzgründer und KMU in Deutschland. Ein Bestandteil des Projektes war eine empirische Untersuchung, um Handlungsumfelder von Selbständigen und potenziellen Gründern sowie das Image der Selbständigkeit in der Bevölkerung zu erheben.

Strukturmerkmale von Selbständigen und potenziellen Gründern, Image der Selbständigkeit sowie Gründungsfähigkeit und Gründungsneigung wurden von Februar bis April 1997 über eine repräsentative telefonische Umfrage im Befragungssystem InfraScope von Infratest Burke Sozialforschung erfasst. Im Rahmen dieser Befragung wurden auf Basis einer repräsentativen (per random gezogenen und geschichteten) Bevölkerungsstichprobe insgesamt 1 654 Personen, davon 400 Selbständige, 843 abhängig Beschäftigte, 110 Arbeitslose und 301 Lehrlinge, Schüler und Studenten befragt. Die befragten Gruppen „Selbständige“, „Arbeitslose“ und „Lehrlinge, Schüler und Studenten“ sind im Vergleich zur Bevölkerung mit einem erhöhten (disproportionalem) Ansatz vertreten, um eine ausreichende Mindestzahl von Befragten zu erreichen.

Tabelle 25 präsentiert die Ergebnisse der Befragung zur Gründungsfähigkeit und Gründungsneigung. Die Gründungsfähigkeit wurde auf Basis einer Einstellungsskala (Leistungsorientierung, Eigeninitiative und Risikobereitschaft = LER) ermittelt, mit der grundlegende und gründungsrelevante individuell-ökonomische Wertorientierungen gemessen wurden. Über einzelne Statements werden mittels einer Selbsteinstufung der Befragten zunächst die Karriere- und Problemorientierung, Selbstbestimmung, Kreativität und Risikobereitschaft des Einzelnen bestimmt. Die LER-Skala wird in einem zweiten

Tabelle 25

**Gründungsfähigkeit und Gründungsneigung in Deutschland**
1997

| Prozentwerte quer | Gründungsfähigkeit[1] | | Gründungsneigung[2] | | |
|---|---|---|---|---|---|
| | Hoher-LER-Wert[3] | Durch-schnitts-punktzahl | Wunsch | darunter: Absicht | Absichts-quote[4] |
| | in vH | | | in vH | |
| *Selbständige* | 58 | 20,1 | | | |
| Männer | 59 | 20,2 | | | |
| Frauen | 57 | 19,7 | | | |
| *Berufliche Selbständigkeit wird ...* | | | | | |
| angestrebt | 50 | 19,3 | | | |
| nicht angestrebt | 27 | 17,6 | | | |
| *Abhängig Beschäftigte* | 32 | 18,0 | 18 | 9 | 50 |
| unter 30 Jahre | 38 | 18,4 | 35 | 19 | 54 |
| 30 bis unter 40 Jahre | 30 | 17,7 | 20 | 9 | 45 |
| 40 Jahre und älter | 31 | 17,9 | 9 | 5 | 55 |
| *Arbeitslose* | 25 | 17,4 | 15 | 6 | 40 |
| unter 40 Jahre | 26 | 17,9 | 29 | 12 | 41 |
| 40 Jahre und älter | 24 | 17,0 | 5 | 3 | 60 |
| *In Ausbildung befindlich* | 35 | 18,3 | 42 | 19 | 45 |
| Schüler, die einen Haupt- oder Realschulabschluss anstreben | 28 | 17,7 | 48 | 15 | 31 |
| Lehrlinge/Fachschüler | 31 | 17,9 | 41 | 14 | 34 |
| Schüler, die das Abitur anstreben | 39 | 18,3 | 43 | 22 | 51 |
| Studenten | 40 | 18,8 | 36 | 17 | 47 |
| *Nichtselbständige gesamt*[5] | | | | | |
| Männer | 38 | 18,4 | 25 | 11 | 44 |
| Frauen | 26 | 17,5 | 22 | 11 | 50 |

Infratest Burke Sozialforschung 1997. – [1]Basis: alle Befragten. – [2]Basis: alle Nichtselbständigen. – [3]LER-Wert hoch oder sehr hoch. – [4]Quotient von Absicht und Wunsch. – [5]Summe der drei Teilgruppen.

RWI ESSEN

Schritt durch die Aufsummierung der individuell erreichten Punktwerte (fünf Punkte für „trifft voll zu" und ein Punkt für „trifft nicht zu") und die Zuordnung zu fünf Klassen (sehr niedrig, niedrig, mittel, hoch, sehr hoch) gebildet; der Skalenwert kann dabei theoretisch im Wertebereich von 5 bis 25 liegen.

Ergänzend wurden Fragen nach der beruflichen Selbständigkeit als Ziel gestellt, um Informationen über die Gründungsneigung der interviewten Personengruppen zu erhalten. Die Ergebnisse wurden veröffentlicht in Frick et al. (1998), Welter, von Rosenbladt (1998).

## 7. The Nascent Entrepreneur – Planungs- und Entscheidungsprozesse in der Vorphase von Gründungen (Potenzielle Gründerstudie, 1998 bis 2000)

Im Rahmen eines von der Deutschen Forschungsgemeinschaft finanzierten Projektes innerhalb des Schwerpunktes „Interdisziplinäre Gründungsforschung" untersuchte das RWI das Gründungspotenzial in Deutschland. Hauptsächlicher Untersuchungsgegenstand war die Strukturierung und Analyse des Gründungspotenzials und die Betrachtung des Gründungsprozesses aus Sicht der Vorgründungsphase. Die Ziele der Studie lagen in (1) einer makro- und mesoanalytischen Erfassung des Vorgründungsgeschehens und der Identifizierung von Gründertypen im Gründungspotenzial, (2) in einer makro- und mikroanalytischen Analyse der typenspezifischen Handlungsumfelder im Vorfeld von Gründungen und (3) einer mikroanalytischen Untersuchung der relevanten Handlungsmuster und -strategien von angehenden Gründern.

Ein Bestandteil dieser Forschungsarbeit war eine eigene empirische Erhebung. Im März und April 1999 wurden von Infratest insgesamt rund 4 000 Personen (18 Jahre und älter) in zwei Stichproben interviewt. Die Befragung erfolgte über computergestützte Telefoninterviews. Beide Stichproben repräsentieren die Wohnbevölkerung.

- In der Stichprobe A (1 945 Personen) wurde aus Gründen der internationalen Vergleichbarkeit nur nach dem Gründungsengagement – auch bei bereits Selbständigen – gefragt. Bei der Fragestellung zur Identifizierung der werdenden Gründer wurde auf das Konzept des Entrepreneurial Research Consortium (ERC) zurückgegriffen.
- In Stichprobe B (1 909 Personen) testeten Infratest und RWI ein eigenes Verfahren zur Abbildung der Vorgründungsphase und zur Strukturierung des Gründungspotenzials, das zunächst nach der Gründungsneigung fragt – und darüber auch die Anknüpfung an eine frühere Studie erlaubt (Anhang, Abschnitt 6) – und erst danach das Gründungsengagement erhebt. Außerdem wurden in Stichprobe B die bereits Selbständigen herausgefiltert, um einen Überblick über „neues" Gründungsengagement zu erhalten und serielles Unternehmertum auszuschließen.

Der Fragebogen reflektiert eine Reihe von konstituierenden Gründungsfaktoren (demographische Merkmale, sozioökonomisches Umfeld). Die zum Zeitpunkt der Befragung nicht Erwerbstätigen (875 in Stichprobe A, 892 in Stichprobe B) wurden zudem nach einer beabsichtigten (Wieder-)Aufnahme ihrer Erwerbstätigkeit innerhalb der nächsten fünf Jahre gefragt. Für diejenigen, die diese Frage verneinten (jeweils knapp mehr als ein Drittel in beiden Stichproben), war das Interview damit beendet, während bei den verbleibenden Personen zusätzlich die berufliche Ausbildung sowie Gründungsneigung

Tabelle 26

**Struktur der Stichproben in Deutschland**
1999; in vH

| | Werdende Gründer | | Bevölkerung | |
|---|---|---|---|---|
| | Stichprobe A | Stichprobe B | Stichprobe A | Stichprobe B |
| | Geschlecht | | | |
| Männlich | 70,6 | 63,0 | 47,3 | 47,4 |
| Weiblich | 29,4 | 37,0 | 52,7 | 52,6 |
| | Alter | | | |
| 18 bis 29 | 25,3 | 38,5 | 17,0 | 16,9 |
| 30 bis 39 | 47,5 | 43,9 | 20,8 | 20,9 |
| 40 und älter | 27,2 | 17,6 | 62,2 | 62,3 |
| | Beschäftigung | | | |
| Abhängig beschäftigt | 55,1 | 66,3 | 46,1 | 44,6 |
| Selbständig | 16,8 | Filter | 5,5 | Filter |
| Arbeitslos | 4,6 | 9,4 | 4,2 | 4,1 |
| Nicht beschäftigt | 4,3 | 10,3 | 36,0 | 36,4 |
| In Ausbildung | 19,3 | 14,1 | 8,2 | 7,8 |
| | Höchster Bildungsabschluss | | | |
| Hauptschulabschluss | 16,2 | 23,7 | 38,5 | 37,9 |
| Realschulabschluss | 37,1 | 32,1 | 33,5 | 32,4 |
| Abitur, Universität | 46,7 | 44,2 | 27,4 | 26,7 |
| | Netto-Haushaltseinkommen | | | |
| < 1 500 DM | 11,1 | 8,0 | 7,1 | 6,5 |
| 1 500 bis 2 999 DM | 16,3 | 15,7 | 25,0 | 25,4 |
| 3 000 bis 4 499 DM | 29,9 | 23,9 | 25,0 | 25,2 |
| 4 500 bis 5 999 DM | 21,0 | 19,2 | 18,3 | 15,7 |
| 6 000 bis 7 499 DM | 10,3 | 13,7 | 6,4 | 6,6 |
| 7 500 und mehr | 7,4 | 15,2 | 5,3 | 5,8 |
| Keine Angaben | 4,1 | 4,2 | 12,8 | 14,9 |
| | Haushaltsgröße | | | |
| 1 Person | 29,8 | 15,5 | 19,0 | 18,9 |
| 2 Personen | 16,3 | 24,8 | 33,9 | 34,7 |
| 3 bis 4 Personen | 48,8 | 44,6 | 38,5 | 36,6 |
| 5 und mehr | 5,1 | 15,1 | 8,6 | 9,7 |
| | Regionale Verteilung | | | |
| > 500 000 Einwohner | 63,6 | 43,9 | 41,8 | 40,0 |
| 100 000 bis 500 000 Einwohner | 18,7 | 20,7 | 17,8 | 16,4 |
| < 100 000 Einwohner | 17,7 | 35,4 | 40,4 | 43,7 |

Stichproben A/B, Infratest Burke Sozialforschung 1999.

RWI ESSEN

und -engagement erhoben wurden. Werdenden Gründern wurden zudem Fragen zum derzeitigen operationellen Status ihres Gründungsvorhabens und Fragen zum Gründungsziel im Sinne einer zukünftigen Beschäftigungsentwicklung gestellt.

Die Ergebnisse zum gesamten Projekt wurden u.a. veröffentlicht in Bergmann (2000), Welter (1999c, 2000a, 2001).

Tabelle 27

**Struktur der Fallstudien arbeitsloser Gründer**
1999

| Tätigkeit | Alter | Geschlecht | | Beschäftigte | | Gründung |
|---|---|---|---|---|---|---|
| | | M | W | 0 | 1 bis 9 | Jahr |
| Agentur für Kommunikation, Öffentlichkeitsarbeit, Werbung und Marketing | 39 | X | | X | | 1997 |
| Buchladen | 37 | X | | X | | 1999 |
| Immobilien- und Relocations-dienstleistungen | 40 | | X | X | | 1998 |
| Naturkostladen | 51 | | X | | M[1] | 1997 |
| Reisebüro | 46 | | X | | X | 1993 |
| Sekretariatsbüro | 48 | | X | | X | 1997 |

Eigene Erhebung. – [1]M: mitarbeitende Partnerin/Partner.

RWI ESSEN

## 8. Enterprise Creation by the Unemployed – Microfinance in Industrialized Countries (Arbeitslose Gründerstudie, 1998 bis 2000)

Im Rahmen eines Forschungsprogramms der Internationalen Arbeitsorganisation (ILO) mit dem Titel „Enterprise Creation by the Unemployed – Microfinance in Industrialized Countries" wurden im November 1999 vom RWI insgesamt 6 Fallstudien durchgeführt. Das Forschungsprojekt hatte zum Ziel, näheren Aufschluss über Überleben, Erfolg und Arbeitsqualität in Mikrounternehmen in Deutschland zu erhalten. Im Vordergrund der Fallstudien, die anhand eines Leitfadens schwach vorstrukturiert wurden, standen Gründungswege, spezifische Schwierigkeiten von arbeitslosen Gründern, die Nutzung externer Unterstützung und der Zugang zu externen Ressourcen sowie die momentane berufliche und persönliche Situation. Ausgewählt wurden die vorher arbeitslosen Gründer und Gründerinnen über eine Beratungsagentur, die ihre Klienten im Vorfeld des Gespräches kontaktierte und daraufhin eine Adressenliste zur Verfügung stellte. Die Ergebnisse wurden veröffentlicht in Welter (2000b, 2000c).

## 9. Young entrepreneurs, women entrepreneurs, ethnic minority entrepreneurs and co-entrepreneurs in the European Union and Central and Eastern Europe (Unternehmerstudie, 1999 bis 2000)

Im Rahmen eines europaweiten, von der Europäischen Union finanzierten Forschungsprojektes, das vom Centre for Enterprise and Economic Development Research (CEEDR) an der Middlesex University Business School geleitet wurde, wurden im Juni und Juli 1999 vom RWI 12 Fallstudien mit jungen Unternehmern, Unternehmerinnen, ausländischen Unternehmern sowie mitarbeitenden Partnern/-innen durchgeführt. Neben einer postalischen Befragung von rund 2 000 Wirtschaftsorganisationen in allen 15 EU-Staaten und den Beitrittsländern Bulgarien, Polen, Estland, Slowakei und der Tschechischen Republik wurden in ausgewählten Ländern – Deutschland, Großbritannien, Griechenland, Polen und Estland – jeweils vertiefende Fallstudien von Gründern und Gründerinnen bzw. bereits länger existierenden Unternehmen durchgeführt. Mit den Fallstudien wurden nähere Informationen über persönliche Umstände, Qualifikationen, die unternehmerische „Geschichte" sowie über den Bekanntheitsgrad und die Erfahrungen mit externer Unterstützung erhoben. Ebenfalls erfragt wurden Probleme bei der Gründung und dem Wachstum sowie die spezifischen Lösungsstrategien.

Tabelle 28

**Struktur der Fallstudien junger Unternehmer/-innen, ausländischer Unternehmer, mitarbeitender Unternehmerfrauen**
1999

| Alter | Geschlecht | | Berufliche Stellung vor Gründung | | | Beschäftigte | | | Gründungsweg | |
|---|---|---|---|---|---|---|---|---|---|---|
| | M | W | Lehre/ Beruf | Uni | Arbeitslos | 0 | 1 bis 9 | 10 bis 49 | Neu | Übernahme |
| Produktion und Dienstleistungen im Bereich Memory-Metalle | | | | | | | | | | |
| 34 | X | | | X | | X | | | 1996/1998 | |
| Forschung und Entwicklung im Bereich automatische Bildverarbeitung | | | | | | | | | | |
| 34, 36 | X | | | X | | | X | | 1996 | |
| Unternehmensberatung, Schulung und Coaching für türkische Unternehmer | | | | | | | | | | |
| 30 | X | | | X | | X | | | 1997 | |
| Sprachschule, Übersetzungs- und Dolmetscherdienste | | | | | | | | | | |
| 37 | X | | | X | | | | X | 1995 | |
| Elektronische Kontrollsysteme für Schankanlagen | | | | | | | | | | |
| 37 | X | | | X | | | X | | 1996 | |
| Porzellanfachgeschäft | | | | | | | | | | |
| 37 | | X | | X | | | | X | | 1974/1998 |
| Elektrohandwerk | | | | | | | | | | |
| 50 | | M[1] | X | | | | X | | 1977 | |
| Schreinerhandwerk | | | | | | | | | | |
| 44 | | M[1] | X | | | | | X | | 1897/1981 |
| Elektrohandwerk | | | | | | | | | | |
| 50 | | M[1] | X | | | | X | | | 1921/1979 |
| Sanitär- und Heizungstechnikerhandwerk | | | | | | | | | | |
| 49 | | M[1] | X | | | | X | | | 1952/1989 |
| Agentur für Kommunikation und Kultur | | | | | | | | | | |
| 37 | | X | | | X | | X | | 1987 | |
| Agentur für Haushaltsdienstleistungen | | | | | | | | | | |
| 37 | | X | | | X | | | X | 1996 | |

Eigene Erhebung. – [1]M: mitarbeitende Partnerin/Partner.

RWI ESSEN

Insgesamt wurden rund 20 Unternehmer/-innen in Deutschland kontaktiert, von denen sich zwölf für ein Interview bereit erklärten. Die Auswahl der Gesprächspartner erfolgte über Internetmitgliederlisten von Unternehmerorganisationen und über lokale Fördereinrichtungen. Die mitarbeitenden Unternehmerinnen in den Handwerksbetrieben wurden über Handwerkskammern und den Verband der Unternehmerfrauen im Handwerk vermittelt. Die Gespräche wurden anhand eines Leitfadens schwach vorstrukturiert.

Die Ergebnisse wurden veröffentlicht in CEEDR (2000), Welter (1999b, 2000c).

## Literaturverzeichnis


Abel, W. (1966), Zur Ortsbestimmung des Handwerks vor dem Hintergrund seiner Geschichte. In Deutsches Handwerksinstitut München (Hrsg.), 48–81.

Acs, Z.A., B. Carlsson and C. Karlsson (eds.) (1999), *Entrepreneurship, small and medium-sized enterprises and the macroeconomy*. Cambridge et al.: Cambridge University Press.

Acs, Z.J. and D.B. Audretsch (1989), Entrepreneurial Strategy and the Presence of Small Firms. *Small Business Economics* 1: 193–213.

Ageev, A.I., M.V. Gratchev and R.D. Hisrich (1995), Entrepreneurship in the Soviet Union and Post-Socialist Russia. *Small Business Economics* 7: 365–376.

Albach, H. (1993), *Zerrissene Netze – Eine Netzwerkanalyse des ostdeutschen Transformationsprozesses*. Berlin: Edition Sigma.

Aldrich, H.E. (1979), *Organizations and Environments*. Englewood Cliffs, NJ: Prentice-Hall.

Aldrich, H.E. (2000), *Organizations Evolving*. London et al.: Sage.

Aldrich, H.E. and E. Auster (1986), Even Dwarfs started Small: Liabilities of Age and Size and their Strategic Implications. *Research in Organizational Behavior* 8: 165–198.

Aldrich, H.E. und R. Waldinger (2000a), Ethnizität und Unternehmertum. In Bögenhold (Hrsg.), 243–277. Im Original abgedruckt in *Annual Review of Sociology* 16 (1990): 111–135.

Alsos, G.A. and L. Kolvereid (1999), The Business Gestation Process of Novice, Serial and Parallel Business Founders. *Entrepreneurship Theory & Practice* 1999 (Summer): 101–114.

Alsos, G.A., E. Ljunggren and B. Rotefoss (2000), *Who makes it through the business formation process? – A Longitudinal Study of Entrepreneurs*. Paper presented at the Babson College-Kauffman Foundation Entrepreneurship Research Conference, Babson, June 8–10.

Amit, R. und E. Muller (1996), „Push"- und „Pull"-Unternehmertum. *Internationales Gewerbearchiv* 44: 90–103.

Amit, R. and P.J.H. Shoemaker (1993), Strategic Assets and Organisational Rent. *Strategic Management Journal* 14: 33–46.

Anderson, P. (1999), Complexity Theory and Organization Science. *Organization Science* 10 (3): 216–232.

Anderson, P., A. Meyer, K. Eisenhardt, K. Carley and A. Pettigrew (eds.) (1999), Special Issue: Applications of Complexity Theory to Organization Science. *Organization Science* 10 (3).

Arthur, W.B. (1994), *Increasing returns and path dependence in the economy*. Michigan: University Press.

Arthur, W.B. (1996), Increasing Returns and the New World of Business. *Harvard Business Review* 1996 (Jul-Aug): 100–109.

Aslund, A. (1985), Yellow Light for Private Enterprise in Poland? *Osteuropa-Wirtschaft* 30 (1): 21–29.

Aslund, A. (1991), *Gorbachev's Struggle for Economic Reform*. Updated and expanded edition. London: Pinter.

Atherton, A. und P. Hannon (1997), Das strategische Bewußtsein und der Innovationsprozeß. *Internationales Gewerbearchiv* 45: 236–250.

Atkins, M. and J. Lowe (1994), Stakeholders and the Strategy Formation Process in Small and Medium Enterprises. *International Small Business Journal* 12 (3): 12–24.

Audretsch, D.B. and J.A. Elston (1997), Financing the German Mittelstand. *Small Business Economics* 9: 97–110.

Bain, J.S. (1968), *Industrial Organization*. 2. Aufl. New York et al.: John Wiley.

Bak, P. (1999), *How nature works: the science of self-organized criticality*. New York: Copernicus.

Baker, T., A.S. Miner and D.T. Eesley (2001), *Fake it until you make it: improvisation and new ventures*. Paper presented at the Babson-Kauffman Entrepreneurship Research Conference, 13. bis 16. Juni 2001 in Jönköping.

Balcerowicz, L., C.W. Gray and I. Hoshi (eds.) (1998), *Enterprise Exit Processes in Transition Economies*: Downsizing, Workouts and Liquidation. Budapest: Central European University Press.

Bamberger, I. (1983), Value Systems, Strategies and the Performance of Small and Medium-Sized Firms. *European Small Business Journal* 1 (4): 25–39.

Bamberger, I. (1989), Developing Competitive Advantage in Small and Medium-size Firms. *Long Range Planning* 5: 80–88.

Bamberger, I. (ed.) (1994), *Product/Market Strategies of Small and Medium-sized Enterprises*. Aldershot, Brookfield: Ashgate.

Bamberger, I. und H.J. Pleitner (Hrsg.) (1988), Strategische Ausrichtung kleiner und mittlerer Unternehmen. *Internationales Gewerbearchiv*, Sonderheft 2.

Bamberger, I. and T. Wrona (1994), The environment, competitive strategies and the performance of SMEs – A review of hypotheses based on contingency theory. In J. Bamberger (ed.), 198–245.

Bamberger, I. und T. Wrona (1996), Der Ressourcenansatz und seine Bedeutung für die Strategische Unternehmensführung. *Zeitschrift für betriebswirtschaftliche Forschung* 48 (2): 130–153.

Banasinski, C. und P. Czechowski (1990), Neue Voraussetzungen für die Aufnahme der Wirtschaftstätigkeit in Polen durch Inlands- und Auslandssubjekte. *Osteuropa-Wirtschaft* 35 (4): 269–282.

Bannock, G. and A. Peacock (1989), *Governments and small business.* London: Paul Chapman.

Barbour, J. (2000), *The End of Time.* London: Phoenix.

Barkhatova, N. (2000), Russian Small Business, Authorities and the State. *Europe-Asia Studies* 52 (4): 657–676.

Barnes, J.H. (1984), Cognitive Biases and Their Impact on Strategic Planning. *Strategic Management Journal* 5: 129–137.

Barney, J.B. (1991), Firm Resources and Sustained Competitive Advantage. *Journal of Management* 17: 99–120.

Barney, J.B. (2001), Is the Resource-Based „View" a Useful Perspective for Strategic Management Research? Yes. *Academy of Management Review* 26 (1): 41–56.

Barney, J.B. and W. Hesterley (1996), Organizational Economics: Understanding the Relationship between Organizations and Economic Analysis. In S.R. Clegg and C. Hardy (eds.), 107–141.

Barrett, F.J. (1998), Creativity and Improvisation in Jazz and Organizations: Implications for Organizational Learning. *Organization Science* 9 (5): 605–622.

Barsony, J. and I. Siklaky (1985), Some reflections on socialist entrepreneurship. *Acta Oeconomica* 34 (1/2): 51–64.

Bartels, R. (1990), Organisationsgrößenvor- und -nachteile: Eine strukturierte Auswertung theoretischer und empirischer Literatur. *Jahrbuch für Sozialwissenschaft* 41: 135–139.

Bartlett, W. and R. Rangelova (1997), Small Firms and Economic Transformation in Bulgaria. *Small Business Economics* 9: 319–333.

Bartscher, S. und P. Bomke (Hrsg.) (1995), *Unternehmungspolitik.* 2., überarb. und erw. Aufl. Stuttgart: Schäffer-Poeschel.

Bateman, M. (2000), Neo-Liberalism, SME Development and the Role of Business Support Centres in the Transition Economies of Central and Eastern Europe. *Small Business Economics* 14: 275–298.

Baum, J. (1996), Organizational Ecology. In S.R. Clegg and C. Hardy (eds.), 71–108.

Baum, J.A.C. and B. McKelvey (eds.) (1999), *Variations in organization science.* In honor of Donald T. Campbell. Thousand Oaks, London, New Delhi: Sage.

Beaver, G. and C. Ross (2000), Enterprise in recession: The role and context of strategy. *Entrepreneurship and Innovation* 2000 (Feb): 23–31.

Behrendt, H. (1996), Wirkungsanalysen von Technologie- und Gründerzentren in Westdeutschland. Wirtschaftswissenschaftliche Beiträge 123. Heidelberg: Physica.

Bellman, L. et al. (1996), Flexibilität von Betrieben in Deutschland. Beiträge zur Arbeitsmarkt- und Berufsforschung 200. IAB, Nürnberg.

Benacek, V. (1997), Private Entrepreneurship and Small Businesses in the Transformation of the Czech Republic. In G. Grabher and D. Stark (eds.), 207–241.

Benini, R. (1997), SME Development in Russia: Main Issues and Challenges. In OECD/CCET (eds.), 19–34.

Ben-Ner, A. and L. Putterman (eds.) (1998), *Economics, values, and organization*. Cambridge: Cambridge University Press.

Ben-Porath, Y. (1986), The F-Connection: Families, Friends and Firms and the Organization of Exchange. *Population and Development Review* 6: 1–30.

Berger, J. (Hrsg.) (1990), Kleinbetriebe im wirtschaftlichen Wandel. Reihe des Forschungsschwerpunkts Zukunft der Arbeit, Universität Bielefeld 7. Frankfurt a.M. und New York: Campus.

Berger, P.L. und T. Luckmann (1999), *Die gesellschaftliche Konstruktion der Wirklichkeit: Eine Theorie der Wissenssoziologie*. 16. Aufl. Frankfurt a.M.: Fischer.

Bergmann, H. (2000), Gründungspotenzial und Gründungsengagement im Spiegel des Sozio-ökonomischen Panels (SOEP). Schriften und Materialien zu Handwerk und Mittelstand 8. RWI, Essen.

Berndt, C. (1997), Divisions of Labour, Power Asymmetries and Place Dependence: The Restructuring of Industrial Mittelstand Firms in the Ruhr Area. Working Paper, ESRC Centre for Business Research, Cambridge University 58. ESRC, Cambridge.

Bettis, R.A. and C.K. Prahalad (1995), The Dominant Logic: Retrospective and Extension. *Strategic Management Journal* 16: 5–14.

Bhide, A.V. (2000), *The Origin and Evolution of New Business*. Oxford: University Press.

Biermann, B. (1971), *Die soziale Struktur der Unternehmerschaft*. Stuttgart: Ferdinand Enke.

Binks, M. and C. Ennew (1996), Growing Firms and the Credit Constraint. *Small Business Economics* 8: 17–25.

Birnstiel, D. (1995), Public Private Partnership in der Wirtschaftsförderung. In R. Ridinger und M. Steinröx (Hrsg.), 225–243.

Blankennagel, A. (2000), Legal Reforms in Russia: Visible Steps, Obvious Gaps, and an Invisible Hand? *Journal of Institutional and Theoretical Economics* 156: 99–119.

Blankmeister, B., A. Urban und D. Gebert (1992), Der einzelne Unternehmer im Spannungsfeld zwischen Tradition und ökonomischen Anforderungen: Muster der Problemhandhabung. In D. Gebert (Hrsg.), 319–380.

Blasi, J.R., M. Kroumova and D. Kruse (1997), *Kremlin capitalism: the privatization of the Russian economy*. Ithaca und London: Cornell University Press.

BMWi – Bundesministerium für Wirtschaft (Hrsg.) (1993), *Unternehmensgrößenstatistik 1992/93*. Daten und Fakten. BMWi, Bonn.

BMWi – Bundesministerium für Wirtschaft und Technologie (Hrsg.) (verschiedene Jahrgänge), Wirtschaftslage und Reformprozesse in Mittel- und Osteuropa. Sammelbände 1996, 1997, 1998, 1999, 2000. BMWi-Dokumentation. BMWi, Bonn.

Boettcher, E. et al. (Hrsg.) (1992), Ökonomische Systeme und ihre Dynamik. *Jahrbuch für Neue Politische Ökonomie* 11. Tübingen: Mohr/Siebeck.

Bögenhold, D. (1996), *Das Dienstleistungsjahrhundert: Kontinuitäten und Diskontinuitäten in Wirtschaft und Gesellschaft*. Stuttgart: Enke.

Bögenhold, D. (Hrsg.) (1999), *Unternehmensgründung und Dezentralität: Renaissance der beruflichen Selbständigkeit in Europa?* Opladen, Wiesbaden: Westdeutscher Verlag.

Bögenhold, D. (Hrsg.) (2000a), Moderne amerikanische Soziologie. UTB für Wissenschaft: Uni-Taschenbücher 2118. Stuttgart: Lucius & Lucius.

Bögenhold, D. (Hrsg.) (2000b), *Kleine und mittlere Unternehmen im Strukturwandel – Arbeitsmarkt und Strukturpolitik*. Frankfurt a.M.: Peter Lang.

Bögenhold, D. und U. Staber (1994), *Von Dämonen zu Demiurgen? Studien zur (Re-)Organisation des Unternehmertums in Marktwirtschaften*. Berlin: Akademie Verlag.

Bohle, D. (1996), Governance im Spätsozialismus: Die Herausbildung hybrider Koordinationsformen und informeller Vernetzungen in Ungarn und Polen in den achtziger Jahren. WZB, Discussion Paper FS I 96–102. WZB, Berlin.

Bourgeois, L.J. III (1984), Strategic Management and Determinism. *Academy of Management Review* 9 (4): 586–596.

Boyd, R. and P.J. Richerson (1994), The Evolution of Norms: An Anthropological View. *Journal of Institutional and Theoretical Economics* 150: 72–87.

Bracker, J.S., B.W. Keats and J.N. Pearson (1988), Planning and Financial Performance among Small Firms in a Growth Industry. *Strategic Management Journal* 9: 591–603.

Brada, J.C. (1998), Management 101: Behavior of Firms in Transition Economies. Working Paper 133. William Davidson Institute, University of Michigan Business School, Ann Arbor, Michigan.

Brill, A. und M. de Vries (Hrsg.) (1998), *Virtuelle Wirtschaft: virtuelle Unternehmen, virtuelle Produkte, virtuelles Geld und virtuelle Kommunikation*. Opladen: Westdeutscher Verlag.

Brinkmann, C., A. Deeke und B. Völkel (Hrsg.) (1995), Experteninterviews in der Arbeitsmarktforschung. Beiträge zur Arbeitsmarkt- und Berufsforschung 191. IAB, Nürnberg.

Brockhaus, R.H. (1982), The psychology of the entrepreneur. In C.A. Kent, D.L. Sexton and K.H. Vesper (eds.), 39–57.

Brüderl, J., P. Preisendörfer und R. Ziegler (1996), Der Erfolg neugegründeter Betriebe: eine empirische Studie zu den Chancen und Risiken von Unternehmensgründungen. Betriebswirtschaftliche Schriften 140. 2. unveränderte Aufl. Berlin: Duncker & Humblot.

Brunsson, N. (1982), The irrationality of action and action rationality: Decisions, ideologies and organizational actions. *Journal of Management Studies* 19 (1): 29–44.

Brunsson, N. (1985), *The Irrational Organization: Irrationality as a Basis for Organizational Action and Change*. Chichester et al.: John Wiley.

Brusco, S. (1996), Trust, Social Capital and Local Development: Some Lessons from the Experience of Italian Districts. In OECD (ed.), 115–120.

Brush, C.D. (1992), Research on women business owners: Past trends, a new perspective and future directions. *Entrepreneurship Theory & Practice* 16 (4): 5–30.

Brush, C.G. and R. Chaganti (1996), Cooperative Strategies in Non-High-Tech New Ventures: An Exploratory Study. *Entrepreneurship Theory & Practice* 21 (2): 37–51.

Brussig, M. et al. (1997), Bestandsbedingungen und Entwicklungspotentiale. In M.B. Brussig et al. (Hrsg.), 15–290.

Brussig, M. et al. (Hrsg.) (1997), Kleinbetriebe in den neuen Bundesländern. Beiträge zu den Berichten zum sozialen und politischen Wandel in Ostdeutschland 1.7. Opladen: Leske & Budrich.

Brytting, T. (1990), Spontaneity and Systematic Planning in Small Firms – A grounded Theory Approach. *International Small Business Journal* 9 (1): 45–63.

Buch, C.M. (1993), Das Bankwesen in den Nachfolgestaaten der Sowjetunion. *Weltwirtschaft* 1993 (1): 70–91.

Buch, C.M. (1994), Dealing with Bad Debt – Lessons from Eastern Europe. Kiel Working Paper, 642. Institut für Weltwirtschaft, Kiel.

Buch, C.M. (1996a), Creating Efficient Banking Systems: Theory and Evidence from Eastern Europe. Kieler Studien 277. Tübingen: Mohr/Siebeck.

Buch, C.M. (1996b), Banken im Transformationsprozess – eine Bestandsaufnahme für Polen, die Tschechische Republik und Ungarn. *Weltwirtschaft* 1996 (1): 70–102.

Bühler, C. (1999), Soziale Netzwerke von Unternehmensgründungen in Ostdeutschland. In D. Bögenhold (Hrsg.), 195-220.

Bullmann, U. und R.G. Heinze (Hrsg.) (1997), *Regionale Modernisierungspolitik*. Opladen: Leske & Budrich.

Búltova, M. and Z. Bútorová (1993), Slovakia: The Identity Challenges of the Newly Born State. *Social Research* 60 (4): 705–731.

Bundesverband deutscher Banken (1996), *Eigenkapitalausstattung deutscher Unternehmen: Zur Bereitstellung von Risikokapital in Deutschland*. BDB, Köln.

Burt, R.S. (1995), *Structural holes: the social structure of competition*. Cambridge, MA, London: Harvard University Press.

Busenitz, L.W. and C.-M. Lau (1996), A Cross-Cultural Cognitive Model of New Venture Creation. *Entrepreneurship Theory & Practice* 20 (4): 25–39.

Bygrave, W. (1989), The entrepreneurship paradigm (II): Chaos and catastrophes among quantum jumps. *Entrepreneurship Theory & Practice* 14 (2): 7–30.

Bygrave, W.D. and C.W. Hofer (1991), Theorizing about Entrepreneurship. *Entrepreneurship Theory & Practice* 16 (2): 13–22.

Carland, J.W., J.A.C. Carland and C.D. Aby (1989), An Assessment of the Psychological Determinants of Planning in Small Businesses. *International Small Business Journal* 7 (4): 23–34.

Carland, J.W., F. Hoy and J.C. Carland (1988), 'Who is an entrepreneur?' is a question worth asking. *American Journal of Small Business* 12 (4): 33–39.

Carter, S. and P. Rosa (1998), Financing of Male- and Female-Owned Businesses. *Entrepreneurship & Regional Development* 10: 225–241.

Casson, M. (1993), Cultural Determinants of Economic Performance. *Journal of Comparative Economics* 17: 418–442.

Casson, M. (1995), Entrepreneurship and Business Culture: Studies in the Economics of Trust. Volume One. Aldershot, Brookfield: Elgar.

Casson, M. (1999), Entrepreneurship and the Theory of the Firm. In Z. Acs et al. (eds.), 45–78.

CEEDR (2000), *Young entrepreneurs, women entrepreneurs, ethnic minority entrepreneurs and co-entrepreneurs in the European Union and Central and Eastern Europe.* CEEDR, Middlesex University, London.

Chaffee, E. (1985), Three Models of Strategy. *Academy of Management Review* 10 (1): 89–98.

Chaganti, R., R. Chaganti and V. Mahajan (1989), Profitable Small Business Strategies Under Different Types of Competition. *Entrepreneurship Theory & Practice* 13 (3): 21–35.

Chaganti, R., R. Chaganti and S. Malone (1991), High Performance Management Strategies for Entrepreneurial Companies: Research Findings from over 500 Firms. New York: Quorum Books.

Chandler, A.D. (2000), *Strategy and Structure: chapters in the history of the industrial enterprise.* 21. ed. Cambridge, MA, and London: MIT Press.

Charap, J. and L. Webster (1993), Constraints on the development of private manufacturing in St. Petersburg. *Economics of Transition* 1 (3): 299–316.

Chell, E. and S. Baines (1998), Does gender affect business ‘performance’? A study of microbusinesses in business services in the UK. *Entrepreneurship & Regional Development* 10: 117–135.

Chell, E., J.M. Haworth and S.A. Brearley (1991), *The entrepreneurial personality: concepts, cases and categories.* London et al.: Routledge.

Chen, M.-J. and D.C. Hambrick (1995), Speed, Stealth, and Selective Attack: How Small Firms differ from Large Firms in Competitive Behavior. *Academy of Management Review* 38 (2): 453–482.

Chicha, J., P.-A. Julien und M. Marchesnay (1990), Strategieformulierung und -anwendung in KMU. *Internationales Gewerbearchiv* 38: 188–201.

Chittenden, F., G. Hall and P. Hutchinson (1996), Small Firm Growth, Access to Capital Markets and Financial Structure: Review of Issues and an Empirical Investigation. *Small Business Economics* 8: 59–67.

Cilliers, P. (2000), *Complexity and postmodernism*: Understanding complex systems. Reprint, first published 1998. London et al.: Routledge.

Clarke, S. and V. Borisov (1999), New forms of labour contract and labour flexibility in Russia. *Economics of Transition* 7 (3): 593–614.

Clarke, S. and V. Kabalina (2000), The New Private Sector in the Russian Labour Market. *Europe-Asia Studies* 52 (1): 7–32.

Clegg, S.R. and C. Hardy (eds.) (1996), *Studying Organizations*: Theory & Method. London et al.: Sage.

Clemens, R. und C. Friede unter Mitarbeit von A. Dahrenmöller (1986), Existenzgründungen in der Bundesrepublik Deutschland: Grundlagen einer Existenzgründungsstatistik. Schriften zur Mittelstandsforschung N.F. 8. Stuttgart: Poeschel.

Cohen, M. (1999), Commentary on the Organization Science Special Issue on Complexity. *Organization Science* 10 (3): 373–376.

Coleman, J.S. (1988), Social Capital in the Creation of Human Capital. *American Journal of Sociology* 94, Supplement: S95–S120.

Conlisk, J. (1996), Why Bounded Rationality? *Journal of Economic Literature* 34: 669–700.

Cooper, A.C. (1982), The entrepreneurship – small business interface. In C.A. Kent, D.L. Sexton and K.H. Vesper (eds.), 193–205.

Cooper, A.C. and W.C. Dunkelberg (1986), Entrepreneurship and Paths to Business Ownership. *Strategic Management Journal* 7: 53–68.

Covin, J.G. and D. P. Slevin (1989), Strategic Management of Small Firms in Hostile and Benign Environments. *Strategic Management Journal* 10: 75–87.

Cramer, F. (1993), *Chaos und Ordnung* – Die komplexe Struktur des Lebendigen. Frankfurt a.M. und Leipzig: Insel Verlag.

Cressy, R. and C. Olofsson (1997), European SME Financing: An Overview. *Small Business Economics* 9: 87–96.

Cromie, S., J. Adams, B. Dunn and R. Reid (1999), Family firms in Scotland and Northern Ireland: An empirical investigation. *Journal of Small Business and Enterprise Development* 6 (3): 253–266.

Crossan, M.M. (1998), Improvisation in Action. *Organization Science* 9 (5): 593–599.

Curran, J. and R. Blackburn (1994), *Small Firms and Local Economic Networks.* London: Paul Chapman.

Curran, J. and R. Blackburn (2001), *Researching the Small Enterprise.* London, Thousand Oaks and New Delhi: Sage.

Cyert, R.M. und J.G. March (1995), *Eine verhaltenswissenschaftliche Theorie der Unternehmung.* 2. Aufl. Stuttgart: Schäffer-Poeschel.

Czakó, A. and A. Vajda (1993), Small and medium sized enterprises. SME research booklet of HFEP 2. HFEP, Budapest.

Czarnitzki, D., G. Licht, C. Rammer und A. Spielkamp (2001), Rolle und Bedeutung von Intermediären im Wissenschafts- und Technologietransfer. *ifo Schnelldienst* 54 (4): 40–49.

D'Amboise, G. and A. Bakanibona (1990), La planification dans les PME. *Revue internationale PME* 3 (2): 147–166.

Dallago, B. (1990), *The Irregular Economy*: the „Underground" Economy and the „Black" Labour Market. Aldershot: Dartmouth.

Dallago, B. (1991), Hungary and Poland: The Non-Socialized Sector and Privatization. *Osteuropa-Wirtschaft* 36 (2): 130–152.

Dallago, B. (1997), The Economic System, Transition and Opportunities for Entrepreneurship. In OECD/CCET (eds.), 103–124.

Dallago, B. (2000), The Organisational and Productive Impact of the Economic System. The Case of SMEs. *Small Business Economics* 15: 303–319.

Dallago, B., G. Ajani and B. Grancelli (eds.) (1992), *Privatization and Entrepreneurship in Post-Socialist Countries*: Economy, Law and Society. New York: St. Martin's Press.

Dalley, J. and B. Hamilton (2000), Knowledge, Context and Learning in the Small Business. *International Small Business Journal* 18 (3): 51–59.

Das, T.K. and B.-S. Teng (1999), Cognitive Biases and Strategic Decision Processes: an Integrative Perspective. *Journal of Management Studies* 36 (6): 757–778.

Davidsson, P. (1992), Ein ökonomisch-psychologisches Modell des Wachstums von Kleinbetrieben. *Internationales Gewerbearchiv* 40: 145–155.

Davis, A.B. and H.E. Aldrich (2000), *The Organizational Advantage?* Social Capital, Gender, and Small Business Owners' Access to Resources. Paper prepared for presentation at the 2000 American Sociological Association meetings. University of North Carolina, Chapel Hill.

De Vries, M. (1998), Das Virtuelle Unternehmen – Formentheoretische Überlegungen. In A. Brill und M. de Vries (Hrsg.), 54–86.

De Wit, G. and F.A. van Winden (1989), An Empirical Analysis of Self-Employment in the Netherlands. *Small Business Economics* 1: 263–272.

Dean, J.W. and M.P. Sharfman (1993), Procedural Rationality in the Strategic Decision-Making Process. *Journal of Management Studies* 30 (4): 587–610.

Deeg, R. (1998), What makes German Banks Different. *Small Business Economics* 10: 93–101.

Dembinski, P.H. and H.C. Unterlechner (1993), Barriers to Entry for Private Enterprises: The Muddling Through of State Enterprises. *Revue euro- péenne des sciences sociales* 31 (96): 151–166.

Denzau, A.T. und D.C. North (1994), Shared Mental Models: Ideologies and Institutions. *Kyklos* 47 (1): 3–31.

Deutsches Handwerksinstitut München (Hrsg.) (1966), *Das Handwerk in der modernen Wirtschaft und Gesellschaft.* Bad Wörishofen: Hans Holzmann Verlag.

Dietrich, H. (1996), Empirische Befunde zur „Scheinselbständigkeit“. Zentrale Ergebnisse des IAB-Projektes „Freie Mitarbeiter und selbständige Einzelunternehmer mit persönlicher und wirtschaftlicher Abhängigkeit“. IAB-Werkstattbericht 7/1996. IAB, Nürnberg.

Dietrich, H. (1998), Erwerbsverhalten in der Grauzone von selbständiger und abhängiger Erwerbsarbeit. Beiträge zur Arbeitsmarkt- und Berufsforschung 205. IAB, Nürnberg.

Dietrich, H. (1999), Empirische Befunde zur selbständigen Erwerbstätigkeit unter besonderer Berücksichtigung scheinselbständiger Erwerbsverhältnisse. *Mitteilungen aus Arbeitsmarkt- und Berufsforschung* 32 (1): 85–101.

Dittus, P. (1994), Corporate governance in Central Europe: The role of banks. BIS Economic Papers 42. BIS, Basel.

Donckels, R. (2000), Financing Growth: Recent Developments in the European Scene. In D.L. Sexton and H. Landstrom (eds.), 199–220.

Dutton, J.E. (1993), Interpretations on Automatic: A Different View of Strategic Issue Diagnosis. *Journal of Management Studies* 30 (3): 339–357.

EBRD (ed.) (versch. Jahre), *Transition Report*. London.

Edwards, J. (1998), Introduction to Mini-Forum on German Banks. *Small Business Economics* 10: 75–77.

Egeln, J., G. Licht and F. Steil (1997), Firm Foundations and the Role of Financial Constraints. *Small Business Economics* 9: 137–150.

Eger, T. und P. Weise (1985), Die Evolution von Normen aus Unordnung: Ein synergetisches Modell. *Ökonomie und Gesellschaft* 11: 192–209.

eibe (Hrsg.) (1998), *Erweiterung des Handlungsspielraums privater Haushalte und Familien durch selbständige Erwerbstätigkeit*. Workshop. Rostock.

Eickhof, N. (1985), Wettbewerbspolitische Ausnahmeregelungen und staatliche Regulierung. *Jahrbuch für Sozialwissenschaft* 36: 63–79.

Eigen, M. und R. Winkler (1996), Das Spiel: Naturgesetze steuern den Zufall. 4. Aufl. München und Zürich: Piper.

Eisenhardt, K.M. and J.A. Martin (2000), Dynamic Capabilities: What Are They? *Strategic Management Journal* 21: 1105–1121.

Eisenhardt, K.M. and M.J. Zbaracki (1992), Strategic Decision Making. *Strategic Management Journal* 13: 17–37.

Elias, N. (1997), Über die Zeit. Arbeiten zur Wissenssoziologie II. 6. Aufl. Suhrkamp-Taschenbuch Wissenschaft 756. Frankfurt a.M.: Suhrkamp.

Esser, H. (1990), „Habits", „Frames" und „Rational Choice": Die Reichweite von Theorien der rationalen Wahl (am Beispiel der Erklärung des Befragtenverhaltens). *Zeitschrift für Soziologie* 19 (4): 231–247.

Europäische Kommission (Hrsg.) (1996), Eine einheitliche Definition der europäischen KMU. EURO-info März/1996. Luxemburg.

Europäische Kommission (Hrsg.) (1999), *Hindernisse für die Gründung von Kleinstunternehmen in der Europäischen Union*. Luxemburg.

EUROSTAT/PHARE (1996), *Enterprises in Central and Eastern Europe*. Eurostat, Luxembourg.

Evers, J. and M. Habschick (2001), Micro finance designed for start ups as an exit out of unemployment. Schriften und Materialien zu Handwerk und Mittelstand 10. RWI, Essen.

Feige, E. (1997), Underground Activity and Institutional Change: Productive, Protective, and Predatory Behavior in Transition Economies. In J.M. Nelson et al. (eds.), 21–34.

Feldenkirchen, W. und A. Bartels (2000), *Werner von Siemens*. München: Ullstein.

Fiedler, J. (1998), Strategie und Kultur im Transformationsprozeß: Eine empirische Analyse am Beispiel des sächsischen Maschinenbaus. Arbeit, Organisation und Personal im Transformationsprozeß; 5; Hamburger Schriften zur Marketingforschung 8. München und Mering: Hampp.

Fincke, M. (1999), Recht und Transformation in Rußland. In H.-H. Höhmann (Hrsg.) (1999), 152–174.

Flämig, M. (1998), Naturwissenschaftliche Weltbilder in Managementtheorien: Chaostheorie, Selbstorganisation, Autopoiesis. Campus Forschung 773. Frankfurt a.M. und New York: Campus.

Flick, U. (1999), *Qualitative Forschung*: Theorie, Methoden, Anwendung in Psychologie und Sozialwissenschaften. 4. Aufl. Reinbek bei Hamburg: Rowohlt.

Flick, U. (2000), Konstruktivismus. In U. Flick et al. (Hrsg.), 150–164.

Flick, U., E. von Kardoff und I. Steinke (Hrsg.) (2000), *Qualitative Forschung*: Ein Handbuch. Reinbek bei Hamburg: Rowohlt.

Franck, E. (1992), Körperliche Entscheidungen und ihre Konsequenzen für die Entscheidungstheorie. *Betriebswirtschaft 52 (5): 631–647.*

Frank, H. und C. Korunka (1996), Zum Informations- und Entscheidungsverhalten von Unternehmensgründern. *Zeitschrift für Betriebswirtschaft* 66 (8): 947–963.

Fredrickson, J.W. and A.L. Iaquinto (1989), Inertia and Creeping Rationality in Strategic Decision Making. *Academy of Management Review* 32 (3): 516–543.

Freiberg, M. (1999), *The Financing of SMEs in Poland with Particular Reference to the Role of Banks.* Master Thesis presented to Middlesex University, Business School. London.

Frese, E. und P. Blies (1997), Regionale Reichweite und Organisationsstruktur. *Zeitschrift für Betriebswirtschaft* Ergänzungsheft 1: 69–89.

Frese, M., M. van Gelderen and M. Ombach (2000), How to Plan as a Small Scale Business Owner: Psychological Process Characteristics of Action Strategies and Success. *Journal of Small Business Management* 38 (2): 1–18.

Freund, W., G. Kayser und E. Schröer (1995), Generationswechsel im Mittelstand. Unternehmensübertragungen und -übernahmen 1995 bis 2000. IfM-Materialien 109. IfM, Bonn.

Frick, S. et al. (1998), Möglichkeiten zur Verbesserung des wirtschafts- und gesellschaftspolitischen Umfeldes für Existenzgründer und kleine und mittlere Unternehmen – Wege zu einer neuen Kultur der Selbständigkeit. Untersuchungen des RWI 25. RWI, Essen.

Friedrich, C. (2000), Pfadabhängigkeit, Kritische Masse, Lock-In und Netzwerke: Logische Interdependenzen der evolutorischen Methoden zur Analyse des Wettbewerbs. Dresdner Beiträge zur Volkswirtschaftslehre 6/00. Technische Universität Dresden, Fakultät Wirtschaftswissenschaften, Dresden.

Friedrichs, J. (1990), *Methoden empirischer Sozialforschung.* Opladen: Westdeutscher Verlag.

Friesinger, A. (2000), Phasenübergänge in der Urgeschichte – Akkulturationen? In L. Huber (Hrsg.), 234–250.

Fritsch, M. (1992), Unternehmens-„Netzwerke“ im Lichte der Institutionenökonomik. In E. Boettcher et al. (Hrsg.), 89–102.

Fritsch, M. (1993), *Markt, Marktversagen und die Evaluation technologiepolitischer Förderprogramme.* Technische Universität Bergakademie, Freiberg.

Fritsch, M. (1999), Innovation, Kooperation und Region – Elemente vernetzten Wirtschaftens. In D. Bögenhold (Hrsg.), 159–172.

Fritsch, M., T. Wein und H.-J. Ewers (1993), *Marktversagen und Wirtschaftspolitik*. Mikroökonomische Grundlagen staatlichen Handelns. München: Vahlen.

Fritzsche, A. und M. Kwiran (Hrsg.) (1999), *Wirtschaft und Sozialpolitik*. München: Don Bosco.

Fröhlich, E. und J.H. Pichler (1988), *Werte und Typen mittelständischer Unternehmer*. Berlin: Duncker & Humblot.

Frydman, R., C.W. Gray and A. Rapaczynski (1996) (eds.), *Corporate Governance in Central Europe and Russia*. Volume 2: Insiders and the State. Budapest: Central European University Press.

Frydman, R., K. Murphy and A. Rapaczynski (1998), *Capitalism with a Comrade's Face*: Studies in the Postcommunist Transition. Budapest: Central European University Press.

Frye, T. and A. Shleifer (1997), The Invisible Hand and the Grabbing Hand. *American Economic Review* 87 (2): 354–358.

Fukuyama, F. (1996), *Trust. The Social Virtues and the Creation of Prosperity*. Harmondsworth, Middlesex: Penguin Books.

Fuller, T. and P. Moran (2001), Small enterprises as complex adaptive systems: a methodological question? *Entrepreneurship & Regional Development* 13 (1): 47–63.

Gabór, J.R. (1991), Prospects and Limits to the Second Economy. *Acta Oeconomica* 43 (3–4): 349–352.

Garhammer, M. (1999), *Wie Europäer ihre Zeit nutzen*: Zeitstrukturen und Zeitkulturen im Zeichen der Globalisierung. Berlin: Edition Sigma.

Gartner, W.B. (1988), 'Who is an Entrepreneur?' is the wrong question. *American Journal of Small Business* 1988: 11–32.

Gartner, W.B. (1989), Some Suggestions for Research on Entrepreneurial Traits and Characteristics. *Entrepreneurship Theory & Practice* 14 (1): 27–37.

Gartner, W.B. (1993), Words lead to Deeds: Towards an Organizational Emergence Vocabulary. *Journal of Business Venturing* 8: 231–239.

Gartner, W.B., B.J. Bird and J.A. Starr (1992), Acting as If: Differentiating Entrepreneurial From Organizational Behavior. *Entrepreneurship Theory & Practice* 16 (1): 13–31.

Gebert, D. (Hrsg.) (1992), Traditionsorientierung und unternehmerischer Erfolg: Studien zum Selbstverständnis nigerianischer Geschäftsleute. Kölner Beiträge zur Entwicklungsländerforschung 17. Saarbrücken und Fort Lauderdale: Breitenbach.

Geiger, T. (1967), *Die soziale Schichtung des deutschen Volkes*. Soziographischer Versuch auf statistischer Grundlage. Darmstadt: Wissenschaftliche Buchgesellschaft.

Gerybadze, A. (1994), Strategic Alliances and Process Redesign. Effective Management and Restructuring of Cooperative Projects and Networks. De Gruyter Studies in Organization 59. Berlin and New York: De Gruyter.

Gibb, A. and J. Ritchie (1982), Understanding the process of starting small businesses. *European Small Business Journal* 1 (1): 26–48.

Gibb, A. and M. Scott (1985), Strategic Awareness, Personal Commitment and the Process of Planning in the Small Business. *Journal of Management Studies* 22 (6): 597–627.

Gibbons, M. et al. (1996), *The New Production of Knowledge*. The Dynamics of Science and Research in Contemporary Societies. London et al.: Sage.

Glasersfeld, E. von (2000), Konstruktion der Wirklichkeit und des Begriffs der Objektivität. In P. Watzlawick (Hrsg.) (2000b), 9–39.

Glinkina, S. (1992), The role of the non-socialized sector in perestroika: Present state and prospects. In B. Dallago et al. (eds.), 327–342.

Göbel, E. (1998), Theorie und Gestaltung der Selbstorganisation. Betriebswirtschaftliche Forschungsergebnisse 111. Berlin: Duncker & Humblot.

Goldstein, J. (1999), Emergence as a Construct: History and Issues. *Emergence* 1 (1): 49–72.

Grabher, G. and D. Stark (eds.) (1997), *Restructuring Networks in Post-Socialism*: Legacies, Linkages, and Localities. Oxford et al.: Oxford University Press.

Grancelli, B. (1992), Organizational innovation and entrepreneurial formation: Some comparative remarks. In B. Dallago et al. (eds.), 89–109.

Granovetter, M. (1973), The Strength of Weak Ties. *American Journal of Sociology* 78: 1360–1380.

Granovetter, M. (1985), Economic Action and Social Structure: The Problem of Embeddedness. *American Journal of Sociology* 91: 481–450.

Granovetter, M. (2000), Ökonomische Institutionen als soziale Konstruktionen – Ein Analyserahmen. In D. Bögenhold (Hrsg.) (2000a), 199–217. Im Original in *Acta Sociologica* 35 (1992): 3–11.

Gray, C.W., S. Schlorke and M. Szanyi (1998), Hungary's Bankruptcy Experience, 1992-93. In L. Balcerowicz, C.H. Gray and I. Hoshi (eds.) (1998), 175–206.

Greif, A. (1998), Historical and Comparative Institutional Analysis. *American Economic Review – Papers and Proceedings* 88 (2): 81–84.

Grier, R. (1997), The Effect of Religion on Economic Development: A Cross National Study of 63 Former Colonies. *Kyklos* 50 (1): 47–62.

Gries, C.-I., E. May-Strobl und M. Paulini (1997), Die Bedeutung der Beratung für die Gründung von Unternehmen. IfM-Materialien 126. IfM, Bonn.

Groser, M., J. Hilbert und H. Voelzkow (1986), Die Organisation von Wirtschaftsinteressen im Kammersystem der Bundesrepublik Deutschland. Materialien zur sozialwissenschaftlichen Planungs- und Entscheidungstheorie 9. Fakultät für Soziologie, Universität Bielefeld.

Gupta, A. (1994), *Indian Entrepreneurial Culture*: Its many Paradoxes. London et al.: Wishwa Prakashan.

Gustafson, T. (1999), *Capitalism Russian-style*. Cambridge: Cambridge University Press.

Haahti, A. (1994), Entrepreneur's strategic orientation. In I. Bamberger (ed.), 246–265.

Haahti, A. und R.P. Bagozzi (1994), Die strategische Orientierung von Klein- und Mittelunternehmen: Die Auswirkung von Manager-Werthaltungen auf Strategie und Leistung. *Internationales Gewerbearchiv* 42: 158–174.

Haendcke-Hoppe, M. (1981), Kurskorrekturen in der Handwerkspolitik der DDR. *Deutschland-Archiv* 1981 (12): 1276–1284.

Haken, H. (1995), *Erfolgsgeheimnisse der Natur.* Synergetik: Die Lehre vom Zusammenwirken. Reinbek bei Hamburg: Rowohlt.

Hallberg, K. (o.J.), A Market-Oriented Strategy For Small and Medium-Scale Enterprises. IFC Discussion Paper 40. World Bank, Washington, DC.

Hamel, G. and C.K. Prahalad (1996), *Competing for the future.* Boston, MA: Harvard Business School Press.

Hampden-Turner, C. and A. Trompenaars (1993), *The Seven Cultures of Capitalism.* New York: Doubleday.

Hannan, M.T. and J.H. Freeman (1977), The population ecology of organizations. *American Journal of Sociology* 83: 929–984.

Hannan, M.T. and J.H. Freeman (1989), *Organizational Ecology.* Cambridge, MA: Harvard University Press.

Hansch, E. und M.-B. Piorkowsky (1999), Haushalts-Unternehmens-Komplexe: Zur Entwicklung von Umfang und Struktur kleinbetrieblicher Verbundsysteme von Privathaushalt und zugehöriger Unternehmung. In P. Lüttinger (Hrsg.), 49–73.

Hansen, K.P. (1992), *Die Mentalität des Erwerbs: Erfolgsphilosophien amerikanischer Unternehmer.* Frankfurt a.M. und New York: Campus.

Hare, P. (1990), Reform der rechtlichen Rahmenbedingungen für Unternehmen in Ungarn – von der Bevormundung zum Markt. *Europäische Wirtschaft* (43): 37–58.

Harms, C. (1992), The Financing of Small Firms in Germany. Policy Research Working Papers 899. World Bank, Washington, DC.

Harrison, B. (1994), *Lean and Mean.* The Changing Landscape of Corporate Power in the Age of Flexibility. New York: Basic Books.

Hart, S.L. (1992), An Integrative Framework for Strategy-Making Processes. *Academy of Management Review* 17 (2): 327–351.

Harter, S. (1999), Kann der Staat ausgeschaltet werden? Zu den regionalen Dimensionen finanz-industrieller Gruppen in Rußland. In H.-H. Höhmann (Hrsg.) (1999), 116–132.

Hartwig, K.-H., E. Staudt, S. Bestel und M. Rahe (1998), Gründertypen im Transformationsprozeß. *List Forum* 24 (2): 219–238.

Haug, S. (1997), Soziales Kapital: Ein kritischer Überblick über den aktuellen Forschungsstand. Arbeitspapiere des MZES, Arbeitsbereich II/15. Überarbeitete Version. MZES, Mannheim.

Hayek, F. (1969), *Freiburger Studien*: Gesammelte Aufsätze. Tübingen: Mohr/Siebeck.

Hayek, F. (1972), Die Theorie komplexer Phänomene. Walter Eucken Institut, Vorträge und Aufsätze 36. Tübingen: Mohr/Siebeck.

Heberer, T. (2000), Über das neue Unternehmertum in China und Vietnam. *Internationales Gewerbearchiv* 48: 271–280.

Heil, H. (1999), Erfolgsfaktoren von Wachstumsführern. DtA-Studie zu den Entwicklungspfaden junger Unternehmen. Wissenschaftliche Reihe 11. DtA, Bonn.

Heinze, T. (1992), *Qualitative Sozialforschung*: Erfahrungen, Probleme und Perspektiven. Opladen: Westdeutscher Verlag.

Heitger, B., K. Schrader und E. Bode (1992), Die mittel- und osteuropäischen Länder als Unternehmensstandort. Kieler Studien 250. Tübingen: Mohr/Siebeck.

Hellman, J.S., G. Jones, D. Kaufman and M. Shankerman (2000a), Measuring Governance, Corruption, and State Capture: How Firms and Bureaucrats Shape the Business Environment in Transition Economies. Policy Research Working Paper 2312. World Bank and EBRD, Washington, DC.

Hellman, J.S., G. Jones, D. Kaufman and M. Shankerman (2000b), Measuring governance and state capture: the role of bureaucrats and firms in shaping the business environment. EBRD Working paper 51. EBRD, London.

Hendley, K., P. Murrel and R. Ryterman (2000), Law, Relationships and Private Enforcement: Transactional Strategies of Russian Enterprises. *Europe-Asia Studies* 52 (4): 627–656.

Hendry, J. (2000), Strategic Decision Making, Discourse, and Strategy. *Journal of Management Studies* 37 (7): 955–977.

Henrekson, M. and D. Johanson (1999), Institutional Effects on the Evolution of the Size Distribution of Firms. *Small Business Economics* 12: 11–23.

Hermann-Pillath, C. (1998), Wirtschaftspolitische Steuerung versus institutionelle Selbstorganisation politisch-ökonomischer Systeme: Die Transformation postsozialistischer Volkswirtschaften. In F. Schweitzer und G. Silverberg (Hrsg.), 333–357.

Hinz, T. (1998), Betriebsgründungen in Ostdeutschland. Sozialwissenschaftliche Arbeitsmarktforschung N.F. 5. Berlin: Edition Sigma.

Hoang, H. and B. Antoncic (2000), Network-based Research in Entrepreneurship: A Critical Review. INSEAD Working Paper. INSEAD, Fontainebleau.

Hodenius, B. (1997), Weibliche Selbständigkeit: Gratwanderungen zwischen Programmatik und Pragmatik. In M. Thomas (Hrsg.), 281–302.

Hofer, C.W. (1975), Toward a Contingency Theory of Business Strategy. *Academy of Management Journal* 18(4), 784–810.

Hofstede, G. (1994), *Cultures and organisations*. Software of the Mind. London: HarperCollins.

Hofstede, G. (1996), Images of Europe: past, present and future. In P. Joynt and M. Warner (eds.), 147–165.

Hofstede, G. (1997), *Lokales Denken, globales Handeln*: Kulturen, Zusammenarbeit und Management. Aktualisierte Ausgabe der deutschen Übersetzung von Culture's consequences (englisches Original 1980). München: Dtv.

Höhmann, H.-H. (Hrsg.) (1999), Spontaner oder gestalteter Prozeß? Die Rolle des Staates in der Wirtschaftstransformation. Schriftenreihe des BiOst 38. Baden-Baden: Nomos.

Höhmann, H.-H. (Hrsg.) (2000), Eine unterschätzte Dimension? Zur Rolle wirtschaftskultureller Faktoren in der osteuropäischen Transformation. Analysen zur Kultur und Gesellschaft im östlichen Europa 9. Bremen: Edition Temmen.

Höhmann, H.-H. (Hrsg.) (2001), Kultur als Bestimmungsfaktor der Transformation im Osten Europas: konzeptionelle Entwicklungen – empirische Befunde. Analysen zur Kultur und Gesellschaft im östlichen Europa 10. Bremen: Edition Temmen.

Holland, J.H. (2000), *Emergence: From Chaos to Order*. Oxford: Oxford University Press.

Honer, A . (1994), Das explorative Interview. *Schweizerische Zeitschrift für Soziologie* 20 (3): 623–640.

Horgan, J. (1995), From Complexity to Perplexity. *Scientific American* 1995 (June): 74–79.

Huber, A. (2001), *Weichenstellung: Komplexität und metaphorisches Denken im 21. Jahrhundert*. Frankfurt a.M., Wien und Zürich: Büchergilde Gutenberg.

Huber, L. (2000), Wie das Neue in die Gehirne kommt: Emergenz und Chaos in neuronalen Prozessen. In L. Huber (Hrsg.), 157–174.

Huber, L. (Hrsg.) (2000), *Wie das Neue in die Welt kommt*: Phasenübergänge in Natur und Kultur. Wien: WUV.

Huff, A.S. and R.K. Reger (1987), A Review of Strategic Process Research. *Journal of Management* 13 (2): 211–236.

Huuskonen, V. (1993), The process of becoming an entrepreneur: A theoretical framework of factors influencing entrepreneurs' start-up decisions (preliminary results). In H. Klandt (ed.), 43–53.

IGA (2000), Schweden: Unternehmertum im internationalen Umfeld. Dokumentiert nach L. Nyberg (1999), Swedish Entrepreneurship in an International Setting. *Internationales Gewerbearchiv* 48: 283–284.

IMF – International Monetary Fund (ed.) (1998), Republic of Moldova: Recent Economic Developments. IMF Staff Country Report 98/58. Washington, DC.

Inglehart, R. (1998), *Modernisierung und Postmodernisierung*: kultureller, wirtschaftlicher und politischer Wandel in 43 Gesellschaften. Frankfurt a.M. und New York: Campus.

IfM – Institut für Mittelstandsforschung (Hrsg.) (1997), Wissenschaftliche Begleitforschung 1996 zur Gründungsoffensive Nordrhein-Westfalen. Gutachten im Auftrag des Ministeriums für Wirtschaft, Mittelstand, Technologie und Verkehr des Landes Nordrhein-Westfalen. IfM-Materialien 123. Bonn.

IfM – Institut für Mittelstandsforschung (Hrsg.) (1998), Wissenschaftliche Begleitforschung 1997 zur Gründungsoffensive Nordrhein-Westfalen. IfM-Materialien 132. Bonn.

IfM – Institut für Mittelstandsforschung (Hrsg.) (2000), Wissenschaftliche Begleitforschung 1998/1999 zur Gründungsoffensive Nordrhein-Westfalen. IfM-Materialien 142. Bonn.

IPSSA (1998), *Small Business in Russia*. Moscow: Conseco.

Irek, M. (1998), *Der Schmugglerzug*: Warschau – Berlin – Warschau. Berlin: Verl. Das Arabische Buch.

Jassin, E. (Hrsg.) (2001), *Investicionny klimat v Rossii i perspektivy ekonomicheskogo rosta*. Higher School of Economics, Moskau.

Jauch, L.R. and R.N. Osborn (1981), Toward an Integrated Theory Of Strategy. *Academy of Management Review* 6 (3): 491–498.

Jensen, S. (1999), *Erkenntnis – Konstruktivismus – Systemtheorie:* Einführung in die Philosophie der konstruktivistischen Wissenschaft. Opladen und Wiesbaden: Westdeutscher Verlag.

Johannisson, B. (1991), Unternehmertum in unterschiedlichen organisatorischen und gesellschaftlichen Kontexten. *Internationales Gewerbearchiv* 13: 192–200.

Johnson, S., H. Kroll and S. Eder (1992), Strategy, Structure and Spontaneous Privatization. Research Paper Series EE 11. World Bank, Washington, DC.

Jovanovic, B. (1994), Firm Formation with Heterogeneous Management and Labor Skills. *Small Business Economics* 6: 185–191.

Joynt, P. and M. Warner (eds.) (1996), *Managing Across Cultures*: Issues and Perspectives. London et al.: International Thomson Business Press.

Julien, P.-A. (ed.) (1998), *The state of the art in small business and entrepreneurship*. Edited by P.-A. Julien for GREPME. Aldershot et al.: Ashgate.

Julien, P.-A., A. Joyal, L. Deshaies and C. Ramangalahy (1997), A Typology of Strategic Behaviour Among Small and Medium-sized Exporting Businesses. A Case Study. *International Small Business Journal* 15 (2): 33–50.

Jung, B. (2000), *August Oetker*. München: Ullstein.

Kabele, J. (1993), The Dynamics of Social Problems and Transformations of Czechoslovak Society. *Social Research* 60 (4): 763–785.

Kahle, E. (1995), Kognitionswissenschaftliche Grundlagen von Selbstorganisation. Forschungsgruppe Kybernetische Unternehmens-Strategie FOKUS, Arbeitsbericht 01/95. Universität Lüneburg.

Kahle, E. (1997a), *Betriebliche Entscheidungen*. 4. Aufl. München und Wien: Oldenbourg.

Kahle, E. (1997b), Voraussetzungen und Möglichkeiten organisationalen Lernens aus kognitionswissenschaftlicher Sicht. Forschungsgruppe Kybernetische Unternehmens-Strategie FOKUS, Arbeitsbericht 01/91. Universität Lüneburg.

Kahle, E. (1998), Vertrauensbasierte Netzwerke als Chancen für kleine und mittlere Unternehmen. In H.-J. Pleitner (Hrsg.), 535–544.

Kahle, E. (1999), Konkurrenz oder Kooperation. In A. Fritzsche und M. Kwiran (Hrsg.), 46–62.

Kahle, E. (o.J.), *Wie liest man eine Cognitive Map*? – Fragen und Hypothesen zur Sinngebung und Sinnvermittlung in und von Organisationen. Manuskript. Lüneburg.

Kahle, E. und R. Bouncken (2000), Strategischer Wissenstransfer als Erfolgsfaktor bei KMU. In H.J. Pleitner und W. Weber (Hrsg.), 459–470.

Kaiser, U. (2001), Moving In and Out of Financial Distress: Evidence for Newly Founded Service Sector Firms. ZEW Discussion Paper 01–09. ZEW, Mannheim.

Kalthoff, H. (2000), Die Herstellung von Evidenz: Firmenkredite und Risikoanalyse in Mittel- und Osteuropa. *Soziale Welt* 51: 417–442.

Kangasharju, A. (2000), Growth of the Smallest: Determinants of Small Firm Growth During Strong Macroeconomic Fluctuations. *International Small Business Journal* 19 (1): 28–43.

Kappeler, A. (1992), *Russland als Vielvölkerreich*: Entstehung, Geschichte, Zerfall. München, Wien: Büchergilde Gutenberg.

Kasper, H., W. Mayrhofer und M. Meyer (1998), Managerhandeln – nach der systemtheoretisch-konstruktivistischen Wende. *Betriebswirtschaft* 58 (5): 603–621.

Kauffman, S. (1998), *Der Öltropfen im Wasser*: Chaos, Komplexität, Selbstorganisation in Natur und Gesellschaft. München und Zürich: Piper.

Kaufmann, F. (1997), Besonderheiten der Finanzierung kleiner und mittlerer Unternehmen: Ein Überblick über die Problemlage. *Kredit & Kapital* 30 (1): 140–155.

Kelle, U. und C. Erzberger (2000), Qualitative und quantitative Methoden: kein Gegensatz. In U. Flick et al. (Hrsg.), 299–318.

Kennedy, P. (1980), Ghanaian Businessmen: From Artisan to Capitalist Entrepreneur in a Dependent Economy. Afrika-Studien 106. München und London: Weltforum.

Kent, C.A., D.L. Sexton and K.H. Vesper (eds.) (1982), *Encyclopedia of Entrepreneurship*. Englewood Cliffs, NJ: Prentice-Hall.

Kenter, M. (1996), Wirtschaftliche Situation und Probleme kleiner und mittlerer Unternehmen. Systemtransformation 6. Köln: DIV.

Kenter, M. und R. Kroker (1995), Stand, Entwicklung und Bedeutung des unternehmerischen Mittelstands in Rußland. Systemtransformation 5. Köln: DIV.

Kerblay, B. (1977), *La société soviétique contemporaine*. Paris: Armand Collin.

Kern, H. und M. Schumann (1990), *Das Ende der Arbeitsteilung*? Rationalisierung in der industriellen Produktion: Bestandsaufnahme, Trendbestimmung. 4., um ein Nachwort erw. Aufl. München: Beck.

Kern, W. et al. (Hrsg.) (1996), Handwörterbuch der Produktionswirtschaft. Enzyklopädie der Betriebswirtschaftslehre 7. Stuttgart: Schaeffer-Poeschel.

Kettunen, P. und J. Palojärvi (1996), Die Bedeutung der Rationalität in der unternehmerischen Entscheidungsfindung. *Internationales Gewerbearchiv* 44: 182–192.

Kieser, A. (1995), Evolutionstheoretische Ansätze. In A. Kieser (Hrsg.), 237–268.

Kieser, A. (Hrsg.) (1995), *Organisationstheorien*. 2., überarb. Aufl. Stuttgart, Berlin und Köln: Kohlhammer.

Kirsch, W. (1997a), *Wegweiser zur Konstruktion einer evolutionären Theorie der strategischen Führung*: Kapitel eines Theorieprojektes. 2., überarb. und erw. Fassung. München: B. Kirsch.

Kirsch, W. (1997b), *Kommunikatives Handeln, Autopoiese, Rationalität*: Kritische Aneignungen im Hinblick auf eine evolutionäre Organisationstheorie. 2., überarb. und erw. Aufl. München: B. Kirsch.

Kirsch, W. (1998), *Die Handhabung von Entscheidungsproblemen*: Einführung in die Theorie der Entscheidungsprozesse. 5., überarb. Aufl. München: B. Kirsch.

Kirsch, W. und D. zu Knyphausen (1991), Unternehmungen als „autopoietische" Systeme? *Managementforschung* 1: 75–101.

Kistner, K.P. et al. (Hrsg.) (1987), Statistische Erfassung von Unternehmensgründungen: Umfang, Ursachen, Wirkungen. Forum der Bundesstatistik 8. Stuttgart: Kohlhammer.

Klandt, H. (1984), Aktivität und Erfolg des Unternehmungsgründers: eine empirische Analyse unter Einbeziehung des mikrosozialen Umfeldes. Gründung – Innovation – Beratung 1. Bergisch-Gladbach: Josef Eul.

Klandt, H. (ed.) (1993), Entrepreneurship and Business Development. FGF Entrepreneurship-Research Monographien 3. Aldershot et al.: Avebury.

Klemmer, P. et al. (1996), Mittelstandsförderung in Deutschland – Konsistenz, Transparenz und Ansatzpunkte für Verbesserungen. Untersuchungen des RWI 21. RWI, Essen.

Klochko, Y. and N. Isakova (1996), Small business sector in Ukrainian transition economy: achievements to date. *Entrepreneurship & Regional Development* 8: 127–140.

Klodt, H., R. Maurer und A. Schimmelpfennig (1997), Tertiarisierung in der deutschen Wirtschaft. Kieler Studien 283. Tübingen: Mohr/Siebeck.

Knaak, R. (1992), On the efficiency of Soviet cooperatives: A critical appraisal. In B. Dallago et al. (eds.), 343–355.

Knyphausen, D. zu (1988), *Unternehmungen als evolutionsfähige Systeme*. Überlegungen zu einem evolutionären Konzept für die Organisationstheorie. München: B. Kirsch.

Knyphausen, D. zu (1991), Selbstorganisation und Führung. *Unternehmung* 45 (1): 47–63.

Knyphausen, D. zu (1993), „Why are Firms different?" Der „Ressourcenorientierte Ansatz" im Mittelpunkt einer aktuellen Kontroverse im Strategischen Management. *Betriebswirtschaft 53 (6): 771–792.*

Knyphausen-Aufsess, D. zu (1996), Theorie der strategischen Unternehmensführung: state of the art und neue Perspektiven. Nachdruck der 1. Aufl. Neue betriebswirtschaftliche Forschung 152. Wiesbaden: Gabler.

Koch, T., M. Thomas und R. Woderich (2000), Angekommen? Privatwirtschaftliche Selbständige in Brandenburg im zehnten Jahr. Kontextbedingungen, Prozessverläufe, Lernanlässe. QEM report 64. Arbeitsgemeinschaft Betriebliche Weiterbildungsforschung, Berlin.

Kocka, J. (1975), *Unternehmer in der deutschen Industrialisierung*. Göttingen: Vandenhoek & Ruprecht.

Kocka, J. (1979), Familie, Unternehmer und Kapitalismus. *Zeitschrift für Unternehmensgeschichte* 24 (3): 99–135.

Kocka, J. (1990), Arbeitsverhältnisse und Arbeiterexistenzen: Grundlagen der Klassenbildung im 19. Jahrhundert. Geschichte der Arbeiter und der Arbeiterbewegung in Deutschland seit dem Ende des 18. Jahrhunderts 2. Bonn: Dietz.

Köllmann, W. (1960), *Sozialgeschichte der Stadt Barmen im 19. Jahrhundert*. Tübingen: Mohr/Siebeck.

Kolodko, G.W. (1999), *Transition to a market and entrepreneurship: the systemic factors and policy options.* Paper for the UNU/WIDER project „Small and Medium Enterprises: How does Entrepreneurship Develop in Postsocialist States". Presented at the conference in Helsinki, Finland, 18–19 June 1999.

Konrád, G. und I. Szelényi (1981), *Die Intelligenz auf dem Weg zur Klassenmacht.* Frankfurt a.M.: Suhrkamp.

Kornai, J. (1992), The Affinity Between Ownership and Coordination Mechanisms: the Common Experience of Reform in Socialist Countries. In K.Z. Poznanski (ed.), 97–116.

Korunka, C., H. Frank und P. Becker (1993), Persönlichkeitseigenschaften von Unternehmensgründern: Erfolgsfaktor oder vernachlässigbare Restgröße in der Theorie der Unternehmensgründung? *Internationales Gewerbearchiv* 41: 169–188.

Kotey, B. and G.G. Meredith (1997), Relationships among Owner/Manager Personal Values, Business Strategies, and Enterprise Performance. *Journal of Small Business Management* 35 (2): 37–64.

Kotkin, J. (1996), *Stämme der Macht*: Der Erfolg weltweiter Clans in Wirtschaft und Politik. Reinbek bei Hamburg: Rowohlt.

Kratky, K.W. (1990), Der Paradigmenwechsel von der Fremd- zur Selbstorganisation. In K.W. Kratky und F. Wallner (Hrsg.), 3–17.

Kratky, K.W. und F. Wallner (Hrsg.) (1990), *Grundprinzipien der Selbstorganisation.* Darmstadt: Wissenschaftliche Buchgesellschaft.

Krickhahn, T. (1993), Lobbyismus und Mittelstand: Zur Identifikation der Interessenverbände des Mittelstands in der Bundesrepublik Deutschland. Forschungsinstitut Freie Berufe, Diskussionspapier,7. Universität Lüneburg.

Krickhahn, T. (1995), *Die Verbände des wirtschaftlichen Mittelstands in Deutschland.* Wiesbaden: DUV.

Krohn, W. und G. Küppers (Hrsg.) (1990), Selbstorganisation: Aspekte einer wissenschaftlichen Revolution. Wissenschaftstheorie, Wissenschaft und Philosophie 29. Braunschweig und Wiesbaden: Viehweg.

Krugman, P. (1996), *The self-organizing economy.* Cambridge, MA: Blackwell.

Kuczi, T. and C. Makó (1997), Towards Industrial Districts? Small-Firm Networking in Hungary. In G. Grabher and D. Stark (eds.), 176–189.

Kuczi, T. and A. Vajda (1990), The Social Composition of Small Entrepreneurs. *Acta Oeconomica* 42: 329–346.

Küpper, H.-U. und T. Bronner (1995), Strategische Ausrichtung mittelständischer Unternehmungen. *Internationales Gewerbearchiv* 43: 73–87.

Küppers, B.-O. (Hrsg.) (2000), *Die Einheit der Wirklichkeit: zum Wissenschaftsverständnis der Gegenwart.* München: Fink.

Küppers, G. (1996), Selbstorganisation: Selektion durch Schließung. In G. Küppers (Hrsg.), 122–148.

Küppers, G. (Hrsg.) (1996), *Chaos und Ordnung: Formen der Selbstorganisation in Natur und Gesellschaft.* Stuttgart: Reclam.

Kuratko, D.F., J.S. Hornsby und D.W. Naffziger (1998), Unternehmerische Ziele von Eigentümern. *Internationales Gewerbearchiv* 46: 86–99.

Kusnezova, N. (1999), Roots and Philosophy of Russian Entrepreneurship. *Journal for East European Management Studies* 4 (1): 45–72.

Kuznetsov, Y. (1997), Learning in Networks: Enterprise Behavior in the Former Soviet Union and Contemporary Russia. In J.M. Nelson et al. (eds.), 156–176.

Lafuente, A. and V. Salas (1989), Types of Entrepreneurs and Firms: The Case of New Spanish Firms. *Strategic Management Journal* 10: 17–30.

Lageman, B. (1995), Die neuen Unternehmer in Ostmitteleuropa: Herkunft und Rekrutierungsmechanismen. Berichte des BiOst 59. BiOst, Köln.

Lageman, B. (1999), Mittelstandspolitik und Unternehmensgründungen in Deutschland. In P.J.J. Welfens und C. Graack (Hrsg.), 95–128.

Lageman, B. (2001), Marktstrukturen im Wandel – zukünftige Unternehmensstrategien im Handwerk. *KfW-Beiträge zur Mittelstands- und Strukturpolitik* 20: 15–23.

Lageman, B. et al. (1994), Aufbau mittelständischer Strukturen in Polen, Ungarn, der Tschechischen und der Slowakischen Republik. Untersuchungen des RWI 11. RWI, Essen.

Lageman, B. et al. (1995), Der volkswirtschaftliche Nutzen der industriellen Gemeinschaftsforschung für die mittelständische Industrie. Untersuchungen des RWI 15. RWI, Essen.

Lageman, B., K. Löbbe et al. (1998), Kleine und mittlere Unternehmen im sektoralen Strukturwandel. Untersuchungen des RWI 27. RWI, Essen.

Laky, T. (1984), Small Enterprises in Hungary. Myth and Reality. *Acta Oeconomica* 32 (1–2): 39–63.

Laky, T. (1985), Enterprise Business Work Partnership and Enterprise Interest. *Acta Oeconomica* 34 (1–2): 27–49.

Laky, T. (1989), Vanished Myth – Wavering Intentions. (Small Enterprises Revisited). *Acta Oeconomica* 40 (3/4): 285–306.

Laky, T. (1991), Small business organization in the Hungarian Economy. In H. Thomas et al. (eds.), 244–261.

Laky, T. (1992), The reality and potential of autonomous entrepreneurship. In B. Dallago et al. (eds.), 155–172.

Lamneck, S. (1995), *Qualitative Sozialforschung*. Bd. 1: Methodologie. 3., korrigierte Aufl. Weinheim: Beltz, PsychologieVerlagsUnion.

Landes, D.S. (1983), *Der entfesselte Prometheus*: Technologischer Wandel und industrielle Entwicklung in Westeuropa von 1750 bis zur Gegenwart. München: Dtv.

Ledeneva, A.V. (1998), Russia's economy of favours: Blat, networking and informal exchange. Cambridge, Russian, Soviet, and post-Soviet studies 102. Cambridge: Cambridge University Press.

Lehner, J.M. (1999), *Strategische Flexibilität: Improvisation und Bricolage bei Strategieformulierung und -implementierung*. Papier für den 23. Workshop „Organisation" in Zürich. Institut für Unternehmensführung, Johannes Kepler Universität, Linz.

Leicht, R. (1995), Die Prosperität kleiner Betriebe: das längerfristige Wandlungsmuster von Betriebsgrößen und -strukturen. Beiträge zur Mittelstandsforschung 3. Heidelberg: Physica.

Leicht, R. (2000), Die „neuen Selbständigen" arbeiten alleine. *Internationales Gewerbearchiv* 48: 75–90.

Leicht, R. und R. Philipp (1999), Der Trend zum Ein-Personen-Unternehmer. Strukturbericht kurzinfo 5. IfM, Mannheim.

Leipold, H. (1999), Institutionenbildung in der Transformation. In H.-H. Höhmann (Hrsg.) (1999), 133–151.

Leitzel, J. (1997), Rule Evasion in Transitional Russia. In J.M. Nelson et al. (eds.), 118–130.

Lenger, F. (1988), *Sozialgeschichte der deutschen Handwerker seit 1800*. Frankfurt a.M.: Suhrkamp.

Lenz, R.T. and J.L. Engledow (1986), Environmental Analysis: The Applicability of Current Theory. *Strategic Management Journal* 7: 328–346.

Lessat, V. et al. (1999), *Beteiligungskapital und technologieorientierte Unternehmensgründung*: Markt – Finanzierung – Rahmenbedingungen. Wiesbaden: Gabler.

Levinthal, D.A. and J.G. March (1993), The Myopia of Learning. *Strategic Management Journal* 14: 95–112.

Levitsky, J. (1994), Business associations in countries in transition to market economies. *Small Enterprise Development* 5 (3): 24–34.

Lewin, A.Y. and H.W. Volberda (1999), Prolegomena on Coevolution: A Framework for Research on Strategy and New Organizational Forms. *Organization Science* 10 (5): 519–534.

Lichtenstein, B. (2000), Generative Knowledge and Self-Organized Learning: Reflecting on Don Schön's Research. *Journal of Management Inquiry* 9 (1): 47–54.

Lichtenstein, B. et al. (2000), *New Venture Creation and Complexity Science*: Two Preliminary Tests of the Non-Linear nature of Nascent Entrepreneurship. Paper to the Babson College-Kauffman Foundation Entrepreneurship Research Conference, June 8–10, 2000, Babson.

Lindblom, C.E. (1959), The Science of "Muddling Through". *Public Administration Review* 19: 79–88.

Linz, S. (2000), Are Russians Really Ready for Capitalism? William Davidson Institute Working Paper 268. University of Michigan, Ann Arbor, MI.

Lissack, M.R. (1997), *Complexity Metaphors and the Management of a Knowledge Based Enterprise*: An Exploration of Discovery. Draft. Henley Management College. Internet: www.lissack.com/writings/proposal.htm, Abruf: 6. Februar 2001.

Lissack, M.R. (1999), Complexity: the Science, its Vocabulary, and its Relation to Organizations. *Emergence* 1 (1): 110–126.

Liuhto, K. (1999), The Transformation of the Soviet Enterprise and its Management: A Literature Review. ESRC Centre for Business Research Working Paper 146. ESRC, University of Cambridge.

Los, M. (1992), From underground to legitimacy: the normative dilemmas of post-communist marketization. In B. Dallago et al. (eds.), 112–142.

Lovas, B. and S. Ghoshal (2000), Strategy as Guided Evolution. *Strategic Management Journal* 21: 875–896.

Lueger, M., H. Frank und C. Korunka (2000), Zur Heterogenität des Gründens: Eine komparative Analyse österreichischer Unternehmensgründungen. In D. Bögenhold (Hrsg.) (2000b), 101–120.

Luhmann, N. (1984), Soziologische Aspekte des Entscheidungsverhaltens. *Betriebswirtschaft* 44 (4): 591–603.

Luhmann, N. (1998), Die Gesellschaft der Gesellschaft. Suhrkamp-Taschenbuch Wissenschaft 1360. Frankfurt a.M.: Suhrkamp.

Luhmann, N. (1999a), Zweckbegriff und Systemrationalität: über die Funktion von Zwecken in sozialen Systemen. Suhrkamp-Taschenbuch Wissenschaft 12. 6. Aufl. Frankfurt a.M.: Suhrkamp.

Luhmann, N. (1999b), Soziale Systeme: Grundriß einer allgemeinen Theorie. Suhrkamp-Taschenbuch Wissenschaft 666. 7. Aufl. Frankfurt a.M.: Suhrkamp.

Lüttinger, P. (Hrsg.) (1999), Sozialstrukturanalysen mit dem Mikrozensus. ZUMA Nachrichten, Spezial 6. ZUMA, Mannheim.

Lyles, M.A. and H. Thomas (1988), Strategic Problem Formulation: Biases and Assumptions embedded in Alternative Decision-Making Models. *Journal of Management Studies* 25 (2): 131–145.

Lyles, M.A., I.S. Baird, J.B. Orris and D. Kuratko (1993), Formalized planning in small business: Increasing strategic choices. *Journal of Small Business Management* 31 (2): 38–50.

Lynn, M.L. (1998), Patterns of Micro-enterprise Diversification in Transitional Eurasian Economies. *International Small Business Journal* 16 (2): 34–49.

MacCrimmon, K.R. (1993), Do Firm Strategies Exist? *Strategic Management Journal* 14: 113–130.

MacIntosh, R. and D. MacLean (1999), Conditioned Emergence: A Dissi- pative Structures Approach To Transformation. *Strategic Management Journal* 20: 297–316.

Maguire, S. and B. McKelvey (1999), Complexity and Management: Moving From Fad to Firm Foundation. *Emergence* 1 (2): 5–49.

Maguire, S. and B. McKelvey (eds.) (1999), Special Issue: A Review of Complexity Books. *Emergence* 1 (2).

Mainzer, K. (1997), *Thinking in complexity*: the complex dynamics of matter, mind, mankind. 3., revised and enlarged edition. Berlin et al.: Springer.

Mainzer, K. (2000), Komplexität und die Einheit der Wissenschaft. In B.-O. Küppers (Hrsg.), 149–163.

Malik, F. (1993), *Systemisches Management, Evolution, Selbstorganisation*: Grundprobleme, Funktionsmechanismen und Lösungsansätze für komplexe Systeme. Bern, Stuttgart und Wien: Haupt.

Malle, S. (1996), Russian Entrepreneurship and Business in Transition: Towards the Re-Building of State Conglomerates. *Journal of International and Comparative Economics* 20: 37–64.

Marion, R. (1999), *The Edge of Organization*: Chaos and Complexity Theories of Formal Social Systems. Thousand Oaks, London and New Delhi: Sage.

Marris, P. and A. Somerset (1971), *African Businessmen*. A Study of Entrepreneurship and Development in Kenya. New York and London: Routledge & Kegan Paul.

Martin, A. (2001), Die Problem-Balance-Bilanz. Schriften aus dem Institut für Mittelstandsforschung 14. Universität Lüneburg.

Martin, A. und S. Bartscher (1995), Ergebnisse der Deskriptiven Entscheidungsforschung. In S. Bartscher und P. Bomke (Hrsg.), 95–141.

Martin, A. und V. Drees (1999), *Vertrackte Beziehungen*: Die versteckte Logik sozialen Verhaltens. Darmstadt: Primus.

Mason, C. and R. Harrison (2000), Informal Venture Capital and the Fi- nancing of Emergent Growth Businesses. In D.L. Sexton and H. Landstrom (eds.), 221–239.

Matthews, C.H. and S.G. Scott (1995), Uncertainty and Planning in Small and Entrepreneurial Firms: An Empirical Assessment. *Journal of Small Business Management* 33 (4): 34–52.

McClelland, D.C. (1961), *The Achieving Society*. Princeton, NJ: Van Nostrand.

McDermott, G.A. (1997), Renegotiating the Ties that Bind: The Limits of Privatization in the Czech Republic. In G. Grabher and D. Stark (eds.), 70–106.

McFadden, D. (1998), Rationality for Economists? August 1996, revised July 1997, September 1998. Working Paper 98–09–86. Santa Fe Institute. Internet: www. santafe.edu, Abruf: 23. Februar 2001.

McKelvey, B. (1999a), Self-Organization, Complexity Catastrophe, and Microstate Models at the Edge of Chaos. In J.A.C. Baum and B. McKelvey (eds.) (1999), 279–307.

McKelvey, B. (1999b), Complexity Theory in Organization Science: Seizing the Promise or Becoming a Fad? *Emergence* 1 (1): 5–32.

Miller, D. (1986), Configurations of Strategy and Structure: Towards a Synthesis. *Strategic Management Journal* 7: 233–249.

Miller, D. and P.H. Friesen (1977), Strategy-Making in Context: Ten Empirical Archetypes. *Journal of Management Studies* 14: 253–280.

Miller, D. and P.H. Friesen (1978), Archetypes of Strategy Formulation. *Management Science* 24 (9): 921–933.

Miller, D. and J.-M. Toulouse (1986), Chief Executive Personality and Corporate Strategy and Structure in Small Firms. *Management Science* 32 (11): 1389–1409.

Mintzberg, H. (1978), Patterns in Strategy Formation. *Management Science* 24(9), 934–948.

Mintzberg, H. (1990), Strategy formation: Schools of thought. In J.W. Fredrickson (ed.), *Perspectives on strategic management*. New York: Harper & Row, 105-235, zitiert bei Sydow 1995: 9.

Mintzberg, H. (1994), *The rise and fall of strategic planning*. Edinburgh: Prentice Hall.

Mintzberg, H. (1998), Five Ps for Strategy. In H. Mintzberg et al. (eds.), 13–21.

Mintzberg, H. and J.A. Waters (1985), Of Strategies, Deliberate and Emergent. *Strategic Management Journal* 6: 257–272.

Mintzberg, H. and J.A. Waters (1990), Does Decision get in the way? *Organization Studies* 11: 1–6.

Mintzberg, H., B. Ahlstrand and J. Lampel (1998), *Strategy safari*: a guided tour through the wilds of strategic management. New York: Free Press.

Mintzberg, H., J.B. Quinn and S. Ghoshal (eds.) (1998), *The Strategy Process.* Revised European Edition. London et al.: Prentice Hall.

Mintzberg, H., D. Raisinghani and A. Théoret (1976), The structure of „unstructured" decision processes. *Administrative Science Quarterly* 21: 246–275.

Mir, R. and A. Watson (2000), Strategic Management and the Philosophy of Science: The Case for a Constructivist Methodology. *Strategic Management Journal* 21: 941–953.

Mitleton-Kelly, E. (1998), Organisations as Complex Evolving Systems. In E. Mitleton-Kelly (ed.). Internet: www.lse.ac.uk/lse/complex/publications/OACES.htm, Abruf: 7. Februar 2001.

Mitleton-Kelly, E. (ed.) (1998), *Proceedings of the Organisations as Complex Evolving Systems Conference.* Warwick, UK: University of Warwick, and London: London School of Economics and Political Science.

Morel, B. and R. Ramanujam (1999), Through the Looking Glass of Complexity: The Dynamics of Organizations as Adaptive and Evolving Systems. *Organization Science* 10 (3): 278–293.

Morrison, A. (1998), *Entrepreneurship and Culture Specificity.* Paper presented at IntEnt98, Oestrich-Winkel, 26–28 July.

Muent, H., F. Pissarides and P. Sanfey (2000), Taxes, competition and finance for Albanian enterprises: evidence from a field study. EBRD Working Paper 54. EBRD, London.

Mugler, J. (2000), The Climate for Entrepreneurship in European Countries in Transition. In D.L. Sexton and H. Landstrom (eds.), 150–175.

Müller, K. (1992), „Katastrophen", „Chaos" und „Selbstorganisation". Methodologie und sozialwissenschaftliche Heuristik der jüngeren Systemtheorie. *Prokla – Zeitschrift für kritische Sozialwissenschaft* 88/22 (3): 340–373.

Müller, K. (1999), Auswirkungen des Gründungsgeschehens auf den Generationenwechsel am Beispiel des Handwerks. In R. Ridinger und P. Weiss (Hrsg.), 121–142.

Müller-Benedict, V. (2000), *Selbstorganisation in sozialen Systemen*: Erkennung, Modelle und Beispiele nichtlinearer Dynamik. Opladen: Leske & Budrich.

Müller-Syring, R. (1994), „... von Natur tätig und industriös ...": die Wirtschafts- und Arbeitskultur der Erwerbsbevölkerung Sachsens. Schriften des Instituts für Wirtschaft und Gesellschaft Bonn e.V. IWG, Bonn und Leipzig.

Mummert, U. (1995), Informelle Institutionen in ökonomischen Transformationsprozessen. Contributiones Jenenses 2. Baden-Baden: Nomos.

Mummert, U. (1999), Informal Institutions and Institutional Policy – Shedding Light on the Myth of Institutional Conflict. Diskussionsbeitrag 02-99. Max- Planck Institute for Research into Economic Systems, Jena.

Mummert, U. (2000), Kultur und Systemtransformation: Institutionenökonomische Aspekte. In H.-H. Höhmann (Hrsg.) (2000), 61–77.

Mussmann, F. (1995), *Komplexe Natur – Komplexe Wissenschaft*: Selbstorganisation, Chaos, Komplexität und der Durchbruch des Systemdenken in den Naturwissenschaften. Opladen: Leske & Budrich.

Nafziger, W. (1969), The Effect of the Nigerian Extended Family on Entrepreneurial Activity. *Economic Development and Cultural Change* 18: 25–33.

Naisbitt, J. (1995), *Global Paradox*. The bigger the world economy, the more powerful its smallest players. London: Avon Books.

Naor, N. and P. Brod (1986), Socialist Entrepreneurship in Hungary: Reconciling the „Irreconcilables". *Columbia Journal of World Business* 1986 (Summer): 55–68.

Narayan, D. (o.J.), Bonds and Bridges: Social Capital and Poverty. World Bank Working Paper. World Bank, Washington, DC.

Neace, M.B. (1999), Entrepreneurs in Emerging Economies: Creating Trust, Social Capital and Civil Society. *Annals AAPSS* 565: 148–161.

Nee, V. and D. Strang (1998), The Emergence and Diffusion of Institutional Forms. *Journal of Institutional and Theoretical Economics* 154: 706–715.

Nelson, J.M., C. Tilly and L. Walker (eds.) (1997), *Transforming Post-Communist Political Economies*. Washington, DC.: National Academy Press.

Newman, K.L. (1998), Leading Radical Change in Transition Economies. William Davidson Institute, Working Paper 156. University of Michigan Business School, Ann Arbor, MI.

Nicolis, G. and I. Prigogine (1998), *Exploring Complexity*. 5th Printing. New York: W.H. Freeman.

Nooteboom, B. (1993), Firm Size Effects on Transaction Costs. *Small Business Economics* 5: 283–295.

North, D.C. (1981), *Structure and change in economic history*. New York and London: Norton.

North, D.C. (1990), *Institutions, Institutional Change and Economic Performance*. Cambridge: Cambridge University Press.

North, D.C. (1995), Structural Changes of Institutions and the Process of Transformation. *Prague Economic Papers* 4 (3): 229–234.

North, D.C. (1998), Where have we been and where are we going? In A. Ben-Ner and L. Putterman (eds.), 491–508.

Nuti, D. (1992), The role of new cooperatives in the Soviet economy. In B. Dallago et al. (eds.), 247–273.

O.V. (1999), The Gurus Speak: Complexity and Organizations: A Panel Discussion at the Second International Conference on Complex Systems, October 30, 1998. *Emergence* 1 (1): 73–91.

Oberndorfer, P. (1987), *Die wirtschaftliche und berufliche Selbstverwaltung durch Kammern in der Bundesrepublik Deutschland*. Alfeld: Gildefachverlag.

OECD (ed.) (1995), Kleine und mittlere Unternehmen: Technologie und Wettbewerbsfähigkeit. BMWi-Dokumentation 378. BMWi, Bonn.

OECD (ed.) (1996), *Small Business in Transition Economies*. Paris.

OECD (ed.) (1998), *Fostering Entrepreneurship*. Paris.

OECD (ed.) (1996), *Networks of Enterprises and Local Development*. Competing and Co-operating in Local Productive Systems. Paris.

OECD and UNIDO (eds.) (1999), *Entrepreneurship and Enterprise Development in Transition Economies*: Policy Guidelines and Recommendations. Paris.

OECD/CCET (eds.) (1996), *Systems for financing newly emerging private enterprises in transition economies*. Paris.

OECD/CCET (eds.) (1997), *Entrepreneurship and SMEs in Transition Economies*: The Visegrad Conference. Paris.

Oeser, E. (2000), Phasenübergänge und Paradigmawechsel: Die Entstehung des Neuen in der Wissenschaft. In L. Huber (Hrsg.), 309–327.

Oesterdiekhoff, G. (1993), *Unternehmerisches Handeln und gesellschaftliche Entwicklung*: eine Theorie unternehmerischer Institutionen und Handlungsstrukturen. Opladen: Westdeutscher Verlag.

Olson, P.D. and D.W. Bokor (1995), Strategy Process-Content Interaction: Effects on Growth Performance in Small Start-up Firms. *Journal of Small Business Management* 33 (1): 34–44.

Orpen, C. (1985), The effects of long-range planning on small business performance: a further examination. *Journal of Small Business Management* 23 (1): 16–23.

Ortmann, G., J. Sydow und K. Türk (Hrsg.) (1997), *Theorien der Organisation*: die Rückkehr der Gesellschaft. Opladen: Westdeutscher Verlag.

Ortmann, G., J. Sydow und A. Windeler (1997), Organisation als reflexive Strukturation. In G. Ortmann et al. (Hrsg.), 315–354.

Paasch, U. (1990), Selbständig oder abhängig? – Deregulierung von Arbeitsbedingungen per Statusdefinition. In J. Berger (Hrsg.), 129–158.

Panther, S. (1998), Historisches Erbe und Transformation: „Lateinische" Gewinner – „Orthodoxe" Verlierer? In G. Wegener und J. Wieland (Hrsg.), 211–251.

Papadakis, V.M., S. Lioukas and D. Chambers (1998), Strategic Decision-Making Processes: The Role of Management and Context. *Strategic Management Journal* 19: 115–147.

Paslack, R. (1991), Kurze Geschichte der Selbstorganisation. *gdi impuls* 3: 48–54.

Paslack, R. und P. Knost (1990), Zur Geschichte der Selbstorganisationsforschung – Ideengeschichtliche Einführung und Bibliographie (1940–1990). Wissenschaftsforschung Report 37, Science Report. Bielefeld: Kleine.

Paulin, W.L., R.E. Coffey and M.E. Spaulding (1982), Entrepreneurship research: methods and directions. In C.A. Kent et al. (eds.), 352–373.

Peng, C.O. (1997), Intertwining of Social Life and Business Strategies: Chinese Businessmen in Malaysia. In M. Rutten and C. Upadhya (eds.), 147–171.

Peng, M. (2000), *Business strategies in transition economies.* Thousand Oaks, London and New Delhi: Sage.

Peng, M. and P.S. Heath (1996), The Growth of the Firm in Planned Economies in Transition: Institutions, Organizations, and Strategic Choice. *Academy of Management Review* 21 (2): 492–528.

Peng, M. and Y. Luo (2000), Managerial Ties and Firm Performance in a Transition Economy: The Nature of a Micro-Macro Link. *Academy of Management Journal* 43 (3): 486–501.

Penrose, E. (1995), *The Theory of the Growth of the Firm.* Third Edition. First published 1959. Oxford et al.: Oxford University Press.

Petersen, U. und E. Höpfner (1997), Scheinselbständigkeit – Ein Beitrag zur aktuellen Diskussion. *Angestelltenversicherung* 44 (2): 65–76.

Pettigrew, A. (1992), The Character and Significance of Strategy Process Research. *Strategic Management Journal* 13: 5–16.

Pfeiffer, F. (1994), Selbstständige und abhängige Erwerbstätigkeit. Arbeitsmarkt- und industrieökonomische Perspektiven. Reihe Wirtschaftswissenschaft 30. Frankfurt a.M. und New York: Campus.

Phelan, S.E. (2001), What is complexity science, really? *Emergence* 3 (1): 120–136.

Pichler, J.H., H.J. Pleitner und K.-H. Schmidt (Hrsg.) (1996), *Management in KMU*: Die Führung von Klein- und Mittelunternehmen. Bern, Stuttgart und Wien: Paul Haupt.

Picot, A., H. Dietl und E. Franck (1999), *Organisation*: Eine ökonomische Perspektive. 2., überarb. und erw. Aufl. Stuttgart: Schäffer-Poeschel.

Picot, A., R. Reichwald und R.T. Wigand (1996), *Die grenzenlose Unternehmung*: Information, Organisation und Management. Wiesbaden: Gabler.

Piest, B. (1994), Planning Comprehensiveness and Strategy in SME's. *Small Business Economics* 6: 387–395.

Pina e Cunha, M., J. Vieira da Cunha and K. Kamoche (1999), Organizational Improvisation: what, when, how and why. *International Journal of Management Review* 1 (3): 299–342.

Ping, H. (1997), New Private Entrepreneurs in China: Family Relations and Social Connections. In M. Rutten and C. Upadhya (eds.), 235–252.

Piore, M.M. und C.F. Sabel (1989), *Das Ende der Massenproduktion*: Studie über die Requalifizierung der Arbeit und die Rückkehr der Ökonomie in die Gesellschaft. Frankfurt a.M.: Fischer.

Piorkowsky, M.-B. (1998), Plädoyer für ein neues Verständnis von Kleinunternehmen und kleinen Familienbetrieben. In eibe (Hrsg.), 4–17.

Pipes, R. (1995), *Russia under the Old Regime.* 2. edition (1. edition 1974). London et al.: Penguin.

Pissarides, F., M. Singer and J. Svejnar (2000), Objectives and Constraints of Entrepreneurs: Evidence from Small and Medium Size Enterprises in Russia and Bulgaria.

William Davison Institute Working Paper 346. University of Michigan Business School, Ann Arbor, MI.

Pitt, M., J. Szarka and A. Bull (1991), Executive Characteristics, Strategic Choices and Small Firm Development: A Three-country Study of Small Textiles and Clothing Firms. *International Small Business Journal* 9 (3): 11–30.

Pleines, H. (2000), Geregelte Regelverletzung: Korruption und informelle Netzwerke in Russland. In H.-H. Höhmann (Hrsg.) (2000), 177–192.

Pleines, H. (2001), Korruptionsnetzwerke in der russischen Wirtschaft. In H.-H. Höhmann (Hrsg.) (2001), 141–156.

Pleitner, H.J. (1986), Strategisches Verhalten mittelständischer Unternehmen. *Internationales Gewerrbearchiv* 34: 159–171.

Pleitner, H.J. (Hrsg.) (1998), *Renaissance der KMU in einer globalisierten Wirtschaft*. St. Gallen: Verlag KMU, HSG.

Pleitner, H.J. und W. Weber (Hrsg.) (2000), *Die KMU im 21. Jahrhundert* – Impulse, Ansichten, Konzepte. St. Gallen: Verlag KMU, HSG.

Polanyi, K. (1957), *The Great Transformation*: the Political and Economic Origins of Our Time. Boston, MA: Beacon Press.

Polanyi, M. (1962), *Personal Knowledge*: Towards a Post-Critical Philosophy. London: Routledge & Kegan Paul.

Polonsky, G. (1998), Small Business in the Russian Provinces: Case Study Evidence from Volgograd. *Communist Economics & Economic Transformation* 10 (4): 519–537.

Porter, M. (1985), *Competitive Advantage*: Creating and Sustaining Superior Performance. New York: Free Press.

Porter, M. (1994), Towards a Dynamic Theory of Strategy. In P.P. Rumelt et al. (eds.), 423–461.

Porter, M. (1998a), On competition. The Harvard business review book series. Boston, MA: Harvard Business School Press.

Porter, M. (1998b), *Competitive Strategy*: Techniques for Analyzing Industries and Competitors. With a New Introduction. Originally published 1980. New York: Free Press.

Poznanski, K.Z. (ed.) (1992), *Constructing Capitalism*. The Reemergence of Civil Society and Liberal Economy in the Post-Communist World. Boulder, CO, San Francisco and Oxford: Westview Press.

Prahalad, C.K. and R.A. Bettis (1986), The Dominant Logic: a New Linkage Between Diversity and Performance. *Strategic Management Journal* 7: 485–501.

Priem, R.L. and J.E. Butler (2001a), Is the Resource-Based „View“ a Useful Perspective for Strategic Management Research? *Academy of Management Review* 26 (1): 22–40.

Priem, R.L. and J.E. Butler (2001b), Tautology in the Resource-Based View and the Implications of Externally determined Resource Value: Further Comments. *Academy of Management Review* 26 (1): 57–66.

Probst, G. (1987), *Selbst-Organisation*: Ordnungsprozesse in sozialen Systemen aus ganzheitlicher Sicht. Berlin und Hamburg: Parey.

Quinn, J.B. (1978), Strategic Change: 'Logical Incrementalism'. *Sloan Management Review* 1978 (Fall): 7–21.

Radaev, V. (1994), On Some Features of the Normative Behavior of the New Russian Entrepreneurs. *Problems of economic transition* 37 (8): 17–28.

Radetzki, Th. (1999), *Multipersonelles Verhalten bei strategischen Entscheidungen*. Wiesbaden: DUV.

Raiser M. (1997), Informal institutions, social capital and economic transition: reflections on a neglected dimension. EBRD Working Paper 25. EBRD, London.

Raiser M. (1999), Trust in transition. EBRD Working Paper 39. EBRD, London.

Rajagopalan, N., A.M.A. Rasheed and D.K. Datta (1993), Strategic Decision Processes: Critical Review and Future Directions. *Journal of Management* 19 (2): 349–384.

Rangone, A. (1999), A Resource-Based Approach to Strategy Analysis in Small-Medium Sized Enterprises. *Small Business Economics* 12: 233–248.

Rauch, A., M. Frese and S. Sonnentag (2000), Cultural Differences in Planning-Success Relationships: A Comparison of Small Enterprises in Ireland, West Germany and East Germany. *Journal of Small Business Management* 38 (4): 28–41.

Reich, R. (1993), *Die neue Weltwirtschaft*: Das Ende der nationalen Ökonomie. Frankfurt a.M.: Fischer.

Reid, R., B. Dunn, S. Cromie and J. Adams (1999), Familienorientierung oder Geschäftsorientierung in Familienbetrieben. *Internationales Gewerbearchiv* 47: 149–165.

Reiß, M. (1998), Der Neue Mittelstand: Eine Herausforderung an Management, Politik und Wissenschaft. In M. Reiß (Hrsg.) (1998), 11–95.

Reiß, M. (2000), Unternehmertum in Netzwerken. In M. Reiß (Hrsg.) (2000), 1–37.

Reiß, M. (Hrsg.) (1998), Der Neue Mittelstand: Start up-Unternehmer in agilen Netzwerken. Frankfurt: FAZ-Verlag.

Reiß, M. (Hrsg.) (2000), *Netzwerk-Unternehmer*: Fallstudien netzwerkintegrierter Spin-offs, Ventures, Start-ups und KMU. München: Vahlen.

Renzulli, L.A., H.A. Aldrich and J. Moody (1999), Family Matters: Gender, Networks, and Entrepreneurial Outcomes. Working Paper, University of North Carolina, Chapel Hill.

Reynolds, P.D. and S.B. White (1997), *The Entrepreneurial Process*: Economic Growth, Men, Women and Minorities. Westport, CO, and London: Quorum Books.

Rice, G.H. and R.E. Hamilton (1979), Decision Theory and the small Businessman. *American Journal of Small Business* 4 (1): 1–9.

Richter, R. (ed.) (1998), Views and Comments on the „New Institutionalism" in Sociology, Political Science, and Anthropology. *Journal of Institutional and Theoretical Economics* 154: 694–789.

Richter, R. und E. Furubotn (1996), *Neue Institutionenökonomik*: eine Einführung und kritische Würdigung. Tübingen: Mohr/Siebeck.

Ridinger, R. und M. Steinröx (Hrsg.) (1995), *Regionale Wirtschaftsförderung in der Praxis*. Köln: O. Schmidt.

Ridinger, R. und P. Weiss (Hrsg.) (1999), Existenzgründungen und dynamische Wirtschaftsentwicklung. Veröffentlichungen des Round Table Mittelstand 2. Berlin: Duncker & Humblot.

Riedl, R. (2000), Phasenübergänge in der Evolution von Organismen. In L. Huber (Hrsg.), 109–127.

Rifkin, J. (1997), *Das Ende der Arbeit und ihre Zukunft*. Frankfurt a.M.: Fischer.

Roberts, K. and C. Zhou (2000), New Private Enterprises in Three Transitional Contexts: Central Europe, the Former Soviet Union and China. *Post-Communist Economies* 12 (2): 187–199.

Robinson, R.B. and J.A. Pearce (1983), The Impact of Planning on Financial Performance in Small Organizations. *Strategic Management Journal* 4: 197–207.

Robinson, R.B. and J.A. Pearce (1984), Research thrusts in small firm strategic planning. *Academy of Management Review* 9: 128–137.

Róna-Tas, A. (1994), The First Shall Be Last? Entrepreneurship and Communist Cadres in the Transition from Socialism. *American Journal of Sociology* 100: 40–69.

Roper, S. (1998), Entrepreneurial Characteristics, Strategic Choices and Small Business Performance. *Small Business Economics* 11: 11–24.

Rosa, P., S. Carter and D. Hamilton (1996), Gender as a Determinant of Small Business Performance: Insights from a British Study. *Small Business Economics* 8: 463–478.

Rose, R. and C. Haerpfer (1994), Mass response to transformation in post-communist societies. *Europe-Asia Studies* 46 (1): 3–28.

Rose-Ackerman, S. (2001), Trust and Honesty in Post-Socialist Societies. *Kyklos* 54 (2/3): 415–444.

Rosenbaum E.F. (1999), Culture, Cognitive Models and the Performance of Institutions in Transformation Countries. Discussion Papers 1/99, Frankfurt Institute for Transformation Studies. Europa-University Viadrina, Frankfurt/Oder.

Rosenbaum, E.F. (2000), Culture, Cognitive Models and the Performance of Institutions in Transformation Countries. In H.-H. Höhmann (Hrsg.) (2000), 78–96.

Rosenbaum, H. (1982), Formen der Familie: Untersuchungen zum Zusammenhang von Familienverhältnissen, Sozialstruktur und sozialem Wandel in der deutschen Gesellschaft des 19. Jahrhunderts. Suhrkamp-Taschenbuch Wissenschaft 374. Frankfurt a.M.: Suhrkamp.

Rosenhead, J. (1998), Complexity Theory and Management Practice. London School of Economics and Political Science, Working Paper Series Operational Research LSEOR 98.25. LSE, London.

Rössl, D. und F. Seidl (2000), ISO-9000 in KMU: Ein Instrument des verständigungsorientierten oder des mechanistischen Managementparadigmas? *Internationales Gewerbearchiv* 48 (1): 12–28.

Routamaa, V. and J. Vesalainen (1987), Types of Entrepreneurial and Strategic Level Goal Setting. *International Small Business Journal* 5 (3): 19–29.

Ruda, W. und T.A. Martin (2000), Der Börsengang innovativer Start-up-Unternehmen am Neuen Markt – Chancen neugegründeter Wachstumsunternehmen. *Internationales Gewerbearchiv* 48: 165–181.

Rudolf, A. (2000), Mitarbeitende Partnerinnen in kleinen und mittleren Unternehmen – Theoretische Ansätze und empirische Befunde. *RWI-Mitteilungen* 51 (2): 117–134.

Rudolph, A. und F. Welter (2000), Mehr Erfolg für Gründerinnen: wie junge Unternehmen gefördert werden – ein internationaler Vergleich. Schriften und Materialien zu Handwerk und Mittelstand 5. RWI, Essen.

Rue, L.W. and N.A. Ibrahim (1998), The Relationship between Planning Sophistication and Performance in Small Businesses. *Journal of Small Business Management* 36 (4): 24–32.

Rüegg-Sturm, J. (1998), Neuere Systemtheorie und unternehmerischer Wandel: Skizze einer systemisch-konstruktivistischen „Theory of the Firm". *Unternehmung* 52 (1): 3–17.

Rühli, E. und S.L. Schmidt (1999), Die angloamerikanische „Strategy Process Research". *Unternehmung* 53 (4): 267–286.

Rumelt, R.P., D.E. Schendel and D.J. Teece (eds.) (1994), *Fundamental Issues in Strategy*: a Research Agenda. Boston, MA: Harvard Business School Press.

Rutten, M. and C. Upadhya (eds.) (1997), *Small Business Entrepreneurs in Asia and Europa*: Towards a Comparative Perspective. New Delhi, Thousand Oaks and London: Sage.

RWI et al. (2000a), Employment, SMEs and Labour Markets in Moldova. National report for project Intas-97-1805. RWI, Essen.

RWI et al. (2000b), Employment, SMEs and Labour Markets in Russia. National report for project Intas-97-1805. RWI, Essen.

Sachs, S. (1995), Strategie und Ökonomie. *Unternehmung* 49 (4): 245–257.

Saizew, S.A. (1994), Das neue russische Unternehmertum. *Osteuropa Wirtschaft* 39 (3): 184–200.

Scase, R. (1997), The Role of Small Businesses in the Economic Transformation of Eastern Europe: Real But Relatively Unimportant? *International Small Business Journal* 16 (1): 13–21.

Schendel, D.E. and C.W. Hofer (eds.) (1979), *Strategic Management*: A new view for business policy and planning. Boston, MA, Toronto: Little, Brown and Co.

Scherer, A.G. und R. Beyer (1998), Der Konfigurationsansatz im Strategischen Management – Rekonstruktion und Kritik. *Betriebswirtschaft 58 (3): 332–347.*

Scherer, F.M. and D. Ross (1990), *Industrial Market Structure and Economic Performance*. 3. Ed. Boston et al.: Houghton Mifflin.

Scherer, R.F., J.D. Brodzinski and F.A. Wiebe (1991), Examining the relationship between personality and entrepreneurial career preference. *Entrepreneurship & Regional Development* 3: 195–206.

Scheurer, S. (1997), Bausteine einer Theorie der strategischen Steuerung von Unternehmen. Betriebswirtschaftliche Forschungsergebnisse 106. Berlin: Duncker & Humblot.

Schmidt, D. (1999), Nicht immer Persönlichkeiten, aber stets wichtige Personen – zur wirtschaftlichen und sozialen Bedeutung des Eigentümer-Unternehmers. In D. Bögenhold (Hrsg.), 93–108.

Schmude, J. (Hrsg.) (1998), Neue Unternehmen in Ostdeutschland. Wirtschaftswissenschaftliche Beiträge 164. Heidelberg: Physica.

Schneider, D. (1993), „Unsichtbare Hand"-Erklärungen für die Institution Unternehmung. *Zeitschrift für Betriebswirtschaft* 63 (2): 179–195.

Schneider, D. (1996), Biologische Vorbilder für eine evolutorische Theorie der Unternehmung? *Zeitschrift für betriebswirtscahftliche Forschung* 48 (12): 1098–1114.

Schöber, P. (1968), Die Wirtschaftsmentalität der westdeutschen Handwerker. Abhandlungen zur Mittelstandsforschung 33. Köln und Opladen: Westdeutscher Verlag.

Schön, D. (1975), Deutero-learning in organizations: Learning for increased effectiveness. *Organizational Dynamics* 3: 2–16.

Schrader, K. (1999), Ordnungspolitische Weichenstellungen für eine marktwirtschaftliche Entwicklung in mittel- und osteuropäischen Reformländern. Kieler Studien 297. Tübingen: Mohr/Siebeck.

Schreyögg, G. (1984), *Unternehmensstrategie: Grundfragen einer Theorie strategischer Unternehmensführung*. Berlin, New York: de Gruyter.

Schreyögg, G. (1992), Zur Logik der Strategischen Unternehmensführung. *management revue* 3: 199–212.

Schreyögg, G. (1999), Strategisches Management – Entwicklungstendenzen und Zukunftsperspektiven. *Unternehmung* 53 (6): 387–407.

Schröder, H.-H. (2000), Rußlands „Oligarchen" als Akteure im Transformationsprozeß: Bemerkungen zur Rolle „politischer Unternehmer" im System Jelzin. In H.-H. Höhmann (Hrsg.) (2000), 163–176.

Schröder, K. und B. Pieper (1996), Osteuropas Bankensystem: Problematische Sanierung und Privatisierung der Staatsbanken: Sechs Transformationsländer im Vergleich. Aktuelle Materialien zur Internationalen Politik 44. Baden-Baden: Nomos.

Schrooten, M. und U. Thießen (1996), Rußland und Ukraine: Bankensektor bleibt fragil. *DIW-Wochenbericht* 63 (49): 794–802.

Schulte, F. (1999), Gründungen im unternehmensnahen Dienstleistungssektor: Was macht Gründer erfolgreich, was bereitet ihnen Probleme? Eine Fallstudien-Untersuchung. InWiS-Berichte 26. InWIS, Bochum.

Schulte, R. (1999), Das Risikoverhalten von Banken gegenüber Existenzgründungen. In R. Ridinger und P. Weiss (Hrsg.), 95–119.

Schulus, S. (1993), Schattenwirtschaft in Russland: Formen, Ausmaße und Bedrohungen. *Osteuropa Wirtschaft* 38 (3): 250–261.

Schumacher, T. (1997), Transformation und wirtschaftliche Selbstverwaltung: das Beispiel Estland. Europäische Hochschulschriften, Reihe 5: Volks- und Betriebswirtschaft 2094. Frankfurt a.M.: Lang.

Schweitzer, F. und G. Silverberg (1998) (Hrsg.), Selbstorganisation. Jahrbuch für Komplexität in den Natur-, Sozial- und Geisteswissenschaften 9: Evolution und Selbstorganisation in der Ökonomie. Berlin: Duncker & Humblot.

Schwenk, C.R. (1984), Cognitive Simplification Processes in Strategic Deci- sion-making. *Strategic Management Journal* 5: 111–128.

Schwenk, C.R. (1988), The Cognitive Perspective on Strategic Decision Making. *Journal of Management Studies* 25 (1): 41–55.

Schwenk, C.R. (1995), Strategic Decision Making. *Journal of Management* 21 (3): 471–493.

Schwenk, C.R. and C.B. Shrader (1993), Effects of Formal Strategic Planning on Financial Performance in Small Firms: A Meta-Analysis. *Entrepreneurship Theory & Practice* 17 (3): 53–64.

Segbers, K. and S. De Spiegeleire (eds.) (1995), Post-Soviet Puzzles: Mapping the Political Economy of the Former Soviet Union. Volume III: Emerging Societal Actors – Economic, Social and Political Interests. Theories, Methods and Case Studies. Aktuelle Materialien zur Internationalen Politik 40. Baden-Baden: Nomos.

Seifert, E.K. und B. Priddat (1995), Neuorientierungen in der ökonomischen Theorie: Zur moralischen, institutionellen, evolutorischen und ökologischen Dimension des Wirtschaftens. In E.K. Seifert und B. Priddat (Hrsg.), 7–53.

Seifert, E.K. und B. Priddat (Hrsg.) (1995), *Neuorientierungen in der ökonomischen Theorie*: Zur moralischen, institutionellen, evolutorischen und ökologischen Dimension des Wirtschaftens. Marburg: Metropolis.

Sennett, R. (1998), *Der flexible Mensch*. Die Kultur des neuen Kapitalismus. Berlin: Berlin-Verlag.

Seth, A. and H. Thomas (1994), Theories of the Firm: Implications for Strategy Research. *Journal of Management Studies* 31 (2): 165–191.

Sexton, D.L. and H. Landstrom (eds.) (2000), *The Blackwell Handbook of Entrepreneurship*. Oxford und Malden: Blackwell.

Sexton, D.L. and P.M. van Auken (1982), Prevalence of Strategic Planning in Small Business. *Journal of Small Business Management* (July): 20–26.

Shane, S. and L. Kolvereid (1995), National Environment, Strategy and New Venture Performance: A Three Country Study. *Journal of Small Business Management* 33 (2): 37–50.

Shiller, R.J., M. Boycko and V. Korobov (1992), Hunting for Homo Sovieticus: Situational versus Attitudinal Factors in Economic Behaviour. *Brookings Papers on Economic Activity* 1: 127–181.

Shleifer, A. (1997), Government in transition. *European Economic Review* 41: 385–410.

Shuman, J.C. and J.A. Seeger (1986), The Theory and Practice of Strategic Management in Smaller Rapid Growth Firms. *American Journal of Small Business*: 7–18.

Simon, H. (1955), A Behavioral Model of Rational Choice. *Quarterly Journal of Economics* 69: 99–118.

Simon, H.A. (1959), Theories of decision-making in economics and behavioral science. *American Economic Review* 49 (3): 253–283.

Simon, H.A. (1978), Rationality as Process and as Product of Thought. *American Economic Review* 68 (2): 1–16.

Simon, H.A. (1993), Strategy and organizational evolution. *Strategic Management Journal* 14 (Special Issue Winter): 131–142.

Sinowjew, A. (1987), *Homo sovieticus.* Zürich: Diogenes.

Smallbone, D. (1997), *Developing a policy agenda to support SMEs in tran- sition economies.* Paper presented at the international conference „Transition from survival to development in enterprise behaviour and the role of small and medium business in the Russian economy", Moscow, 4–5 April.

Smallbone, D. et al. (1996), *The Survival, Growth and Support Needs of Manufac-turing SMEs in Poland and the Baltic States.* Final report. CEEDR, Enfield.

Smallbone, D. et al. (1999a), *The support needs of small enterprises in the Ukraine, Belarus and Moldova*: Developing a policy agenda. Enfield.

Smallbone, D. et al. (1999b), Employment, SMEs and Labour Market. Schriften und Materialien zu Handwerk und Mittelstand 2. RWI, Essen.

Smallbone, D. et al. (2000), *Core-Periphery differences in SME development under transition conditions*: Some evidence from Ukraine and Belarus. Paper to RENT XIV Conference in Prague, 23rd–24th November.

Smallbone, D. and D. North (1995), Targeting Established SMEs: Does Their Age Matter? *International Small Business Journal* 13 (3): 47–64.

Smallbone, D. and B. Piasecki (1996), *The distinctiveness of SME development in Poland*: Some empirical evidence from manufacturing. Paper presented at the 41st ICSB World Conference, Stockholm, 16–19 June 1996.

Smallbone, D. and F. Welter (2001a), The distinctiveness of entrepreneurship in transition economies. *Small Business Economics* 16: 249–262.

Smallbone, D. and F. Welter (2001b), The Role of Government in SME Development in Transition Countries. *International Small Business Journal* 19 (4): 63–77.

Smallbone, D., B. Piasecki and U. Venesaar (1996), *The development of manufacturing SMEs in Poland and the Baltic States*: Policy Issues and Priorities. Paper presented at the 19th ISBA National Conference, Birmingham, November 1996.

Smallbone, D., R. Leigh and D. North (1995), The characteristics and strategies of high growth SMEs. *International Journal of Entrepreneurial Behaviour and Research* 1 (3): 44–62.

Smart, C. and I. Vertinsky (1984), Strategy and the Environment: A Study of Corporate Responses to Crises. *Strategic Management Journal* 5: 199–213.

Somogyi, L. (ed.) (1993), *Political Economy of the Transition Process in Eastern Europe*: Proceedings of the 13th Arne Ryde Symposium, Rungsted Kyst, 11-12 June 1992. Aldershot und Vermont: Edward Elgar.

Stacey, R.D. (1992), *Managing the unknowable*: strategic boundaries between order and chaos in organizations. San Francisco, CA: Jossey-Bass.

Stacey, R.D. (1995), The Science of Complexity: An Alternative Perspective for Strategic Change Processes. *Strategic Management Journal* 16: 477–495.

Stacey, R.D. (1997), *Unternehmen am Rande des Chaos*: Komplexität und Kreativität in Organisationen. Stuttgart: Schäffer-Poeschel.

Stacey, R.D., D. Griffin and P. Shaw (2000), *Complexity and management*: fad or radical challenge to systems thinking? London and New York: Rout- ledge.

Stark, D. (1996), Networks of Assets, Chains of Debt: Recombinant Property in Hungary. In R. Frydman, C.W. Gray and A. Rapaczynski (eds.), Volume 2, 109–150.

Stark, D. (1997), Recombinant Property in East European Capitalism. In G. Grabher and D. Stark (eds.), 35–69.

Staudt, E., B. Kriegesmann und S. Behrendt (1996), Kooperation, zwischenbetriebliche. In W. Kern et al. (Hrsg.), Spalte 922–935.

Steensma, H.K., L. Marino and K.M. Weaver (2000), Attitudes Toward Cooperative Strategies: A Cross-Cultural Analysis of Entrepreneurs. *Journal of International Business Studies* 31 (4): 591–609.

Stephan, A. (1999), Emergenz: Von der Unvorhersagbarkeit zur Selbstorganisation. Philosophische Schriften, Theorie & Analyse 2. Dresden und München: Dresden University Press.

Stern, N. (1997), The transition in Eastern Europe and the former Soviet Union: some strategic lessons from the experience of 25 countries over six years. In S. Zecchini (ed.), 35–57.

Sternberg, R. (1995), Technologie- und Gründerzentren als Instrument kommunaler Wirtschafts- und Technologieförderung. In R. Ridinger und M. Steinröx (Hrsg.), 201–224.

Sternberg, R. (2000), *Entrepreneurship in Deutschland* – das Gründungsgeschehen im internationalen Vergleich: Länderbericht Deutschland zum Global Entrepreneurship Monitor. Berlin: Edition Sigma.

Stewart, I. and J. Cohen (1999), *Figments of reality*: the evolution of the curious mind. Cambridge: Cambridge University Press.

Storey, D.J. (1994), *Understanding the Small Business Sector*. London and New York: Routledge.

Struck, J. (1999), Quo Vadis Gründungsstatistik? Auszug aus einer Diskussion zu Stand und Entwicklungschancen einer Gründungsstatistik in der Bundesrepublik Deutschland. Wissenschaftliche Reihe 10. DtA, Bonn.

Stubbart, C.I. (1989), Managerial Cognition: A Missing Link in Strategic Management Research. *Journal of Management Studies* 26 (4): 325–347.

Suzuki, K. (1996), SME financing in Central European countries based on experiences in Hungary, the Czech Republic and Poland. In OECD/CCET (eds.), 17–47.

Sydow, J. (1995), Strategische Netzwerke: Evolution und Organisation. 3. Aufl. Neue betriebswirtschaftliche Forschung, 100. Wiesbaden: Gabler.

Szelényi, I. (1988), *Socialist Entrepreneurs. Embourgeoisement in Rural Hungary*. Madison, WI: University of Wisconsin Press.

Taigner, S. (1987), Polens Second Economy. *Osteuropa Wirtschaft* 32 (2): 107–121.

Tamasy, C. (1996), Technologie- und Gründerzentren in Ostdeutschland – eine regionalwirtschaftliche Analyse. Wirtschaftsgeographie 10. Münster: Lit.

Tapscott, D. (1996), *Die digitale Revolution*. Verheißungen einer vernetzten Welt – die Folgen für Wirtschaft, Management und Gesellschaft. Wiesbaden: Gabler.

Tembrock, G. (2000), Verhaltensentwicklung: Phasensprünge, Innovationen. In L. Huber (Hrsg.), 129–156.

Tetlock, P.E. (2000), Cognitive Biases and Organizational Correctives: Do Both Disease and Cure Depend on the Politics of the Beholder? *Administrative Science Quarterly* 45: 293–326.

Thomas, H. et al. (eds.) (1991), *Small-Scale Production Strategies for Industrial Restructuring*. London: IT Publications.

Thomas, M. (Hrsg.) (1997), *Selbständige – Gründer – Unternehmer*: Passagen und Paßformen im Umbruch. Berlin: Berliner Debatte Wissenschaftsverlag.

Tolbert, P.S. and L.G. Zucker (1996), The Institutionalization of Institutional Theory. In S.R. Clegg and C. Hardy (eds.), 169–184.

Treue, W. (1984), Gesellschaft, Wirtschaft und Technik Deutschlands im 19. Jahrhundert. Gebhardt Handbuch der deutschen Geschichte 17. 7. Aufl. München: Dtv.

Treue, W. (1986), Wirtschaft, Gesellschaft und Technik vom 16. bis zum 18. Jahrhundert. Gebhardt Handbuch der deutschen Geschichte 12. 6. Aufl. München: Dtv.

Trompenaars, F. (1994), *Riding the waves of culture*: understanding cultural diversity in business. New York: Irwin.

Tschepurenko, A. (1994), Das neue Russland: Die Kleinunternehmen und die große Politik. *Internationales Gewerbearchiv* 42: 260–265.

Tschepurenko, A. (1998) Die russischen Kleinunternehmen in der zweiten Hälfte der 90er Jahre. Berichte des BiOst 45 & 46. BiOst, Köln.

Tschepurenko, A. (2000) Die neuen russischen Unternehmer: Wer sie sind, wie sie sind. In H.-H. Höhmann (Hrsg.) (2000), 139–152.

Tschepurenko, A. (2001), Was ist der Rationalitätstyp des Verhaltens der russischen Kleinunternehmer? (in russischer Sprache). In E. Jassin (Hrsg.), 121–130.

Türk, K. (1997), Organisation als Institution der kapitalistischen Gesellschaftsformation. In G. Ortmann et al. (Hrsg.), 124–176.

Valerius, G. (1997), Private Erwerbsarbeit und Beschäftigung in Kleinbetrieben der DDR. In Brussig et al. (Hrsg.), 293–321.

Van de Ven, A.H. (1992), Suggestions for Studying Strategy Process: A Research Note. *Strategic Management Journal* 13 (Summer Special): 169–188.

Van Gelderen, M. and N. Bosma (2000), *Setting up a Business in the Netherlands*: Who gets started, who gives up, who is still organizing. Paper to RENT XIV Conference in Prague, 23-24 November.

Van Gelderen, M., M. Frese and R. Thurik (2000), Strategies, Uncertainty and Performance of Small Business Startups. *Small Business Economics* 15: 165–181.

Vester, M. et al. (2001), *Soziale Milieus im gesellschaftlichen Strukturwandel*: Zwischen Integration und Ausgrenzung. Frankfurt a.M.: Suhrkamp.

Vitols, S. (1995a), Are German Banks Different? WZB Discussion Paper FS 95-308. WZB, Berlin.

Vitols, S. (1995b), Corporate Governance Versus Economic Governance: Banks and Industrial Restructuring in the U.S. and Germany. Discussion Paper FS 95-310. WZB, Berlin.

Voelzkow, H. (1995), „Iterative Experteninterviews“: Forschungspraktische Erfahrungen mit einem Erhebungsinstrument. In C. Brinkmann et al. (Hrsg.), 51–57.

Volkov, V. (1999), Violent Entrepreneurship in Post-Communist Russia. *Europe-Asia Studies* 51 (5): 741–754.

Von Foerster, H. (1990), Kausalität, Unordnung, Selbstorganisation. In K.W. Kratky und F. Wallner (Hrsg.), 77–95.

Voszka, E. (1991), From Twilight into Twilight: Transformation of the Ownership Structure in the big Industries. *Acta Oeconomica* 43 (3–4): 281–296.

Voszka, E. (1993), Escaping from the State – Escaping to the State: Managerial Motivation and Strategies in Changing the Ownership Structure in Hungary. In L. Somogyi (ed.), 227–239.

Voszka, E. (1994), The revival of redistribution in Hungary. *Acta Oeconomica* 46 (1–2): 63–78.

Wagener, H.-J. (2000), Has Russia Missed the Boat? Comment. *Journal of Institutional and Theoretical Economics* 156: 125-130.

Waldinger, R., H. Aldrich and R. Ward (1990), Ethnic Entrepreneurs: Immigrant Business in Industrial Societies. Sage Series on Race and Ethnic Relations 1. Newbury Park, London and New Delhi: Sage.

Waldrop, M.M. (1994), *Complexity: The Emerging Science at the Edge of Order and Chaos*. London et al.: Penguin.

Walgenbach, P. (1995), Institutionalistische Ansätze in der Organisationstheorie. In A. Kieser (Hrsg.), 269–301.

Warnecke, H.-J. (1993), *Revolution der Unternehmenskultur*. Das fraktale Unternehmen. Berlin et al.: Springer.

Warnecke, H.-J. (Hrsg.) (1995), *Aufbruch zum fraktalen Unternehmen*. Praxisbeispiele für neues Denken und Handeln. Berlin et al.: Springer.

Watzlawick, P. (Hrsg.) (2000a), Die erfundene Wirklichkeit: Wie wissen wir, was wir zu wissen glauben? Beiträge zum Konstruktivismus 12. Aufl. München: Piper.

Watzlawick, P. (Hrsg.) (2000b), Einführung in den Konstruktivismus. Veröffentlichungen der Carl Friedrich von Siemens Stiftung 5. 5. Aufl. München: Piper.

Weber, H. (1997), Zwischen asiatischem und anglo-amerikanischem Kapitalismus – das deutsche industrielle System in der Klemme. In U. Bullmann und R.G. Heinze (Hrsg.), 53–75.

Weber, M. (1984), *Die protestantische Ethik*. Eine Aufsatzsammlung [Hrsg. von J. Winckelmann]. 7., durchges. Aufl. Gütersloh: Gütersloher Verlagshaus Mohn.

Wegener, G. und J. Wieland (Hrsg.) (1998), Formelle und informelle Institutionen: Genese, Interaktion und Wandel. Institutionelle und Evolutorische Ökonomik 6. Marburg: Metropolis.

Weick, K.E. (1995), *Sensemaking in Organizations*. Thousands Oaks, London and New Delhi: Sage.

Weick, K.E. (1998), Der Prozeß des Organisierens. 2. Aufl. Suhrkamp-Taschenbuch Wissenschaft 1194. Frankfurt a.M.: Suhrkamp.

Weinstein, M. (1998), Emergent Compensation Strategies in Post-Socialist Poland: Understanding the Cognitive Underpinnings of Management Practices in a Transition Economy. William Davidson Institute Working Paper 203. University of Michigan Business School, Ann Arbor, MI.

Weise, P. (1996), Evolution and Self-Organization. *Journal of Institutional and Theoretical Economics* 152: 716–722.

Welfens, P. (1992), The Socialist Shadow Economy: Causes, Characteristics, and Role for Systemic Reforms. *Economic Systems* 16 (1): 113–147.

Welfens, P.J.J. und C. Graack (Hrsg.) (1999), Technologieorientierte Unternehmensgründungen und Mittelstandspolitik in Europa. Probleme – Risikokapitalfinanzierungen – Internationale Erfahrungen. Wirtschaftswissenschaftliche Beiträge 172. Heidelberg: Physica.

Welter, F. (1994), Bedeutung des Konkursrechts im Transformationsprozess der ostmitteleuropäischen Länder. *RWI-Mitteilungen* 45 (4): 325–344.

Welter, F. (1996a), Gründungsprofile im ost- und westdeutschen Handwerk – eine vergleichende Untersuchung in den Kammerbezirken Düsseldorf und Leipzig. RUFIS-Studien 1/1996. Bochum: Brockmeyer.

Welter, F. (1996b), Unternehmer in Osteuropa. *Berliner Debatte INITIAL* (3): 100–107.

Welter, F. (1998), Handwerk und Handwerker in Sachsen. In J. Schmude (Hrsg.), 199–221.

Welter, F. (1999a), Kleine und mittlere Unternehmen in Osteuropa: Bilanz der ersten Transformationsjahre. In D. Bögenhold (Hrsg.) (1999), 221–238.

Welter, F. (1999b), *German case studies within a study of young entrepreneurs, women entrepreneurs, co-entrepreneurs and entrepreneurs from ethnic minorities.* Im Auftrag des CEEDR/EU-DG 23. Essen.

Welter, F. (1999c), Wege in die Selbständigkeit – Anmerkungen zu Gründungsfähigkeit, Gründungsneigung und Gründungsengagement. *BISS- Public* 9 (27): 169–183.

Welter, F. (2000a), Gründungspotenzial und Gründungsprozess in Deutschland – Eine konzeptionelle und empirische Betrachtung. Schriften und Materialien zu Handwerk und Mittelstand 4. RWI, Essen.

Welter, F. (2000b), Germany: Is the outcome desirable? Quality of work in self-employment. A contribution to the ILO Action Programme: Enterprise Creation by the Unemployed – Microfinance in Industrialized Countries. ILO, Geneva. Reprint als Schriften und Materialien zu Handwerk und Mittelstand 7. RWI, Essen.

Welter, F. (2000c), „Einmal im Leben darf jeder etwas Risikoreiches tun" – Fallstudien von Gründern und Gründerinnen. Schriften und Materialien zu Handwerk und Mittelstand 9. RWI, Essen.

Welter, F. (2001), Nascent Entrepreneurship in Germany. Schriften und Materialien zu Handwerk und Mittelstand 11. RWI, Essen.

Welter, F. und B. von Rosenbladt (1998), Der Schritt in die Selbständigkeit: Gründungsneigung und Gründungsfähigkeit in Deutschland. *Internationales Gewerbearchiv* 46: 234–248.

Welter, F. and P.-A. Havnes (2000), SMEs and environmental turbulence. In H.-J. Pleitner und W. Weber (Hrsg.), 41–50.

Wernerfelt, B. (1984), A Resource-based View of the Firm. *Strategic Management Journal* 5: 171–180.

Wernerfelt, B. (1995), The Resource-based View of the Firm: Ten Years After. *Strategic Management Journal* 16: 171–174.

Wernet, W. (1965), Die soziologische Stellung des Handwerks. In W. Wernet, 97–101.

Wernet, W. (1965), Handwerk in moderner Sicht. Forschungsberichte aus dem Handwerk 13. Handwerkswissenschaftliches Institut, Münster.

Westhead, P. and M. Wright (1998), Novice, Portfolio, and Serial Founders: Are they different? *Journal of Business Venturing* 13: 173–204.

Weyer, J. (2000), *Soziale Netzwerke*. München: Oldenbourg.

Whyte, G. (1986), Escalating Commitment to a Course of Action: A Reinterpretation. *Academy of Management Review* 11 (2): 311–321.

Wiener, M.J. (1981), *English Culture and the Decline of the Industrial Spirit 1850–1980*. London et al.: Penguin.

Wiesenthal, H. (1987), Rational Choice: Ein Überblick über Grundlinien, Theoriefelder und neuere Themenakquisition eines sozialwissenschaftlichen Paradigmas. *Zeitschrift für Soziologie* 16 (6): 434–449.

Wiklund, J. (1998), Small Firm Growth and Performance: Entrepreneurship and Beyond. JIBS Dissertation Series 003. Jönköping Business School, Jönköping.

Wilken, P. (1979), *Entrepreneurship*: A Comparative and Historical Study. Norwood, NJ: Ablex Publishing.

Williamson, O.E. (1975), *Markets and Hierarchies* – Analysis and Antitrust Implications. New York: Free Press.

Williamson, O.E. (1985), *The economic institutions of capitalism* – Firms, Markets, Relational Contracting. New York: Free Press.

Williamson, O.E. (1993), The economic analysis of institutions and organisations – in general and with respect to country studies. OECD Economics Department Working Paper 133. OECD, Paris.

Williamson, O.E. (2000), The New Institutional Economics: Taking Stock, Looking Ahead. *Journal of Economic Literature* 38 (3): 595–613.

Williamson, O.E. and S.G. Winter (eds.) (1993), *The Nature of the Firm*: Origins, Evolution and Development. New York and Oxford: Oxford University Press.

Wilms, F.E.P. (1995), Entscheidungsverhalten als rekursiver Prozeß: konzeptuelle Bausteine des systemorientierten Managements. Neue Betriebswirtschaftliche Forschung 148. Wiesbaden: Gabler.

Wilms, F.E.P. (2001), *Systemorientiertes Management*. München: Franz Vahlen.

Wiswede, G. (1995), *Einführung in die Wirtschaftspsychologie*. 2., neubearb. und erw. Aufl. München und Basel: E. Reinhardt.

Wolf, J. (1997), Selbstorganisationstheorie – Denkstruktur, Varianten und Erklärungswert bei betriebswirtschaftlichen Fragestellungen. *Zeitschrift für Wirtschafts- und Sozialwissenschaften* 117 (4): 623–662.

Wolff, S. (2000), Clifford Geertz. In U. Flick et al. (Hrsg.), 84–96.

World Bank (ed.) (1996), *From Plan to Market*. World Development Report 1996. Washington, DC.

Yan, A. and T.S. Manolova (1998), New and Small Players on Shaky Ground: a multicase study of emerging entrepreneurial firms in a transforming economy. *Journal of Applied Management Studies* 7 (1): 139–143.

Yin, R.K. (1994), Case Study Research: Design and Methods. Applied Social Research Methods Series 5. Second Edition. Thousand Oaks, London and Delhi: Sage.

Zaiko, L. (1995), Elite Groups in the Republic of Belarus: Interpretation of the Expert Analysis. In K. Segbers and S. De Spiegeleire (eds.), Volume III, 243–302.

ZDH – Zentralverband des Deutschen Handwerks (Hrsg.) (2001), *Finanzierungsverhältnisse im Handwerk*: Ergebnisse einer Umfrage bei Handwerksbetrieben im 1. Quartal 2001. O.O. (Berlin).

Zecchini, S. (1997), Transition approaches in retrospect. In S. Zecchini (ed.), 1–34.

Zecchini, S. (ed.) (1997), *Lessons from the economic transition: Central and Eastern Europe in the 1990s*. Dordrecht et al.: Kluwer.

Zentrum für Türkeistudien (Hrsg.) (1995), *Nur der Wandel hat Bestand* – Ausländische Selbständige in Deutschland. Essen.

Zhuk V. and P. Cherevach (2000), Problems of the Current Re-Registration. *Small and Medium Business in Belarus: Analytical Bulletin* 1: 26–28.

Zschoch, B. (1998), Entwicklung von Kleinunternehmen in Rußland: eine wirtschaftsethnologische Fallstudie. Europäische Hochschulschriften, Reihe 19, 50. Frankfurt a.M. et al.: Lang.

## Internetadressen

www.cspp.strath.ac.uk – New Democracies Barometer, Survey responses, Abfrage: 27. April 2001.

www.bvk-ev.de – Bundesverband Deutscher Kapitalbeteiligungsgesellschaften BVK, Informationen zur Beteiligungskapitalfinanzierung, Abfrage: 10. Mai 2001.

www.business-angels.de – Informationen zu privaten Business Angels. Abfrage: 10. Mai 2001.

www.bis.org – Informationen zu den Baseler Beschlüssen. Abfrage: 11. Mai 2001.